JN064000

超光速への道

力学・電磁気学から一般相対性理論・量子力学へ

今野 滋 著

現代数学社

まえがき

この世界の最高速度が光の速さであることは、よく知られている事実。ゆえにそれを超えようとすることなど、ばかげたことだと思われるかもしれない。本のタイトルからして、これはいかがわしい本かと思われるかもしれないが、内容的には至って大まじめである。どういう意味で光の速さが超えられないといわれているのか、そしてそれを踏まえた上で突破口がどの辺にありそうなのかを、明らかにしたい。そのために本書は、物理の基礎から内容を確認する。力学と電磁気学を経て一般相対性理論に至る。つまり本書は光速突破のしかたを書いたものではなく、光速突破を目指す人のために初歩的な装備を提供するものである。その先まで踏み込みたいところではあるが、誠に申し訳ないが、この本は都合によりそこまで。続きを読みたい人は、続編の出版に繋がるよう、ぜひ本書を購入して売り上げに貢献していただきたい。

想定している読者層は大学初年度の学生と、野心のある高校生、そして高校や大学一般教養科目で物理をご担当されている先生がたを中心にしている。つまり筆者が日頃物理の教員として接している人たちに合わせた“つもり”である。連載終了後、北大で 4 年間、初年度学生向けに物理の授業を担当する機会をいただけたので、ネタのいくつかは授業に活用して学生のみなさんの反応を見てブラッシュアップすることができた。また、過去にネットで中学・高校の理科の先生方の間で議論されていた内容も一部に盛り込んである。物理に苦手意識を持っている人にも、せめて概要だけはつかめるように配慮した。きちんと学びたい人には、ごまかしたりせずにに、明確に数式を追えるようにしてある。また、数学は好きだけど物理は苦手という人にも納得してもらえるように、物理の基礎から説き起こす。そのため結果的には、本書は力学と電磁気学のそもそもの考え方が書かれた参考書としても使えるようになっている。さらに、一般相対性理論を学び始めた人がその方程式の物理的な意味をつかみたい場合にも役立つだろう。ただし、本来の目標はあくまでも光速突破である。

筆者の知人（飛行機の専門家）の話によると、かつて、飛行機が音速を超えられないことが“数学的に証明されて”いたそうである。たしかに、プロペラをいくら速く回しても、音速以上ではほとんどカラ回りするだけで、音速を超える気流を十分に作り出すことはできない。しかし、空気を高温高圧にして機関内部の音速を周囲よりも速くしてしまえば、どの部分を取って見ても音速を超えていないにもかかわらず、通常の大気中の音速よりは速い気流を生み出すことができる。すなわちジェットエンジンの発明だ。その意味で、光の速さという限界も、いつか人類は克服する日が来るかもしれないと真摯に期待する。

注意しておくが、いまのところ超光速というテーマは物理学者のメシのタネにはならない。なぜなら、ここをつついてみても、せいぜいメディアに話題を提供するだけで、我々の世界にリアルな影響をもたらすようなはかばかしい成果が得られる見通しが無いと思われているためだ。評価されるような成果をあげ続けなければ研究費を獲得できずに干上がる憂き目を見る。それゆえ光速突破の現在の学問上の位置づけは、「余興」あるいはせいぜい「教育のためのツール」といったところだろう。しかし、ひとたび超光速が学者の獲物として認知されるようになれば、その突破口を切り拓いた者には、かつてない栄誉が与えられるだろう。なぜなら、超光速に対する世間の関心は決して小さくはないのだから。さらに云うなら、これは生き物が生存圏を拡大しようとする本能の究極だろうから。そして、光速突破の可能性というのは、完全にゼロだというわけではなく、微かな糸口ならリアルに見え隠れしている。ゆえに、この本に刺激されて光速突破に挑むオロカモノ達が増えることが、筆者の喜びである。

本書の元になった、“理系への数学”誌（現在の“現代数学”誌）への連載を勧めてくださった名古屋大学教授の谷村省吾氏に深く感謝する。また、毎度〆切りギリギリだったり、〆切り過ぎても辛抱強く対応してくださった現代数学社社長の富田淳氏をはじめ、同社スタッフのみな様に深く感謝する。

2022 年 6 月 10 日

今野　滋

目　次

第1章

光の速さを超えるということ

あとで詳しく説明するが、何も無い真空中では、自ら放った光を追いかけても、追いつくことができない.. という意味で、光の速さは超えられない。これは多くの理論や実験によって非常に高い信頼性を以て確かなことである。しかし、我々の文明が思い描く光速突破とは、光と追いかけっこをして勝つ事なのだろうか？ 光速を超えて何をしたいのかを明確にすれば、理学的な意味では不可能であっても、工学的な意味で、超光速を必要としている目的を達成するための見通しが立つのではなかろうかと考える。つまり、**「実利的な意味で、光の速さを超えたのと同等な成果を得ることを為す」**のが我々の目標である。

例えば、片道旅行。「他の星まで行きたい。地球に帰る必要は無い。地球と通信する必要もない。」というのであれば、人体を冷凍あるいは乾眠状態にしてそこから完全な形で蘇生させる技術を開発すればいい。目覚めたときには星に到着しているから、本人にしてみれば瞬間移動したのと大して変わらないだろう。あとはロケットと宇宙船を作るカネさえあれば実現できそうだ。

しかし何のために光速を超えるのかを考えてみるに、多くの人々が求めている光速突破とは、そういうことではないだろう。そもそも地球にいる人たちから見れば、これはクルーが寝ているだけで、宇宙船が光の速さを超えているとは言い難い。つまり、地球へのフィードバックも含めて、超光速であることが求められている。つまり、途中は宇宙船でも通信でもいいから、“往復”で評価する必要があるということだ。さらに、理論的にも片道で光速突破を評価するには何とどう比べればよいのか、わかりにくいという問題点がある。

以上を踏まえて、現在我々人類が持っている知識で扱える光速突破へのアプローチ方法は大きく分けて次の2つが挙げられる。

- 第1に、光の速さそのものが周囲よりも速くなる領域を作る方法。音速突破におけるジェットエンジンの発明と同じ考え方である。ここで鍵となるのは**一般相対性理論**。この理論は、重力の存在により、観測者から見た遠方の光の速さが均一ではない事を許している。なお、この理論の応用として、（人の手で作ったり維持できるかどうかは別として、）SFでよく登場するゲート（＝ワームホール）も考えることができる。
- 第2に、ニュートン力学やファラデー&マクスウェルの電磁気学の枠にはとらわれない新しい情報伝達方法の模索。つまり、量子情報の活用である。文学的な表現が許されるなら「全ての出来事は、時空を越えて、量子の絆で繋がっている」ことを利用する。

実は、一般相対性理論と量子論のどちらか一方のみで光速突破の可能性が見えてくるというものではない。これはあくまでも便宜的な切り口としてこう分けてみただけに過ぎない。本書では第1の方法に重点を置き、第2の方法は今後の続編[1)]に譲る事としよう。まずは一般相対性理論を、高校物理では端折られるような深いところ[2)]から説明する。

ちなみに、量子論からのアプローチについて現在実現可能な範囲で少しばかり言及しておく。量子論的なつながりを人為的な操作で強くしておけば、遠くの星の文明と瞬時に往復の通信が出来そうな期待感がある。しかし、ここでやりとりされるのは、「タマネギ1個の価格」のような「情報」ではなくて、量子論に特有な「量子情報」と呼ばれる量だということに注意しよう。タマネギの値段を量子情報に変換してそこから観測を行ってタマネギの値段を再現したとすると、その値段が正しいかどうかがわからない。ある程度の信頼性をもって正しいとしか言い様が無く、白黒つけるには、従来の通常通信による検証が必要

[1)] 続編が出るかどうかは本書の売り上げ次第だろう。

[2)] 高校の物理の教科書の前書き部分をよく読むと、教科書作者が本当に云いたかったであろう熱い想いが伝わってくる。

となる。

では使い物にならないのだろうか？ 理学という意味ではそれはそういうものでしかないのだけれども、経済という意味ではどうだろうか？ 隣の星の文明圏の大富豪の発言ひとつで、手持ちの証券がゴミにも打出の小槌にも変わる状況を想像してみて欲しい。量子情報といえども判断材料にするだろう。つまり従来の「予測」とは別のチャンネルが手に入るのである。例えば情報量が膨大で演算に多くの時間がかかる場合、先に得た量子情報で計算をして結果を得ておけば、通常通信が届いた時点で答え合わせをして、あっていれば即座に、他に先んじて、予め得た計算結果を証券の売り買いに反映させることができる。要は使い方であって、宇宙船に乗って銀河を駆け回るだけが超光速ではない。

2020 年、本国内閣府による「ムーンショット型研究開発制度」目標 6 として「経済・産業・安全保障を飛躍的に発展させる誤り耐性型汎用量子コンピュータを実現」が掲げられた。つまり量子情報というのは国家予算を投入して精力的に研究される分野の一つである。今後の発展が大いに期待されている。

1.1　光の速さ

真空中の光の速さは一定値 $c = 299792458\mathrm{m/s}$ となり[3]、光源や観測者の速度に関係しない（図 1.1）。これは直接にあるいは間接的に数多くの実験で確かめられている事実である（図 1.2）。

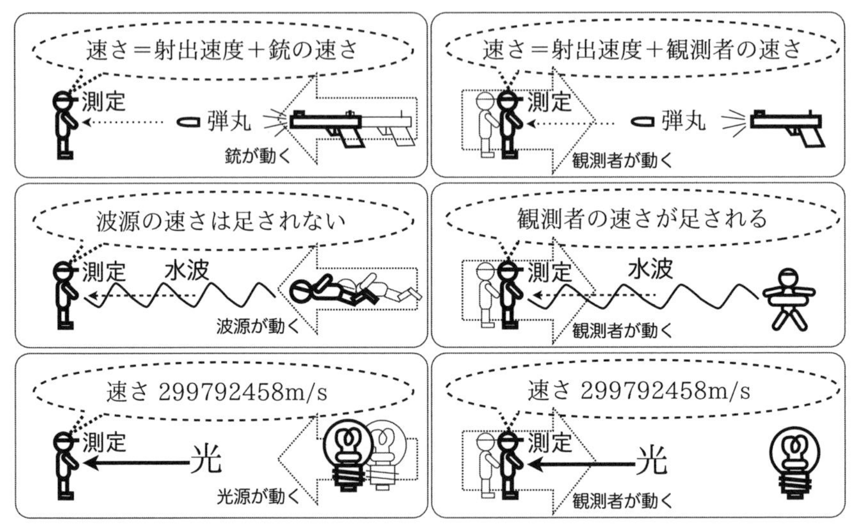

図 1.1　光の速さは変わらない：弾丸、水波、光のそれぞれの速さに対して、源の速さや観測者の速さが足し引きされるかどうかを比較した。

それゆえ、どんなに加速して光を追いかけたところで、やはり光は変わらぬ速さ c で遠ざかって行き、追いつくことができないと考えられる。これが「光の速さは超えられない」とされる主な理由である。

---

[3] 一秒間につきおよそ地球を 7 周半する速さ。記号にはよく“c”が使われる。時間が原子時計を使って極めて正確に計れるようになったのに対して、長さの基準とされていたメートル原器の精度が劣るようになったため、現在は、“c”の値をこの整数に固定することによって、長さの基準（メートル）が定められている。

しかし、そういわれても容易には納得できないものである。そもそも我々の日常の経験・常識に反している。水波の場合と見比べてみても観測者の速度が足し引きされないのが実に奇妙である。しかしながら、もしも我々の動きが光の速さに迫るほど俊敏であれば、これは日常経験として実感できたかもしれない。実感できるようにするという意味では、光の速さが 3m/s 程度に描かれる世界を疑似体験できる仮想現実を作ってみるのもおもしろいかもしれない。

光源の速さが足し引きされないことは、例えば暗くて見えない星の周りを輝きながらクルクル公転する星の光を観測すると直接に確認できる（図 1.2 左)。救急車のサイレンの音の高さが、近づくときには高くなり、遠ざかるときには低くなるように（⇒ ドップラー効果)、近づいてくる星の光は色が青い側へずれ、遠ざかる星の光は色が赤い側へずれる事が知られている（⇒赤方偏移、青方偏移)。星の速さが光の速さに足し引きされるとすれば、地球までの光の到達時間に影響するはずだから、色の変化のタイミングに影響するはずである。結果は影響なしである。星の速さは光の速さに足し引きされていないことが確認された [1]。

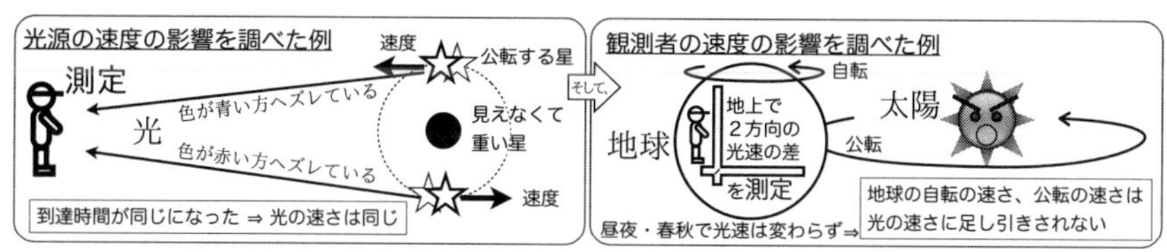

図 1.2　光の速さが定数であることを直接に確認した有名な実験の例。

一方、観測者の速さが光の速さに足し引きされないことを直接に確かめるとき、光源の速さが光の速さに影響しないのだから、光源の速さは自由なので、光源と観測者の位置関係は固定されていてもかまわないといえる。つまり、測定装置は地上に固定でよい（図 1.2 右)。その結果、地球の自転や公転に伴い、観測者の速度は宇宙の星々に対して変化することになるが、高い精度で測定を行ったにも関わらず、光の速さの有意な変化は見出されなかった（⇒ マイケルソン・モーリーの実験 [2])。

実は高校物理で扱う程度の身近な現象の中にも光の速さが定数であることの片鱗を垣間見ることができる。これを電磁気学の基礎と共に5章で詳しく説明する。光の速さが変わらない定数になるということを少しでも納得してもらえるものと期待する。

1.2　光の速さを制御する

目標は、往復の意味での光速突破のために、装置周辺の真空中の光の速さが、そこから離れた遠方の真空中の光の速さよりも速くなる領域を作り出すことである。

一例としてガラスを考えてみよう。ガラス内部に浸入した光の速さは外部のそれよりも遅くなる。そのために外部との境界で屈折という現象がおこり、我々はメガネを作ることができる。では、光の速さを速くするためには、屈折の角度がガラスの場合の逆になるような物質を見つけてくればいい。果たして、そういう物質は実現されている。しかしこの方法には根本的な誤りがある。そもそも真空ではないし、波の“形”が移動する速さが増えただけで、実体としての光の速さが速くなったわけではない。これは物質の外部から入射した光と、物質中に含まれる 電子などの粒子が放つ光とが重なり合って、速くなったかのように見えているに過ぎない。想像して欲しいのだが、走るヤスデの足が波打つ様子と良く似ている。その波は本体を追い越し続けるが、本体が速くなったわけではない。つまり、その特異な物質で満たされた空間で宇宙船が加速しても、真空中の光の速さに届くことはない。こういう事例を除外するために、「光の速さ」という用語の前に「真空中の」という枕詞が付いている。

「真空中の」という制限はかなり強いもので、我々にできることは限られる。せいぜい観測者が動きながら光を眺める事ぐらいしかできないだろう。そこで、目の前を横切る光を、光の進行方向とは垂直な向きに加速して眺めてみよう（図 1.3)。

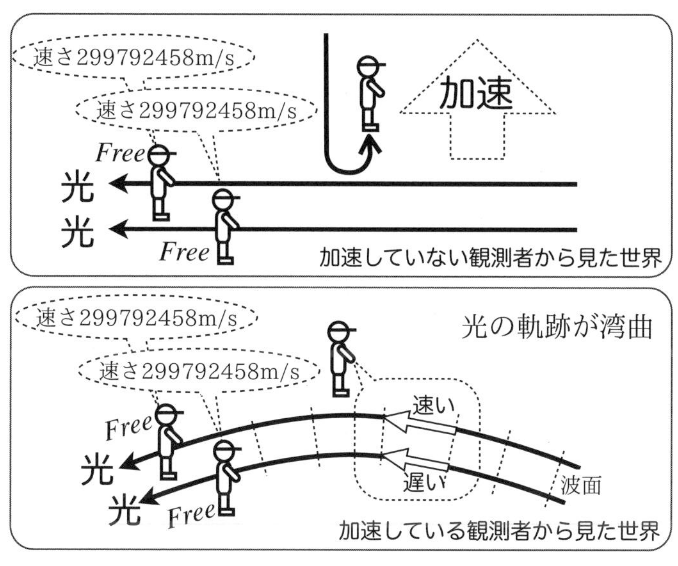

図 1.3　加速しながら光の軌跡を観察

加速していない観測者が測った光の速さは、いつもの値から変わっていない。一方、加速している観測者が見る光は、自身の加速度と反対向きに光が加速するために、軌道が湾曲する。つまり、光が曲がって見える。光が曲がったということは、走行する戦車が曲がるときに曲がる方向の側のキャタピラを遅くするように、観測者の加速度の向きに対して前方の側の光は相対的に速くなり、後方の側の光は相対的に遅くなる。まずはこれで光の速さに違いを生じさせることができた。ただし、これには 3 つの問題点がある。

第 1 の問題点、真空中の光の速さが常に一定の値 c になるとする実験結果と矛盾してはいないだろうか？ その答えは光速一定に言及する際に、観測者が加速していないという前提条件が暗黙のうちに編み込まれていたと考える。光の速さが定数 c であるというとき、条件「真空中」に加えて、「加速していない観測者が測った」を入れる必要があった。解決である。この「加速していない観測者が測った世界」は“慣性系”と呼ばれるが、3 章で詳しく議論する。

第 2 の問題点、2 本の光線の光の速さが同じはずなのに違うとはどういうことだろう？ このような一見矛盾に見えるような問題を整理したのがアインシュタインの相対性理論である。この理論は一種の解釈方法で“時間の測りかた”に着目することで、19 世紀末から 20 世紀初等にかけて多々あった力学と電磁気学の狭間の数々の混乱を終息させたものである。相対性理論の流儀で解釈を与えるならば、加速する観測者が測る現象は、その加速度の向きに対して前方では時計が速く動き、後方では時計が遅く動くように、時間の進みかたに違いが生じるものと考えられる。そのため加速していない時には同じ速さだったのに、加速して見ると違う速さになるということは、矛盾ではなくなる。

第 3 の問題点、往復での超光速には使えないということ。宇宙船などがぐるっと一周して出発地点に戻ってくる場合、結果は加速する観測者の有無に関係無いと考えられるから、当たり前である。これでは役に立たない。

しかしローカルに加速度を生じさせるものがあれば話は変わってくる。それはニュートンが惑星や衛星の運行を説明するために導入した万有引力である。重力ともいう。重力源として星などがあれば、その方向へ光も“落下”する。つまり光の速さにムラを作る事ができる（図 1.4）。

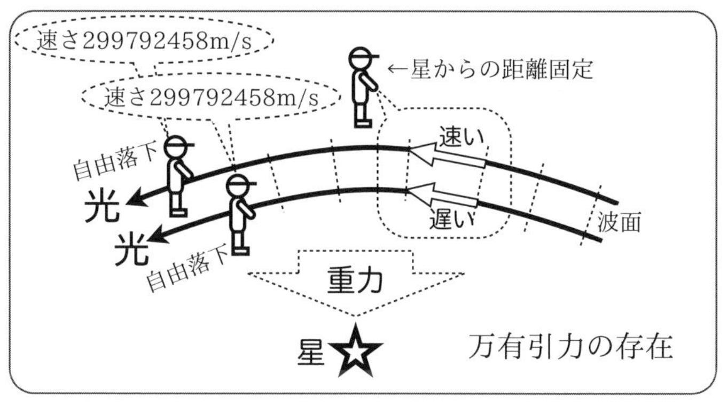

図 1.4 重力による光の湾曲

星に対して支えも無く推進力も無く自由に落下し続ける観測者が“手もとで”測った光の速さはいつもの定数 c である。なぜなら彼らから見える彼らの近くの世界[4)]は、何も無い空間で例の観測者だけが加速している状況（図 1.3）と変わらないから。“手もとで”という但し書きが付くのは、自由落下する観測者の星に対する加速度は、場所によって異なるためである。すなわち、図 1.3 の状況が図 1.4 の状況設定に適応できるのは、星に対してその加速度がほぼ一定と見なしても差し支えない範囲[5)]に留めなければならないからである。

一方、星に対して固定された観測者は、自由落下する観測者に対して外向きに加速していることになり、彼が観測する光の速さは星に近いほど遅くなる。以上により、ローカルに真空中の光の速さを遅くする事には成功した。しかし、目的は光を速くすることなので、これでは逆である。

---

4) 宇宙ステーションの船内の様子を思い浮かべるとわかりやすいかもしれない。

5) 局所慣性系という。慣性系については 3 章で詳しく扱う。

つまり、周囲よりも光の速さが速くなる領域を作るためには、万有引力とは逆向きに加速を生じさせる力が必要であることがわかる（図 1.5）。

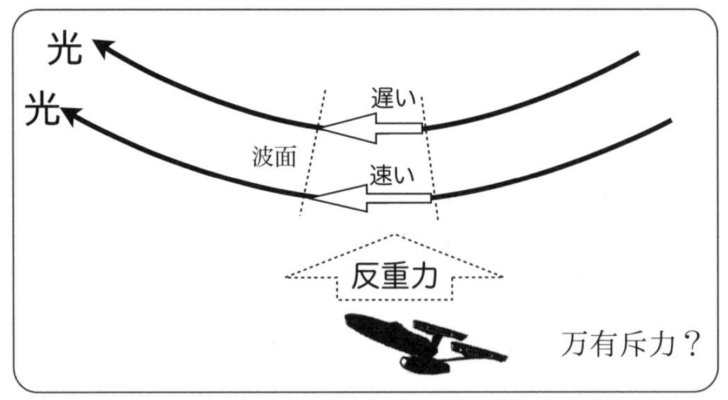

図 1.5　超光速と反重力

言うなれば万有斥力、重力に対して反重力、それをもたらす源は反重力物質と呼べば良いだろうか。SF 定番の夢のアイテムそろい踏みである。光速突破という実現困難な課題を解決するためには、反重力物質というさらにもっと無理そうなものを使わなければならないことがわかった。しかも光の進む向きをねじ曲げるほどに、大量に必要である。ここは 2 つの無理が 1 つの無理に統合されたのだから喜ぶべきか、あるいはただの徒労だったのか。

1.3 反重力物質

あらゆる存在に対して、斉しく反発する加速度を生じさせる物体を、反重力物質と呼ぶことにする[6)]。そんなものは無い。少なくとも、学校の理科室には置いてなかっただろう。無いと云って取り合わないことはたやすいし、概ねその判断は正しい。しかし、そういうものの存在がもしも発見されたら、見返りも大きいだろう。さあ、宝探しを始めよう。

その第一歩は、やはり何といっても宝の地図を手に入れることだろう。反重力物質がもしもあるとすれば、どういう振る舞いをして、どこにあるのかを考えてみよう。それらは互いを遠ざける方向へ加速させるであろうから、宇宙全体に均一になるまで薄く拡がるのが最終的な存在位置だろうと考えられる。つまり、宇宙の星々の全体的な動きを観測すれば答えは出せるだろう。

万有引力によって、宇宙を漂う物質は互いに引きあい、集まって星となり銀河となり、我々は光を通してこれらを観察することができる。その宇宙の星々が互いに遠ざかりつつある事は以前から知られている[7)]。つまり宇宙全体としては膨張しつつある。これは、宇宙が爆発するようにして誕生したという理論（ビッグバン）で説明がつき、定説となっている。一方、上に放り投げた石が減速しそして戻ってくるように、星々の間に働く力が引力のみであれば、膨張の速さは時間と共に減少する、つまり減速する。その減速が弱められているか、あるいは反対に加速していることが観測されれば、我々の宇宙は反重力物質で満たされていると期待される。結果は、大当たりだ！

1998 年、宇宙の膨張が加速している事を突き止めた論文が発表されたのである [3][4]。なかなかに衝撃的だ。この業績で発見者らは 2011 年のノーベル物理学賞を受賞している。その後も宇宙の加速膨張は様々な異なる方法で確認されている[8)]。

---

6) おそらく、学術的に正しくはカタカナ表記で“エキゾチックマター”の一種。漢字表記は見たことないけど無理繰り直せば“不可思議物質”といったところだろうか。

7) ハッブル=ルメートルの法則

8) ウィキペディアで「宇宙の加速膨張」を調べてみるとよい。

ただし、以下の2つの点から、手放しで喜ぶことはできない。

- 第1に論理的な問題。宇宙膨張の加速を説明するのに、必ずしも変な振る舞いをする物質を仮定する方法には限られない。また、この加速を結論づけるために用いられた一般相対性理論[9)]は、そもそも“万有斥力”の存在は前提としていない。前提に無いものを導入することは、公式の適用範囲外への拡大運用となり、それが正しいか誤りかは未知である。それどころか、論理的なレベルで自己矛盾に陥る可能性もある。
- 第2に、制御可能かどうかの問題。仮に、反重力物質があったとして、それがどんな物理法則に従うものなのか、不明。仮に、ビン詰めすることのできるものであったたとしても、高度に濃縮すると反重力としての効果が消えることが予想される。

第1の問題点に関して、一般相対性理論から修正された重力理論がいくつか提案されている。端的に言えば事実に合わせて理論を修正するもので、たとえば一例として「距離が非常に大きくなると万有引力はわずかばかり斥力に転じる」などのように考えてみるとわかりやすいかもしれない。これらの修正理論が正しいかどうかは、今後の星々の観測結果に委ねられる。

実は我々が宇宙を眺めるときに頼りにしている一般相対性理論自体も内部に問題をはらんでいる。反重力物質もタイムマシンも存在しない事を前提とするならば、時空には必ず特異点（物理的にはあり得ない点）が存在することになることが証明されている（⇒特異点定理）[5]。特異点が現れるような現象を扱う場合には何らかの解釈やら修正やらが求められることは必然となっている。

我々の目標は、まずはローカルに光の速さが速くなる領域を作り出すことなので、もし仮に反重力物質そのものが否定されたとしても、宇宙の加速膨張を説明すべく修正された理論を用いれば、何か手がかりが見つかるかもしれないと期待する。目標達成のための糸口が消えたと判断するのはまだ早い。

[9)]一般相対性理論は、太陽系の惑星や衛星の運行に関する観測結果から共通性を抜き出したケプラーの法則を抽象化したニュートンの重力理論をもとに、電磁気学と衝突しないように修正・発展した理論。万有斥力があるとケプラーの法則の時点でアウト。

第2の問題点に関して、今のところ宇宙の膨張を加速させているものが何なのか、諸説はあるものの事実上わかっていない。それどころか、既知の物理法則が適用できるものかどうかすらも怪しい。それがわかったとしても、宇宙に薄く広く拡がっているそれを、どうやってかき集めるのか。集められたとしても、互いに反発しあうそれらを周囲の光の軌道を顕著に曲げるほどの密度になるまで圧縮しようとすると、容器の質量やら、装置類の質量やらで、通常物質の割合の方が圧倒的に多くなることが予想される。その意味で、せっかくかき集めても、反重力としての性質を保つことは困難である。さらに、相対性理論（というよりは電磁気学）に関わる話題の一つに、エネルギーは質量を伴うという話がある。反重力物質を圧縮するために要したエネルギーは、ポテンシャルエネルギー[10)]として、反重力物質と共に蓄積され、それらは質量としても振る舞うのだから万有引力の源となる。よって、反重力物質は圧縮すればするほど効果が目減りして、最終的には反重力という性質が失われる可能性が高い。

だがしかし、発想を逆にすると希望は見えてくる。圧縮したら消えるのだから、その逆を考えてみる。極めて微量でいいから、もしも、高密度な反重力物質の生成に成功したとすると、それは勝手に通常物質を吐き出しながら爆発的に増殖する可能性がある。刺激的な表現を許してもらえるなら、真空が連鎖的に誘爆をおこす。そういう可能性は“あり得ないもの”として真っ先に却下される[11)]ので、常識的な思考をもった物理学者なら、眉をひそめるような話だが、言い換えると、そうはならないような理論なりメカニズムをひねり出すように智慧を搾るのが正統派（科研費を獲得できるであろう人たち）だが、考えようによっては、これはまさに宇宙創成の様子に似ている[12)]。現に私たちの宇宙は加速膨張しているのだから、ただの夢想で終わる話ではない。この“反重力爆発”の可能性を模索してみることは、実に楽しい作業である。[13)]

[10)] ポテンシャルとは、そこに潜んで在るという意味。

[11)] 例えば、素朴に考えて、永久機関を作るようなものなので、熱力学的な意味でおかしい。但し、これから非常識なものを扱おうとしているので、おかしいと切り捨てる前に、理論適用の前提条件を精査する必要がある。

[12)] おそらく学術的な分野として関連するのは“宇宙のインフレーションモデル”。

[13)] いくらなんでも地球を吹っ飛ばすような事にはならないだろう。

1.4　本書の構成

要するに、光速突破の糸口をつかむために、今一度、初歩的な物理を基礎の基礎から見つめ直してみようという趣旨である。申し訳ないが、光速の超えかたそのものは書いていない。しかしながら、この本を読んだ人が、将来において、光速突破を成し遂げるための、初めの一歩となることだろう。

所々に問題を配した。これらは知識の確認というよりは、本来ならば本文とすべき内容である。一方的に語られるのも面白くなかろうと思い、問題型式にしたものだ。後の本文で解答の一部を利用するものもあるので、全部トライしてもらいたい。

２章では、高校物理のレベルで「質量」とは何かについて考えてみる。とくに、物理に苦手意識を持っている人たちのために、学校の教科書では通常省略されてしまう「物理の考え方」について説明する。そしておそらく普通に考えて最もシンプルな質量の定義に至るであろう。そこから振り返って眺めると、ニュートンの力学３法則が如何に巧妙に仕組まれているのかが見えてくる。質量と重力の関係、質量とエネルギーの等価性についても触れる。電磁気学で得られた関係式を通して、おそらく他のどの本よりも最短で**相対性理論の世界へと招待**する。

３章では、慣性の法則を取り上げる。慣性の法則はニュートンの第１法則とも呼ばれ、最も基本的な物理法則である。しかし、辞書を引いてみるとわかるが、慣性の法則とは「慣性系において…」とあり、慣性系とは「慣性の法則が成り立つ…」となっており、論理が堂々巡りになっていて考えれば考えるほど結局それが何なのかわからなくなる。極めて基本的な部分が曖昧なままになっているのでは混乱するので、慣性系についての考え方をいくつか提案する。

４章では、その後の計算の基礎とするために、「ハミルトンの原理」について説明する。多くの教科書では「最小作用の原理」と呼ばれている。物理法則は測定で得られた数値と数値の間の関係を表す複数の数式で表現されることが多いが、これはそれらを“作用[14)]”と呼ばれるたった一つの量を示すことで表

[14)] 同じ綴りの用語にニュートン力学の**作用**反**作用**の法則の**作用**があるが、これとは

現するためのツールである。なお、高校物理の最後あたりで、物体の運動は波動を伴うという話に出会うが、この章を読めば、投げたボール等の物体の運動が波動のような形にも表現できることに気づくであろう。話の進めかたとしては高校物理の手法に倣い、歴史上の発展の順番を踏襲する。

5章では、電磁気学の初等的な紹介。高校から大学初年度までに習う電磁気学の数々の法則は、少々のモデル設定を許すならば、実は微積分すら使わずに簡単な3つの法則に集約される。

1. クーロンの法則
2. ローレンツ力
3. ビオ=サバールの法則

これらをちょっといじるだけで、なんと、光の速さが特別な速さであることが見えてくる。高校や大学初年度で習う電磁気学は、工学的な色彩も強く、結果の羅列になりがちである。それらに対して本章では理学的なアプローチに徹して、ロジックの中心となる道筋を示す。

6章では、電磁場の基礎方程式である「マクスウェルの方程式」を、いろいろな表現で表してみる。ここで提供される様々な道具類をマスターすれば、一般相対性理論へすぐに手が届くところまでに至るであろう。一般相対性理論は時空の幾何学であると声高に宣伝されるが、それ以前の電磁気学の時点で既に時空4次元空間の中に時空2次元面の束を埋め込む幾何学をやっているのだと気づかされる。本章あたりから計算がきつくなってくるが、がんばって欲しい。

7章では、電磁場のエネルギーと運動量について触れる。電場や磁場にも空気と同じように圧力があり、エネルギーや運動量をも備えた“モノ”であることを実感していただく。

8章では、6章で鍛えたマクスウェル方程式から電磁場の対称性を見出す。ここでいよいよ時間だとか空間だとかの話になる。つまり、特殊相対性理論の導入がテーマだ。相対性理論が理論的には電磁気学の自然な延長である事が見

意味が全く違う。英語では action 。エネルギーに時間を掛けた次元をもち、単位は、$\mathrm{J \cdot s = kg\ m^2/s}$ 。同じ単位を持つ物理定数に量子力学で活躍するプランク定数がある。

て取れるであろう。そして、光を追い越すことはできないものの、光に追いつかれない方法ならリアルにあることを知るだろう。

9章では、8章に引き続き特殊相対性理論がテーマではあるが、電子などの素粒子の状態を記述するための基本となるスピノルの扱いについて触れる。スピノルとはいわばベクトルの平方根のような量である。通常はモノが一回転すると元に戻るのだが、スピノルはメビウスの輪を辿るように、2回転で元に戻る性質がある。実は、これは、時空を分類するときに強力な武器となる。

10章では、乗り物などの加速で得られた重力と、星などによる万有引力がもたらした重力の見分けかたを明らかにする。そこから、重力場の方程式を導出し、一般相対性理論への足がかりとする。

11章では、時間の流れの極めて僅かなムラが重力を産み出すことを紹介する。「地面が常に上向きに加速しているのに、どうして地球は加速膨張していないのか？」という問いに答えることができるようになるだろう。そして、重力の理論と、電磁場の対称性の帰結である相対性理論がどのように組み合わさって整合するか、について紹介する。

12章では、11章に引き続き、相対論的な重力場の方程式とされる、アインシュタイン方程式を導出する。加えてそれらの方程式のタネとも言える作用を示す。

1.5　記号や符号の確認など

基本的な記号や、符号 $\pm$ の設定などを確認する。

記号

$A := B$　AをBで定義する。

$A \overset{2.3}{=} B$　（式2.3）により、AとBは等しい。

$A \fallingdotseq B$　BはAに近似として等しい。

$A \simeq B$　BはAにだいたい等しい。

(§1.5)　1章5節

偏微分

$$\frac{\partial \Psi}{\partial x^\mu} = \frac{\partial}{\partial x^\mu}\Psi = \Psi_{,\mu} = \partial_\mu \Psi$$

Σ記号での省略

Σ記号で指標の範囲が省略されている場合、指標のとりうる値全部について足しあげる。例えば、$i = 1, 2, 3$ であることがわかっているとき、

$$\sum_i a_i = a_1 + a_2 + a_3$$

アインシュタインの記法

積の中に、同じ文字の上付き添え字と下付き添え字がある場合、その添え字が取りうる値の範囲で和をとる。

$$A^\mu B_\mu = A^0 B_0 + A^1 B_1 + A^2 B_2 + A^3 B_3$$

電磁場

$$F_{\mu\nu} = A_{\mu,\nu} - A_{\nu,\mu} \quad , \quad A_0 = \phi \ , \ (A_1, A_2, A_3) = -\vec{A}$$

擬リーマン幾何学

計量テンソル $g_{\mu\nu}$ の符号：$g_{\mu\nu} dx^\mu dx^\nu \simeq c^2 dt^2 - dx^2 - dy^2 - dz^2$

反変ベクトル V^μ の共変微分とその記号：

$$\begin{aligned} V^\mu{}_{:\nu} &= V^\mu{}_{,\nu} + V^\alpha \Gamma^\mu{}_{\alpha\nu} \\ \nabla_\nu V^\mu &= V^\mu{}_{:\nu} \\ \nabla_\rho \nabla_\nu V^\mu &= V^\mu{}_{:\nu\rho} \end{aligned}$$

曲率テンソル $R^\mu{}_{\nu\rho\sigma}$、リッチテンソル $R_{\nu\rho}$：

$$\begin{aligned} R^\mu{}_{\nu\rho\sigma} &= -\Gamma^\mu{}_{\nu\rho,\sigma} - \Gamma^\alpha_{\nu\rho}\Gamma^\mu_{\alpha\sigma} - <\rho,\sigma\text{入れ替え}> \\ R_{\nu\rho} &= R^\mu{}_{\nu\rho\mu} \end{aligned}$$

基本密度 $\sqrt{\ }$、完全反対称テンソル $\epsilon_{\mu\nu\rho\sigma}$：

$$\sqrt{\ } := \sqrt{\det(g_{\mu\nu})} \quad , \quad \epsilon_{0123} = \sqrt{\ }$$

第2章

質量

広く一般、ウェブの掲示板などに集まる物理好きなかたがたの議論を見ていると、時を隔てて何度も質量に関する議論に出会う。ニュートンの運動方程式を中心に毎度同じような議論が繰り返され、いつまでたっても正解にはたどり着かない。これらに決着をもたらすことを試みたい。

物理という分野は詩情やファンタジーとは違って、**自然界の全ては繋がっているという**信念のもと、一歩一歩**確実に論理を組み立てて進む**ことが求められている。だから、論理の飛躍があると、話が噛みあわなくなってしまう。

但し、物理学には**直観を共有**するという文化がある[1)]。共有済みの直観であれば使ってよいことになっている。この直感力により共通の認識のもとで論理をジャンプすることは可能である。大学初年度までの物理の教科書には、この"共有された直観"の伝承に、かなりの部分が割り当てられているように思われる。

この直感力により、数学では難解な命題の答えを予想したり、解決への方針を得ることができる場合もある。つまり、未知の領域に挑戦しているとき、見えないところで自然界の摂理が繋がっているために、人が計算しなくても正解が出てしまうことがあるのだ。しばしば数学者と物理学者が手を組んでいる所以である。

[1)] この直観には、確固たる自然現象への認識/経験の積み重ねに基づくか、あるいは論理的な裏付けがあることが前提である。

まずは、市井の理科好きの皆様の物理談義と物理を専門にしている人たちの議論の進めかたとの間のギャップを埋めたいと思う。相対性理論を批判するメッセージを多数いただいているので、それらを参考に話が噛みあうようにするにはどうすればよいか、簡単な提案をさせていただく。

その上で、質量に関して言及する。筆者は中学高校と質量の意味がよくわからなかった。参考書などを読んでみたが、必ず曖昧にしている部分がありスッキリさせてくれる答えが無い。やっとスッキリしたのは大学に入ってファインマン物理学 1 巻 10 章 3 節 [8] を読んだときである。この章もおおむね同じやりかたに従う。

2.1 相対性理論はまちがっていた！？

インターネットが世に普及して間もない頃、ストーリーのある高校物理の参考書を作ろうと思って、特殊相対性理論を説明したウェブページを公開した。すると、様々な方々から様々な連絡をいただくこととなった。その中でも特に多い案件は「相対性理論はまちがっていた」という主張を丁寧に説明してくださるもの。とりあえずは目を通してみるのだが、残念ながら参考になるようなご指摘は未だに無い。彼らの主張の主なパターンとしては以下の 3 つに分類される。

1. 歴史・哲学・宗教などの観点から妥当性を否定するもの。
2. ひたすらコトバの置き換えに終始するもの。
3. 単なる計算間違いや、誤解。

まず、歴史・哲学・宗教などに関しては筆者はあまり感知していないのでわからない[2)]。相対性理論は自然科学の領域として扱われるので、正しいかまちがっているかということは、予言能力・再現性などで確かめられる。すなわち、その理論に基づいて予測されたことが、現実の自然現象に起こるかどうか

2) 科学哲学に詳しい人に聞いたところ、科学の手法は哲学の中のひとつの分野の中に収まるらしい。

ということ。たとえば、ボールを「どの向き」に「どの速さで」投げればマトに当てることができるのかを、実際に投げなくても理論に基づいてあらかじめわかっていることができれば、その理論は正しい。過去の偉人が何を主張しようが、この世界を創造されたのが何者であろうが、ボールをマトに当てるという目的を達成することには影響しない。その意味では、地面は動かないとする天動説も、もしも星座の中の惑星の位置を正確に予測できるのであれば、「正しい」といえる。地球の周りを太陽が回っているのか、太陽の周りを地球が回っているのかは、あくまでも思考の過程で直感に訴えかける部分に過ぎないのであり、理論の予言能力には影響しない。同じく、いにしえの偉人も神も思考の過程では参考にされることがあってもかまわないが、完成された理論の予言能力には影響しない。つまり、その理論が「正しいか、まちがっているか」ということには影響しない。ただ、天動説が地動説に対して大きく劣るところは、理論がとても複雑になってしまうということ。理論を複雑な方向へ改変することはいくらでもできるが、シンプルな方向に理論を整理するには限界がある。極限まで雑多な要素を取り除けば、見通しの良い研ぎすまされた理論ができ上がる。この意味で、予言能力に差がなければ、単純な方が採用される。

次に、コトバの置き換えに終始するもの。一つのコトバを説明するために、別の新しいコトバをいくつか定義して当てはめても、何の説明にもならない。ある主張を辛抱強く読み解いて、解説し、問題点を指摘したところ、「文系の夢を壊さないでほしい」と、逆にお叱りを受けてしまったこともある。おそらくは、理解できないという点にファンタスティックなロマンを感じているらしいが、よく理解できたあとでは、世界が拡がって、もっと面白くなることが約束されている。ほんとうのお宝は、コトバ遊びよりも、現実世界に深く切り込んで行った所にある。

最後に、計算間違いや誤解に因るケース。計算間違いのチェックをする方法はいくつもある。たとえば、出てきた結論が最初の仮定を否定するものであったら、必ずどこかに間違いがある。特殊で具体的な設定を当てはめてみて、それがありうる内容から逸脱していないかを確認する方法もある。また、一つの結論への道筋を、できる限り何通りも試してみる努力が必要である。「相対性理論は間違っていた」という大それた主張をするのだから、それこそ入念なチェックが必要であるのだが、残念ながら、独自に考えた１つのやり方のみに、かたくなに固まってしまっているケースが多くみられた。ぜひ、画期的な理論を構築したなら、そこへ至るまでの何通りものアプローチを試みてもらいたい。

相対性理論は間違っていたとする主張には、一般向けの通俗書に書かれている内容の範囲でぐるぐる回っているだけものが多い。もっと基礎から説き起こしてくれる文献を探してみる必要があるだろうし、常に徹底的に考え抜く努力＋根気＋関心も必要である。ただ、どうせ批判するのであれば、相対性理論のような予言能力が強固に確認済みである理論よりも、まだ話が十分に固まっていない部分に切り込んでいくのが得策だと思われる。

似たような案件として、ウェブ掲示板などの議論などで、話が噛みあっていないという状況をときどき見かけるが、これらに解決の手段を提供することを試みたい。

議論をする上で、まず、共通の認識を基礎に置く必要があるから、コトバを「定義」しなければならない。おなじコトバを使っていてもその指し示すものが違っていたら話がすれ違ってしまう。次に、そのコトバを足がかりにして、現実世界の中の様々な現象を観測あるいは測定して「事実」をかき集める。その多くの事実の中から規則性あるいは共通性を見出して、抽象化し、「法則」とする。この抽象化の過程で統一的な取り扱い方が必要となり、そのやりかたのことを「理論形式」という。法則を使えば、未知の事実を予測あるいは予言することができるようになる。**法則の妥当性あるいは正しさは、この予言能力によって評価される。**法則がいくつか集まってくると、ある法則を別のいくつかの法則を組み合わせて「説明」することが可能となる。つまり、法則には重複があったということである。この重複を解消して、なるべく少ない数の法則からその他多くの法則を説明する体系を作り上げ、その選ばれた法則に関しては他の法則によって説明をされることを放棄したとき、それら論理の源流となる法則たちを「原理」と呼ぶ。多くの法則の中から原理を抽出する過程でも、やはり「やりかた」に依存する部分があるから、理論形式が絡んでくる。気をつけなければならないのは、定義・原理・法則・理論形式は、理論全体の組み立てかたの中で、互いに影響しあったり、入れ替わったりすることができる場合があるということ。定義（コトバの意味）を定める上でも法則が必要とされるケースは多い。法則自体が、その法則の助けで定められた定義に依存している場合は、定義と法則とで論理の堂々巡りが生じるので注意が必要である。実はそのたぐいの堂々巡りは学校で教わる物理の中では、かなり多い。そして、そのほとんどは解消可能である。教育者たちによれば、これらの不完全な論理は学習のプロセスにおいて必要な足場であると考えられているようだ。

物理の議論で、話が噛みあわない状況に出会った場合、一つ一つの内容が「定義・原理・法則・理論形式・実験事実」のどれに当てはまっているのかを双方よく確認する必要がある。位置づけの相違がハッキリ認識できれば、それぞれのレベルに分けて検討することもできるようになるだろうし、他者の体系を自分の体系に翻訳して眺めることができるようになるはずである。

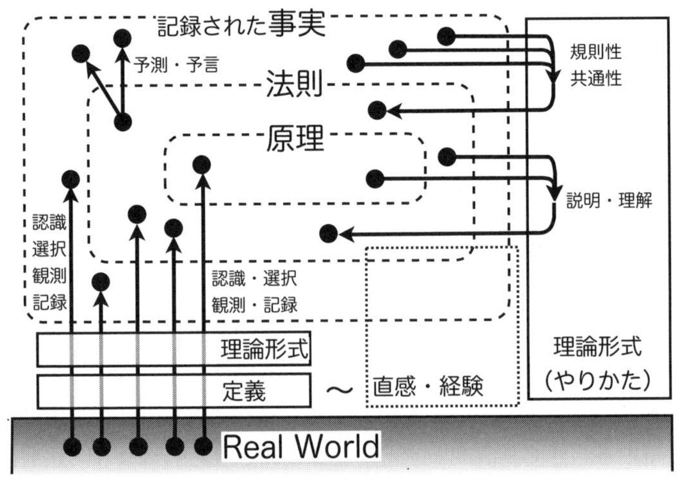

図 2.1　この中のどこに入るのか明確にしよう

なお、物理法則は「そういうもの」だと教えられて絶対的な真理のように思われるかもしれないが、それは人が自然を観察して智慧を尽して編み出したものである。半ば我々が住んでいるこの大自然の模型であり、半ば人類の発明。

2.2 ニュートン力学

まずは学校で習う力学のオリジナルとして、ニュートン[3)]の著書を確認しよう。「自然哲学の数学的諸原理[4)]」[9] は、1687 年に出版された。略して短く「プリンシピア」あるいは「プリンキピア」とも呼ばれる。ユークリッド幾何学をまねて、数少ない定義・公理から出発して、作図と幾何学の知識を駆使して、ホイヘンス[5)]による運動量の研究と、惑星の運行に関するケプラー[6)]の法則を整理/統合し、卓上の実験から天体の運行までを含めた物体の運動を数多く論理的に説明している。

読み始めると序文の次に「定義」という章が現れる。そもそも現代の物理で言うところの定義とは言葉の意味を確定させるものだが、ここで言っている定義とは、「考え方の説明」ぐらいに解釈するとよいだろう。用語が錯綜していて逆に読者は混乱するかもしれないが、何が言いたいのかを辛抱強く読みとっていただきたい。プリンシピアは学術書というよりは世間一般の人が読むことを目標としているようで、人の日常の感覚と、本の中で述べられている用語を近づけようとしている努力が見られる。次の章の「公理、あるいは運動の法則」に書かれているあの有名な運動の 3 法則を、互いに絡まりあった形で「慣性・質量・力」の定義を為すと考えると、論理の体系としてはスッキリ整理されるのだが、この「定義」の章で何となく頭の中に形作られた概念を是とするならば、運動の 3 法則は、その名の通り「法則」であるという事になる。定義 I〜V ぐらいに目を通せば、とりあえずは用は足りるだろう。

[3)] Sir Isaac Newton, 1643 - 1727 イギリスの自然哲学者、数学者。

[4)] 原題:Philosophiae naturalis principia mathematica

[5)] Christiaan Huygens、1629 - 1695 オランダの数学者、物理学者、天文学者。

[6)] Johannes Kepler、1571 - 1630 ドイツの天文学者。

- **定義 I：質量**

  「質量とは、密度と体積の積」だと書いてあるが、そこは定義ではなく説明だと解釈。物体の重さとして実感できる量であるとしている。抜かりなく等価原理[7)]にも言及してある。

- **定義 II：運動量**

  普通に読みとれる。$\overrightarrow{\text{運動量}}$ は、質量と $\overrightarrow{\text{速度}}$ との積

- **定義 III：慣性**

  古代ギリシャの偉人が残した文言をリスペクトするように気づかっているためか、妙な記述となっている。「机の上の大きな鉄球を手で転がそうとすると、手が鉄球から転がされまいと抵抗するような力を受けるように感じられる。これはいわゆる反作用というものなのだが、日常の経験に依る感覚からはずれているので、鉄球の内部に運動の変化にあらがう力のもとである“固有力”が潜んでいるのだ..」と書いておけばうまく古代の偉人の記述と折り合いがつけられるのではと苦心した感じが見て取れる。内容的には、力を加えない限り物体は速度を変えないとする、いわゆる慣性の法則と重複している。

- **定義 IV：力**

  力とは、静止している物体を動かしたり、一定の速度で運動する物体の速度に変化をもたらしたりするものとして説明。慣性のもとになる何かを“固有力”と言ってしまったので、普通の力のことを特に“外力”と呼んで区別している。次の章で用いられる“動力”も同じ意味。また、力が物体の内部に蓄積されるものではないことを強調している。

- **定義 V〜：重力・磁力 etc**

  重力や磁力といった、直接触れなくても物体の速度に変化をもたらすものに対して、様々な言い回しでアプローチがなされている。

[7)] 空気抵抗を除いた場合、物体が落下する加速度（1秒間あたりの速度の変化）は、物質の種類によらないという事実を前提とすること。実際に落下させると空気の影響を強く受けるが、振り子を使って精密に確認することができる。

２番目の章、**「公理、あるいは運動の法則」**で、その冒頭に例の有名な法則は記されている。（高校の教科書に書かれている表現とは多少違うかもしれないので注意。）

ニュートンの運動の法則

- 法則１：すべての物体は、それに加えられた力によってその状態を変化させられない限り、静止あるいは一直線上の等速運動の状態をつづける
- 法則２：運動の変化は加えられた動力に比例し、かつその力が働いた直線の方向にそっておこなわれる。
- 法則３：すべての作用に対して、等しく、かつ反対向きの反作用が常に存在する。すなわち、互いに働きあう二つの物体の相互作用は常に相等しく、かつ反対方向へと向かう。

これらは今日「ニュートンの運動の三法則」と呼ばれる。「ニュートンの運動の法則」「ニュートンの３法則」「運動の３法則」「運動の法則[8)]」などと、適宜略される。我々は１番目は「第１法則」または「慣性の法則」、二番目は「第２法則」または「ニュートンの運動方程式」、三番目は「第３法則」または「作用・反作用の法則」とも呼ぶ。

記述の中で「運動」という用語が以下の２通りの意味で使われていることに注意。甚だ曖昧ではあるが、どちらになっているのかは文脈で判断する。

1. 各時刻での、物体の位置や速度などの状態
2. 質量と $\overrightarrow{\text{速度}}$ の積としての $\overrightarrow{\text{運動量}}$

第１法則では前者、第２法則では後者である。とくに、第２法則、運動方程式は学校で

$$m\vec{a} = \vec{F}$$

と、習った人も多いのではないだろうか。ここに、m は質量、$\vec{a}$ は加速度、$\vec{F}$

[8)] 高校の物理の教科書では、「運動の法則」という語句は法則３つ全部にではなく、第２法則のみに割り当てられている。受験生は注意されたし。

は物体に加わる力の総和。しかし、ニュートンによる記述はまず、$m\vec{a}$ と $\vec{F}$ の間の関係は比例で良しとしている。また、加速度という言葉は使っていない。$m\vec{a}$ という量は、ニュートンによるところの「運動の変化」をその変化に要した時間で割った量にあたる。ただし、$m\vec{a}$ と書いた場合には、質量が一定であることを前提としている。何らかの要因により質量が変化するような場合を扱う場合には、ニュートンによるオリジナルの方が正しい。オリジナルを改めてベクトルで表現すると、k をある比例定数として、

$$\overrightarrow{\text{直後の運動量}} - \overrightarrow{\text{直前の運動量}} = k\ \overrightarrow{\text{力}}$$

現代の表記では k にはこの変化に要した時間が割り当てられる。

これら、運動の法則が述べられた直後に、それらから導かれる定理として、以下の6つの“系”が示される。

系1，力の合成（∵速度 がベクトル量）

系2，力の分解（∵合成 の逆）

系3，運動量保存則（∵第2法則 と第3法則から力を消去）

系4，複数の物体に働く力が相互作用のみの場合、重心の速度は一定

系5，慣性系[9)]は互いに同等（いわゆる**相対性原理**）

系6，一様な加速を受ける加速度系でも相対的な運動は慣性系と変わらない

なお、惑星の運行の規則性を表わすケプラーの法則を取り込んだ「万有引力の法則」の記述は、これよりも少し後の第1編で述べられている。

学校では、質量は天秤で測られる量、力はばね秤で測られる量として習い、運動の法則は「法則」として教わる。教育上の導入はそれで良いのだろうけれども、オリジナルでは運動の法則は事実上「公理」（というよりむしろ定義）扱いなので、頭の良いカンの鋭い生徒に限っては学校物理の展開ではモヤモヤする可能性がある。そういう生徒を見かけたら、頃合いを見計らって、質量と力の定義を運動の法則の中から見出すことができることに触れ、運動の法則から天秤とばね秤の動作原理を説明できることを見せると良いだろう。

---

9) ここで言う慣性系については後に次章で詳しく議論する。

2.3 微分

次のセクションで利用するので、微分について簡単に確認する。高校数学の手法とは違うかもしれないが、関連する量の値が連動するところがポイント。

微分演算子 $d()$

> 互いに関連する物理量 X, Y がそれぞれ X_{before}, Y_{before} から、連動して極めて微小な値だけずれた X_{after}, Y_{after} に変化するとき、
>
> $$d(X) = X_{after} - X_{before}$$
> $$d(Y) = Y_{after} - Y_{before}$$

なお、$d(X)$ の様に括弧の中が 1 つの変数の場合、dX の様に括弧が省略される。演算の際には、この微少量に比して、さらに微小な量は誤差として無視する。例えば、A, B, C を任意の有限な数として、以下のように処方する。

$$d(X) + A\ d(X)^2 + B\ d(X)d(Y) + C\ d(Y)^2 \rightarrow d(X) \tag{2.1}$$

$d(Y)$ についても同様。言い換えると「極めて微小」の極めての意味が、$d(\ )$ の 2 次の項を誤差として無視できる程度と捉えても良いだろう。また、d の一次の項が全てゼロになる場合には、2 次の項を残す場合もある。

微分は**全ての変化が連動している**ことが肝だが、別の変化の系統を設定したい場合があるときは、区別するために、記号 $\delta()$ などを援用する場合がある。(⇒変分法)

以下の定理が成り立つ。

1. **定数**：常に $d(C) = 0 \Leftrightarrow C$ は定数。
2. **線型性**：$d(X + Y) = d(X) + d(Y)$
3. **ライプニッツ則**：$d(X \cdot Y) = d(X) \cdot Y + X \cdot d(Y)$
4. **関数の微分**：$d(f(x)) = f(x + d(x)) - f(x)$
5. **ベクトルと成分**：$\vec{X} = (x, y, z) \ \Rightarrow\ d(\vec{X}) = (d(x), d(y), d(z))$

ここに "+" はたし算、"·" はかけ算を表している。もしも、かけ算がウェッジ

積 $\wedge$ の場合にはライプニッツ則の式に修正が必要となる（式 6.15）ので注意。ベクトルについては、高校で普通に習うベクトルの意味で上記となる。ただしこれは、$\vec{X} = x\vec{e_1} + y\vec{e_2} + z\vec{e_3}$ としたとき、$d\vec{e_i} \neq 0$ なら修正が必要となる。

なお、状況によっては**積分**を微分の逆演算として捉えることができる。少なくとも、高校数学での微積分においては、この考え方は通用する。

$$\int d(x) = x + \text{積分定数} \tag{2.2}$$

$$\int_{x=x_1}^{x=x_2} d(x) = x_2 - x_1 \tag{2.3}$$

2.4 運動量保存則

運動の法則の中から質量のわかりやすい定義を洗い出すことを試みる。互いに力を及ぼしあう2つの物体 A,B を考えて、それらの質量の比を求める方法を考えよう。比が与えられれば、基準となる質量の何倍かがわかることになるので質量が決定されることになる。

以下はプリンシピアの系3に相当するが、プリンシピアは古代のユークリッド幾何学の様式にこだわり抜いた書きかたをしており、そういう回りくどい（「味わいのある」ともいう）表現を使うよりも、ベクトルを使ってしまった方が簡潔であろう。A,B の質量、速度をそれぞれ、$m_A, \overrightarrow{v_A}, m_B, \overrightarrow{v_B}$、A,B に作用する力をそれぞれ、$\overrightarrow{F_A}, \overrightarrow{F_B}$、微分を表す演算子を $d()$ とするとき、運動量の定義と、運動の第2法則より、

$$d(m_A\overrightarrow{v_A}) = k\ \overrightarrow{F_A}$$
$$d(m_B\overrightarrow{v_B}) = k\ \overrightarrow{F_B}$$

である。ここに、k はてきとうな微小な数。現代の表記では、変化に要した時間が割り当てられるが、この値がどうであろうが、以後の議論には影響しない。両辺を合計すると、A,B 間に及ぼしあう力に対して外部からの力は無視できるほど小さいとすると、運動の第3法則により、

$$d(m_A\overrightarrow{v_A} + m_B\overrightarrow{v_B}) = k\ (\overrightarrow{F_A} + \overrightarrow{F_B}) = \overrightarrow{0}$$

ゆえに、左辺の括弧内は値に変化が無かったということになるから、

$$m_A\overrightarrow{v_A}+m_B\overrightarrow{v_B}=\overrightarrow{\text{定数}}$$

である。つまり相互作用以外の力が無視できる状況では運動量の総和が変化しない。これは**運動量保存則**と呼ばれている。この運動量保存則を用いれば、相互作用する２物体の速度の変化を測ることにより、**質量の比**を求めることができる。質量について考えるにあたり、概念的にはニュートンの運動３法則よりも、運動量保存則の方がわかりやすいであろう。

運動量保存則で質量を定義すれば、質量が示量変数[10)]であることも定義されたことになる。２物体 A,B の衝突は、３物体 A,B,C の衝突に拡張できるから、たまたま、B,C が衝突前も衝突後もくっついていたとすると、それは速度が同じであるとして表現されて、

$$m_A\overrightarrow{v_A}+m_B\overrightarrow{v_{BC}}+m_C\overrightarrow{v_{BC}}=\overrightarrow{\text{定数}}$$

左辺第２項と第３項を括弧で括れば、

$$m_A\overrightarrow{v_A}+(m_B+m_C)\overrightarrow{v_{BC}}=\overrightarrow{\text{定数}}$$

２物体の場合に帰着され、B,C の質量の合計が、(m_B+m_C) ということになり、質量が示量変数であることが示されたことになる。

10) 体積のように, 同じもの２つ合わせて値も２倍になるような数を、示量変数 (extensive variable) という。対して、温度や密度のように値がそのものの性質だけに依り、量によらない数は、示強変数 (intensive variable) という。

2.5 質量を定義する

さらに質量の定義の単純化を進めると、質量が示量変数であることを質量の定義の一部として別に明記するならば、距離の加算性[11)]を前提として、以下のようにまで簡単にすることができる（図 2.2)。

定義：質量

- 質量は示量変数である。
- ある時刻ある観測者に対して同時に速度が0になる2物体 A,B があり、それらが相互作用のみにより位置を変えるとき、その観測者から見て A と B がそれぞれ移動した距離が同じならば、A と B は同じ質量。

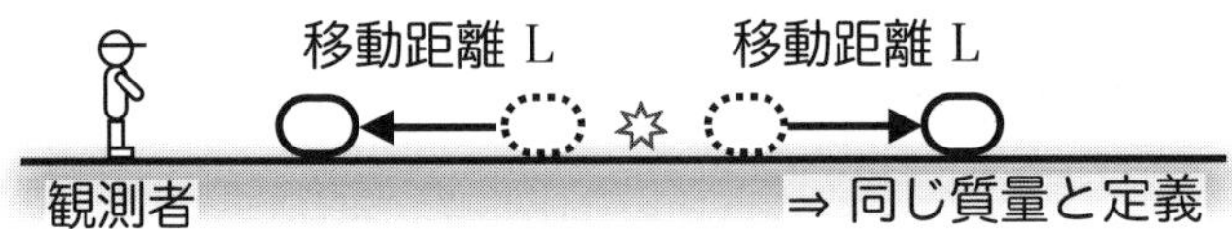

図 2.2　おそらく最も簡潔な質量の定義

速度が0というのがわかりにくいかもしれないが、２つの物体が衝突するとき、一度合体して直後に分離すると考える。くっついた一瞬にそれらの速度は同じになるので、その速度で移動する観測者から見れば、衝突の瞬間にそれらの速度は0になるという意味。

[11)] 長さ a の棒に長さ b の棒を継ぎ足すと数値での合計と同じ、長さ $a+b$ の棒になるという性質。言い換えると「距離は示量変数」。

要するにこれは“天秤”から「テコの原理」と「重力」という物理法則の援用を排除した形である。こうすれば質量という物理量の本質がわかりやすくなるのだが、定義の使い勝手という点では甚だよろしくない。法則の簡潔さと使いやすさとのバランスという点で、ニュートンの運動３法則は実に巧妙にできていると言える。

この定義は後半で質量が同じかどうかしか言及していないが、前半で示量変数であることを明記してあるので、距離の加算性を用いて、質量の値が異なる場合の測定方法を導くことができる（図 2.3)。

定理：質量の測定

ある時刻ある観測者に対して同時に速度が０になる２物体 A,B があり、それらの相互作用のみにより位置を変えるとき、その観測者から見て A と B がそれぞが移動した距離と質量との積は等しい。

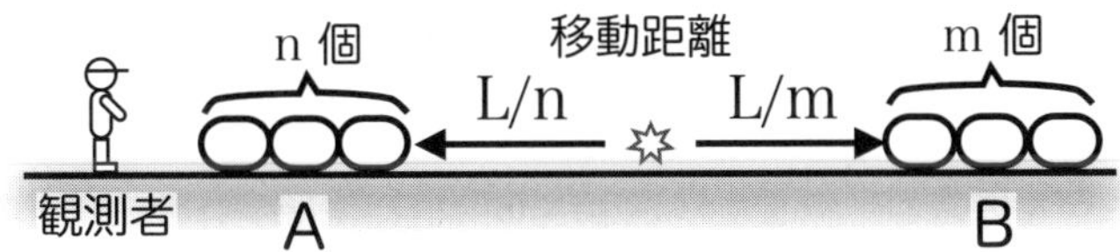

図 2.3　質量の測定：同じ質量の物体が n 個と m 個の集まりからなる物体の場合

これを証明しよう。（要領はテコの原理の証明と同じである。）

Step1: まず同じ質量の物体を多数用意し、図 2.4 のように 1 個と $(m-1)$ 個の場合で成立と仮定し、 図 2.5 のように 1 個 (A) と m 個 (B+C) の場合に

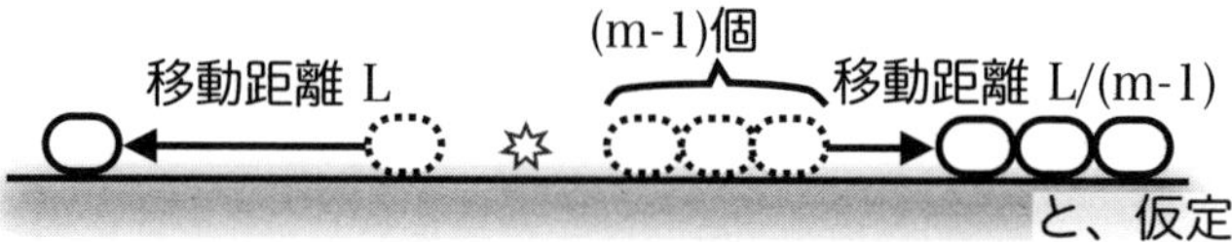

図 2.4　1 個と (m-1) 個の場合成立と仮定

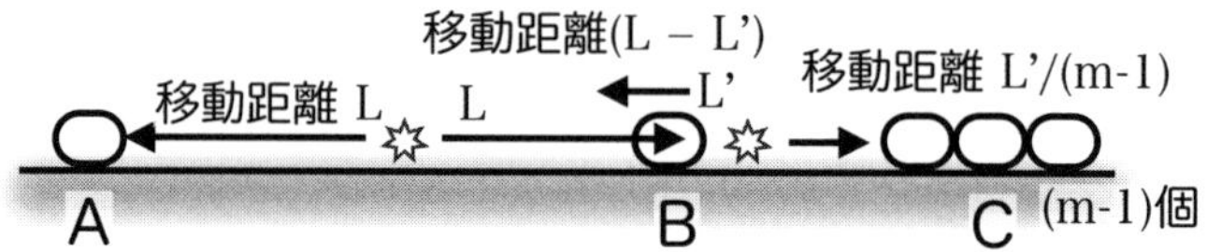

図 2.5　1 個とm個でも成立

も成立するかを考える。図 2.5 の m 個を仮想的に 1 個 (B) と $m-1$ 個 (C) に分ける。B と C の相互作用により、静止状態から、B が距離 L' 移動するとするならば、仮定により、C の移動距離は $\frac{L'}{m-1}$ である。一方、A と B が相互作用し、それぞれ距離 L 移動するとする。ところが、B は C 相互作用するので、B は A による移動距離 L に対して、C による移動距離 L' だけ戻される。つまり B の移動距離は $L-L'$、C の移動距離は仮定により $\frac{L'}{m-1}$。B と C はもともと一体なので、移動距離は同じになり、これを L' について解く事により、以下のように B,C 共通の移動距離を得る。

$$L-L' = \frac{L'}{m-1} = \frac{L}{m}$$

ゆえに、命題は 1 個と m 個でも成立することがわかる。

これは質量の定義により、$m=2$ のときに成立しているから、帰納法により、2 以上の全ての自然数 m に対して成立する事が示された。

Step2: n 個 (A) と m 個 (B+C) の場合にも成立する事を示す。

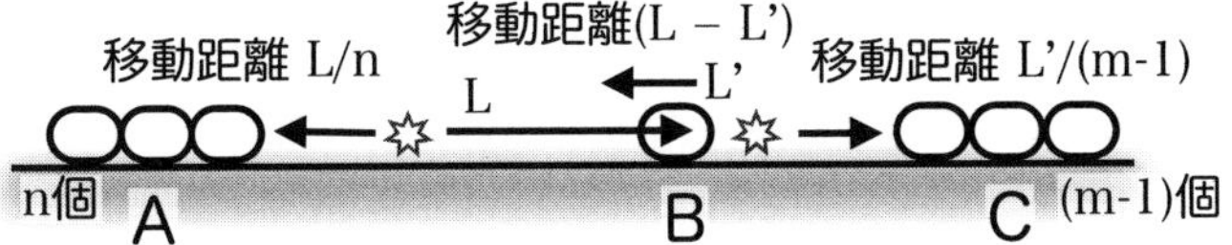

図 2.6　n 個と m 個の場合でも成立

図 2.6 のように、n 個からなる A と、m 個からなる B+C がある。仮想的に、m 個を 1 個の B と残りの C に分ける。

A と B が相互作用し、B が L 移動したとする。Step1 の証明により、A の移動距離は $\frac{L}{n}$ である。

一方 B と C が静止状態から相互作用し、B の移動距離が L' であるとすると、Step1 の証明により、C の移動距離は $\frac{L'}{m-1}$ である。

これらを足し合わせて、B の移動距離は、$L - L'$。B と C は一体であるから、移動距離は同じになり、これを L' について解く事により、以下のように B,C 共通の移動距離を得る。

$$L - L' = \frac{L'}{m-1} = \frac{L}{m}$$

定義に質量が示量変数であることを明記してあるから、同一の質量の物体の個数が n 個になれば、質量も n 倍である。一個あたりの質量を小さく取り、n,m の値を巨大にすれば、十分な精度で、任意の質量に対しても成立することがわかる。

故に定理は証明された。■

この質量の定義から、運動量保存則を導いてみよう。２物体 A,B の衝突の直前直後について考えてみる。

まず、時間反転に対する対称性を仮定しよう。衝突している間のある時刻 t_0 で A,B の速度が同じになり、その速度で移動する観測者を用意して、この質量の定義が適用できた。これは t_0 よりも後の時刻での物体の運動を利用したが、これを時刻 t_0 で時間を折り返しても成立するものとする。つまり、時間を反転して、衝突直前の A,B の移動距離と質量の関係についても同様に成立するものと考える。

衝突の瞬間に A,B の速度が $\vec{0}$ になるような観測者からみて、短い時間 dt の間に A,B それぞれが移動する位置の変化は、速度 $(\overrightarrow{v_A}),(\overrightarrow{v_B})$ に時間 dt をかけたものだから、質量の測定に関する定理より、

$$m_A(\overrightarrow{v_A}dt)+m_B(\overrightarrow{v_B}dt)=\overrightarrow{0}$$

これを一定の速度 $\overrightarrow{v_o}$ で移動する別の観測者が観測すると、速度の合成則により、

$$m_A(\overrightarrow{v'_A}-\overrightarrow{v_o})+m_B(\overrightarrow{v'_B}-\overrightarrow{v_o})=\overrightarrow{0}$$

すなわち、

$$m_A\overrightarrow{v'_A}+m_B\overrightarrow{v'_B}=(m_A+m_B)\overrightarrow{v_o}$$

となる。右辺の値は、衝突の前後で変わらないから、これは、衝突に関する運動量保存則が導出されたことになる。これで通常のニュートン力学と結びついた。

2.6 重さと質量

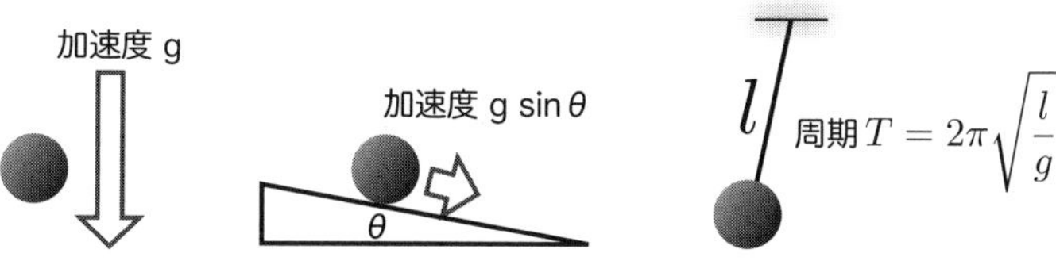

図 2.7 落下加速度の測りかた

空気を抜いた管の中で物体を落下させると、物体の大きさや形、物質の種類に関係なく、みな同じ加速度[12)]で落下する[13)]。この共通の加速度は**重力加速度**と呼ばれ、慣例的に記号 g が割り当てられている。g の値は、地球上の各所で微妙に異なるものの、標準的な値は、$g = 9.8\mathrm{m/s^2}$ と言われている。

落下する加速度を測るには実際に落としてみればいい。高さ h なら、落下時間 t に対して、$h = \frac{1}{2}gt^2$ の関係があるだろうし、高さ h から落下した物体の速さが $v = \sqrt{2gh}$ になることを利用しても良いだろう。しかし、空気抵抗があるので、特に密度の低い物体に関しては顕著に誤差が出てしまう。

しかも、一瞬の出来事なので、測る時間の精度にも問題がでるだろう。そこで、斜面を転がすと、これをゆっくり観察することができ、なおかつ空気抵抗も軽減できる。しかるに、これは転がりの慣性や斜面との摩擦も考慮しなければならなくなり、誤差の要因となる。

この問題を解決できるのが**振り子**である。振り子が振れる周期（振れが一回繰り返されるのに要する時間）は、振り子の長さを落下加速度で割った値の平方根に比例する。長さを長くすれば、ゆっくり観察できて空気抵抗も減らせる。支点の摩擦はほぼ無視できるだろうし、いいことづくめだ。プリンシピア [9] によれば、この振り子を用いた方法で、ニュートンは様々な物質に対して

---

12) 加速度 $\vec{a}$ は一秒間あたりの速度 $\vec{v}$ の変化。すなわち、時刻を t として、$d(\vec{v}) = \vec{a}\,d(t)$

13) 宇宙飛行士が月面で羽ねとハンマーを落としたデモンストレーション [34] が有名。

も、落下加速度が同じになることを念入りに確認している。

さて、鉛直下向きをプラスの向きと定めて、空気抵抗無しで自由落下する物体の加速度を a とすると、

$$a = g$$

である。両辺に物体の質量を掛けると運動方程式になる。

$$ma = mg$$

この右辺は意味としては“力”であるが、これを物体の“重さ”といい、質量とは区別する。重さは、別の星に行って重量加速度が変化すると、それに応じて大きさも変わるが、質量は変わらない。この左辺の m を**慣性質量**、右辺の m を**重力質量**と呼んで区別しようとする考え方もある。そもそもこれらは同じものなのだけれども、ひょっとしたら物質の種類によっては違うのではないかと考えてみる。本当に違いがあるのであれば、落下加速度に違いが現れるのだから、もしもその違いの要素を抽出精製することができたならば、ジブリ映画の“飛行石”や、アラビアンナイトの“魔法のジュウタン”の素材をリアルに見つけたことになる。それらを夢見てみるのも悪くなかろう。そういうわけで、物体の落下する加速度に違いがない事が、非常に高い精度で検証されている [33] が、幸か不幸か今日までその有意な違いは検出されていない。なお、もしあったとしても、重力理論に極めて極めてごくわずかな修正が加えられるか、あるいは、“新しい種類の力”が見つかったものとして認識されるだろう。“飛行石”抽出精製は夢のまた夢である[14)]。以後、とくに断りの無い限り、真空中で物体が落下する加速度には違いがないものと考えて、慣性質量と重力質量を区別しない。この区別しない事を**等価原理**という。自然法則というよりはむしろ“言葉の綾”というべきもので、当たり前すぎることを疑われたり批判されたりしても、あまりにも当たり前であるがゆえに“ここまで検証すればok”

---

14)「あきらめがわるい」ことも科学の進歩にとっては重要な要素である。何か特別な条件を加えたならば、実現するのかもしれない。ただし、予算が限られているという問題はある。人には寿命もある。成功への見通しが全く立たないものであれば協力者もライバルも現れない。おそらく、研究の過程で何か有用なスピンオフが出てくることが期待されているような計画であれば、進められるのかもしれない。

というような限度が無い。しかしそんなことに捕らわれていたら話が先に進まなくなるので、ここはいったん仕切り直して“原理”とするものである。

図 2.8 重力で引かれあう 2 物体

さて（図 2.8）のように、大きさが無視できる 2 物体が重力で引かれあっているとする。質量をそれぞれ M,m、それぞれの場所での重力加速度の大きさを g',g とし、重力そのものを媒介している“何か”の質量は無視できると考えると、互いに引きあう力 F は、以下のように表される。

$$F = Mg' = mg$$

つまり、g' は m に比例し、g は M に比例することがわかる。よって、この場合、重力は双方の質量の積に比例することがわかる。

さてここで、ケプラーの 3 法則からニュートンの万有引力の法則を導いてみよう。方針は概ね啓林館の高校物理教科書「物理 II 改訂版」[10] に同じ。

ケプラーの法則

- **第 1 法則**（楕円軌道の法則）
  惑星は、太陽を焦点のひとつとする楕円軌道上を動く
- **第 2 法則**（面積速度一定の法則）
  惑星と太陽とを結ぶ線分が単位時間に描く面積（面積速度）は、一定である
- **第 3 法則**（調和の法則）
  惑星の公転周期の 2 乗は、軌道長半径の 3 乗に比例する

せっかく楕円軌道を発見したケプラーには申し訳ないが、簡単のため、円軌道

で近似する。すると第2法則により、惑星は等速円運動をすることになる。

ここで高校物理・等速円運動を復習してみよう。角度は弧度法を採用する。

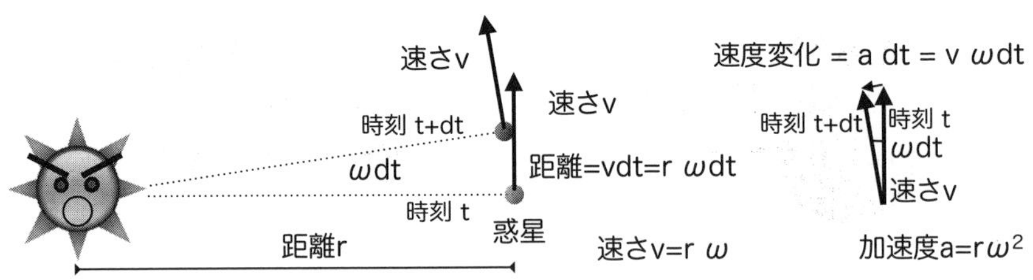

図 2.9　等速円運動

即ち扇型の円弧の長さは、角度と半径の積で表される。一回りの角度は、半径1の円周の長さである 2π となる。太陽の周りを惑星が、微小な時間 dt につき、角度 ωdt だけ回転するとする。この ω は角速度と呼ばれ、惑星の公転周期 T を掛けると一回りの角度になるから、以下のの関係式が成り立つ。

$$\omega = \frac{2\pi}{T} \tag{2.4}$$

惑星の速さを v、太陽と惑星の間の距離を r とすると、時間 dt の間に惑星が移動する距離は、角度が弧度法で表されていることにより、

$$vdt = r\ \omega dt$$

また、これに伴い速度の向きも角度 ωdt だけ回転するので、速度の差の大きさは、惑星の加速度を a とすると、角度が弧度法で表されていることにより、以下で与えられる。

$$a\ dt = v\ \omega dt$$

以上により以下が云える。

$$a = r\ \omega^2$$

等速円運動復習ここまで。

次にケプラーの第3法則を式で表してみよう。(2.4) 式より、

$$r^3\omega^2 = k$$

ここに、k は定数で、金星、地球、火星… に共通の値である。惑星に働く力は、惑星の質量を m として、等速円運動の加速度を代入して、以下が得られる。

$$F_g = ma = m\, r\omega^2 = m\, r\frac{k}{r^3} = \frac{k\ m}{r^2}$$

この節の前半の議論により、この力の大きさは太陽の質量 M にも比例している。ゆえに、k を太陽の質量で割った値を G として、以下が成り立つ。

$$F_g = G\frac{Mm}{r^2} \tag{2.5}$$

これがニュートンの万有引力の法則を現代の表現で表した式である。この定数 G は、太陽と惑星の間のみならず、惑星と惑星の衛星の間でも共通の値が使えることが確認され、万有引力定数と呼ばれている。予算があれば、学校の理科室で、鉛球どうしが引き合う力を測定して値を確認することもできる [11]。

ところで、この（式 2.5）とクーロンの法則（式 5.2）を見比べてみて、

- （式 2.5）右辺に現れる質量は電荷に対比されるべき量 (charge) だから、慣性質量とは区別されるべき量である

とする主張を見かけることがある。しかし、もしそうだとすると、つまり等価原理が成り立たないことを前提とするならば、そもそも（式 2.5）は成立しないことになるので、自己矛盾に陥る。**結論となる公式だけを眺めるのではなく、その前提や導出過程にも注意を払うべき**である。自明の理を疑ってみることは、誤りや思い込みを発見するためには役に立つかもしれないが、新しい発見や理解につながらない限りにおいては、その価値や意義は<u>全く無い</u>ということに留意しよう。

2.7 エネルギーと質量

$$E = mc^2$$

相対性理論の有名な公式で、エネルギー E の存在には質量 m が伴うというもの。c は光の速さ。実に奇妙な式である。エネルギーは“差”にのみ意味のある量なのに対して、物体の場合、質量は存在そのもの。質量は示量変数であるから、同じ質量の物体を2個束ねると質量は2倍だが、1個から1個を引き去ると、それは“無”である。“無い”という状態からさらに引き去ることはできない。つまり物体の質量はマイナスにはなれない。しかし、エネルギーは、マイナスにもなれる。どういうことなんだろうか？ とりあえずこの関係式は、**差と差の間の等式**であると解釈しておこう。

アインシュタイン[15)]がその手記の中で初等的な導出方法を書き記している[12]。まずはこれを簡単に紹介しよう。

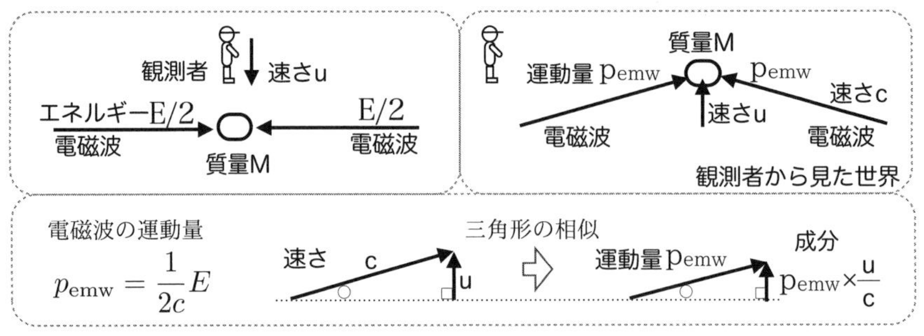

図 2.10　$E = mc^2$ の初等的な導出

電子レンジでごはんを温めるように、物体に電磁波を照射して吸収させると、その電磁波のエネルギーは、熱などの形で物体内部に吸収される。つまり、物体のエネルギーは増加する。

---

15) Albert Einstein 1879 - 1955 ドイツ生まれの物理学者。相対性理論で有名。

電磁波にはエネルギーと同時に運動量が伴っている[16)]。c を光の速さとして、以下の関係式が成り立つ。この関係式は純粋に電磁気学の理論から導出されるものである。詳細は（§7.5）にて説明される。

$$|\text{電磁波の運動量}| = (\text{電磁波のエネルギー})/c \tag{2.6}$$

物体は、この運動量を受けて光や電波などの電磁波にごくわずかにはね飛ばされるのだが、その大きさがとても小さいので日常生活の中で電磁波が物体をはね飛ばすシーンは見られない。ここでは物体が動かないように、正反対な向きから半々に電磁波を照射することとしよう（図 2.10 左上)。

これを電磁波の進行方向とは垂直な向きに速さ u で運動する観測者が見たとする（図 2.10 右上)。電磁波は、観測者から見て物体の速度と同じ向きに運動量の成分を持っている（図 2.10 下)。運動量保存則が成り立つことを前提とするならば、この電磁波の運動量の成分は物体を加速させるかのように思われる。しかし、もともと物体は電磁波の吸収の前後でその速度を変えないことがわかっている。速度を変えずに運動量を増やすには、質量が増えるほかない。かくして、増加した質量と吸収した電磁波のエネルギーとの関係式が明らかにされる。

電磁波のエネルギーを E とすると、これを左右半々に照射するのだから、片方の電磁波のエネルギーは $\frac{1}{2}E$。したがって、片方の電磁波の運動量の大きさは $p_{\rm emw} = \frac{1}{2c}E$。

移動する観測者が見た世界では、電磁波の運動量の、物体の速度方向の成分は、三角形の相似により、$\frac{u}{c}$ を運動量に掛けて、$p_{\rm emw}\frac{u}{c}$。故に電磁波吸収後の物体の運動量は物体の質量を M として運動量保存則により、

$$Mu + 2p_{\rm emw}\frac{u}{c} = (M + \frac{E}{c^2})u$$

つまり、物体の質量は、$m = E/c^2$ だけ増加した。

これは電磁波の吸収という一例にすぎないが、一般化して考えて、全てのエネルギー増加は、質量の増加を伴うと考えてみる。質量 m の物体に、現代の

---

16) “運動量=質量・速度”という定義は、電磁波に対しては適用できないので注意。「物体との放射・吸収、反射で運動量保存則が成り立つような量」の意味である。

表記によるところの力 $\vec{F}$ を加えて加速させた場合、運動方程式は、以下のように表される。

$$d(m\vec{v}) = \vec{F}\ d(t) \tag{2.7}$$

ここに、t は時間。$\vec{F}\ dt$ は力と時間の積だから、**力積**とも呼ばれる。この両辺に速度 $\vec{v}$ を内積。

$$\vec{v}\cdot d(m\vec{v}) = \vec{F}\cdot\vec{v}dt$$

このとき、「物体は $\vec{F}\cdot\vec{v}dt$ の**仕事**をされた」という。この「仕事」は物体に「**運動エネルギー**」として蓄えられると考える。すなわち運動エネルギー K とは、

$$K = \int_{\vec{v}=0} \vec{v}\cdot d(m\vec{v})$$

である。ここに、$\int_{\vec{v}=0}$ は不定積分から、$\vec{v}=0$ を代入した値を引くという意味。

質量が一定であるという仮定のもとでは、運動エネルギー K は、静止状態を 0 として、以下のように計算される[17)]。

$$K = \int_{\vec{v}=0} \vec{v}\cdot d(m\vec{v}) = \frac{1}{2}mv^2 \tag{2.8}$$

ここに、$v^2 = \vec{v}\cdot\vec{v}$。しかし、運動エネルギーの増加と共に質量も増加しなければならないから、質量は速さの関数であるべきである。すなわち、運動エネルギーの増加分は質量の増加分と c^2 倍で比例するから、

$$\vec{v}\cdot d(m\vec{v}) = d(mc^2)$$

積にライプニッツ則を適用し、変数分離して、

$$\frac{dm}{m} = -\frac{1}{2}\frac{d(c^2-v^2)}{c^2-v^2}$$

積分して[18)]、

$$\ln m = -\frac{1}{2}\ln(c^2-v^2) + \text{積分定数}$$

---

17) $\vec{v}\cdot d\vec{v} = v_x dv_x + v_y dv_y + v_z dv_z = \frac{1}{2}d({v_x}^2 + {v_y}^2 + {v_z}^2) = d(\frac{1}{2}v^2)$

18) ln は自然対数 (natural logarithm)。$e = 2.718..$ をネイピア数として、$y = \ln x \Leftrightarrow x = e^y$。積分の公式 $\int\frac{dx}{x} = \ln x + \text{定数}$　が成り立つ。高校の数学や大学受験では底を略した素のの log が使われるが、これは必ずしも一般的ではないので注意。多くの場合、底が省かれた log は 10 底の場合を表す。$y = \log x \Leftrightarrow x = 10^y$

速さゼロの時の質量を仮に m_0 と書くならば、積分定数が確定し、以下を得る。

$$m = \frac{m_0}{\sqrt{1-\frac{v^2}{c^2}}}$$

特にこの m を運動質量、m_0 を**静止質量**[19)]（rest mass）と呼んで区別する。“素粒子の質量”と言う場合、たいていは静止質量の方を指す。“運動質量”という言い回しは事実上死語であり、科学史の領域の用語と思われる。以後、特に断りの無い場合は、**質量と云えば静止質量を指す**ものとする。

以上より、運動エネルギー K と運動量 $\vec{p}$ は以下のように表される[20)]。

$$K = \frac{m_0c^2}{\sqrt{1-\frac{v^2}{c^2}}} - m_0c^2 \tag{2.9}$$

$$\vec{p} = \frac{m_0\vec{v}}{\sqrt{1-\frac{v^2}{c^2}}} \tag{2.10}$$

速さが c に比して十分に小さい場合は、運動エネルギーは近似[21)]により $K=\frac{1}{2}m_0v^2$ に帰着する。反対に、速さが光速近くなると、分母がゼロに迫り、いくら仕事をつぎ込んでも、力を加えても、運動質量の増大に消費されて、速さの増加にはほとんど寄与しないことがわかる。つまり、どんなに高性能なロケットを作って噴射したところで、どんなに巨大な加速器で粒子を加速したところで、光の速さに近づくことはできても、光の速さにまで達することはできない。これらの式は数多くの実験にて正しいことが検証されている。もしも間違っていたのなら、粒子加速器の設計は不可能であっただろう。

[19)] 物理屋の会話の中で静止質量という言葉を久しく聞いていない。たいていは英語読みそのままでレストマス（rest mass = 休んでいる質量）と呼んでいる。文脈によっては、不変質量 (invariant mass)、固有質量 (proper mass) ともいう。

[20)] $K=\int \vec{F}\cdot\vec{v}dt=\int d(mc^2)=mc^2-m_0c^2$

[21)] h が 1 に比して微小な数の時、$(1+h)^a \fallingdotseq 1+ah$

2.8　反重力生成装置！？

以下は、大学初年度の学生に、グループ討論の課題として出していた問題である。受験でパターン学習に凝り固まったアタマをほぐすことが目的なのだが、アンケートによると、意欲的な学生には好評だが、通過点として単位を取りたいだけだと主張する人たちからは非難轟々であった。

問題：大きさの無視できる質量 M の物体を 2 つ用意し、それらの間の万有引力の効果が顕著になるような短い距離 r の位置に配置する（図 2.11）。それら

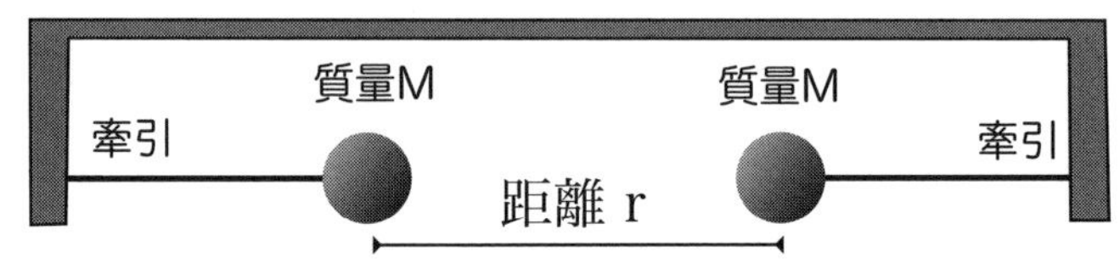

図 2.11　反重力生成装置

を十分な強度のヒモで吊るして支える。ヒモを伸ばすことによって、外部に仕事をすることができる。すなわち、エネルギーを外部に取り出すことができる。万有引力の大きさは距離が近くなるにつれて、発散するから、無尽蔵にエネルギーを取り出すことができそうだが、これは正しいか？ なお、エネルギーを取り出す仕組みは、電磁波の放出など他の方法でも良く、ヒモによる牽引に限る必要は無い。また、電磁気学（相対性理論）の帰結によれば、エネルギー E の存在には、E/c^2 の質量が伴うことが知られている。距離を近づけることにより、物体の位置エネルギーは限りなくマイナスへ減少して行くから、ある距離になったところで、全体の質量はゼロになってしまう。それどころか、さらに距離を近づけると、全体の質量は負になり、周囲に万有斥力を及ぼす事になる。これは正しいか？ 結論を考え、その理由をつけて述べよ。（なお、これは思考訓練である。答えが正解か不正解かは問わない。）

解答例：

1. 正しくない。その大きさの力に耐えうる構造物は存在しないから。
2. 正しくない。物体の大きさは原子核よりも小さくできないので、r の値は原子核の半径の和で最小となり止まるから。
3. 正しくない。電磁気学によれば、光の速さは定数である。定数なので光を追いかけてもやはり光の速さで遠ざかることから、光の速さを超えることはできない。一方、r を小さくして行くと、装置中心部は高密度となる。ある r の値よりも小さくなると中心部からエネルギーを遠方まで取り出すためには光よりも速い速度が必要になり、それは不可能である。故にエネルギーを取り出すことのできる r には下限があることになるから。

「物理とは明確に設定された条件のもとで条件を公式に当てはめて解答欄を埋めるものだ」と思っている人たちにとっては、これは不愉快な問題だろう。なぜならこれはリアルな世界と向き合って状況設定から考えなければならないためだ。方針としては、素材の強度限界や原子核半径などのリアル設定から攻める方向が一つと、脱出速度などの原理的な設定から攻める方向との 2 つが考えられる。物体を圧縮すると最終的にはブラックホール[22)]になるという話を聞きかじったことのある人なら、後者で答えを書くことができるであろう。

ただ、通常のブラックホール形成と違う点は、エネルギーを引き抜きながら、コンパクトにするので、ブラックホールができる前に全体の質量がゼロになってしまうのでは無かろうかという懸念がある。重力による位置エネルギーは、万有引力の法則により $\int_\infty^r \frac{GM^2}{r^2}dr = -\frac{GM^2}{r}$、ここに、$G = 6.674 \times 10^{-11}\mathrm{Nm}^2/\mathrm{kg}^2$ は万有引力定数。ゆえに、$E = mc^2$ の関係式により、装置全体の質量は、支えるヒモ等の外側の部分を除いて、以下のようになる。

$$\mu = 2M - \frac{GM^2}{rc^2}$$

[22)] その表面から遠方へ脱出するには光の速さ以上の速さが求められるために、脱出不可能な天体。

一方、質量 m の天体表面から、十分遠方に飛び去るための速度がちょうど光の速さとなる半径のことをシュワルツシルト半径といい[23)]、$r_s = 2Gm/c^2$ と表される。故に、装置中心部のシュワルツシルト半径は、

$$r_s = \frac{2G}{c^2}\mu$$

大まかな見積もりとして、この半径が r と等しくなる r を求めてみると、2 次方程式を解いて、大きい方の解、

$$r_{(r=r_s)} = (2+\sqrt{2})\frac{GM}{c^2}$$

が得られる。一方、$\mu = 0$ となる r の値は、

$$r_{(\mu=0)} = \frac{GM}{2c^2} < r_{(r=r_s)}$$

だから、全体の質量が ゼロとなるよりも前に、エネルギーを引き出す事ができなくなる事がわかる。

さて、この問題の教訓をおさらいしてみよう。

- まずはニュートンの万有引力の法則だけを見ていると、エネルギーを無限に取り出せるのではないかという期待が生じるが、他の様々な要因も考慮するとそれは不可能であることがわかる。我々の自然界の法則は背後で全てが繋がっていると心得るべきである。
- 次に、反重力を生成させられるのではないかと期待したことについて、これは電磁気学を考慮していない体系に、電磁気学を取り入れた場合の帰結を混入させたことによる。$E = mc^2$ は電磁気学からの帰結なのだから、その他の部分も電磁気学との整合性を考慮した扱いにしなければならない。結果、電磁気学からの帰結である「光の速度の定数性」を取り入れて、反重力は実現しないという結論に至った。

さて、我々の目標は光の速さを超えることなのだが、その前段階である反重力が論理的に否定されたことについて、そりゃあそうだろうなと納得してし

[23)] Karl Schwarzschild (1873 - 1916) ドイツの天文学者、天体物理学者。

まった人は多いのではなかろうか？ それではいけない。そもそも無理なことに挑戦しようとしているのだから、もっともっとあがいてみてもいいのではないだろうか？ 他のバリエーションは無いものだろうか？ 論理にどこか見過ごしていた穴が無いだろうか？ とことんやってみるといい。

ただし、目鼻ついていない段階でセミナー等で発表すると、簡単にさらさら流されて終わるか、参加者の目がだんだん三角になって行くかするだろうから、他人と議論する際には時と場合と相手をよく選ぶべきである。

第3章

慣性の法則

相対性理論の基本原理とされている文言の例

1. 相対性原理：互いに平行に等速直線運動をしている**慣性系**に対して、全ての物理法則は、同一の形式で表される。
2. 光速度不変の原理：光の速度は、その光源の運動のいかんに関わらず、全ての**慣性系**に対して同一の値（29972458m/s）となる。

上記の2つの原理は、時間と空間が混ざり合うとされる、アインシュタインの相対性理論の基本原理として有名である。初学者向けの教科書や通俗書などによく登場する。ツッコミどころ満載なので、本章では1番目の相対性原理について掘り下げる。2番目の光の速さに関しては、5章で詳しく触れる。

原理（あるいは公理）とは、物理法則の中でも、その法則を出発点にして論理を組み立てることにして、他の法則によって説明されることが放棄された法則の事である[1)]。果たしてこれが相対性理論の基本原理なのかというと、そうとも限らない。どちらかというと、説明者が物理や数学の基礎が十分にはできていない人たちに向けて理論を滞りなく説明するために、「ここから話を始めましょう」とする意味合いぐらいでしかないだろう。6章で詳しく述べるが、相対性理論は電磁気学で現れる真空中の関係式 $\vec{D} = \epsilon_0 \vec{E},\ \vec{B} = \mu_0 \vec{H}$ から自

[1)] あまりにも“あたりまえ”すぎることがらに、哲学者あるいは形而上学を信奉する人たちが難癖をつけてきて、証明やら検証やらを求めて来たときにも威力を発揮する。「これは原理です」と。

然に導出される。いわば電磁場がもともと持っていた座標変換[2]に対する対称性[3]を抽出したのが相対性理論である。つまり、相対性理論よりも基本的な法則は何かという問いには、本章冒頭の2つよりは、電磁気学の諸法則というのが妥当である[4]。

ゆえに、論理という観点からは冒頭の原理のような持って回ったような言い回しをする必要はないのだけれども、初学者にとっては微積分や線型代数や電磁気学の攻略をスルーして相対性理論の興味をそそられる部分へと直ちに迫って行けるという、大きなメリットがある。実際、著者が特殊相対性理論を中学生に向けて説明したときには、とても効果的であった。

ところが冒頭の原理から出発するやりかたは、便宜的な意味合いが強いアプローチのしかたなので、(あまり深く追求すべきではないのかもしれないが、)どうしてもあやふやな部分を含んでしまっており、その部分は、読者や聞き手からの「むずかしい」という声となって具現化する。そのひとことを聞きたくないがために、気づかれないように寝た子を起こさぬように毎度ささっと通り過ぎる部分がある。たとえば、「慣性系」と「慣性の法則」の間の関係。本章ではそこを“あえて”ほじくり返してみよう。その上で「相対性原理」とはいったい何なのかを明らかにしたい。

なお、慣性の法則と相対性理論の関わりとしては「マッハの原理」[13] が有名であるが、ここでは触れない。

---

[2]位置と時刻の表しかたを変更すること。

[3]着目している対象に対して、ある特定の変更を加えても、変わらない性質があること。たとえば、ボール(対象)を回して(変更)も見かけ(性質)が変わらないので、ボールには、見かけに関して、回転対称性がある。

[4]もちろん論理の網目は柔軟に再編できる場合が多いので、相対性理論を出発点にして電磁気学に含まれる多くの法則を説明することもできる。

3.1 学校で習ったこと

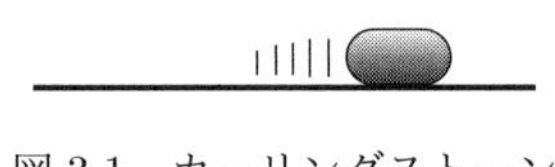

図 3.1 カーリングストーン

中学あるいは高校で私たちは「慣性の法則」を習う。精度良く水平に磨かれたスケートリンクの上を滑る丸くて重い物体、すなわちカーリングをしているところの写真などを見て、速度を与えられた物体は、そのままの速度[5)]を維持すると教えられる。そして、その物体（カーリングストーン）が、だんだん遅くなるのは、「物体に対して進行方向と逆向きに摩擦力が加わっているから」と、説明される。なるほど、そうだろう。床（リンク）をブラシでこすって、物体の間の摩擦を減らせば減らすほど、摩擦力が小さくなって、床の上を滑る物体その速さが減りにくく、遠くまで滑って行く。さらには空気の抵抗も減らせば、もっと遠くまでとどくであろう。

3.2 堂々巡り

ならば、カーリングのリンクを赤道から北極まで延ばしたらどうであろうか？ 海の上に橋をかけ、山をぶち抜き、ひたすら水平に（つまり、水を張った水面と同じ向きに）リンクを延長する。ただし、月や太陽の影響（潮汐力）は無視できるものとする。さあ、摩擦は極限まで小さくできたものとして、赤道から北極めがけて放った物体は、北極に達することができるであろうか？ 答えは、ノーである。物体の運動方向はは東へ東へとずれ、やがてコースアウトしてしまう。リンクが傾いているわけでもなく、北極へ向けてちゃんと正確にまっすぐ放ったにも関わらずにである。その理由は以下のように考えられる。

---

5) 高校物理での「速度」とは、向きと大きさの両方を持つ量を意味する。速度の大きさは「速さ」とよんで区別される。ナンセンスだが、おそらくは、用語を揃えておかないと試験をする方もされる方も困るという理由だろう。

地球が自転しているので、赤道上の地面に置かれた物体は、地球の重心に対して初めから東向きの速度をもっている。一方、緯度が高くなるほど、地球の回転軸に近くなるから、地面に置かれた物体の地球の重心に対する東向きの速度は小さくなる。赤道から北極めざして放たれた物体は、東向きの速度も維持しようとするから、緯度が高くなるにつれて、地面に静止している物体に対しての、東向きに速度の差が大きくなる。ゆえに物体は東へとコースアウトする。つまり、赤道から、北極へ向けて放った物体は、北極へ到達することはない。

何がいったいまずかったのであろうか？ 慣性の法則は地球の大きさでは成り立たないのであろうか？ いいや、リンクの設置のしかたがいけなかったのである。物体はまっすぐ進んでいるのに、リンクが地球と一緒に回転していたから、コースアウトしてしまったのではないか。だから、リンクが「回転していない」という条件を付け足す必要がある。さらに一般には、リンクは回転してはいけないだけでなく、加速してもいけない。ならば地球を止めてみよう。もし地球が回転していなければ、摩擦が無視できるという理想化された条件のもとでは、物体はコースアウトすることもなく、北極点にまで到達できるであろう。

以上を踏まえた上で、辞書を開いてみると、「慣性の法則」には、高校の教科書には無かったワンフレーズが加わっている[6]：

慣性の法則（ウィキペディアより）

- **慣性系**における力を受けていない質点の運動を記述する経験則である。

ここで新たに加わった「慣性系」というコトバが謎ではあるが、「空気を読む」という摩訶不思議な超能力を会得している人たちならすぐに察するであろう：

[6] この記事を連載として発表してからおよそ 10 年ほどの時が経過している。当時は猫も杓子も「慣性系において」の文言が付いていたが、最近改めて調べてみると、かなり無くなっている。慣性系と慣性の法則の間の関係について、丁寧な説明が増えたように思われる。

「慣性系とは、この場合、リンクを回転させたり、加速させないことだね！」

おおむねそれは正しい。念のため、「慣性系」というコトバをウェブサイトや辞書で調べてみよう。驚くなかれ、多くのウェブサイトや辞書にはこう書いてある：

慣性系（ウィキペディアより）

- 慣性系とは、**慣性の法則**が成立する座標系である。

図 3.2　呑み込んだら、消滅するのかな？

[7] つまり、「慣性の法則」を定義するには、「慣性系」を基礎としており、「慣性系」を定義するためには「慣性の法則」を基礎としている。他には「ニュートンの運動法則が成り立つ座標系」という記述も見られるが、「慣性の法則」を基礎としていることには変わりはない。これでは堂々巡りであり、コトバの置き換えをしただけで、論理的には何も説明していないことになってしまうのではなかろうか？「慣性の法則」と「慣性系」の概念はあやふやな幻だったのだろうか？

しかし現に、観察した結果として、カーリングの石は、リンクを磨けば磨くほど、一定に近い速度で滑って行くことを、私たちは知っている。だから、それはコトバに表現するときに、論理がわかりにくいものになっただけで、幻として片づけるべきものではないことは、実体験に根ざして見て取れる。堂々巡りにはならない、何か的確な表現があるはずだ。

---

[7] 座標系とは、土地と住所、列車と座席番号などの様に、位置あるいは、位置と時刻の組み合わせを、数値で表す表しかた（座標）と、その表しかたに関係する諸々（例えば座標に固定された物体など）を組みにした一式（系、システム）のこと。ニュートンの著書プリンシピアでは「空間」という表現がされている。移動中の乗り物の室内のようなイメージだろうか。

3.3 ニュートンの相対性原理

冒頭に記した１番目の相対性原理に関して、ニュートンはその著書プリンシピア（プリンキピア）で既に言及している。ここではもちろん原理（あるいは公理）ではなくて、例の力学３法則から導かれる“系”として扱われている。つまり、ニュートンの考え方に沿うならば、相対性原理と呼ばれている内容は、始めの力学３法則の中にもともと含まれていたことになる。

プリンシピア：系V

> 与えられた空間内に含まれる諸物体の運動は、その空間が静止していようと、あるいは何らかの円運動をも伴わずに一様に前進していようと、それらの間において何ら異なることはない。

この「与えられた空間」というのは乗り物の室内だとか、実験装置が丸ごと収まる大きな箱だとかを想像するとよろしいだろう。「静止」というのは我々が生活している地面に対して静止という意味なのか、観測者に対して静止という意味なのか、いまひとつ不明ではあるが、基準となる自転していない空間を一つ決めておくという事だろう。それが地面である場合には、地球の自転や丸みの影響が無視できる範囲を想定しているのだろう。一様に前進というのは、静止している空間のあらゆる点に対して同じ $\overrightarrow{\text{速度}}$ を加える事で新たな空間を得るという意味に取れるだろう。

さて、本章冒頭の相対性原理と比べてどちらが“わかりやすい”記述だろうか？ ニュートンの方は一様な速度を加える変換について言っているのであって、慣性系という概念は、あらわには入っていない。

回転しない（円運動をも伴わずに）という事に言及してあるが、観測者自身の回転運動は容易に検出できる。まず、周囲に何も無い宇宙空間に浮かんでいる状況を想像して欲しい。遠くの星々を目視すれば、とりあえず自分が回っているかどうかはわかるだろう。厳密には星々も悠久の時の流れの中で移動しているので、それも含めてとなると、重り２つをヒモで結んで静置し、張力が生じるかどうかを見てやれば、原理的には検出可能。（ただし、近隣の天体からの重力（潮汐力）を無視できる場合。）

一方でアインシュタインによる相対性理論の最初の論文 [27] では、どう書かれているだろうか？ 慣性系に対して.. とかいう言い回しはとくに見当たらない。以下のように書いてある：

アインシュタインの相対性原理（1905 年）

（前略）電気力学（電磁気学）の現象は力学の現象と同様に、絶対の静止という考えを立証するような性質を持っていないように見える。むしろこれらの事実から、力学の方程式が成り立つ全ての座標系に対して、電気力学や光学の法則がいつも同じ形で成り立つと考えられる。（中略）このような推測を第一の要請と見なして、相対性原理と呼ぶことにする。

つまり「電磁気的な現象に対しても、従来のニュートン力学と同様に、速度の基準となるような、絶対的な座標系は見当たらない」と言っているだけである。

本章冒頭で示した謎の相対性原理は、誰が言い出したものか、筆者は科学史に明るくないので知らないが、原典を辿ってみるに、ニュートンの“系V”とアインシュタインの相対性原理をミックスして、大胆に書き換えたものらしい。ニュートンの時代には人類は電磁気学に対する十分な知識を持ち合わせていなかったが、ニュートンの“系V”に対してアインシュタインが電磁気学も入れるように提唱したことが、「全ての物理法則」というフレーズに含意されている。

ところで、ニュートンは一様な $\overrightarrow{\text{速度}}$ を加えるだけでなく、一様な $\overrightarrow{\text{加速度}}$ を加えることにも言及している。

プリンシピア：系 VI

> 諸物体が、それら自身の間でどのような運動をするにせよ、もし等しい加速力によって平行線の方向に推し進められるならば、それらすべて、それらの力によって推し進められなかったと同じように、それら自身の間で運動し続けるだろう。

加速力というのがわかりにくいが、一様な慣性力（乗り物を加速したときに、中の人に乗り物の加速度とは反対向きに働く力）あるいは重力（斜面を含む）が加わっている場合を指すのだろう。相対運動に着目すれば、その力が無い場合と同様だということだ。次節では、このことをデモンストレーションする実験を提案し、慣性系を構成する一例としてみよう。

3.4　ビー玉で慣性系を構成する

試しに慣性系を構成してみよう。滑らかで厳密に平面な天板を持つ机を用意して、少し傾け、上にビー玉（小さなガラス玉。小さく重い真球ならなんでもいい。転がり抵抗や、回転の慣性モーメントは無視するものとする。）をばらまく。これを、同じ傾斜の斜面を一緒に滑り降りるビデオカメラで撮影するとどう見えるであろうか。多少の誤差はあるものの、カメラに写ったビー玉がまるで水平な面にばらまいたように、互いに一定の速度

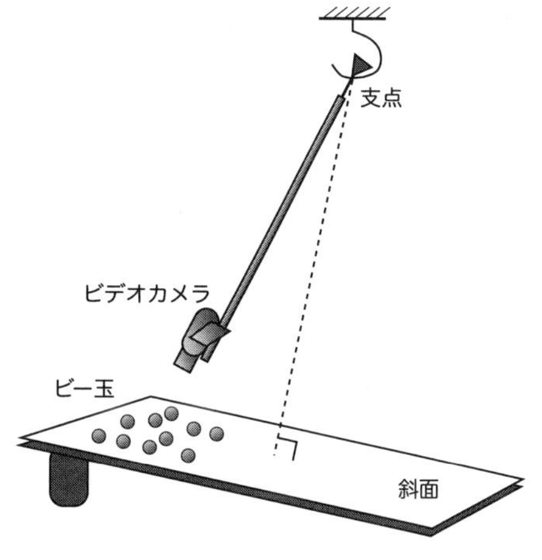

図 3.3　斜面を転がり降りるビー玉

で近づいたり遠ざかったりしているようすが見られるであろう。ビー玉の加速度はどれも同じ向きに同じ大きさなので、互いの位置の差に関しては、加速度に因る部分が相殺されるからである。つまり、斜面を転がり落ちて加速していたとしても、この場合はビー玉どうしの互いの相対的な位置関係については、一定の速度が維持されている。

この斜面上のビー玉の位置を表すときに、机に固定されたモノサシで値を示す代わりに、はじめに斜面の上にグラフ用紙のように碁盤の目状に置かれたビー玉を使えば、これらは物体と一緒に滑り降りていくから、この新しい座標で記述されたビー玉の位置は従来通りの慣性の法則に従うことになる。

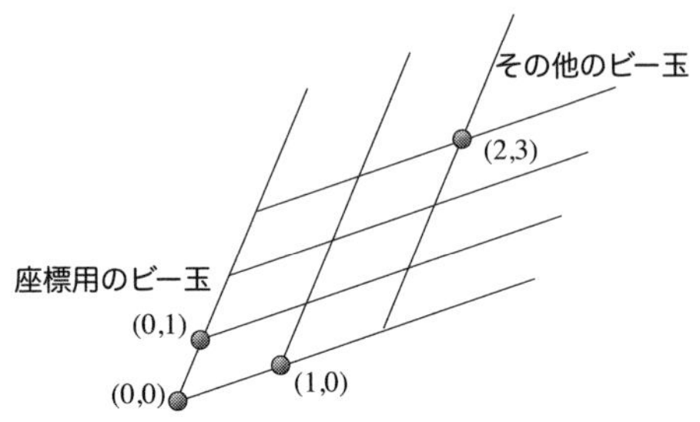

図 3.4　ビー玉で構成する座標

座標用のビー玉を碁盤の目に配置しなくても、平面上のベクトル[8]の「平行移動」が使えるから、座標用のビー玉は3個で足りる。一つを座標原点 (0,0) とし、もう一つは位置 (1,0) を表し、残りは位置 (0,1) を表す。ここに、この数値「1」は必ずしも、1cm や 1m を意味しない。ビー玉の間隔を基準とした長さである。さらに、これら3つのビー玉がなす角が直角になる必要もない。一直線上に並んでいなければそれで良い。これで**慣性系**が構成できた。そして、4つ目以降のビー玉の位置が、座標用のビー玉3個により数値化され、結果、その数値が時刻の一次式として表されることが、**慣性の法則**である。

仮にビー玉どうしの衝突が無いとすれば、座標用に選ぶ3個のビー玉は、（一直線上に並んでさえいなければ、）どの組み合わせを選んでも良いはずである。よって、それらのビー玉の組を2通りに選んだとしても、それぞれの選び方での座標によって記述された物理法則に区別はない。もしそうでなければ、例外

[8] 一般的な意味のベクトルではなく、高校で習う矢印で表わされるベクトル。

的にふるまう「特別なビー玉」が存在していたことになってしまう。

3.5 消えた「時間」

時刻は時計で計られるものである。バネ振り子など規則正しく周期運動をするものを使って、日の出日の入りなどの基準となる現象から時を写し取る。斜面を複数のビー玉が転がり落ちる例の場合、外部から時計を持ってくるのではなく、ビー玉だけの世界で時計を調達することができる。ビー玉を一つ選んで、その位置を時計の代わりに使えば良い。つまり、ビー玉３個は座標用に使われているから、時間用をもう一つ加えて、ビー玉４つでその他のビー玉の位置と時刻を表現できることになる。

さて仮に、このビー玉だけの世界と、その外の世界との間での時刻合わせが必要なかったとすると、ビー玉世界での物理法則は、「時間」を使わずに、ビー玉の間の位置関係だけで記述できてしまうことになる。仮に、そのビー玉世界を２つに分けたときには、その２つのビー玉世界の間での時刻合わせの必要が生じるが、外部とのやり取りの必要が無い全体を扱っているときには、ビー玉の間の位置関係だけが存在し、物理法則の中の「時刻」がその意味を失う。これは私たちが「宇宙全体」をひとかたまりに取り扱っているときに、方程式の中から「時間」が消失してしまうかもしれないことを示唆している。なぜなら、「宇宙の外」との時計合わせが無意味なので。

3.6 ビー玉を超えて

ここまでは斜面を転がり落ちるビー玉を例にとって考えてきた。もっと一般の場合はどうであろうか？ 物には大きさがある。水平面をボールが転がっていても、その表面上の一点は上になったり下になったりで、一定の速さどころか、せわしなく振動する。こういう場合は、ボールの回転の中心を、ボールを代表する点として選び、記述する。すなわち物体に付随する点全てを扱うのではなく、物体に付随する点の集まりの中から特徴的な部分集合を取り出して扱っている。ならば、さきのビー玉のように平面上を運動する物体に関する慣性の法則は、たとえば以下のような言い回しにできるであろう。

平面上の慣性の法則（たとえばの話）

複数の物体に付随する点を 4 つ以上選び出して、それらの点が示す物体に力が働いていない（または、力がつり合っている）場合に、その中の任意の 3 点によって表された他の点の座標値が時刻の一次関数として表されるように点を選ぶことができる。

これを平面から三次元空間に拡張するには、点を一つ増やすだけで良い。たとえば、空気の無い月面で砂をつかんで放り投げたとして、その砂粒一つ一つの動きを想像して頂きたい。

空間上の慣性の法則（たとえばの話）

複数の物体に付随する点を 5 つ以上選び出して、それらの点が示す物体に力が働いていない（または、力がつり合っている）場合に、その中の任意の 4 点によって表された他の点の座標値が時刻の一次関数として表されるように点を選ぶことができる。

この定義のしかたでは、慣性系は以下のように定義できる。

定義：慣性系（たとえばの話）

慣性系は上記の慣性の法則において選び出された点の集合から作られた座標系。

要するに、慣性の法則を記述するにあたり「慣性系において」というフレーズが必要となるのが問題であったが、物体の運動を全て相対運動に帰着させてしまえば、加速度が相殺されて、このフレーズは必要なくなるということである。

3.7 局所慣性系

地球規模のカーリングに話を戻そう。カーリングストーンは赤道から北極へ向けて直進することはないけれども、予め3つのストーンを、一直線上に並ばないように気をつけて放ち、一緒に第4のストーンを放てば、第4のストーンの位置は、基準となる3つのストーンで記述された座標では、時刻の一次式となり慣性の法則に従うことが期待される。

しかし、このケースでは問題が一つ生じる。仮に地球の自転を止めたとして、赤道上の2つのストーンを東西に少し離して置き、同時に同じ速度で北極へ向けて放つと、この2つのストーンは必ず北極に到達するまでに衝突することになる。つまり、出発時には速度（大きさと向き）が同じだったのに、到着時には向きがズレてしまっている。これは一定の速度を保つという慣性の法則に反している。その原因は、地球が丸いことにある。地球の半径に対して無視できないほどの大きさの移動距離になると、ズレが生じてしまう。つまり、物体の動ける範囲が曲面内に束縛されている場合には、その曲率半径と比べて十分に小さなスケールでしか慣性の法則は成立しない。

同様に、地球などの天体へ向けて箱などを回転させないで落下させる意味での慣性系を考えるとき、箱の端に行くほど潮汐力（§10.3）の効果が大きくなる。つまり箱の中が許容できる誤差の範囲で慣性系であるためには、箱の大きさには制限があるので“局所”である。さらに一般相対性理論にまで踏み込むと、この潮汐力が時空の歪みとも関係している。平行線を延長すると拡がったり交わったりする話を空間3次元に時間1次元を加えた4時限空間に拡げると、これがちょうど潮汐力に繋がる。その意味でも、慣性の法則は範囲が制限された領域で成り立つ。

このように領域の大きさが制限された慣性系を**局所慣性系** (local inertial reference frame) という。局所慣性系が適用できない大きな領域を扱う場合には、局所慣性系である座標系を細かく継ぎはぎ（パッチワーク）して扱う。

3.8　慣性（質量）の起源

慣性とは、その運動状態（とくに $\overrightarrow{\text{速度}}$）を維持しようとする性質をいい、物理量としてのその大きさは質量として評価される。質量については前章でいくぶん詳しく説明した。

> **プリンシピア：定義 III**
>
> ヴィス インジタ (vis insita) すなわち物質固有の力とは、それが静止しているか、直線上を一様に前進しているかにかかわらず、それがその内部にある限り、すべての物体がその現状を保持しようとするところの一種の抵抗力である。

これは、ニュートンがその著書プリンシピアの冒頭近くの「定義」の章で記した慣性に関する記述である（§2.2）。実のところ定義というよりはむしろ説明に近い。あえて慣性の存在理由を抵抗力によるものだとしたのは、当時の読者の感情に配慮して古代の偉人が記した記述に忖度した結果ともとれるのだが、時代が下って登場した電磁気学の知識を適用すれば、あながち無意味でも無さそうだと思える理屈が浮上する。電気を帯びた粒子が持つ質量を、その粒子がまとう電磁場によって説明できる可能性があるからだ。

電磁場の概要に関しては、5 章で説明する。以下の議論がよくわからない場合は、5 章を参照していただきたい。

荷電粒子（電気を帯びた粒子）の周りの電磁場があたかも質量を持つ（つまり慣性を持つ）かのように振る舞うことを示そう。電線に直流電流を流すと、その周りに磁場 $\vec{H}$ ができる。電流を増加させると、その周りの磁場 $\vec{H}$ も増加する。磁場が増加すると、磁場を連ねて描いた磁力線を取り巻くように電場 $\vec{E}$ が発生する。その電場の向きは電流の増加を妨げる向きに生じる（図 3.5 左）。

これを荷電粒子に当てはめてみよう。電流とは電気の移動のことなので、荷電粒子が速度をもって運動すると、電流が流れているのと同じことになる。ゆえに、その速度 $\vec{v}$ と電気量 q に比例した大きさの磁場 $\vec{H}$ が周りに生じる（図 3.5 右上）。荷電粒子の速さが増すと、その周囲の磁場が変化し、磁力線を取り

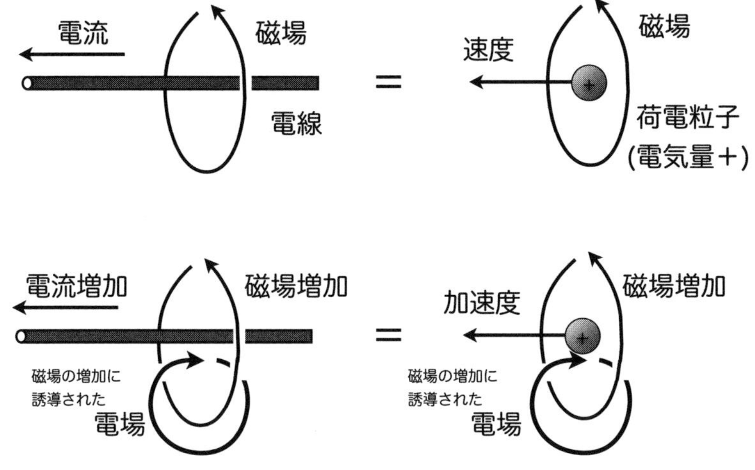

図 3.5　電磁場による慣性

巻くように電場 $\vec{E}$ が発生する（式 5.37)。その電場の向きは、荷電粒子の加速を妨げる向きに発生している（図 3.5 右下)。電場の強さは磁場の時間あたりの変化に比例し、磁場の強さが荷電粒子の速さと電気量に比例するから、加速を妨げようとする電場の大きさは荷電粒子の加速度 $\frac{d}{dt}\vec{v}$ と電気量に比例。

$$|\vec{E}| \overset{\text{比例}}{\propto} |\frac{d}{dt}\vec{H}| \ ; \ |\vec{H}| \propto |q\vec{v}\ | \to \vec{E} \propto -\frac{d}{dt}(q\vec{v}\ )$$

荷電粒子の受ける力は、その荷電粒子の電気量と電場の積だから、その結果、加速する荷電粒子は、加速を妨げる向きに力を受け、その力の大きさは自身の電気量の二乗と加速度に比例することになる。

$$\frac{d}{dt}(m_{\text{電場}}\vec{v}\ ) = \vec{F}_{\text{外力}} = -\vec{F}_{\text{反動}} \ ; \ \vec{F}_{\text{反動}} = q\vec{E} \propto -q^2\frac{d}{dt}\vec{v}$$

つまり運動方程式により、荷電粒子は、電気がない場合と比較して、自身の電気量の二乗に比例する質量が上乗せされていることになる。すなわち、荷電粒子を取り巻く電場からの寄与に対しても慣性の法則が成立することになる。

以上の議論では質量の起源を全て電磁場に帰着できたわけではないが、歴史的には、電子の質量を全てこの電磁気的な質量で説明することが試みられた時代もある。その理論で電子の形を球殻でモデル化した上での電子の半径は**古典電子半径** (classical electron radius) と呼ばれている。現代での考え方としては、どこまでが電子に固有の質量で、どこからが電子の電荷がまとった電磁場に起因するものかという線引きを、する必要が無いように理論が作られている。極論すれば電子を大きさが無い点と見なせば、電磁場による質量が ∞ に発散するから、電子に固有の質量を $-\infty$ という事にしておけば、その差を有限な観測値と一致するものとして、問題が生じないようになっている。

なお、この電磁気的な質量 m と、電荷の周りの空間の電磁場のエネルギー E との間には、真空中の光の速さを c として、以下の関係式が成り立つことがわかる。

$$E = mc^2$$

これは質量・エネルギーの等価性として、相対性理論で有名な関係式ではあるが、時間や空間の話を持ち出す以前に、電磁気学の範囲で現れる関係式である。

3.9　電磁気学から慣性系を定義する

物質の中には電子や原子核など、膨大な数のプラスの電気を持つものとマイナスの電気を持つものが、ほぼ同数引き合いながら存在している。それらの間には広い空間があり、そこは電磁場で充ちている。ゆえに物質の体積のほとんどの部分は、実は電磁場で占められている。つまり前節で述べたように、慣性は電磁場による部分と物質にオリジナルな部分が混在していることになる。もちろん原子分子のレベルになると量子効果は無視できなくなるだろうが、“存在”がモノと情報から構成されているという思想に立つならば、慣性はどちらかというとモノとしての属性であり、量子効果はむしろ情報の方のカテゴリーに近いだろう。ゆえに、慣性を論ずる上で、電磁場からの寄与は外せない。

物体の運動に関して、慣性の法則と慣性系の定義の間に横たわる堂々巡りを解消するために、複数の物体の相対運動に着目してややややこしい定義を提案したが、電磁気学を既知とすれば、その定義は以下のように至ってシンプルにできる。

定義：慣性系（電磁気学バージョン、たとえばの話）

慣性系とは、真空中において、以下の関係式が成り立つ座標系のことである。

$$\vec{D} = \epsilon_0 \vec{E},\ \vec{B} = \mu_0 \vec{H} \tag{3.1}$$

これは電磁場によって、加速度を検出しようという考え方。少々ズルいようではあるが、これを「慣性系」というコトバの定義としてしまえば、電磁場に関する相対性原理は自明なものとなる。電束密度 $\vec{D}$、真空中の誘電率 ϵ_0、電場 $\vec{E}$、磁束密度 $\vec{B}$、真空中の透磁率 μ_0, 磁場 $\vec{H}$ については、5 章を参照のこと。電磁気学を習ったことのある人にとっては、見慣れた式であるが、クルクル回転していたりするなど、慣性系ではない座標を採用すると、これらはわずかに崩れることになる。詳細は（§6.5）で示す。わずかといっても、あまりにも小さいので、直接に $\vec{D}, \vec{E}, \vec{B}, \vec{H}$ を測定した場合、どんなに精密に測定をしたところで、現実には精度が至らずに、加速度を検出することは無理だろう。あくまでも理論の組立てかたの話である。

電磁気学の基礎方程式は、この（式 3.1）と、6 章で紹介するマクスウェル方程式で構成する事ができる。マクスウェル方程式は、とどのつまり 4 次元時空の幾何学を表した式で、空間に時間を加えた合計 4 次元の空間の中に、電荷や電流を端に持つ 2 次元の面の束を詰め込む様子を表した式になっている。要するにどんな座標を採用しようと、マクスウェル方程式そのものの形は変わらない[9]（式 6.21, 6.22）。

ほかに、光を使った慣性系の定義も考えることができる：

定義：慣性系（光学バージョン、たとえばの話）

慣性系とは、真空中において線型独立な 3 方向（例えば、上下, 東西, 南北）に光が直進する座標系のことである。

[9]「マクスウェル方程式の形を変えないのが○○である。」の様な記述をしばしば見かけるが、それは式の中に既に（式 3.1）が使われている事に起因し、本質はあくまでも（式 3.1）である。

これなら電磁気学についてよく知らない人たちにもウケが良い。光は直進するものであるが、光の進行方向と垂直に加速しながら、光の通る道筋を観察すると、（図 1.3）のように曲がって見えるという効果を利用したものである。

ただし、この光路の曲がりの度合いも極めて微小であり、実際に実験で確認するには困難を伴う。例えば光が水平に 1km 進む間に重力加速度によって下向きに落下する距離は、

$$\frac{1}{2}9.8\mathrm{m/s^2}\left(\frac{1000\mathrm{m}}{299792458\mathrm{m/s}}\right)^2 = 5.5\times10^{-11}\mathrm{m} \tag{3.2}$$

であり、原子1個分のサイズにも満たない。これも理論構成上の定義と言えよう。

3.10　工学としての慣性系

本章では慣性系の仕組みを理解するために様々な慣性系の定義を試みたが、実用上は慣性系に対する加速度を測定することは、高い精度を求めない限り、比較的容易である。地上では重力があるので、地面からの抗力と釣りあった状態としての慣性系がほとんどである。

身の回りの技術として、様々な用途に加速度センサーが使われている。原理としては、重りに加わる力を電気信号に変換して検出するものが多い。工夫は様々だろうが、例えば製品ごとのばらつきを極力排して均一に調整された加速度センサーを、180° 回転させた位置に配置すれば、たとえ零点がズレていたとしても、その方向に関する加速度の有無を関知することができるだろう。その意味で4つの加速度センサーを四面体の軸の方向に配置すれば、零点補正も含めて立体として慣性系からのズレを読みとることができるだろう。測りたい方向とは垂直な方向の加速度もノイズとして拾ってしまうのであれば、複数のセンサーを組み合わせることで、ノイズの影響を相殺させればよい。

真空中の光の速さが一定である事を利用して、自身の回転を検知する装置も、航空機を始め、広く普及している（⇒ サニャック効果）。円周状の光路に光を通し、光の干渉を利用して右回りと左回りの時間差を検知するのである。

第4章

ハミルトンの原理

物理法則を表現するのに数式が使われることが多いが、見通しをよくするためにも、なるべく簡潔に表現したいものである。そこで本書では強力な道具となる**ハミルトンの原理** (Hamilton's principle) を使うことにする。ハミルトンの原理とは、**作用** (action) と呼ばれるたった一つの実数の値を評価するだけで、初歩的な力学の運動方程式のみならず、電磁気学や一般相対性理論の基礎方程式をも表現しうるものである。扱い方によっては呼び名が異なり、最小作用の原理 (principle of least action)、モーペルテュイの原理 (Maupertuis' principle) などとも呼ばれる。

値に対して値を対応させるしかたは関数 (function) といわれているが、それに対して、作用 (action) は関数に対して値を対応させるしかたなので、とくに、**汎関数** (functional) と呼ばれている。

この作用 (action) という物理量は、初学者が量子力学を理解しようとするときにも有効である（たぶん）。量子力学とは、原子や素粒子などに見られる純粋な状態を扱うために必要となる理論。高校の物理の教科書の最後の方に記述されているように、20 世紀初等、量子力学の黎明期において、物体とくに素粒子の存在は、粒子としての側面と波動としての側面を合わせ持つと考えられていた。スクリーンに衝突するなどのイベントとしては粒子として顕現するのに、"見ていない" 間は波動として振る舞うというのである[1)]。ここにおいて、作用 (action) は、ハミルトンの原理を通して、量子力学以前の粒子とし

1) 外村彰氏による電子線の干渉実験デモが有名。[14]

ての性質に対応できるし、ファインマンの経路積分と呼ばれる計算手法を通して、量子力学以降の波動としての性質にも対応できる可能性を持っている量である。すなわちハミルトンの原理を攻略すれば、量子力学の世界の理解へと自然に入っていくことができる (かもしれない)。

数学では、物体の位置や向きなど、時刻のみの関数として解かれる物体の運動に関しては、多少の翻訳は必要ではあるが、作用 (action) を距離と見なした幾何学を構成することが考えられる。リーマン幾何学の拡張としてのフィンスラー幾何学 [15] がそれにあたる [16]。さらに、フィンスラー幾何によって経路積分を定式化することも行われている [17]。

4.1 どちらがわかりやすいですか？

砲丸投げの砲丸を斜めに投げ上げ、手を離れてから 1 秒後に元の高さにまで戻ってきたとする。時刻 0 秒で手を離れてから、時刻 1 秒で元の高さに戻ってくるまでの間の、各時刻での砲丸の位置を支配する法則として、以下の 2 通りの書きかたがある。どちらが「わかりやすい」であろうか？

(1) 運動方程式（ニュートン）

物体の加速度が鉛直下向きに 9.8m/s^2。
ここに、

$$\overrightarrow{(\text{加速度})} = \frac{\overrightarrow{(\text{速度の微小な変化})}}{(\text{変化に要した時間})}$$

$$\overrightarrow{(\text{速度})} = \frac{\overrightarrow{(\text{位置の微小な変化})}}{(\text{変化に要した時間})}$$

(2) 最小作用の原理（ハミルトン、他）

時間を等間隔に細かく区切り、

$$(\text{速さ})^2 - 19.6\text{m/s}^2 \times (\text{高さ})$$

の値の合計が一番小さくなる（マイナス方向には大きさが大きくなる）ように各時刻での物体の位置を選択する。

この質問を工学部の大学生や、高校の物理の先生に問いかけると、間違いなく (1) 運動方程式 の方が易しいという答えが返ってくる。彼らは加速度について十分に知っているし、最小作用の原理は、多くの場合、大学でひと通りニュートン力学の授業を受けたあとで習う順番なので難しいと思われて当然なのかもしれない。しかしながら、理科とは縁遠い人たちを対象に質問したところ、真逆の答えが返ってきた。高校で物理を習わなかったという文学部 1 年生女子数名を対象にこの問いかけをしてみたところ、全員が (2) 最小作用の原理の方が易しいというのである。

この事実の原因のひとつには“加速度”が使われていないという点が挙げられるであろう。加速度は速度とは違って日常経験で実感できる量ではないので、多くの物理未履修文系学生にとっては確かに難解である。しかし、それだけではない。最小作用の原理の方が記述がシンプルなのである。つまり、より少ない予備概念で、より少ない数式で簡潔に表している。これは女子大生に喜ばれるかどうかという点は別としても、理論の見通しを立てやすくするために重要なことではなかろうか。

では、物体の位置を時間の関数として解を求める作業においてはどうであろうか？ よく教科書などに書かれてある初等的な方法では、最小作用の原理から運動方程式を求めて、数式で解を得る。これではもともと運動方程式であった方が良さそうにも思える。しかしそれは＜たまたま＞答えが簡単に解析的[2]に求まるような単純な設定だったせいかもしれない。答えが数式として得られないような場合でも、現代はパソコンが発達しているので、数値的に解を得るならば、最小作用の原理による方法は別の手段を使う道を提供してくれる。

簡単のため、砲丸を真上に投げた場合を考えてみよう。運動方程式を漸化式と見なして、パソコンで数値的に求めるならば、表計算ソフトウエアなどを用いて、初期条件から逐次求めることができるであろう。始めの速さを調節して、1 秒後に元の高さに戻るようにする。

放物運動.ods　B5　=B4-9.8*(A5-A4)

	A	B	C	D
1	時刻	上向き速度	高さ	
2	0	4.9	0	
3	0.01	4.802	0.04900	
4	0.02	4.704	0.09702	
5	0.03	4.606	0.14406	
6	0.04	4.508	0.19012	

放物運動.ods　C5　=C4+B4*(A5-A4)

	A	B	C	D
1	時刻	上向き速度	高さ	
2	0	4.9	0	
3	0.01	4.802	0.04900	
4	0.02	4.704	0.09702	
5	0.03	4.606	0.14406	
6	0.04	4.508	0.19012	

図 4.1　表計算ソフトウエアを使った放物運動の計算の例

一方、最小作用の原理の場合は、(2) で与えられた量が最小になるような位置の組み合わせを探せば良い。全て機械まかせではつまらないので、著者が

[2]解析的にというのは、パソコンでの数値計算に頼らずに数式で論理を進めること。

作ったウェブページ[3)]で、砲丸の高さを表したスライダーを動かして、ぜひ、最小作用の原理を実感していただきたい。

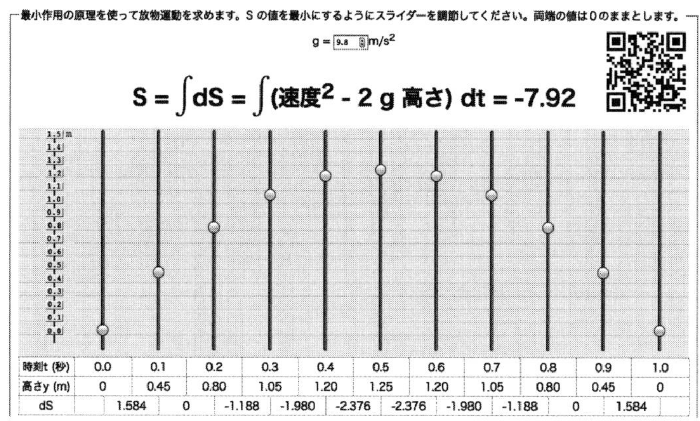

図 4.2　最小作用の原理のデモ（放物運動）

4.2　停留性

しかしながら、「最小」という呼びかたが適切ではない場合もある。たとえば、振り子などの単振動について考えてみるとき、位置の最大値の値と時刻を与えておいて、T を一往復にかかる時間として、

$$(\text{速さ})^2 - (\frac{2\pi}{T} \times \text{位置})^2$$

の合計を「最小にする」という形で記述できるが、位置を大きくするにつれて、いくらでも値を小さくできてしまう。これも、ぜひ著者の用意したデモページ[4)]で振る舞いを確認していただきたい。始めにセットされた位置からスライダーを少しだけ動かした場合は、どちらに動かしても値が大きくなり、最小で

[3)] 検索語「最小作用の原理のデモ」で検索。http://sig3.org/edu/leastaction/

[4)] 上記サイトよりリンクあり

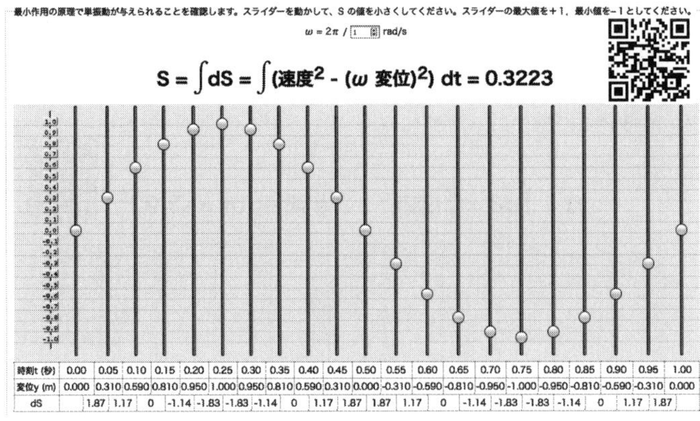

時刻t (秒)	0.00	0.05	0.10	0.15	0.20	0.25	0.30	0.35	0.40	0.45	0.50	0.55	0.60	0.65	0.70	0.75	0.80	0.85	0.90	0.95	1.00
変位y (m)	0.000	0.310	0.590	0.810	0.950	1.000	0.950	0.810	0.590	0.310	0.000	-0.310	-0.590	-0.810	-0.950	-1.000	-0.950	-0.810	-0.590	-0.310	0.000
dS		1.87	1.17	0	-1.14	-1.83	-1.83	-1.14	0	1.17	1.87	1.87	1.17	0	-1.14	-1.83	-1.83	-1.14	0	1.17	1.87

図 4.3　最小作用の原理のデモ（単振動）

あるかのような感じではある。しかし、スライダーを全て上に寄せるか、または下に寄せるかすると、値は大きくマイナスに落ち込み、そこで可能な範囲で最もマイナスに落ち込む。さらにこれは範囲を拡げることにより、いくらでもマイナスに小さくできてしまう。さて、最小作用の原理は単振動では破綻していたのだろうか。実は“最小”という表現に問題がある。変数を少しだけ変化させても値が変化しないという点が重要であったのである。この「少しだけ変えても値が変わらない」性質のことを**停留性**、その時の値を**停留値**という。最小作用の原理といいつつ「最小」では無い場合もあるので、ハミルトンの原理と呼ぶことにする。

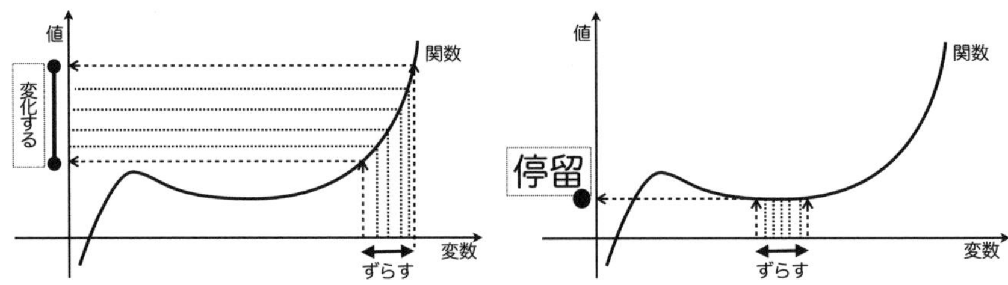

図 4.4　停留性

4.3 フェルマーの原理

物体の運動が、作用 (action) の停留性によって記述されることの「理由」については、多くの教科書では原理であるものとして深入りしない。しかし、多少の解釈を加えることならできるかもしれない。それは物体の運動が波動に導かれているという考え。量子力学とは無縁と思われるような巨視的な物体の運動についても、その背景には量子力学的な波動が関係していると考えられるのではなかろうか。類似の考え方としてフェルマーの原理がある。

フェルマーの原理とは、「光が通る道筋は、その光が到達する時間が最小になるように選ばれる」という原理である。1661 年にフェルマー[5)]が発見した。たとえば、ガラスの三角柱からなるプリズムを通る光が曲がるようすを考えてみよう。光の速さは（実効的な意味で）ガラスの中では遅くなる。プリズムを直進すると、その分だけガラスの中をゆっくり進む時間が多くなってしまう。反対にプリズムを回避すると、遠回りをした分だけ、光が遅くとどくことになる。それらのちょうど中間地点で、最も光が短い時間で到達する路があり、実際、光はそこを通る（図 4.5)。

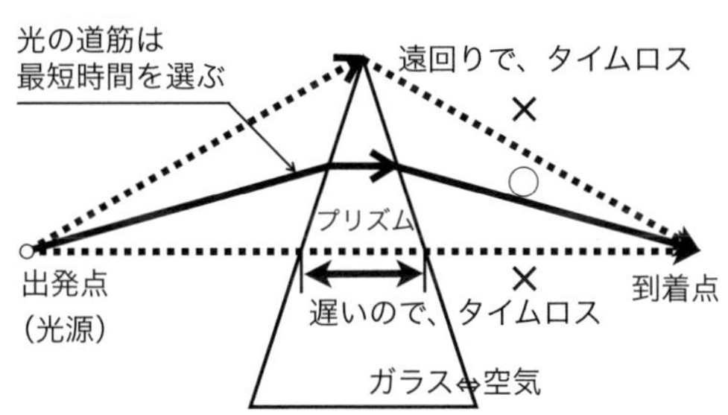

図 4.5 フェルマーの原理

これは波動の重ね合わせの性質に起因する現象として、理解することができる。もしも、光の到達時間が停留性を持たないような経路の場合、経路が少し

5) Pierre de Fermat、1608- 1665

でもズレると、到達時間は、そのズレの分に応じて変化する。そのため、その経路付近を通過した光は、振動のタイミングがそろわずに、互いに強めあうことなく霧散する（図 4.6)。

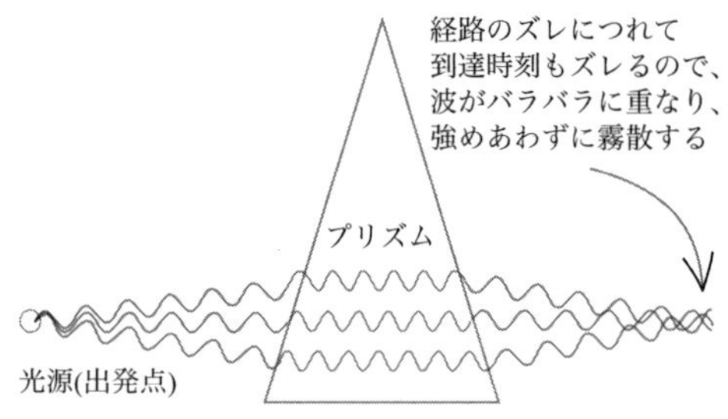

図 4.6　到達時間が最小とはならない経路付近で少しずらした経路を通る波の重ね合わせ

一方、光の到達時間が停留性を持つような経路付近では、少しだけ経路がズレても、到達時間が変わらないのだから、振動のタイミングがそろい、互いに強めあうことになり、消滅しない（図 4.7)。

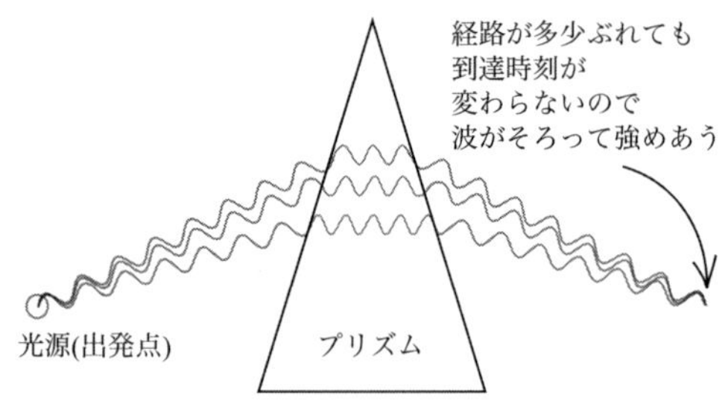

図 4.7　到達時間が最小付近で少しずらした経路を通る波の重ね合わせ

ハミルトンの原理はフェルマーの原理そのものではないが、到達時間を作用 (action)（←あとで説明する）に置き換えると、同様な議論ができる。

4.4 偏微分と線積分

必要になるので、偏微分と線積分について簡単に確認する。

偏微分 $\frac{\partial}{\partial x}$

引き数 x, y, z をもつ関数 $f(x,y,z)$ を x で偏微分するとは、以下の関数 $\frac{\partial f}{\partial x}$ を求めることである。ここに、$d()$ は微分（⇒ §2.3, §A.2）。

$$f(x+d(x),y,z)-f(x,y,z)=\frac{\partial f}{\partial x}d(x)$$

この作業を単に、“f を x で微分する”と、言い回す場合も多い。具体的な計算にあたっては、近似の処方（式 2.1）も参照されたい。線型性とライプニッツ則に関しては微分と同じ。記号の使い方として、以下はみな同等。

$$\frac{\partial f}{\partial x}=\frac{\partial}{\partial x}f=\partial_x f=f_{,x}$$

以上、$\frac{\partial f}{\partial y}, \frac{\partial f}{\partial z}$ についても同様。2 回以上繰り返すときには以下の表現もある。

$$\frac{\partial}{\partial x}\left(\frac{\partial f}{\partial x}\right)=\frac{\partial^2 f}{\partial x^2} \quad ; \quad \frac{\partial}{\partial x}\left(\frac{\partial f}{\partial y}\right)=\frac{\partial^2 f}{\partial x \partial y}$$

独立した変数 x, y があるとき、x での偏微分と y での偏微分は順序を入れ替えることができる。

$$\frac{\partial}{\partial x}\left(\frac{\partial f}{\partial y}\right)=\frac{\partial}{\partial y}\left(\frac{\partial f}{\partial x}\right)$$

以下の定理が成り立つ。

$$d(f(x,y,z))=\frac{\partial f}{\partial x}dx+\frac{\partial f}{\partial y}dy+\frac{\partial f}{\partial z}dz \tag{4.1}$$

これは微分の**チェーンルール**と呼ばれている。以下のように計算し、近似の処方（式 2.1）と組み合わせて証明できる。

$$\begin{aligned}
d(f(x,y,z)) &= f(x+dx,y+dy,z+dz)-f(x,y,z) \\
&= f(x+dx,y+dy,z+dz)-f(x,y+dy,z+dz) \\
&\quad +f(x,y+dy,z+dz)-f(x,y,z+dz) \\
&\quad +f(x,y,z+dz)-f(x,y,z)
\end{aligned}$$

（式 4.1）で、$\frac{\partial f}{\partial x}$ が偏微分と呼ばれるのに対して、ただの微分 $d(f)$ をあえて**“全微分”**と強調して呼ぶことがある。このとき偏微分 $\frac{\partial f}{\partial x}, \frac{\partial f}{\partial y}, \frac{\partial f}{\partial z}$ については微分 dx, dy, dz の係数なので、とくに**“微分係数”**と呼ぶことがある。

位置ベクトルを $\vec{x} = (x, y, z)$ とするとき、以下のように書く場合がある。

$$\frac{\partial f}{\partial \vec{x}} = \left(\frac{\partial f}{\partial x}, \frac{\partial f}{\partial y}, \frac{\partial f}{\partial z}\right) \quad <\text{あるいは}> \quad \vec{\nabla} f = \left(\frac{\partial f}{\partial x}, \frac{\partial f}{\partial y}, \frac{\partial f}{\partial z}\right)$$

チェーンルールをこの記号を使って書くと、

$$d(f) = \frac{\partial f}{\partial \vec{x}} \cdot d(\vec{x})$$

これを積分すると、（式 2.3）のように微分の逆演算になり、経路の始点と終点との値の差になる。

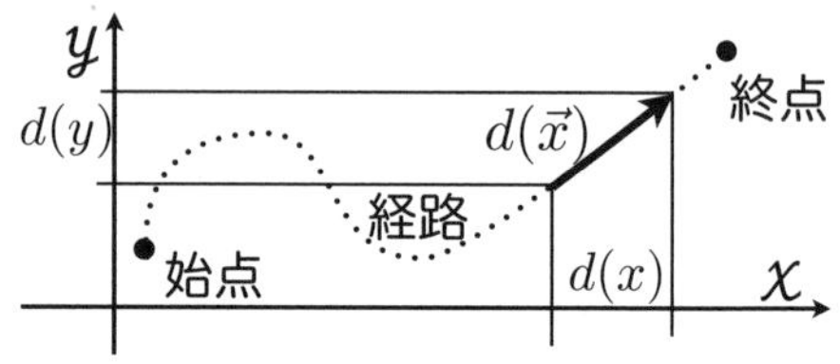

図 4.8　積分と経路

$$\int_{\text{経路}} \frac{\partial f}{\partial \vec{x}} \cdot d(\vec{x}) = \int_{\text{始点}}^{\text{終点}} d(f) = f(\text{終点}) - f(\text{始点})$$

変数が一つの場合と違って経路の指定が必要である。しかし何かの微分を積分した場合には、積分結果は途中の経路によらない。一般のベクトル $\vec{V} = (V_x, V_y, V_z)$ に対して内積 $\acute{d}f = \vec{V} \cdot d(\vec{x})$ を定義したとする。$\acute{d}f$ は、何かの微分とは限らない。よって積分結果は経路によらないとは限らない。

$$\int_{\text{経路}} \vec{V} \cdot d(\vec{x}) = \int_{\text{経路}} \acute{d}f = \text{経路によって異なる値}$$

この積分は、空間内の曲線（経路）に沿って足し加えられるので、**線積分**と呼ばれる。経路を限りなく細かく切り刻んで、その一つの区画の始点側から終点側へ向かう小さなベクトルを $d(\vec{x})$ と考えるとわかりやすい。

4.5 モーペルテュイの原理

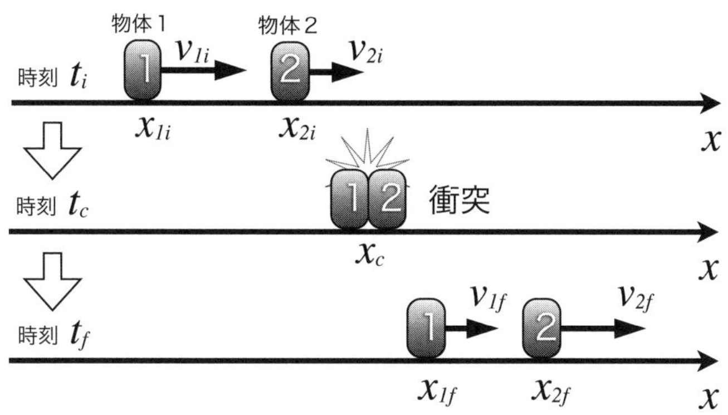

図 4.9 2 物体の衝突

2 物体の最も簡単な例を考えてみよう。大きさが無視でき、同一の一直線上を運動する 2 つの物体の衝突を考える。物体 1 と物体 2 があり、それぞれの質量を m_1, m_2 とする。始め (initial) の時刻 t_i での位置をそれぞれ、x_{1i}, x_{2i}、終わり (final) の時刻 t_f での位置をそれぞれ、x_{1f}, x_{2f}、衝突の時刻 t_c での位置を、x_c とする（図 4.9）。衝突の時刻を既知であるとすれば[6)]、衝突の位置 x_c は、運動量保存則より求めることができる。衝突前の速度をそれぞれ、

$$v_{1i} := \frac{x_c - x_{1i}}{t_c - t_i},\ v_{2i} := \frac{x_c - x_{2i}}{t_c - t_i} \tag{4.2}$$

衝突後の速度をそれぞれ、

$$v_{1f} := \frac{x_{1f} - x_c}{t_f - t_c},\ v_{2i} := \frac{x_{2f} - x_c}{t_f - t_c} \tag{4.3}$$

---

6) この例ではエネルギー保存則は考慮していない。グチャっとぶつかることもあるだろうし、爆薬を仕込んでおいて衝突時に爆発させることもあるだろう。このエネルギーの増減は衝突の時刻 t_c によって変わる。

として[7]、運動量保存則は以下のようになるが[8]、

$$m_1 v_{1i} + m_2 v_{2i} - (m_1 v_{1f} + m_2 v_{2f}) = 0 \tag{4.4}$$

これを x_c について解けば、衝突点の位置 x_c の値が得られる。なお、衝突時刻 t_c の値については、高校物理の範囲では「跳ね返り係数」

$$e = \frac{v_{2f} - v_{1f}}{v_{1i} - v_{2i}}$$

を与えることにより得ることができる。

さて、運動量保存則（4.4）の左辺を、衝突位置 x_c で積分した値を、S とすると、積分定数を適当に調節して、

$$S = (\frac{1}{2}m_1 v_{1i}^2 + \frac{1}{2}m_2 v_{2i}^2)(t_c - t_i) + (\frac{1}{2}m_1 v_{1f}^2 + \frac{1}{2}m_2 v_{2f}^2)(t_f - t_c) \tag{4.5}$$

となるが、これを逆に x_c で微分した値が 0 であることが運動量保存則の（式 4.4）となる。つまり、S の値を最小にするような x_c の値が、運動量保存則から求められる x_c の値と、同じであることになる。

一方で、もしも S を衝突時刻 t_c で微分[9]した量が 0 であるとするならば、運動エネルギーの合計が衝突の前後で変わらないという、「エネルギー保存」の式となる。強調して繰り返すと、

- 衝突位置をわずかにずらしても S が変わらない事から運動量保存
- 衝突時刻をわずかにずらしても S が変わらなければエネルギー保存

となる。

S はエネルギーと時間の積の形に表されているが、特にこの積は**作用量**と呼ばれる。これが「最小作用の原理」の用語の由来である。

---

[7] 数式が込み入ってきたが、マーカーペンで図と式に現れる同じ変数ごとに色分けをすると見やすくなる。頭の中で変数ごとに音を割り振ってみるのも良い。

[8] 相対性理論以前での場合。相対性理論バージョンは後ほど。

[9] 計算：a を定数として、$d(\frac{1}{t-a}) = -\frac{1}{(t-a)^2}d(t-a) = -\frac{1}{(t-a)^2}d(t)$

この、２体の衝突の場合の最小作用の原理は、初めに研究成果を残した人の名にちなんで「**モーペルテュイの原理**」と呼ばれる[10)]。ただし、モーペルテュイ[11)]が提唱した作用の値は上記の値に対して２倍の、$2S$ である。

ちなみに、相対性理論では（式 2.10）より、運動量保存則の式は一直線上で c を光の速さとして、以下のようになっている。ここに、m_1, m_2 は静止質量。

$$\frac{m_1 v_{1i}}{\sqrt{1-\frac{v_{1i}^2}{c^2}}}+\frac{m_2 v_{2i}}{\sqrt{1-\frac{v_{2i}^2}{c^2}}}-\left(\frac{m_1 v_{1f}}{\sqrt{1-\frac{v_{1f}^2}{c^2}}}+\frac{m_2 v_{2f}}{\sqrt{1-\frac{v_{2f}^2}{c^2}}}\right)=0 \qquad (4.6)$$

これも、x_c で積分することができて、得られる作用 (action)S は、積分定数を適当に調節して、

$$\begin{aligned} S = &-m_1c^2\sqrt{(t_c-t_i)^2-(\frac{x_c-x_{1i}}{c})^2} \\ &-m_2c^2\sqrt{(t_c-t_i)^2-(\frac{x_c-x_{2i}}{c})^2} \\ &-m_1c^2\sqrt{(t_f-t_c)^2-(\frac{x_{1f}-x_c}{c})^2} \\ &-m_2c^2\sqrt{(t_f-t_c)^2-(\frac{x_{2f}-x_c}{c})^2} \end{aligned} \qquad (4.7)$$

となる。これは（式 4.5）とずいぶん違って見えるが、$\frac{1}{c^2}$ が微小な量であるとして近似を行えば、定数（mc^2 と時間の積）の違いを除いて一致する。ただし、（式 2.9）で与えられた運動エネルギーに単純に時間を掛けた量とは違うことに注意。運動エネルギーは、S を衝突時刻 t_c で微分すると現れ、微分した値が０という関係式は、ここでもエネルギー保存となる。

物理量 $\sqrt{d(t)^2-\frac{d(x)^2}{c^2}}$ は**固有時**と呼ばれ、時間の流れが相対的であるとする相対性理論の枠組みにおいて、物体と共に移動する時計で測った時間に相当する。相対性理論すなわち電磁気学を考慮した結果として、重みを付けた**時間の合計**となり、フェルマーの原理と良く似た表現になったことが興味深い。

[10)] モーペルテュイによるオリジナルでは、ここに書いてある内容とは少々異なり、２物体が衝突後に合体した場合について扱っているらしい。[18, 19]

[11)] Pierre-Louis Moreau de Maupertuis (1698 – 1759) フランスの数学者、著述家

問題 4.5.1

相対論的な運動量保存則は、空間を立体的に捉えた場合、以下のようになる。

$$\frac{m_1\vec{v}_{1i}}{\sqrt{1-\frac{1}{c^2}|\vec{v}_{1i}|^2}}+\frac{m_2\vec{v}_{2i}}{\sqrt{1-\frac{1}{c^2}|\vec{v}_{2i}|^2}}-(\frac{m_1\vec{v}_{1f}}{\sqrt{1-\frac{1}{c^2}|\vec{v}_{1f}|^2}}+\frac{m_2\vec{v}_{2f}}{\sqrt{1-\frac{1}{c^2}|\vec{v}_{2f}|^2}})=0$$

ここから作用 S を導け。ここに、任意のベクトル $\vec{V}$ に対して、$|\vec{V}|^2=\vec{V}\cdot\vec{V}$。

ヒント

まず、(式 4.2,4.3) の中の x を、位置ベクトル $\vec{x}$ に置き換える。運動量保存則の両辺に $d\vec{x}_c$ を内積して、そのまま積分する。あるいは、答えの S を予想して、$\vec{x}_c$ で微分。

解答例

相対論的な衝突の作用を以下のように予想する。

$$\begin{aligned}
S = &-m_1c^2\sqrt{(t_c-t_i)^2-\frac{1}{c^2}|\vec{x}_c-\vec{x}_{1i}|^2}\\
&-m_2c^2\sqrt{(t_c-t_i)^2-\frac{1}{c^2}|\vec{x}_c-\vec{x}_{2i}|^2}\\
&-m_1c^2\sqrt{(t_f-t_c)^2-\frac{1}{c^2}|\vec{x}_{1f}-\vec{x}_c|^2}\\
&-m_2c^2\sqrt{(t_f-t_c)^2-\frac{1}{c^2}|\vec{x}_{2f}-\vec{x}_c|^2}
\end{aligned}\tag{4.8}$$

第一項の微分を以下のように $\vec{x}_c$ のみを変数と見なして実行。ここに $\vec{v}_{**}$ は (式 4.2,4.3) の中の x を、$\vec{x}$ に置き換えたもの。第2項以下も同様に微分。ハミルトンの原理によりそれらの合計はゼロである。$d\vec{x}_c$ は任意であるから、内積から外すことができ、題意にある運動量保存則が確認される。

$$\begin{aligned}
d\left(-m_1c^2\sqrt{(t_c-t_i)^2-\frac{1}{c^2}|\vec{x}_c-\vec{x}_{1i}|^2}\right) &= -m_1c^2\frac{d\left((t_c-t_i)^2-\frac{1}{c^2}|\vec{x}_c-\vec{x}_{1i}|^2\right)}{2\sqrt{(t_c-t_i)^2-\frac{1}{c^2}|\vec{x}_c-\vec{x}_{1i}|^2}}\\
&= -m_1c^2\frac{-\frac{1}{c^2}(\vec{x}_c-\vec{x}_{1i})\cdot d(\vec{x}_c-\vec{x}_{1i})}{\sqrt{(t_c-t_i)^2-\frac{1}{c^2}|\vec{x}_c-\vec{x}_{1i}|^2}}\\
&= -m_1c^2\frac{-\frac{1}{c^2}\vec{v}_{1i}}{\sqrt{1-\frac{1}{c^2}|\vec{v}_{1i}|^2}}\cdot d\vec{x}_c
\end{aligned}$$

4.6　3 体衝突（空気バネ）

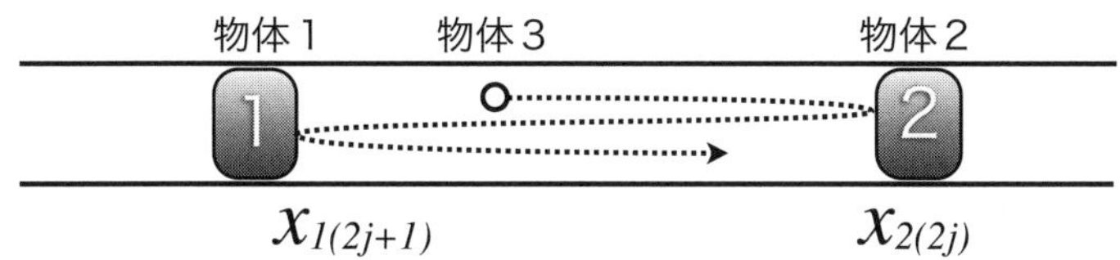

図 4.10　衝突する 2 物体の間に小物体を挟み込む

1 回限りの衝突から発展して、小物体を挟み込むモデルでの連続的な相互作用を考えてみる。物体 1，2 の間に、それらの質量に対してはるかに小さな質量を持つ物体 3 を挟み込んでみたとする。物体 3 は衝突により軽くはね飛ばされ、物体 1，2 の間を大きな速さでせわしなく往復する（図 4.10）。

これを解くには、衝突点を多数仮定し、作用 (action) を書き、それを最小にするような衝突点を求めれば良い（図 4.11）。t_k を k 番目の衝突時刻として、

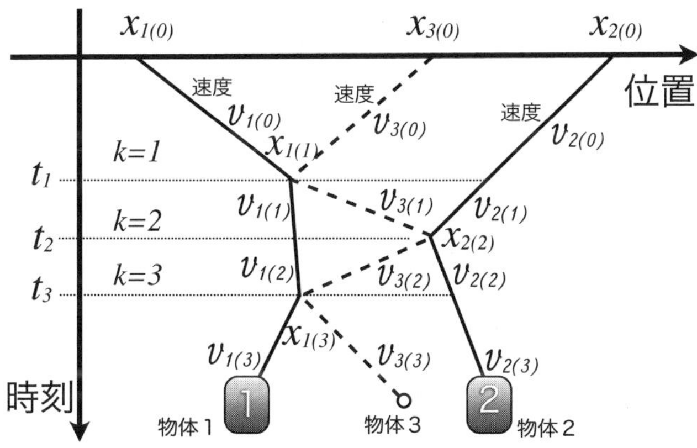

図 4.11　3 体衝突のグラフ（時間経過は上から下へ向かう。高校の授業に慣れている人は、紙面を左に 90°回転 させると見やすいかもしれない。）

作用は、２体の場合と同様に、

$$S = \sum_{k=0}^{N}(\frac{1}{2}m_1 v_{1(k)}^2 + \frac{1}{2}m_2 v_{2(k)}^2 + \frac{1}{2}m_3 v_{3(k)}^2)(t_k - t_{k-1})$$

となる。ここに、k の値が奇数の場合が物体１との衝突、偶数の場合が物体２との衝突とした。つまり、j を自然数として、

$$\begin{aligned} v_{1(2j)} = v_{1(2j-1)} &= \frac{x_{1(2j+1)} - x_{1(2j-1)}}{t_{2j+1} - t_{2j-1}} \\ v_{2(2j+1)} = v_{2(2j)} &= \frac{x_{2(2j+2)} - x_{2(2j)}}{t_{(2j+2)} - t_{(2j)}} \\ v_{3(2j)} &= \frac{x_{1(2j+1)} - x_{2(2j)}}{t_{2j+1} - t_{2j}} \\ v_{3(2j-1)} &= \frac{x_{2(2j)} - x_{1(2j-1)}}{t_{2j} - t_{2j-1}} \end{aligned}$$

しかしながら、これを解くのは大変そうだ。パソコンでプログラムを組んで数値的に解決させる分には悪くなさそうだが、理論としての見通しはいまひとつであろう。物体１，２の距離が小さくなるにつれ、衝突の時間間隔が、とても短くなるから、全ての衝突について解くよりも、物体１，２それぞれの位置を時刻 t の関数として、短い時間ごとに平均された値を解く方が扱いやすい。

$$\begin{aligned} t_k &\to t \\ x_{1(k)} &\to x_1(t) \\ x_{2(k)} &\to x_2(t) \\ v_{1(k)} &\to v_1(t) = \frac{d(x_1(t))}{dt} \\ v_{2(k)} &\to v_2(t) = \frac{d(x_2(t))}{dt} \\ S &\to \int_{start}^{goal} \left(\frac{1}{2}m_1 v_1^2 + \frac{1}{2}m_2 v_2^2 + (x_1, x_2\text{の関数})\right) dt \quad (N \to \infty) \end{aligned}$$

以後の議論はエネルギー保存則と、運動量保存則が成り立つ場合に限定する。物体３に関しては、高校物理で習う気体分子運動論と同じ扱いとする。

物体3の速さ v が、物体1と2に比して非常に高速であるとすると、往復に要する時間はおよそ

$$\Delta t = \frac{2(x_2 - x_1)}{v}$$

物体3が物体1に衝突したときに、物体1から物体3が受ける力積は、（物体1の速度を v に比して無視して、）

$$F_3 \Delta t = m_3 v - (-m_3 v)$$

Δt を代入して、平均の力 F_3 は、

$$F_3 = \frac{2m_3 v}{\frac{2(x_2 - x_1)}{v}} = \frac{m_3 v^2}{x_2 - x_1} \tag{4.9}$$

物体1が移動すると、物体3は仕事をされるから、運動エネルギーが増加し、

$$F_3 d(x_1) = d(\frac{1}{2} m_3 v^2)$$

（式4.9）の F_3 を代入して、変数分離。

$$\frac{d(x_1)}{x_2 - x_1} = \frac{d(v)}{v}$$

x_2 は固定と考えて、両辺を積分して[12)]、対数を外し、

$$(x_2 - x_1)v = \text{定数}$$

この v を v_3 に代入すると、A を適当な正の定数として、

$$\frac{1}{2} m_3 v_3^2 = \frac{A}{(x_2 - x_1)^2} \tag{4.10}$$

これを、作用に代入して、変数の連続化を試みる。作用は、

$$\begin{aligned} S &= \sum_{k=0}^{N} \left(\frac{1}{2} m_1 v_{1(k)}^2 + \frac{1}{2} m_2 v_{2(k)}^2 + \frac{1}{2} m_3 v_{3(k)}^2 \right) (t_k - t_{k-1}) \\ &\to \int_{start}^{goal} \left(\frac{1}{2} m_1 v_1^2 + \frac{1}{2} m_2 v_2^2 + \frac{A}{(x_2 - x_1)^2} \right) dt \quad (N \to \infty) \end{aligned}$$

---

12) $\int \frac{d(x_1)}{x_2 - x_1} = -\int \frac{d(x_2 - x_1)}{x_2 - x_1} = -\ln(x_2 - x_1) + \text{積分定数}$

これを物体 1，3 の衝突点の一つとしての x_1 で微分[13)]すると、

$$-d(m_1v_1)+\frac{2A}{(x_2-x_1)^3}dt=0$$

！　これは失敗である。物体 1 の満たすべき運動方程式に対して、働いている力の向きが逆になってしまっている。第 2 項は物体 3 によって物体 1 に働く力積になるはずだから、マイナスにならなければいけない。実は、**作用の中で運動エネルギーのように見えている項は、運動エネルギーではない**。思い出して欲しいが、（式 4.7）の様に相対論的な形に書いた場合には、もはや運動エネルギーと見た目も違っていた。意味としては、衝突点での位置で微分したら運動量の変化に (-1) を掛けた量になるものだから、それに見合った置き換えかたをしなければならない。物体 1 が受ける力はマイナス方向で、（式 4.9）、（式 4.10）により以下のように計算される。

$$F_1=-F_3=-\frac{2A}{(x_2-x_1)^3}$$

運動方程式は、$d(m_1v_1)=F_1dt$ なのだから、つまりは符号を反転させるだけで正しい作用が得られる。

$$S=\int_{start}^{goal}\left(\frac{1}{2}m_1v_1^2+\frac{1}{2}m_2v_2^2-\frac{A}{(x_2-x_1)^2}\right)dt \tag{4.11}$$

問題　4.6.1

物体 1，2 の表面が電磁波を 100% 完全に反射する素材とする。物体 3 を電磁波のかたまりであるとした場合、（式 2.6）を利用して、**クーロンの法則が導出される**ことを確認せよ。すなわち、以下を導出せよ。A は正の定数。

$$S=\int_{start}^{goal}\left(\frac{1}{2}m_1v_1^2+\frac{1}{2}m_2v_2^2-\frac{A}{x_2-x_1}\right)dt$$

ヒント

本節と全く同じ手順を踏めばできる。まずは電磁波のエネルギーを ϵ と置こう。すると電磁波の運動量は ϵ/c である。$\frac{1}{2}m_3v^2$ を ϵ で置き換える。解答略。

---

13)（式 4.2, 式 4.3）の x_c で微分するという意味の微分。微分した後に $(N\to\infty)$

4.7 「力」の起源？

万有引力で引かれあう地球と砲丸のように、一方の質量が巨大なために動きが検知できない場合、一個の物体とその外部からの影響という形で考えた方が合理的である。すなわち、一個の物体が力を受けてその速度を変化させるようすを考えてみることにする。

質量 m の物体の位置を時刻 t の関数として、$\overrightarrow{x}(t) := (x(t),\ y(t),\ z(t))$, $\overrightarrow{x_j} := \overrightarrow{x}(t_j)$ とするとき、外部からなんら影響を受けない場合でも、モーペルテュイの原理を考慮して、つまり質量も入れて、作用は[14)]

$$S = \sum_{j=0}^{n-1} \frac{1}{2} m \left(\frac{\overrightarrow{x_{j+1}} - \overrightarrow{x_j}}{t_{j+1} - t_j} \right)^2 (t_{j+1} - t_j) \quad \to \quad \int_{start}^{goal} \frac{1}{2} m \left(\frac{d\overrightarrow{x}}{dt} \right)^2 dt \quad (n \to \infty)$$

となる。ここに（式 4.5）からは立体化している。または、相対性理論も（つまり電磁気学も）考慮すると、（式 4.8）を連続化して、以下のようになる[15)]。

$$S = \sum_{j=0}^{n-1} -mc^2 \Delta\tau_j \quad \to \quad \int_{start}^{goal} -mc^2 \acute{d}\tau \quad (n \to \infty) \tag{4.12}$$

$$\Delta\tau_j := \sqrt{(\ t_{j+1} - t_j\ )^2 - \frac{1}{c^2} (\ \vec{x}_{j+1} - \vec{x}_j\ )^2}$$

$$\acute{d}\tau := \sqrt{d(t)^2 - \frac{1}{c^2} (\ d(\ \vec{x}\ )\ )^2}$$

ここに、c は真空中での光の速さ。これらの作用に停留性をもたらす運動は、速度が一定。すなわち、等速直線運動になる。証明は、S を $\overrightarrow{x_j}$ で微分[16)]することにより得られる。

---

14) 記号：任意の空間ベクトル $\vec{V}$ に対して、$|\vec{V}|^2 := \vec{V} \cdot \vec{V}$ とした。単に $\vec{V}^2$ と書く場合もある。

15) $\acute{d}\tau$ の $\acute{d}$ は、微分演算子の $d()$ ではないので上にゴマを振って区別している。微分と同程度に小さな量という意味で使っている。

16) S の和の中で、番号を一つずらした項も微分するので注意。

さて、この作用に、ある関数 $W(t,x,y,z)$ の差をつけ加えてみる。

$$
\begin{aligned}
S &= \left(\int_{start}^{goal} -mc^2 d\acute{\tau}\right) + W_{goal} - W_{start} \\
&\overset{2.3}{=} \int_{start}^{goal} \left(-mc^2 d\acute{\tau} + dW\right) \\
&\overset{4.1}{=} \int_{start}^{goal} \left(-mc^2 d\acute{\tau} + \frac{\partial W}{\partial t} dt + \frac{\partial W}{\partial \overrightarrow{x}} \cdot d\overrightarrow{x}\right)
\end{aligned}
$$

ここに、

$$
\frac{\partial W}{\partial \overrightarrow{x}} := \left(\frac{\partial W}{\partial x},\ \frac{\partial W}{\partial y},\ \frac{\partial W}{\partial z}\right)
$$

作用 S への関数 W の寄与は、$W_{goal} - W_{start}$ になるだけなので、W の項の存在は、start と goal の間の途中の物体の運動に影響を与えない。すなわち、作用の積分の中で、足し加えられる量に全微分をつけ加えても、物体の運動には影響しない。

この全微分の微分係数を、積分値が経路に依存する関数に置き換えてみる。

$$
\begin{aligned}
\frac{\partial W}{\partial t} &\to -V(t,x,y,z) \\
\frac{\partial W}{\partial \overrightarrow{x}} &\to \overrightarrow{A}(t,x,y,z)
\end{aligned}
$$

$$
S = \int_{start}^{goal} \left(-mc^2 d\acute{\tau} - V dt + \overrightarrow{A} \cdot d\overrightarrow{x}\right) \tag{4.13}
$$

つけ加えた項の積分は、もはや goal と start での値の差の形では表せなくなるから、この作用に停留性を与える物体の運動は、等速直線運動ではなくなる。すなわち、物体に力が働いていることになる。この V はポテンシャルエネルギー、または、スカラーポテンシャルと呼ばれる。マイナスがついているのは前節と同じ事情による。力が重力の場合は $V =$ (質量) $\times$ (重力加速度) $\times$ (高さ)、バネを引く力の場合は $V = \frac{1}{2}$(バネ定数) $\times$ (変形の大きさ)^2 などと表される。$\overrightarrow{A}$ はベクトルポテンシャルと呼ばれ、電気を帯びた物体が磁場の中を運動するときに関係する量となる。これらの積分が経路に依らないならば、start と goal での値の差になるだけなので、物体の運動は再び等速直線運動になる。

4.8 変分法（汎関数微分）

ここから計算がハードになってくるが、辛抱強く手を動かして数式などを確認しつつ読み進んでいただきたい。

（式 4.11）のような作用 S の式から運動方程式を求めるとき、衝突の場合の定式化（式 4.2、式 4.3、式 4.5）に立ち戻って、衝突位置 x_c で微分して連続化の極限 $(N \to \infty)$ を取る操作をした。この「衝突位置 x_c で微分」する操作を、連続の式のままでできないものだろうか？ もっとうまい方法を考えてみよう。

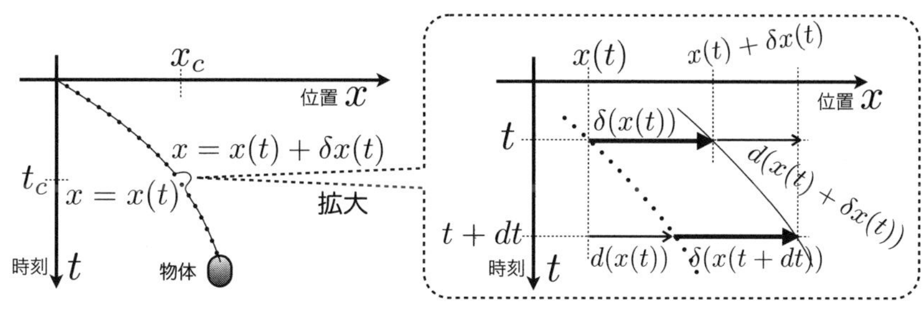

図 4.12　関数 $x(t)$ のズレに同期した微分 δ と時刻 t のズレに同期した微分 d

（図 4.12 左）のように、関数 $x(t)$ から微かにずらせた関数 $x(t)+\delta(x(t))$ を考えて[17)]、作用の差を取る。この操作を（汎関数）S を（関数）x で**変分** (variation) するという[18)]。

$$\delta S := S[x(t)+\delta(x(t))] - S[x(t)]$$

ここで、以下のように書けた場合、

$$\delta S = \int_{start}^{goal} Q \delta x dt$$

[17)] $\delta(x(t))$ は $d(x(t)) = x(t+dt) - x(t)$ とは区別する。時刻 t はずらさない。

[18)] 作業自体は微分と変わらない。ずらす対象が関数であることを強調した表現。

この Q を求める作業を、S を x で**汎関数微分** (functional derivative) するという。また、単に Q を S の汎関数微分という。汎関数とは作用 S のように関数に数値を対応させるさせかたの事である。数値に数値を対応させる操作を関数と呼ぶならば、それらを包括するものというような気持ちを込めて汎関数と呼ぶ。その汎関数を関数の差で微分するので、汎関数微分である。

この作用に関して、ハミルトンの原理が適用されるとすると、$\delta S=0$ である。これが（微小ではあるものの）値が任意の δx に対して成り立つのだから、汎関数微分の値 Q はゼロになる。

ここに関数をずらす微分演算子 $\delta()$ と時間をずらす微分演算子 $d()$ が混在することになる。計算の都合があり、まずはこの2種類の微分の順番を入れ替えられることを示しておこう。（図4.12右）にあるように、時刻 $t+dt$ での関数 $x+\delta x$ の値から、時刻 t での関数 x の値を差し引いた値を2通りの方法で求めることにより、以下が成立する[19)]。

$$\delta(x(t))+d\,(x(t)+\delta(x(t)))=d(x(t))+\delta(x(t+dt))$$

よって、微分の順番の入れ替えができることが確認される。

$$\begin{aligned} d\,(\delta(x(t))) &= \delta(x(t+dt))-\delta(x(t)) \\ &= \delta(x(t+dt)-x(t)) \\ &= \delta\,(d(x(t))) \end{aligned} \tag{4.14}$$

さて、計算を始めよう。まず、（式4.11）のような作用の式を一般化してみる。物体の位置 x が、時刻 t の関数として与えられようとしている、この未知の関数 $x(t)$ は、以下の作用 S を最大または最小にする、あるいは停留性を持つ場合に、物理現象を表しているものとする。

$$S[x]=\int_{start}^{goal} L\left(t,x,\frac{dx}{dt}\right)dt \tag{4.15}$$

ここに、L は、$t,x,\frac{dx}{dt}$ の関数で、**ラグランジアン** (Lagrangian) と呼ばれている。説明の都合で変数が x 一つだけになっているが、複数の場合でも同様な計

---

19) 式が見ずらいので、マーカーで括弧を色分けすることをオススメする。

算ができる。記述の便宜のため、習慣に従い、以後しばしば x の時間微分 $\frac{dx}{dt}$ を v ではなく $\dot{x}$ と書くことにする。ここに、L の具体的な形は書かれていないが、微分のチェーンルールとライプニッツ則を活用して計算を進めることができる。

$$\begin{aligned}
\delta S &:= S[x(t)+\delta(x(t))]-S[x(t)] \\
&= \int_{start}^{goal} \delta(L(t,x,\dot{x}))dt \\
&\stackrel{4.1}{=} \int_{start}^{goal} \left(\frac{\partial L}{\partial x}\delta x + \frac{\partial L}{\partial \dot{x}}\delta(\frac{d(x)}{dt})\right)dt \\
&\stackrel{4.14}{=} \int_{start}^{goal} \left(\frac{\partial L}{\partial x}\delta x + \frac{\partial L}{\partial \dot{x}}(\frac{d(\delta x)}{dt})\right)dt \\
&= \int_{start}^{goal} \left(\frac{\partial L}{\partial x}\delta x + \frac{d}{dt}(\frac{\partial L}{\partial \dot{x}}\delta x) - \frac{d}{dt}(\frac{\partial L}{\partial \dot{x}})\delta x\right)dt \\
&\stackrel{2.3}{=} \int_{start}^{goal} \left(\frac{\partial L}{\partial x} - \frac{d}{dt}(\frac{\partial L}{\partial \dot{x}})\right)\delta x dt + \left[\frac{\partial L}{\partial \dot{x}}\delta x\right]_{start}^{goal}
\end{aligned}$$

スタート時刻とゴール時刻において、$\delta x = 0$ としてよいから最終行第 2 項は消える。これで汎関数微分が求まった。

時刻 $t = t_c$ に於いて、δx の値は、微小とはいえ、任意に選ぶことが許されているから、ハミルトンの原理 $\delta S = 0$ を満たすためには汎関数微分はゼロ。つまり、以下の方程式が必要である。

$$\frac{d}{dt}\left(\frac{\partial L}{\partial \dot{x}}\right) = \frac{\partial L}{\partial x} \tag{4.16}$$

t_c の値は任意だから、スタートとゴールの間の全ての時刻において、この方程式は成立する。この方程式は、**オイラー・ラグランジュ方程式**と呼ばれている。

この式をよく見ると、（現代版）ニュートンの運動方程式に良く似ている。（式 4.11）で与えられる作用を当てはめてみると、$\frac{\partial L}{\partial \dot{x}}$ は運動量 mv に、$\frac{\partial L}{\partial x}$ は物体に作用する力になっていることが確認できる。そこでそれぞれ、$p = \frac{\partial L}{\partial \dot{x}}$ は**一般化運動量**、$F = \frac{\partial L}{\partial x}$ は**一般化力**と呼ばれている[20)]。

---

20) なぜ“一般化”なのかというと、自由な曲線座標を使ってもいいから。

問題　4.8.1

以下の作用 S から運動方程式を導け。ここに、m,c,q は定数、$\phi,\vec{A}$ は (t,x,y,z) の関数。とくに、$\vec{v}:=\frac{d}{dt}\vec{x}$, $\vec{E}:=-\vec{\nabla}\phi-\frac{\partial}{\partial t}\vec{A}$, $\vec{B}:=\vec{\nabla}\times\vec{A}$ とせよ。

$$S=\int_{start}^{goal}\left(-mc^2\sqrt{dt^2-\frac{1}{c^2}(\ d\vec{x}\ )^2}-q\,\phi\,dt+q\,\vec{A}\cdot d\vec{x}\right) \tag{4.17}$$

ヒント

記号 $\vec{\nabla}$ は「ナブラ」と読み、以下で与えられる。

$$\vec{\nabla}:=(\frac{\partial}{\partial x},\frac{\partial}{\partial y},\frac{\partial}{\partial z}) \tag{4.18}$$

記号 $\times$ は「ベクトル積」と呼ばれ、任意のベクトル $\vec{A}=(A_x,A_y,A_z)$, $\vec{B}=(B_x,B_y,B_z)$ に対して以下の演算を行う。

$$\vec{A}\times\vec{B}:=(A_yB_z-A_zB_y,\ A_zB_x-A_xB_z,\ A_xB_y-A_yB_x) \tag{4.19}$$

計算は、そのまま変分するも良し、ラグランジアンからオイラーラグランジュの方程式に代入しても良し。とにもかくにも、ひたすら地道に計算あるのみ。全微分のチェーンルールに注意せよ。

略解

作用からラグランジアン L を抜き出すと、

$$L=-mc^2\sqrt{1-\frac{1}{c^2}|\vec{v}|^2}-q\phi+q\overrightarrow{A}\cdot\vec{v}$$

これをオイラー・ラグランジュ方程式に代入して、以下を得る。

$$\frac{d}{dt}(\frac{m\vec{v}}{\sqrt{1-\frac{1}{c^2}|\vec{v}|^2}})=q(\vec{E}+\vec{v}\times\vec{B})$$

解説

この作用は、質量 m の粒子が電気量 q を帯びて、静電ポテンシャル ϕ、ベクトルポテンシャル $\vec{A}$ の中を運動する状況を表したものである。$\vec{E}$ は電場、$\vec{B}$ は磁束密度と呼ばれている。力 $q\vec{E}$ は静電気力、力 $q\vec{v}\times\vec{B}$ は、ローレンツ力と呼ばれている。

4.9 エネルギーとハミルトン形式

$$E = p\dot{x} - L(t, x, \dot{x}) \tag{4.20}$$

これを時間で全微分してみる[21]。ここに、$p := \frac{\partial L}{\partial \dot{x}}$ は一般化運動量。

$$\begin{aligned}\frac{dE}{dt} &\overset{4.1}{=} \frac{dp}{dt}\dot{x} + p\frac{d\dot{x}}{dt} - \left(\frac{\partial L}{\partial t} + \frac{\partial L}{\partial x}\frac{dx}{dt} + \frac{\partial L}{\partial \dot{x}}\frac{d\dot{x}}{dt}\right) \\ &\overset{4.16}{=} -\frac{\partial L}{\partial t}\end{aligned}$$

つまり、E は、ラグランジアン L がその式の中に時刻 t をあらわに含まない場合（$\frac{\partial L}{\partial t} = 0$）には、時間によらない一定の値となる。多変数でも同様。

試しに（式 4.11）の作用から得られるラグランジアンを E に代入してみよう。

$$\begin{aligned}L &= \frac{1}{2}m_1 v_1^2 + \frac{1}{2}m_2 v_2^2 - \frac{A}{(x_2 - x_1)^2} \\ E &= \frac{\partial L}{\partial v_1}v_1 + \frac{\partial L}{\partial v_2}v_2 - L \\ &= \frac{1}{2}m_1 v_1^2 + \frac{1}{2}m_2 v_2^2 + \frac{A}{(x_2 - x_1)^2}\end{aligned}$$

これは運動エネルギーと位置エネルギーの和になった。つまり E は全エネルギーを現している。“L がその式の中に時刻 t をあらわに含まない” ならば、エネルギー保存則が成り立つことを示している。

実は（式 4.20）はルジャンドル変換 (Legendre transformation) になっている。この場合は、変数 $\dot{x}$ を $p = \frac{\partial L}{\partial \dot{x}}$ の関係にある変数 p で表した式に置き換える変換である。そこで、以下の H を定義する。この H はその研究者の名にちなみハミルトニアンと呼ばれている[22]。

$$H(t, x, p) = p\dot{x} - L(t, x, \dot{x}) \tag{4.21}$$

---

[21] $\dot{x} = \frac{dx}{dt}$ に注意。

[22] William Rowan Hamilton (1805 - 1865) アイルランド生まれのイギリスの数学者、物理学者。

この H で書かれた作用（L を $p\dot{x}-H$ で置き換え）を変分してみよう。今度は $\dot{x}$ の変分の代わりに p も変分する。ここで、δx と $\delta\dot{x}$ とは、微分の関係にあったが、δx と δp は独立な変数として扱う。t は関数ではないので、δt 不要。まずは下ごしらえ、

$$\delta(p\dot{x})=\dot{x}\delta p+p\delta\dot{x}=\dot{x}\delta p+p\frac{d}{dt}\delta x=\dot{x}\delta p+\frac{d}{dt}(p\delta x)-\dot{p}\delta x$$

よって、始点 (start) と終点 (goal) で $\delta x=0$ として、

$$\begin{aligned}
\delta S&=\delta\int_{start}^{goal}\{p\dot{x}-H(t,x,p)\}\,dt\\
&=\int_{start}^{goal}\{\delta(p\dot{x})-\delta H(t,x,p)\}\,dt\\
&=\int_{start}^{goal}\left\{\dot{x}\delta p-\dot{p}\delta x-\frac{\partial H}{\partial x}\delta x-\frac{\partial H}{\partial p}\delta p\right\}dt+[\ p\delta x\ ]_{start}^{goal}\\
&=\int_{start}^{goal}\left\{-(\dot{p}+\frac{\partial H}{\partial x})\delta x+(\dot{x}-\frac{\partial H}{\partial p})\delta p\right\}dt
\end{aligned}$$

つまり、オイラー・ラグランジュ方程式は以下の形に書き換えられる。

$$\begin{aligned}
\frac{dx}{dt}&=\ \frac{\partial H}{\partial p}\\
\frac{dp}{dt}&=-\frac{\partial H}{\partial x}
\end{aligned}$$

前半が運動量の定義式、後半がニュートンの運動方程式に相当するだろう。これらの式は**ハミルトンの運動方程式**、あるいは単に**ハミルトンの方程式** (Hamilton equation) という。この一連のやりかたを**ハミルトン形式**という。説明の都合で1変数で進めたが、変数の数が増えてもやりかたは同じである。全エネルギーとの関係は、数値の上では、$E=H$。ハミルトンの方程式により、

$$\frac{dE}{dt}=\frac{dH}{dt}\overset{4.1}{=}\frac{\partial H}{\partial t}+\frac{\partial H}{\partial x}\frac{dx}{dt}+\frac{\partial H}{\partial p}\frac{dp}{dt}=\frac{\partial H}{\partial t}$$

つまりは1秒間あたりの全エネルギーの変化は $\frac{\partial H}{\partial t}$ に等しく、H が時刻 t を式の中にあらわに含まないのであれば、エネルギー保存則が成り立っている。

4.10 作用から量子力学へ

光の経路を求めるフェルマーの原理から出発して、2体衝突のモーペルテュイの原理を通して力学をあたかも波動のように扱う手法を得た。それをさらに一般化しハミルトン形式に至った。ここで今一度、話を波動に戻してみよう。ただし、ここで語られることはあくまでも直観的な説明であり、厳密に正しい理論は量子力学の教科書で学んでいただきたい。

まずは準備として、複素数と三角関数の重要な関係に触れておこう。**オイラーの公式**という。ここで、i は虚数単位（$i^2 = -1$）。

$$e^{i\theta} = \cos\theta + i\sin\theta \tag{4.22}$$

証明は数学の教科書に譲ることとする。指数関数は微分積分との相性が良く、波動や振動を扱うときにすこぶる便利である。角度を弧度法で表すならば、一回りの角度は 2π であり、

$$e^{2\pi i} = 1$$

である。これを使って作用から導かれる波動を表現してみよう。S を作用、h を適当な定数として、以下の波動 ψ を考えてみる。

$$\psi[\text{ start} \to \text{goal }] = \sum_{\text{path}} e^{2\pi i S[\text{ path }]/h} \tag{4.23}$$

S が h だけ増加あるいは減少するにつき、波動としては「一回り」する。S は変数たちが時間と共にどんな値を辿ったかという経路 (path) によって値が与えられる量である。その意味で $S[\text{ path }]$ と書いた。とりあえず始点 (start) と終点 (goal) は固定しておいて、途中のあらゆる経路について均等に等しいウエイトで合計（$\sum$）する[23]。フェルマーの原理での時間を作用に置き換えて

---

[23] マジメに全部足しあげると値が無限大になってしまうかもしれないが、意味があるのは“比”なので、無限大があっても問題ない。逆に確率のような扱いで有限値に留めようとした場合、「全体」（あるいは、全事象）が、どの範囲なのかを決めなければならなくなり、頭を抱えるハメになる。とくに、粒子の位置を観測するたびに「全体」の範囲をリセットすることになり、それに伴い「波束の収縮」などというキテレツな概念が誕生した。

考えて、S が停留性 $\delta S=0$ を示す経路付近以外では、波がバラバラに重なるせいで霧散してしまい、ψ の大きさ[24]は小さなものとなってしまう（図 4.6, 4.7)。つまり、音が大きいところに“音が来ている”と云うように、明るいところに“光が来ている”と云うように、ψ の大きさが大きくなるような経路が物理的に実現される経路であるという事になる。ということは、始点と終点を近くにとって、ψ の大きさが大きくなるような位置関係を順繰りに辿って行けば、粒子の運動などのイメージに近くなるであろう。

電子線の干渉実験などから、素粒子が波動としての干渉を実際に起こすことが確認されており [14]、この理論の正当性が裏付けられている。そして定数 h が自然界に実在する定まった値であることがわかり、**プランク定数** (Planck constant) と呼ばれている[25]。歴史的には測定で値が得られた量であるが、十分な精度の測定ができるようになったので、質量の単位 kg を h が関わる物理現象を使って正確に定めるためにキッカリ以下の値に固定されている [22]。

$$h=6.62607015\times10^{-34}\,\mathrm{Js}$$
$$\hbar=\frac{h}{2\pi}$$

ここに、$\hbar$ は「エイチバー」と読み、**換算プランク定数** (reduced Planck constant) あるいは**ディラック定数** (Dirac’s constant) と呼ばれている[26]。

とはいえ、このままではわかりにくいので、力が働いていない等速直線運動を考えてみる。エネルギー E と運動量 p の値が一定だから、ハミルトン形式

---

[24] 実数 a,b に対して、$z=a+bi$ とするとき、z の“大きさ”は、$|z|=\sqrt{a^2+b^2}$

[25] Max Karl Ernst Ludwig Planck (1858 年 - 1947) ドイツの物理学者。プランク定数は彼の研究室の弟子の一人が発見したそうだが、いつしか人々はそれを「プランク定数」と呼ぶようになった。結局、後世に残るのはチームリーダーの名前か...

[26] Paul Adrien Maurice Dirac (1902 - 1984) イギリス生まれの理論物理学者。

！ 既知の定数を 2π で割っただけで自分の名前を後世に残せるなんて...

で作用 S は積分できて、$\dot{x}dt = dx$ により、

$$\begin{aligned} S &= \int_{start}^{goal} \{p\dot{x} - H(t,x,p)\}\, dt \\ &= \int_{start}^{goal} \{pdx - Edt\} \\ &= p(x_{\text{goal}} - x_{\text{start}}) - E(t_{\text{goal}} - t_{\text{start}}) \end{aligned}$$

始点の時刻と位置をいずれも 0、終点の時刻と位置をそれぞれ t,x と設定し、等速直線運動以外は無視するとすれば、ψ は t,x の関数として扱うことができる。重複を考慮して適当な重みづけの関数 $A(E,p)$ を設定し、あらゆる E,p の組み合わせについて足し加える。

$$\psi(t,x) = \sum_{E,p} A(E,p) e^{2\pi i(px-Et)/h}$$

つまり、$A(E,p)$ の大きさが大きな (E,p) の組みが実現しやすいという事になる。

では、この $\psi(t,x)$ からエネルギー E と運動量 p の情報をいかにして取り出せるものだろうか？ ... 微分すればいい。そのためのオイラーの公式である。

$$i\hbar \frac{\partial}{\partial t}\psi = \sum_{E,p} E\ A(E,p) e^{2\pi i(px-Et)/h} \tag{4.24}$$

$$-i\hbar \frac{\partial}{\partial x}\psi = \sum_{E,p} p\ A(E,p) e^{2\pi i(px-Et)/h} \tag{4.25}$$

残念ながら、これでは“取り出す”というところまでは至らず、せいぜい期待値を求めるに留まるだろう。しかし、ψ の満たすべき方程式を作るには十分である。エネルギーと運動量の間の関係式を利用すれば、ウエイト $A(E,p)$ にその条件を満たすような制限を加えることができる。たとえば、質量 m の自由粒子（外力の働いていない粒子）の場合、以下が必要である。（相対性理論以前の理論の場合）

$$E - \frac{1}{2m}p^2 = 0$$

ゆえに[27)]、

$$\left(i\hbar\frac{\partial}{\partial t}-\frac{1}{2m}(-i\hbar\frac{\partial}{\partial x})^2\right)\psi=\sum_{E,p}(E-\frac{p^2}{2m})\ A(E,p)e^{2\pi i(px-Et)/h}$$
$$=0$$

つまり、

$$\text{粒子}: E=\frac{1}{2m}p^2 \ \Rightarrow\ \text{波動}: i\hbar\frac{\partial}{\partial t}\psi=\frac{1}{2m}\left(-i\hbar\frac{\partial}{\partial x}\right)^2\psi$$

となるが、これは等速直線運動以外にも拡張できて、ポテンシャルエネルギー $V(x)$ がある場合には、以下のようになる。

$$\text{粒子}: E=\frac{1}{2m}p^2+V \ \Rightarrow\ \text{波動}: i\hbar\frac{\partial}{\partial t}\psi=\frac{1}{2m}\left(-i\hbar\frac{\partial}{\partial x}\right)^2\psi+V\psi$$

これは研究者の名にちなみ[28)]、**シュレーディンガー方程式** (Schrödinger equation) と呼ばれている。なお、説明の都合で空間1変数のみで扱っていたが、以下の修正で立体へも対応できる。

$$\frac{\partial^2}{\partial x^2}\ \Rightarrow\ \frac{\partial^2}{\partial x^2}+\frac{\partial^2}{\partial y^2}+\frac{\partial^2}{\partial z^2}$$

---

27) 微分の二乗は微分2回の意味：$\left(-i\hbar\frac{\partial}{\partial x}\right)^2\psi=-\hbar^2\frac{\partial}{\partial x}\left(\frac{\partial\psi}{\partial x}\right)=-\hbar^2\frac{\partial^2\psi}{\partial x^2}$

28) Erwin Rudolf Josef Alexander Schrödinger (1887 - 1961) オーストリア出身の理論物理学者

4.11 相対論的な粒子の波動

相対論的な自由粒子に関して、運動エネルギー K と運動量 $\vec{p}$ は（式 2.9, 2.10）で与えられる。静止質量 m_0 を改めて m と置き直して、この 2 式より $\vec{v}$ を消去して、K を $\vec{p}$ で表わすと、平方根が必要となる。

$$K = \sqrt{c^2|\vec{p}\,|^2 + (mc^2)^2} - mc^2 \tag{4.26}$$

このままではエネルギーと運動量を微分に置き換えるという処方（式 4.24, 4.25）が使いづらい。そこで平方根を二乗してしまおう。

$$(K + mc^2)^2 - c^2|\vec{p}\,|^2 - (mc^2)^2 = 0$$

これに対応する波動を ψ とすると、$K, \vec{p}$ を微分で置き換えて、

$$(i\hbar\frac{\partial}{\partial t} + mc^2)^2\psi - c^2(-i\hbar\frac{\partial}{\partial\vec{x}})\cdot(-i\hbar\frac{\partial}{\partial\vec{x}})\psi - (mc^2)^2\psi = 0 \tag{4.27}$$

ここに、微分 $\frac{\partial}{\partial\vec{x}}$ 同士の内積は以下の意味である。これは**ラプラシアン**と呼ばれ、しばしば記号 Δ が用いられる。

$$\Delta := \frac{\partial^2}{\partial x^2} + \frac{\partial^2}{\partial y^2} + \frac{\partial^2}{\partial z^2} \quad (\overset{\text{同じ}}{\equiv} \frac{\partial}{\partial\vec{x}}\cdot\frac{\partial}{\partial\vec{x}} \equiv \vec{\nabla}\cdot\vec{\nabla}) \tag{4.28}$$

なお、もしも y, z 方向に対して世界が一様で変化が無い場合を想定すると、このラプラシアンは、$\frac{\partial^2}{\partial x^2}$ と同じものだと解釈できる。

（式 4.27）を、最初の項と最後の項で因数分解すると、以下のようになるが、

$$(i\hbar\frac{\partial}{\partial t} + 2mc^2)\ i\hbar\frac{\partial}{\partial t}\psi = -c^2\hbar^2\frac{\partial}{\partial\vec{x}}\cdot\frac{\partial}{\partial\vec{x}}\psi$$

これに、低エネルギーの近似 $i\hbar\frac{\partial}{\partial t} + 2mc^2 \simeq 2mc^2$ を施すと、自由粒子のシュレーディンガー方程式と同じになる。

また、ψ を $e^{2\pi i\ mc^2t/h}\psi$ で置き換えると、エネルギーの原点をずらすことができる。つまり以下のようになる。

$$(i\hbar\frac{\partial}{\partial t} + mc^2)(e^{2\pi i\ mc^2t/h}\psi) = e^{2\pi i\ mc^2t/h}\ i\hbar\frac{\partial}{\partial t}\psi$$

これを用いて（式 4.27）は少し簡単になる。

$$\frac{\partial^2}{\partial t^2}\psi - c^2\frac{\partial}{\partial\vec{x}}\cdot\frac{\partial}{\partial\vec{x}}\psi + (\frac{mc^2}{\hbar})^2\psi = 0 \qquad (4.29)$$

これは**クライン・ゴルドン方程式** (Klein–Gordon equation) と呼ばれている。粒子の波動を模した方程式の中で、相対性理論と量子論を両立させるものとしては最も簡単なものだろう。これは単に質量 m の粒子を表現しているだけに過ぎず、現実の素粒子には電荷があったり、スピンと呼ばれる自転の様な性質があるので、この方程式のみで記述できる素粒子は無いのだが、簡単なモデルを作るための近似としては役に立っている。また、この方程式の中には虚数単位 $i=\sqrt{-1}$ が含まれていない。故に ψ は i を含まない実数でも良いことになる。ただし、電磁場との相互作用を考慮したときには、再び i は必要となる。

方程式で条件付けされている ψ であるが、そもそもの意味は（式 4.23）であり、ハミルトンの原理の背後に潜む波動であるとして説明した。粒子が見出されやすい場所に対して大きさが大きくなるのだから、歴史的には粒子の状態の存在確率に関与するものとして考えられてもいた。しかし時代が下るにつれて、粒子という描像にこだわる必要はないのでは無かろうかとも考えられるようになる。確かに観測したときにポチッと出てくるから、粒子とも云えるが、それは ψ の性質の一部分にすぎず、その対象に関する情報が乗っているのが ψ なのだから、逐一話を粒子に翻訳するような事をやめて、直接 ψ で考えようということだ。その意味で ψ は**スカラー場** (scalar field) と呼ばれている。スカラー (scalar) とは我々の住んでいる 3 次元空間上の各点でその点を中心とした回転に対して値を変えない物理量の総称。他には、回転に対する応答の違いから、スピノル場、ベクトル場、テンソル場.. 等がある。場 (field) とは時空の各所に連続的に値が割り振られているもの全般を指す。

つまり、運動する粒子の扱いは、古い時代の量子論を経て、**場の理論**へと発展するのである。**理論の優劣はその予言能力によって評価される**。現代の場の理論は洗練され、強力な予言能力を持つに至っており、たとえ、粒子の運動の波動化に始まる、その成り立ちの経緯を、すっかり忘れてしまったとしても、科学史や基礎を掘り下げる研究領域を除いては、全く問題ないであろう。

4.12 点の運動から場の理論へ

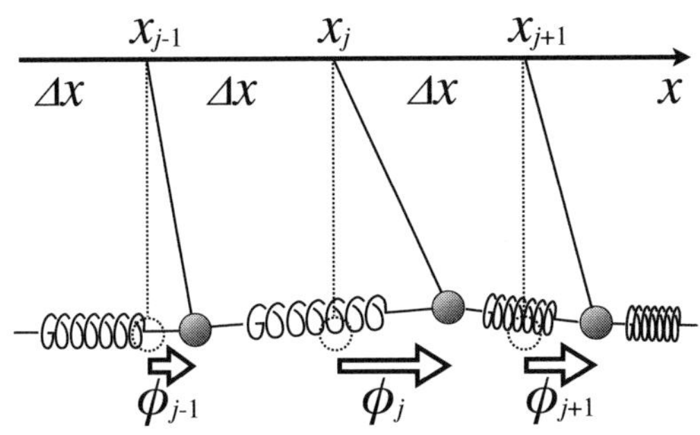

図 4.13 バネで連結された振り子

電磁場や重力場は、場 (field) であり、すなわち空間上の各点に対して値が割り振られた量である。これらが従う基礎方程式も作用 (action) を与えることで、ハミルトンの原理に従う形に表現できる。

バネで連結された振り子の位置が、質量を持った粒子の場（massive scalar field）と式の上では同じ形となる。陳腐な定番ではあるが理解の助けには最善と思われるのでこれをとりあげよう。

（図 4.13）のように、座標値 x が割り振られた直線の下に、バネで連結された振り子がぶら下がっている。時刻 t で、座標値 x にある振り子の変位（振れていない位置を基準にした位置）を $\phi(t,x)$、とくに j 番目の振り子の変位を $\phi_j(t)=\phi(t,x_j)$ とする。振り子の長さを l、重りの質量を m、バネの固さを表すバネ定数を k、重力加速度を g とする。0 番目と、$n+1$ 番目の振り子を固定したとして（$\phi_{n+1}=\phi_0=0$)、作用は、

$$S=\int_{start}^{goal}\left\{\sum_{j=1}^{n}\frac{1}{2}m\left(\frac{d\phi_j}{dt}\right)^2-\sum_{j=0}^{n}\frac{1}{2}k(\phi_{j+1}-\phi_j)^2-\sum_{j=1}^{n}\frac{mg}{2l}\phi_j^2\right\}dt$$

となる。この括弧{ }の中の第 1 項は、運動エネルギー。第 2 項は、$(-1\times)$ バ

ネの変形に伴う弾性エネルギー。第 3 項は、(−1×) 重力による位置エネルギー（図 4.14)。

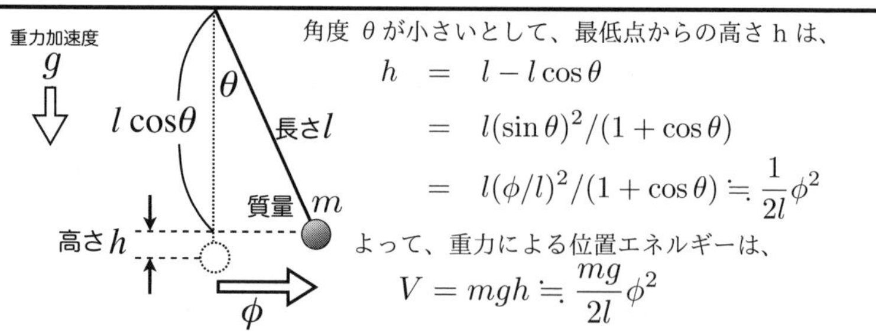

図 4.14　振り子の（重力による）位置エネルギー

この連結振り子の連続極限を考える。重りを半分に割って、二つの振り子とし、バネを半分に切って繋ぎ直す。このとき、重りの質量は半分になるし、バネの固さは、同じ力に対して伸びが半分になることにより、2 倍に固くなる。振り子の間隔 Δx も半分になることから、この分割で変わらない量 ρ, σ を以下のように与えることができる。

$$\text{線密度}\ \rho = \frac{m}{\Delta x}$$
$$\text{弾性率}\ \sigma = k \times \Delta x$$

これらを使って作用を書き直し、連続化を試みる。

$$S = \int_{start}^{goal} \left\{ \sum_{j=1}^{n} \frac{1}{2}\rho\Delta x \left(\frac{d\phi_j}{dt}\right)^2 - \sum_{j=0}^{n} \frac{\sigma}{2\Delta x}(\phi_{j+1}-\phi_j)^2 - \sum_{j=1}^{n} \frac{\rho\Delta x g}{2l}\phi_j^2 \right\} dt$$
$$= \int_{start}^{goal} \left\{ \sum_{j=1}^{n} \frac{1}{2}\rho \left(\frac{d\phi_j}{dt}\right)^2 - \sum_{j=0}^{n} \frac{\sigma}{2}(\frac{\phi_{j+1}-\phi_j}{\Delta x})^2 - \sum_{j=1}^{n} \frac{\rho g}{2l}\phi_j^2 \right\} \Delta x dt$$
$$\to \int_{start}^{goal} \int \left\{ \frac{1}{2}\rho \left(\frac{\partial\phi}{\partial t}\right)^2 - \frac{\sigma}{2}(\frac{\partial\phi}{\partial x})^2 - \frac{\rho g}{2l}\phi^2 \right\} dx\ dt \quad (n\to\infty,\ \Delta x \to dx)$$

となる。

ここから運動方程式のようなものを導いてみよう。端っこ（$j=0, n+1$ と開始時刻と終了時刻）で $\delta\phi=0$ として、変分すると、

$$
\begin{aligned}
\delta S &= \iint \left\{ \rho \left(\frac{\partial \phi}{\partial t}\right) \delta \left(\frac{\partial \phi}{\partial t}\right) - \sigma \left(\frac{\partial \phi}{\partial x}\right) \delta \left(\frac{\partial \phi}{\partial x}\right) - \frac{\rho g}{l} \phi \delta \phi \right\} dx dt \\
&\overset{4.14}{=} \iint \left\{ \rho \left(\frac{\partial \phi}{\partial t}\right) \left(\frac{\partial}{\partial t} \delta \phi\right) - \sigma \left(\frac{\partial \phi}{\partial x}\right) \left(\frac{\partial}{\partial x} \delta \phi\right) - \frac{\rho g}{l} \phi \delta \phi \right\} dx dt \\
&\overset{2.3}{=} \iint \left\{ -\rho \frac{\partial^2 \phi}{\partial t^2} + \sigma \frac{\partial^2 \phi}{\partial x^2} - \frac{\rho g}{l} \phi \right\} \delta \phi dx dt
\end{aligned}
$$

最初と最後の等式はライプニッツ則（部分積分）を使った[29)]。$\delta\phi$ は微小とはいえ任意だから、ハミルトンの原理 $\delta S=0$ によって、{ } の中身はゼロ。よって、振り子の位置の変位 ϕ の満たすべき方程式が得られる。

$$
\frac{\partial^2 \phi}{\partial t^2} - \frac{\sigma}{\rho} \frac{\partial^2 \phi}{\partial x^2} + \frac{g}{l} \phi = 0
$$

これを、クライン・ゴルドン方程式（式 4.29）と比べてみよう[30)]。どうだろうか、そっくりではないか。$\sqrt{\frac{\sigma}{\rho}}$ を光の速さに見立てて、ヒモの長さ l を、粒子の質量の二乗に反比例する量と見立てれば、質量を持った素粒子の波動が伝搬していく様子を、長いバネ[31)]をヒモでつるしてデモンストレーションすることができるわけである（図 4.15）。

ヒモが短いと、すぐに振り子の揺れ戻しにあって、波動が遠くまでとどかない。これは質量の大きな素粒子が相互作用できる距離が短いことをデモンストレーションしたことになる。ヒモを長くすれば質量が小さな素粒子に対応する。振り子の揺れ戻しが小さいから、相互作用は遠くまで届く。ヒモの長さ無限大の極限として、光子などの「質量の無い素粒子」のモデルとすることができる。これは広がりさえしなければ、どこまでも遠くまで飛んでいくことができる。重力場を粒子として扱う場合も、光を光子として扱う場合と同じよう

---

29) $\left(\frac{\partial \phi}{\partial t}\right)\left(\frac{\partial}{\partial t}\delta\phi\right) = \frac{\partial}{\partial t}\left(\frac{\partial \phi}{\partial t}\delta\phi\right) - \left(\frac{\partial}{\partial t}\left(\frac{\partial \phi}{\partial t}\right)\right)\delta\phi$

30) クライン・ゴルドン方程式で y, z 方向の微分がゼロである場合を想定して比較。

31) 商品名、スリンキー (Slinky)。

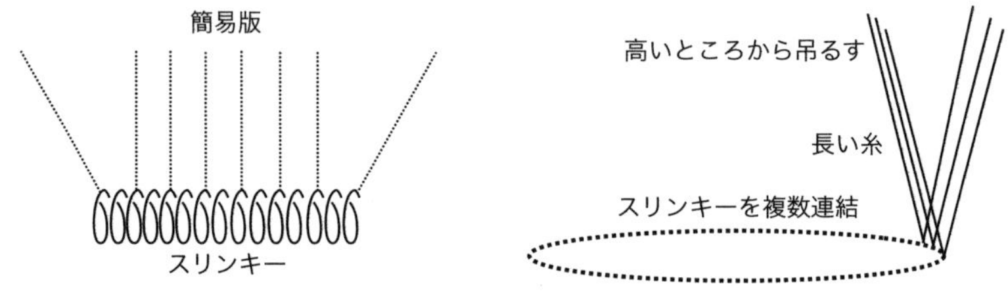

図 4.15　質量を持ったスカラー場のデモ実験の例

に、質量のない粒子とされているが、宇宙が加速膨張しているという観測結果を受け、それを説明する理論の一つとして、質量のある重力場の研究も現在行われている。

なお、この類似からクライン・ゴルドン方程式を導く作用を書くことができる。κ を適当な正の定数として、

$$S = \frac{1}{2}\kappa \iint \left\{ \left(\frac{\partial\psi}{\partial t}\right)^2 - c^2\left(\frac{\partial\psi}{\partial x}\right)^2 - \left(\frac{mc^2}{\hbar}\right)^2 \psi^2 \right\} dxdt \qquad (4.30)$$

空間を 3 次元に立体化して、

$$S = \frac{1}{2}\kappa \iiiint \left\{ \left(\frac{\partial\psi}{\partial t}\right)^2 - c^2\left|\frac{\partial\psi}{\partial\vec{x}}\right|^2 - \left(\frac{mc^2}{\hbar}\right)^2 \psi^2 \right\} dxdydzdt \quad (4.31)$$

第5章

電磁気学入門

電気や磁気に関係した物理現象を取り扱う分野を電磁気学という。我々の身の回りには電機製品が溢れており、それらを作ったり使ったりするので、電磁気学の恩恵は大きい。故に学校で習う理科の中でも重要な位置を占めている。授業では、いにしえの偉人の名前が次々と出てきて、○○の法則、△△の法則、... の目白押しだ[1)]。授業中にちょっとほかごとを考えていただけで置いていかれてしまって、授業について行けなくなって電磁気学が嫌いになってしまった人も多くいるのではないだろうか。でも大丈夫！ これから唱える3つの法則さえ知っていれば、大学初年度までに習う電磁気学の法則はほぼ全てが網羅される。（力学の基礎知識があることは前提とする。）

1. 磁荷と電荷のクーロンの法則
2. ローレンツ力
3. ビオ・サバールの法則

実は、ローレンツ力とビオ・サバールの法則は、見かたの違いだけで、同じ内容なので、1つにカウントできる。実質この2つが電磁気学攻略のカナメである。あとはそれらをどう取り扱うかというノウハウの問題だ。

[1)] 教育畑の人たちの中には物理の法則と人物とを関連づけることを重視する先生をよく見かける。高校で講師をしていたとき、同僚の先生が物理の中間テストの問題に物理法則に深く関与した人の似顔絵を並べて名前を書かせる問題（配点5点）を出題しようとしていた。そういう人たちが多くいる環境で教科書の筋書きが作られているので、人名のオンパレードになるのも無理はない。

ここにおいて、なぜ電磁気学なのか、2つの理由がある。

1. 光の速さとはいったいなんなのかを理解すること。
2. アインシュタインの重力理論（一般相対性理論）の基礎だから。

第1に、光の速さは超えられないといわれているが、これを超えるなどと言い出す前に、そもそも光の速さとは何なのかを理解する必要がある。光が伝播する速さの導出について、多くの教科書のシナリオでは、○○の法則、△△の法則、.. とあちこち案内された末に、電磁気学の基礎方程式とされるマクスウェルの方程式[2)]に至り、式をいじって電磁波の伝播を表わす微分方程式を示し、「だから電磁波は速さ c で伝播するんだよ」と来る。しかし、そこまでの道のりは長い。最優先で知りたいのは“何で光の速さが限界の速さなのか”ということだ。その説明を本章では先ほどの3つの法則に基づいて、おそらく最短で行う。（というより、.. 問題を解いてもらおう。）

実は、電気や磁気に関する現象が、電子などの電気を帯びた粒子の運動によって引き起こされるというモデルを設定するならば、クーロンの法則を始めとする先ほどの3つの法則は、マクスウェルの方程式の“一般解”になっている。要するに学習者は、あちこち引き回されたあげくに、結局、出発点に戻されるのである。ただ一つ異なる点は、その一般解には、粒子の動きの変化の影響が、光の速さの分だけ遅れて遠方に届くという効果が盛り込まれている。そうは云っても我々が学校の理科室で実験をしてみる程度の内容であれば、違いはわからない。だったら、回りくどいことはやめよう.. と考える。

第2に、我々は光の速さが局所的に速くなる領域を作り出そうとたくらんでいるわけだが、そのためには重力についての理解が欠かせない。光は電磁波の一種だから、電磁気学に対する理解も欠かせない。この2つを両立させる理論の中で、おそらく最もシンプルな理論がアインシュタインの一般相対性理論である。一般相対性理論は電磁気学をお手本に、ニュートンの重力理論を修正したものだから、電磁気学との共通点は大きい。むしろ電磁気学の自然な延長だと云ってもいいくらいだ。

[2)] James Clerk Maxwell、1831年～1879年、英

5.1 クーロンの法則

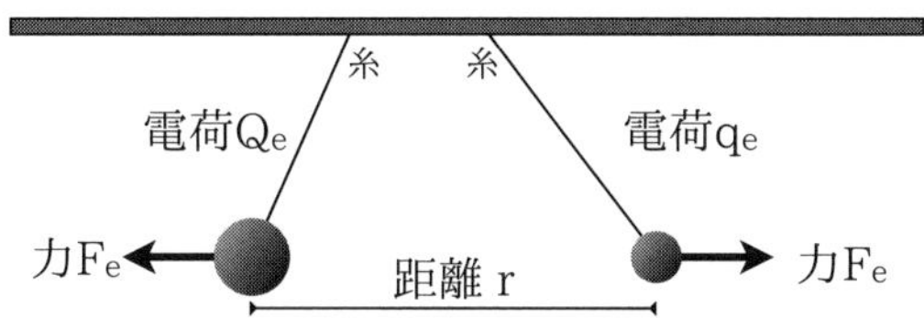

図 5.1 電気を帯びて反発しあう物体

発泡スチロールなどの小片を軽い糸で吊るし、髪の毛でこすったプラスチック等をくっつけると、電気を帯びて互いに反発する。電気にはプラスとマイナスがあり、同種同士は反発し、異なる符号のものは引きあう。物質の中にはプラスの電気を持つものとマイナスの電気を持つものが、どちらも膨大な数でほぼ同数存在しバランスしており、このバランスがわずかにでもズレると電気を帯びた状態になる。電気の量は示量変数であり、異なる物体を一つにまとめると電気の量も合計される。また、保存量であり、勝手に増えたり消失したりしない。言い換えると、電気が増加した変化の値は、電気が流入した量の値と等しい。電気量の単位は研究者の名にちなみ、C と書いてクーロンと読む。電気の量には最小単位 e があり、電気素量と呼ばれており、以下の値で固定されている。これは、単位 C の定義でもある。

$$e = 1.602176634 \times 10^{-19}\mathrm{C} \tag{5.1}$$

なお、電気量の単位を直接に e としないのは、歴史的な経緯と利便性のため。

電気を帯びた小物体のことを**電荷** (electric charge) と呼ぶ。そして、その物体に帯びている電気量の値も**電荷**と呼ぶ。紛らわしいが昔からの習慣である。(図 5.1) の様に、電荷 Q_e と電荷 q_e が r の距離に置かれているとき、互いに及ぼしあう力 F_e は、ϵ_0 を比例定数として、以下で与えられる。力のかかる方向は、2 つの電荷を結ぶ線上にある。

$$F_e = \frac{1}{\epsilon_0} \cdot \frac{Q_e}{4\pi r^2} q_e \tag{5.2}$$

これを**クーロンの法則**という[3]。比例定数 ϵ_0 は、環境が真空のとき、その他の条件によらずに定まった値になるので、**真空中の誘電率**と呼ばれている。この定数が大きいほど同じ力でも電気量がたくさん必要になるので、電気を誘う率である。

この式は Q_e と q_e の入れ替えに対して対称だが、都合により、あえてこのように崩して書いた。以下の2つの考え方に分解して捉えるためである。

1. 周囲の環境から受ける影響
2. 周囲の環境にもたらす影響

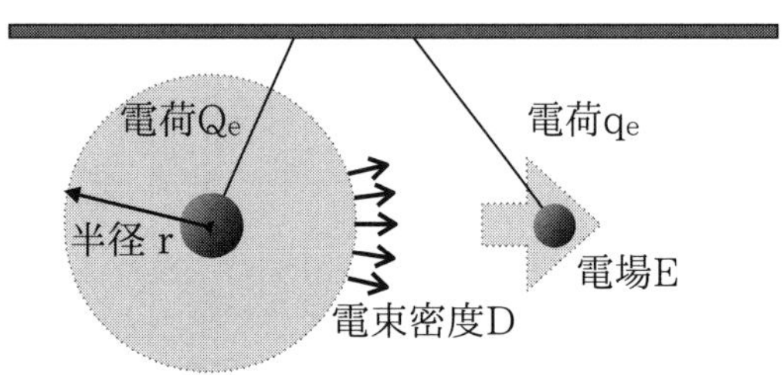

図 5.2　電束密度と電場

第1に影響を受ける側として、右の電荷 q_e について、電荷自体の性質と周りの環境とに分けてみる。

$$E = \frac{1}{\epsilon_0} \cdot \frac{Q_e}{4\pi r^2} \tag{5.3}$$

$$F_e = q_e E \tag{5.4}$$

この E は**電場** (electric field)、あるいは**電界**と呼ばれる。記号は多くの場合 E が割り当てられる。小さな電荷を持ち込んで、それに働く力を測定することによって値が定められる。大きな電荷を持ち込むとその影響で周囲の環境が変化してしまうかもしれないので注意。

---

[3] Charles-Augustin de Coulomb (1736 - 1806) フランス出身の物理学者・土木技術者。

第2に影響をもたらす側として、左の電荷 Q_e について、距離との関係を考えてみる。電荷の影響力は力を基準に考えてみると、距離の2乗に反比例して弱くなる。距離の2乗に反比例するような現象は他にもないだろうか？

例えば、電荷を電球から放射される光のエネルギーと比べてみよう。紙を用意して、紙面にあたる光のエネルギー即ち明るさは距離の2乗に反比例して小さくなる。紙を貼り合わせて電球を全て囲んでしまえば、紙が受け取る光のエネルギーは、電球が放出する光のエネルギーと等しくなる。球面で取り囲めばどこも同じ明るさに照らされるので、明るさを評価するときに、電球が放出するエネルギーを囲んだ球面の面積で割った量を考えるのも良いだろう。

他にはシャボン玉が膨らむ速さ。電荷を息を吹き込む流量と比べてみよう。シャボン玉の体積の増加速度は流量と等しいから、形を球だとすると、半径が増大する速度と表面積との積が流量と一致する。つまり、シャボン玉の半径が増加する速さは、シャボン玉の表面積に反比例する。

$$\text{流量} = \frac{d}{dt}\left(\frac{4}{3}\pi r^3\right) = 4\pi r^2 \frac{dr}{dt}$$

これらに倣い、電荷 Q_e の影響力について、力の大きさに関与する量は、電荷の値を単に距離の二乗で割るのではなく、その電荷を囲む球の表面積で割った量とする。

$$D = \frac{Q_e}{4\pi r^2} \tag{5.5}$$

この D を**電束密度** (electric flux density) という。方向は電荷からまっすぐ引いた直線の方向。電気量がプラスであれば外向き。電荷がマイナスなら内向き。記号は多くの場合 D が割り当てられる。電荷が複数になった場合には、ベクトル算[4)]で合計する。単位はそのまま単純に C/m^2。

電荷と電荷の間が真空であれば以下の関係式が成り立つ。

$$D = \epsilon_0 E \tag{5.6}$$

[4)] 高校で普通に習うベクトルの足し引き。矢印で表現したベクトルを平行移動して始点と終点をくっつけてつなげる演算。

ならば、いちいち電束密度 D と電場 E に分けて考える必要はないのではないかと考えられるが、問題は電荷と電荷の間の空間が物質で満たされていた場合はどうなのかということである。電束密度 D の値は物質に関係なしに電荷の配置から機械的に計算される。しかし、鋏んだ物体の表面には、引かれたり押されたりしてにじみ出てきた新たな電荷が生じているので、電荷が受ける力の側である E は、間に挟まった物質の性質に依存する。間に鋏んだ物質が電気を通さないものの場合、多くは以下のように D と E の比例関係は維持される。

$$D = \epsilon E \tag{5.7}$$

この ϵ を誘電率という。多くの物質では真空中の値 ϵ_0 よりは大きくなる。

このように単純な場合でなくても、物質ごとに電束密度 D と電場 E の関係を調べておけば、物質内部のミクロな構造を知らなくても、電荷の分布から求めた D を用いて E を計算することができるようになる。もちろん、**間に鋏んだ物質の中に潜む電荷の分布が完全に把握できるのなら、このような細工はせずに、全て真空中の理論で話を進めてかまわない。**

さて、クーロンの法則を、力を受ける側から順に分解して、$F_e \to E \to D$ とした。この中で物理法則はどれだろうか？ どこまでを自然を捉えるための道具（つまり人類の発明）と見て、どこからを自然の摂理と見るかということである。それは人や流儀により微妙に異なる。教育的な配慮というヤツを無視して、多くの教科書がどのように云っているかはひとまず脇に置くとするならば[5)]、本書での考え方は、E の定義（式 5.4）と D の定義（式 5.5）は人々が利便性を求めた結果の発明と云える。その上で、真の自然法則は D と E の関係（たとえば、式 5.6,5.7）という事になる。これらは測定によって得られる性質であり、ほとんどの物質で、この D と E の関係がシンプルに表されるということこそが自然法則であると云える。

[5)] そうは云っても、読者層を大学初年度の学生を中心に考えているので、高校物理の流儀を強く意識している。

5.2 磁場のクーロンの法則

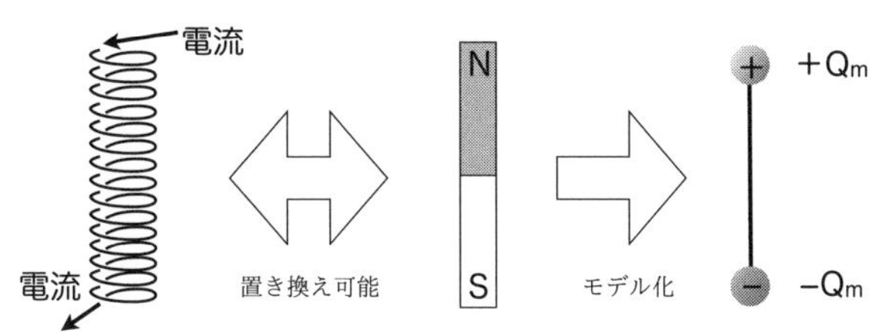

図 5.3 棒磁石と磁極

棒磁石同士を近づけると端っこと端っこが強く力を及ぼしあうことがわかる。つまり磁力が両端に集中している。この磁力の中心である端っこを磁極という。N 極をプラスとし、S 極をマイナスとして、そこに磁気を帯びた粒子があるかのように扱うことができる (図 5.3 右)。磁極は**磁荷** (Magnetic charge) ともいう。磁極が有する磁気の強さも**磁荷**と呼ぶ。紛らわしいが“電荷”に対比させるゆえ。磁荷は正負一対であり、単独で取り出すことはできない。わざわざ実在[6]しないものを振り回すのはイカガなものだろうかという意見もあるだろうが、磁荷は電荷との類似 (analogy) が適用できるので、思考に使うエネルギーを大幅に節約できる利点を強調したい。

磁荷の単位は研究者の名にちなみ Wb と書き“ウェーバー”と読む[7]。棒磁石は電線をコイル状に巻いた電気磁石で置き換えることができるから (図 5.3 左)、単位 Wb は、他の物理量を組み合わせて作る事ができる。すなわち、

$$\mathrm{Wb} = \mathrm{Js/C} \tag{5.8}$$

なぜこうなるのかは次節で説明する。Js は作用の単位なので、プランク定数 h から決定され、C は電気素量 e から決定される。つまり単位 Wb は電気素量

[6] 実在というのは曖昧な概念であり人や流派によって様々である。その人がどういう意味で実在という言葉を使っているのかを把握することが肝要。

[7] Wilhelm Eduard Weber (1804 - 1891) ドイツの物理学者。

とプランク定数によって、厳密に与えられる。一方で、エネルギーの単位 J を電気量の単位 C で割った量は、電圧の単位で V（ボルト）とも書かれる。よって、この組み合わせでは、Wb = Vs とも書かれる。

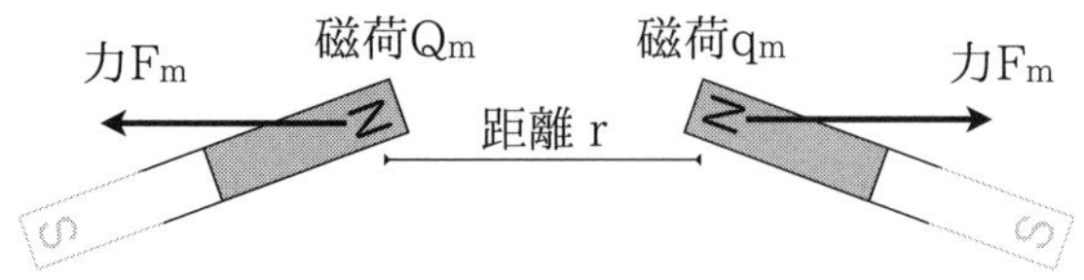

図 5.4　磁極の間の力

異なる棒磁石の磁極同士が距離 r にあり、一方の磁荷が Q_m、もう一方の磁荷が q_m であるとき、この 2 つの磁極が及ぼしあう力 F_m は、μ_0 を比例定数として、以下で与えられる。

$$F_m = \frac{1}{\mu_0}\frac{Q_m}{4\pi r^2}q_m \tag{5.9}$$

これは**磁場のクーロンの法則**と呼ばれる。力の方向は 2 つの磁極を結ぶ直線上にあり、符号が同じなら斥力、異なるなら引力となる。環境が真空であれば、比例定数 μ_0 はその他諸々の環境に依らない定数となり、**真空中の透磁率**と呼ばれる。誘磁率とは云わない。この式には電荷の場合と全く同じな類似が見られる。

電荷の場合に倣い、影響を受ける側に着目して、磁極自体の性質と周りの環境に分けてみる。

$$H = \frac{1}{\mu_0}\cdot\frac{Q_m}{4\pi r^2} \tag{5.10}$$

$$F_m = q_m H \tag{5.11}$$

この H は**磁場** (Magnetic field) あるいは**磁界**と呼ばれる。記号は基本的に H が使われる。力を磁荷で割ったのだから、単位は N/Wb であるが、定義（式 5.8）を適用すれば、以下のようにも書ける。

$$\mathrm{N/Wb} = \mathrm{A/m}$$

ここに A = C/s（アンペア）は電流の単位である。

電荷の場合と同様に、影響を及ぼす側の視点に立ち、以下の**磁束密度** (magnetic flux density)B を定義する。

$$B = \frac{Q_m}{4\pi r^2} \tag{5.12}$$

方向は磁極からまっすぐ引いた直線の方向。磁極が N 極なら外向き、S 極なら内向き。磁極が複数になった場合には、ベクトル算で合計する（図 5.5)。記号はよく B が用いられる。単位は研究者の名にちなんで、T と書いて**テスラ**と読む[8)]。$\mathrm{T} = \mathrm{Wb/m^2}$ であるが、磁束密度であることを強調するために記号 T を使う。

ベクトルとしての磁束密度 $\vec{B}$ の向きに沿って線を引き、それを $\vec{B}$ の分布に沿って繋いで行くと、一本の曲線が描ける[9)]。この曲線は多数描いても、$\vec{B}$ が空間に対して連続的に滑らかに変化する限り、交わることはない。こうして無数に $\vec{B}$ の向きに沿った曲線を描くことができるが、これを磁束線という。同様に電束密度 $\vec{D}$ についても電束線なる曲線の束（たば）をを描くことができる。

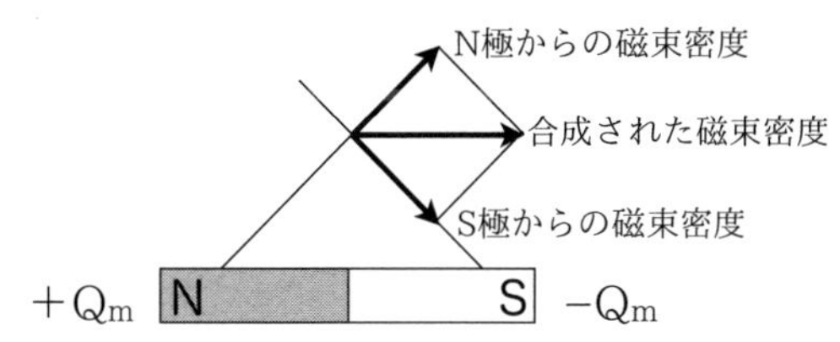

図 5.5　磁束密度の合成

8)ニコラ・テスラ Никола Тесла (1856 - 1943) 電気技師、発明家。

9)数学では（$\vec{B}$ の）“積分曲線”という。

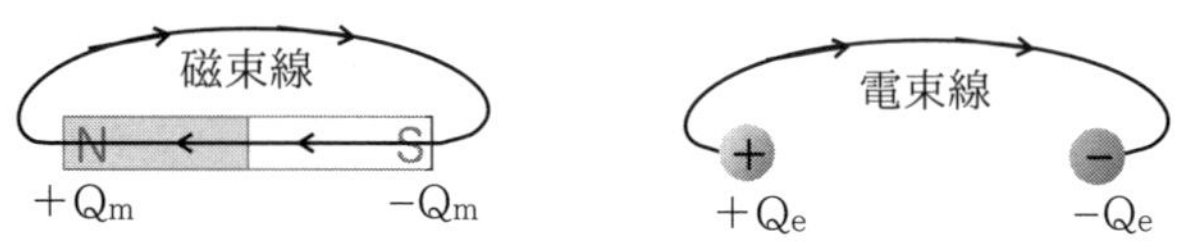

図 5.6　磁束線と電束線の違い

磁束線が電束線と異なる点は、磁極は NS 一対なので、磁荷を単独で取り出すことができない点にある。磁束線の終着点がもし有ったとするとそこには単独の磁荷があることになってしまうから、磁束線は必ずループになってなければいけない。よって、磁束線は電束線と同じように見えても、棒磁石の内部に隠れて反対向きの戻りのルートがあることになる。電束線や磁束線を温泉の湯の流れに例えるならば、電束線の場合は“源泉掛け流し”なのに対して、磁束線の場合は“循環式”というわけだ。その意味で、ここで用いてきた“磁荷”とは、磁束線の吹き出し口と吸い込み口が粒子のように見えていたものである。そういう粒子が有るのではなく、あくまでも便宜的な存在に過ぎない[10)]。

真空中では磁場 H と磁束密度 B の間には以下の関係があることになる。

$$B = \mu_0 H \tag{5.13}$$

真空ではない場合、磁場 H と磁束密度 B との間の関係は物質の性質によって決まる。H と B はそれぞれに計算の処方が与えられているが、H と B の間の関係式は、実測で得ることになる。

[10)] だがしかし、もしも単独の磁荷の存在が観測されたとしよう。素粒子物理学のいくつかのモデルでは予言されていて、その関係者らが大喜びするだろうが、もしもそれらにも当てはまらなかった場合、**ワームホールである可能性**が浮上する。あくまでも単独の磁荷が存在しないという前提に立つならば、磁束線のその先は、別の宇宙、あるいは遠くの宇宙へ繋がっている可能性が出てくる。現在我々が知りうる知識の範囲では、ワームホールは一般相対性理論で扱うことになるが、理論上はツルツルの球に輪ゴムを引っかけるような不安定さがあり、さらに磁束線などを通した場合にはそのエネルギーをもとにブラックホールと化し、通り抜けできなくなる。つまりムリだという事になっているが、実物が見つかってさえしまえば、理論の方を修正することになるのだ！！

5.3 ベクトル積

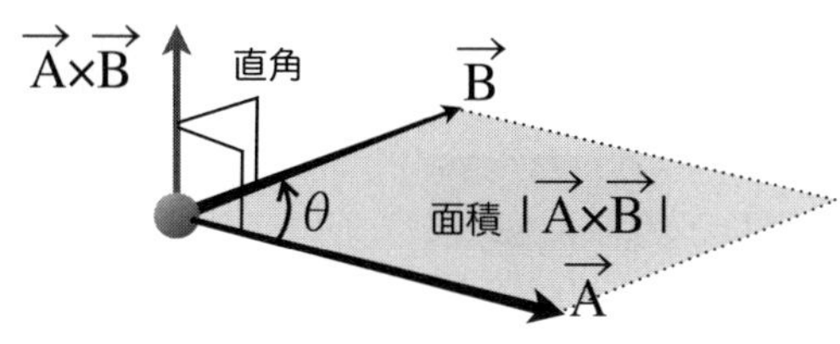

図 5.7 ベクトル積

計算に必要になるので、ベクトル積について簡単に紹介しておく。まずは、以下の条件を設定する。

- 我々が生活している普通の空間という意味での 3 次元空間を仮に E_3 と呼ぶ（3 次元ユークリッド空間）
- $\vec{A},\vec{B},\vec{C}$ は E_3 内の任意のベクトル
- $\vec{A}\cdot\vec{B}$ は、$\vec{A}$ と $\vec{B}$ の内積
- $|\vec{A}|=\sqrt{\vec{A}\cdot\vec{A}}$
- k は任意の数

この条件のもとで、ベクトル積 $\times$ を以下のように定義する。

---

1. $(k\vec{A})\times\vec{B}=k(\vec{A}\times\vec{B})$ （線型性）
2. $(\vec{A}+\vec{B})\times\vec{C}=\vec{A}\times\vec{C}+\vec{B}\times\vec{C}$ （線型性）
3. $\vec{B}\times\vec{A}=-\vec{A}\times\vec{B}$ （交代性）
4. $\vec{A}\times\vec{B}$ は E_3 内のベクトル （ホッジ双対）
5. $\vec{A}\cdot(\vec{B}\times\vec{C})=\vec{B}\cdot(\vec{C}\times\vec{A})$ （$\vec{A},\vec{B},\vec{C}$ を辺に持つ斜方体の体積）
6. $\vec{A},\vec{B},\vec{C}$ がそれぞれ x 軸,y 軸,z 軸方向を向くなら、$\vec{A}\cdot(\vec{B}\times\vec{C})>0$
7. $\vec{A}\cdot\vec{B}=0\Rightarrow|\vec{A}\times\vec{B}|=|\vec{A}|\cdot|\vec{B}|$ （$\vec{A},\vec{B}$ を辺に持つ長方形の面積）

これらをビジュアル的に図で示すなら、（図5.7）となる。定義との関係を見て行こう。まず定義3より、$\vec{B}$ に $\vec{A}$ を代入して、以下を得る。

$$\vec{A}\times\vec{A}=0 \tag{5.14}$$

次に定義5より、$\vec{A}\times\vec{B}$ は $\vec{A}$ とも $\vec{B}$ とも垂直である。なぜなら、$\vec{A}\cdot(\vec{A}\times\vec{B})\overset{5}{=}\vec{B}\cdot(\vec{A}\times\vec{A})\overset{3}{=}0$ だから。$\vec{B}$ に対しても同様。

次に定義7より、以下が成立する。

$$|\vec{A}\times\vec{B}|=\sqrt{|\vec{A}|^2|\vec{B}|^2-(\vec{A}\cdot\vec{B})^2} \tag{5.15}$$

意味は、$\vec{A}$ と $\vec{B}$ の為す角を θ とするならば、$\vec{A}\cdot\vec{B}=|\vec{A}|\cdot|\vec{B}|\cos\theta$ だから、$|\vec{A}\times\vec{B}|=|\vec{A}|\cdot|\vec{B}|\sin\theta$ となる。すなわち $\vec{A},\vec{B}$ を2辺に持つ平行四辺形の面積である。証明はまず、$\lambda=\frac{\vec{A}\cdot\vec{B}}{\vec{B}\cdot\vec{B}}$ と置くと、$(\vec{A}-\lambda\vec{B})\cdot\vec{B}=0$ である。また、$|\vec{A}-\lambda\vec{B}|^2=|\vec{A}|^2-2\lambda(\vec{A}\cdot\vec{B})+\lambda^2|\vec{B}|^2=|\vec{A}|^2-\frac{(\vec{A}\cdot\vec{B})^2}{|\vec{B}|^2}$ となる。ゆえに、定義7により、$|\vec{A}\times\vec{B}|\overset{1,2,3}{=}|(\vec{A}-\lambda\vec{B})\times\vec{B}|\overset{7}{=}|\vec{A}-\lambda\vec{B}|\cdot|\vec{B}|=\sqrt{|\vec{A}|^2|\vec{B}|^2-(\vec{A}\cdot\vec{B})^2}$ となり、題意は証明される。

このことから、$|\vec{A}\cdot(\vec{B}\times\vec{C})|$ は、ベクトル $\vec{A},\vec{B},\vec{C}$ を辺に持つ斜方体の体積となる。なぜなら、$\vec{A}$ を $\vec{B}\times\vec{C}$ に射影したベクトルを $\vec{h}$ とするならば、内積の性質により、$\vec{A}\cdot(\vec{B}\times\vec{C})=\vec{h}\cdot(\vec{B}\times\vec{C})=|\vec{h}|\cdot|\vec{B}\times\vec{C}|$ すなわち「底面積×高さ」の公式により体積となる。

ベクトル積の3重積 $\vec{T}=\vec{A}\times(\vec{B}\times\vec{C})$ を簡単にしてみる。$\vec{B}\times\vec{C}$ は $\vec{B}$ にも $\vec{C}$ にも垂直なので、さらにそのベクトルに垂直な $\vec{T}$ は、$\vec{B}$ と $\vec{C}$ が共に存在する面内に戻る。すなわち、$\vec{T}=\beta\vec{B}+\gamma\vec{C}$ と置ける。$\vec{T}$ は $\vec{A}$ と垂直なので、$0=\vec{A}\cdot\vec{T}=\beta\vec{A}\cdot\vec{B}+\gamma\vec{A}\cdot\vec{C}$ となり、β,γ の比が求まる。すなわち、$\vec{T}=\alpha\left\{(\vec{A}\cdot\vec{C})\vec{B}-(\vec{A}\cdot\vec{B})\vec{C}\right\}$ である。仮に $\vec{n}$ を $\vec{C}$ と垂直な長さ1のベクトルとすると、$\vec{n}\times\vec{C}$ は、$\vec{n}$ を軸に $\vec{C}$ を直角に回転させたベクトルになる。これに対してさらに $\vec{n}$ とのベクトル積を取ると、さらに直角回転となるから、$\vec{n}\times(\vec{n}\times\vec{C})=-\vec{C}$ となる。故に $\vec{A},\vec{B}$ に $\vec{n}$ を代入して、係数 α は $\alpha=1$ と決定される。以上よりベクトル3重積は、以下のように簡単になる。

$$\vec{A}\times(\vec{B}\times\vec{C})=(\vec{A}\cdot\vec{C})\vec{B}-(\vec{A}\cdot\vec{B})\vec{C} \tag{5.16}$$

このベクトル積を成分で表してみよう。まず、ベースとなるベクトルを定める。$\vec{e_1}, \vec{e_2}$ を互いに垂直で、長さ 1 のベクトルとする。すなわち、$\vec{e_1} \cdot \vec{e_2} = 0$, $|\vec{e_1}| = |\vec{e_2}| = 1$ である。ここで、$\vec{e_3} = \vec{e_1} \times \vec{e_2}$ を定義する。定義3，7により、$\vec{e_3}$ も、$\vec{e_1}, \vec{e_2}$ に対して共に垂直で、長さが 1 である。仮に $\vec{e_1}, \vec{e_2}$ がそれぞれ x 軸、y 軸方向を向いているとすれば、定義6により、$\vec{e_3}$ は z 軸方向を向く。3 重ベクトル積の（式 5.16）により、$\vec{e_2} \times \vec{e_3} = \vec{e_1}$, $\vec{e_3} \times \vec{e_1} = \vec{e_2}$ である。

ここで、**エディントンのイプシロン**を定義しよう。これは、**レヴィ＝チヴィタ記号** (Levi-Civita symbol) とも呼ばれる。

$$\begin{aligned} \epsilon_{123} &= 1 \\ \epsilon_{\mathbf{ji}k} &= -\epsilon_{ijk} \quad (i, j, k \text{ は任意の整数}) \\ \epsilon_{i\mathbf{kj}} &= -\epsilon_{ijk} \quad (i, j, k \text{ は任意の整数}) \end{aligned} \tag{5.17}$$

これを使うと、

$$\vec{e_i} \times \vec{e_j} = \sum_{k=1}^{3} \epsilon_{ijk} \vec{e_k} \tag{5.18}$$

と、表される。ここで、ベクトル $\vec{A}, \vec{B}$ を、成分表示して、

$$\begin{aligned} \vec{A} &= A_1 \vec{e_1} + A_2 \vec{e_2} + A_3 \vec{e_3} \\ \vec{B} &= B_1 \vec{e_1} + B_2 \vec{e_2} + B_3 \vec{e_3} \end{aligned}$$

と、置くならば、（式 5.18）により、以下のように表される。

$$\vec{A} \times \vec{B} = \sum_{i=1}^{3} \sum_{j=1}^{3} \sum_{k=1}^{3} \epsilon_{ijk} A_i B_j \vec{e_k}$$

これを、成分のみで書き下すと、

$$\begin{pmatrix} A_1 \\ A_2 \\ A_3 \end{pmatrix} \times \begin{pmatrix} B_1 \\ B_2 \\ B_3 \end{pmatrix} = \begin{pmatrix} A_2 B_3 - A_3 B_2 \\ A_3 B_1 - A_1 B_2 \\ A_1 B_2 - A_2 B_1 \end{pmatrix} \tag{5.19}$$

となる。なお、以下のように、$(\vec{A} \times)$ を行列 (matrix) と見なすこともできる。

$$\begin{pmatrix} A_2 B_3 - A_3 B_2 \\ A_3 B_1 - A_1 B_2 \\ A_1 B_2 - A_2 B_1 \end{pmatrix} = \begin{pmatrix} 0 & -A_3 & A_2 \\ A_3 & 0 & -A_1 \\ -A_2 & A_1 & 0 \end{pmatrix} \begin{pmatrix} B_1 \\ B_2 \\ B_3 \end{pmatrix} \tag{5.20}$$

5.4　ローレンツ力（りょく）とビオ・サバールの法則

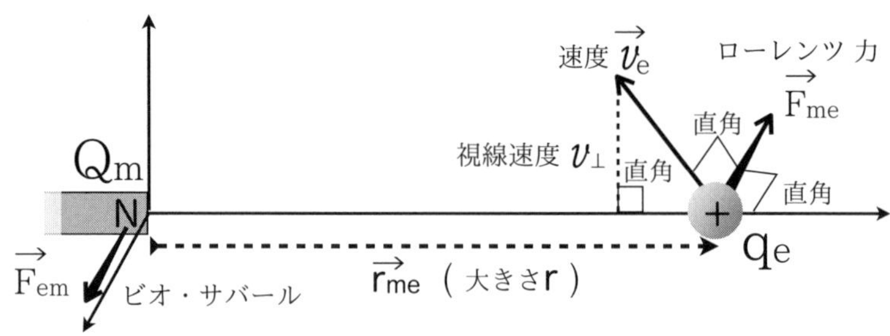

図 5.8　ローレンツ力と、ビオ・サバールの法則の力

電荷と電荷、磁荷と磁荷の間の力を見てきた。磁荷と電荷の間では、互いに止まっているときには何も力を及ぼしあわない。しかし、“すれ違う”ときに、互いの視線速度 $v_\perp$ に比例した大きさの力を及ぼしあう。視線速度とは、磁荷から電荷を見たときの速さで、視線と垂直な方向の速度の成分（図 5.8）。

まずは、**磁荷を固定して、電荷が移動している場合で、電荷が受ける力**の大きさについて考えてみよう。力は間の空間が真空の場合、以下のようになる。

$$|\vec{F}_{me}| = q_e v_\perp \frac{Q_m}{4\pi r^2} \qquad (5.21)$$

$$= q_e v_\perp B \qquad (5.22)$$

図 5.9　フレミングの左手の法則

ここに、B は磁荷が作り出した磁束密度。力の向きは、磁荷から電荷を見た視線方向に垂直。電荷の速度にも垂直。速度方向から視線方向へ回転する右ネジが進む向き（図 5.9）。この力を研究者の名にちな**ロー**

レンツ力（りょく）という[11)]。ベクトルで表現すると、$\vec{v}_e$ を磁荷に対する電荷の速度として、ベクトル積 $\times$ を用いて、以下のように表される。

$$\vec{F}_{me} = q_e \vec{v}_e \times \left(\frac{Q_m}{4\pi r^2} \cdot \frac{\vec{r}_{me}}{r}\right) \tag{5.23}$$

$$= q_e \vec{v}_e \times \vec{B} \tag{5.24}$$

ローレンツ力の効果は電子を放出してスクリーンにあてて発光させる装置にて、直接に観察することができる（図 5.10）。

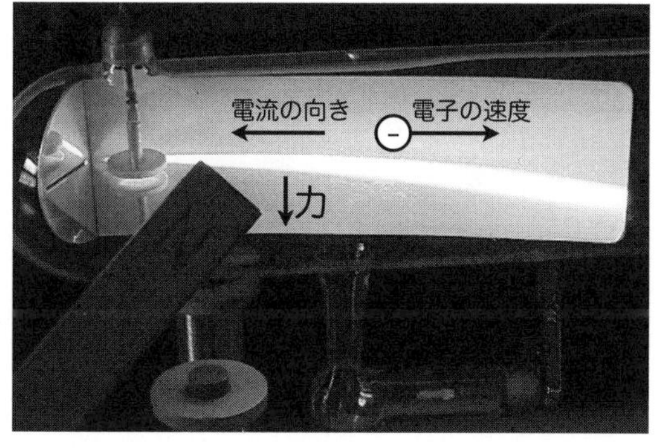

図 5.10　磁石のN極に曲げられるマイナス電気の流れ

ここで、磁荷の単位について考えてみよう。ローレンツ力の（式 5.21）には、クーロンの法則に見られたような比例定数が入っていない。電荷の単位 C は電気素量 e によって固定されているから、この（式 5.21）によって、磁荷の単位 Wb を決めていることになる。4π などの数の因子を無視して、単位同士の演算をすると、（式 5.21）より、

$$\mathrm{N} = \mathrm{C} \cdot \mathrm{m/s} \cdot \mathrm{Wb/m^2}$$

これを Wb について解き返すと、以下が得られる。

$$\begin{aligned} \mathrm{Wb} &= \mathrm{N} \cdot \mathrm{m} \cdot \mathrm{s/C} \\ &= \mathrm{J} \cdot \mathrm{s/C} \\ &= \mathrm{V} \cdot \mathrm{s} \end{aligned}$$

[11)] Hendrik Antoon Lorentz (1853 - 1928) オランダの物理学者。

次に、**磁荷を固定して、電荷が移動している場合で、磁荷が受ける力**を考えてみよう。磁荷と電荷を合わせて一つのものと考えた場合、外部から力を受けていないから、磁荷の受ける力と、電荷の受ける力の合力はゼロである。

$$\vec{F}_{em} + \vec{F}_{me} = 0$$

これにより、磁荷が受ける力の大きさが、ローレンツ力と同じ大きさであることがわかる（作用-反作用の法則という表現は避けた）。（式 5.21）より、

$$|\vec{F}_{em}| = Q_m \, \frac{q_e v_\perp}{4\pi r^2}$$

ここに、D は電荷が作り出した電束密度。向きも考慮してベクトルで表現すると、（式 5.23）より、

$$\vec{F}_{em} = Q_m \, \frac{q_e \vec{v}_e}{4\pi r^2} \times \left(-\frac{\vec{r}_{me}}{r} \right)$$

磁荷が磁気量あたりに受ける力のことを磁場といった。ゆえに磁場 $\vec{H}$ は、以下のように求まる。

$$\vec{H} = \frac{q_e \vec{v}_e}{4\pi r^2} \times \left(-\frac{\vec{r}_{me}}{r} \right) \tag{5.25}$$

これを、研究者 2 名の名にちなみ、**ビオ・サバールの法則** (Biot–Savart law) という[12)]。つまりは、電流から磁場を計算する手がかりである。

ところで、ビオ・サバールの法則の（式 5.25）において、以下の $\vec{D}$ は電荷が作り出した電束密度である。

$$\vec{D} = \frac{q_e}{4\pi r^2} \left(-\frac{\vec{r}_{me}}{r} \right)$$

電束線が電荷にくっついて移動してるという描像を描くならば、移動する電荷が作り出す磁場（式 5.25）は、観測点を横切る電束線の速度 $\vec{v}_e$ と電束密度 $\vec{D}$ を用いて以下のように書く事ができる。

$$\vec{H} = \vec{v}_e \times \vec{D} \tag{5.26}$$

---

12) Jean-Baptiste Biot (1774 - 1862) フランスの物理学者、天文学者、数学者。Félix Savart (1791 - 1841) フランスの物理学者、外科医。

次に、**電荷が止まっていて、磁荷が移動して行く場合**を考えよう。つまり、電荷と共に移動する観測者から見た世界に、先ほどまでの話を繋げてみる。観測者の速度が変わっても、それぞれが受ける力 $\vec{F}_{em}, \vec{F}_{me}$ は変わらないと考える。厳密には相対性理論も考慮して若干の修正が必要なのだけれども、速度 $\vec{v}_e$ の大きさが光の速さ c に比して十分小さいと仮定し、修正分の差は誤差として無視する。

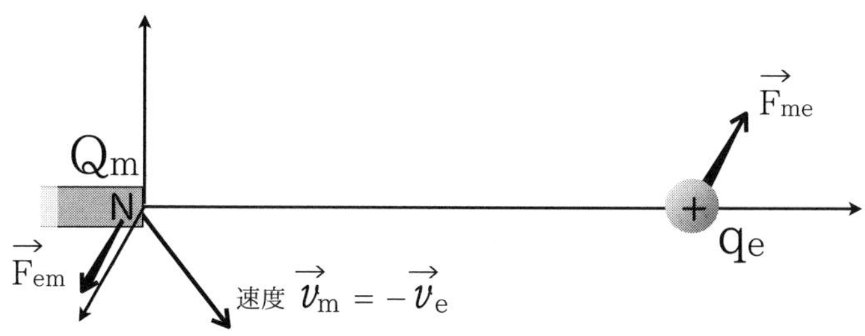

図 5.11　電荷と一緒に移動する観測者が見た世界

まずは、ローレンツ力（式 5.24）について。電気量あたりの力を電場といったのだから、（式 5.24）のローレンツ力は、電場 $\vec{v}_e \times \vec{B}$ が存在する場合と等価であると考えられる。しかしながら、この場合は、力を受ける側の速度に依存するから、純粋に環境だけの量とは云えないので、これを電場と解釈することはできない。逆に電荷を止めて磁荷を動かしたときには、速度は電荷の属性では無いから、電荷が受ける力は電場としてカウントされる。すなわち、電荷と共に移動する観測者から見て、磁荷と共に移動する磁束線が電荷を横切る速度を $\vec{v}_m$ とすると、$\vec{v}_m = -\vec{v}_e$ だから、

$$\vec{E} = -\vec{v}_m \times \vec{B} \tag{5.27}$$

これは**誘導電場**と呼ばれている。この誘導電場によってもたらされた単位電気量あたりのエネルギー（電圧）のことを、**誘導起電力**という。

最後に、磁荷が受ける力（式 5.26）について、$\vec{v}_m = -\vec{v}_e$ より、**電荷が止まっていて、磁荷が移動して行く場合の磁荷が受ける力**は以下のようになる。

$$\vec{F}_{em} = -Q_m \vec{v}_m \times \vec{D} \tag{5.28}$$

これは、磁荷にかかるローレンツ力と云うべきか。

以上まとめると、もし仮に、電気量 q_e、磁気量 q_m を併せ持つ粒子があったとして、これが速度 $\vec{v}$ で移動していたとしたら、この粒子の受ける力は以下のようになる。

$$\vec{F} = q_e(\vec{E} + \vec{v} \times \vec{B}) + q_m(\vec{H} - \vec{v} \times \vec{D}) \tag{5.29}$$

ここに、E, B, H, D は順に、電場、磁束密度、磁場、電束密度。ここまでは、力として実測される量が E, H であり、B, D は磁荷と電荷それぞれの分布から機械的に計算される量であるとしてきた。いわゆる教育用語で云うところの“$E-H$ 対応”というやつである。ところがこうして見ると、磁荷 q_m の存在はあくまでも思考の節約のために便宜的に導入したものなのだから、力として実測される量は E, B ではないかという考え方もできる。つまり、電荷の分布から機械的に計算されるべき量は D であるとして変わらず、電荷の移動である電流から機械的に計算されるべき量として H を定義することに変更した方が、自然界の現実に即していると考えられる。この考え方は、いわゆる教育用語で云うところの“$E-B$ 対応”である。初学者に優しいのは $E-H$ 対応なので、取っ掛かりは $E-H$ 対応で学んでおいて、あとで頭の中を $E-B$ 対応に切り替えるのが得策だろう。

そうはいっても、磁荷が単独では存在しないというだけなので、磁石が無いとは云っていない。粒子が極小磁石になっており、S 極から N 極へ伸びるベクトルを $\vec{d}$、N 極の磁気量を q_m として、**磁気双極子モーメント**[13](magnetic dipole moment)$\vec{\mu} = q_m \vec{d}$ を定義するならば、（式 5.29）は、一般的な近似計算により、以下のように書き直される。

$$\begin{aligned}\vec{F} &= q_e(\vec{E} + \vec{v} \times \vec{B}) + q_m\left(\vec{H}(\vec{x} + \vec{d}) - \vec{v} \times \vec{D}(\vec{x} + \vec{d})\right) - q_m\left(\vec{H}(\vec{x}) - \vec{v} \times \vec{D}(\vec{x})\right) \\ &= q_e(\vec{E} + \vec{v} \times \vec{B}) + \vec{\mu} \cdot \vec{\nabla}(\vec{H} - \vec{v} \times \vec{D}) \end{aligned} \tag{5.30}$$

これはたとえば、原子の磁気的な性質を調べる[14]場合などに用いられる。

---

[13] 用語錯綜注意：本書では　(磁気双極子モーメント) $= \mu_0$ (磁気モーメント)　としたが、両者は文献によっては、逆転していたり同じだったりするので個別に要確認。

[14] たとえば“シュテルン＝ゲルラッハの実験”などが有名。

5.5 絶対的な速さの存在

さて、ここまでで**電磁気学の基本法則のほぼ全てが網羅された**。後はこれらをどう取り扱うかという問題だけである。あれこれやった上で、最終的には多少の修正が必要になることがわかるが、学生実験で試してみる程度の内容であれば、これだけでも十分に対応できる。ここで一つの問題を解いてもらおう。以下は、大学初年度後期の物理の授業で、グループ討論の課題として出した問題である。ただし少々の修正はした。

問題 5.5.1

（図 5.12 左）のように、共に電気量 q_e に帯電した 2 つの物体 A,B が置かれ

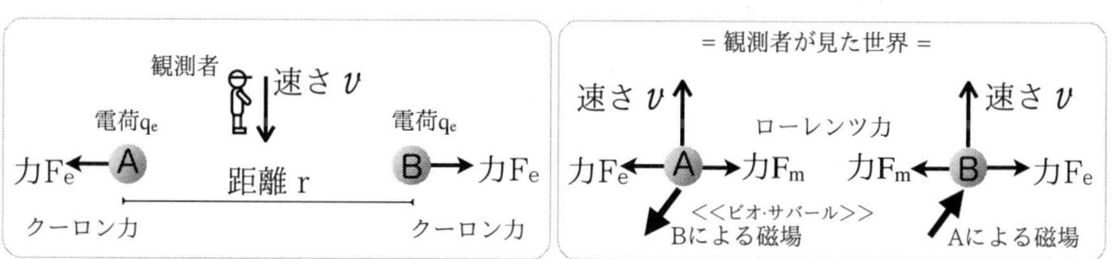

図 5.12　2 つの電荷を移動しながら観測する

ている。これらはクーロン力で反発し、遠ざかる方向へ加速している。これを AB を結ぶ線とは垂直な方向に、速さ v で移動する観測者が観測したとしよう。（図 5.12 右）A は速さ v で移動しているから、ビオ・サバールの法則により磁場が発生し、B の所にも届く。磁場があれば磁束密度もあるから、B はローレンツ力を受ける。その方向は、A に引かれる向きである。同様に A も B にローレンツ力によって引かれる。この力は v が大きいほど、大きくなるから、観測者の速さによっては、力が相殺されて働いていないことになってしまう。この結論は正しいか、誤りか、理由をつけて答えよ。なお、この問題は思考訓練である。正解/不正解は問わない。理由が論理的であることを求める。

ヒント

相対性理論を知っている人なら、電場をローレンツ変換する話だとすぐにわかるのだが、相対性理論は知らないという前提でしばし智慧を絞っていただきた

い。これは“何をどう捉えて、どう扱うか”という思考訓練を意図している問題である。

みなさんの反応

勤勉で意欲的な人は、何としても正解を出さんとして、ローレンツ変換を調べてきて、ほぼ模範解答を作ってくるのだけれども、それはそれで結構だが、少々寂しい気もする。いろんな見かたができるので、自分なりの理論を作ってみるチャンスである。デキル人たちには既存の枠に捕らわれずに、新しい道を切り拓く力を身につけて欲しいものである。反対に、「まだ習っていないことを問題に出すとはケシカラン」と延々とお叱りの言葉が書かれたレポートもあった。これは思考訓練であると再三強調しておいたつもりだったが、当人にしてみれば物理好きの趣味につき合わされてサンザンだったようである。

解答例

問題設定に誤りがある。観測者の速さを、力が相殺されてゼロになる様な値にまで設定することはできない。

ビオサバールの法則により A が B に作る磁場 H は、

$$H = vD = \frac{q_e v}{4\pi r^2}$$

磁束密度 B との関係は、μ_0 を真空中の透磁率として、

$$B = \mu_0 H$$

よって、A により発生した磁場から B が受けるローレンツ力 F_m は

$$F_m = q_e v B = q_e v \mu_0 \frac{q_e v}{4\pi r^2} = \mu_0 \frac{(q_e v)^2}{4\pi r^2}$$

ゆえに、B が受ける力はこれをクーロン力 F_e から差し引いて以下のようになる。

$$\begin{aligned} F_e - F_m &= \frac{q_e^2}{4\pi\epsilon_0 r^2} - \mu_0 \frac{(q_e v)^2}{4\pi r^2} \\ &= F_e\left(1 - \frac{v^2}{c^2}\right) \end{aligned} \tag{5.31}$$

ここに、

$$c = \frac{1}{\sqrt{\epsilon_0 \mu_0}} \tag{5.32}$$

と置いた。観測者の速さが c に比して十分に小さいときには、AB が遠ざかる方向へ加速するという事実と矛盾しない。観測者の速さが c に近いほど B に働く力が小さくなるが、物質のほとんどが荷電粒子から構成されているが故に、これを一般的な現象として捉えるならば、観測者の速さを c に設定することは不可能である。なぜならば、観測者を加速するための力も、速さが c に近づくに連れて消えて行くから。よって、AB の間の加速が消えるほどの速さをもって観測者を送り出すことができないので、矛盾は生じない。

———————— ↑問題ここまで ↑ ————————

いかがであろうか？ 相対性理論を持ち出さなくても、これだけの“説”を立てることが可能である。ここで現れた定数 c が、**真空中の光の速さ**であることは云うまでもない。難しい計算をしなくとも、光の速さが“限界の速さ”であることは、クーロンの法則（式 5.2, 5.9）と、ローレンツ力（式 5.21）の組み合わせに、既に織り込み済みだったのである。

なお、相対性理論の流儀では時間の測りかたに着目する。以下のように設定。

1. AB の重心位置にある時計で測った時間を $d\tau$（固有時と呼ばれる）
2. 観測者と共に移動する時計で測った時間を dt

B の運動方程式は、それぞれの立ち位置から、以下の 2 通りに立てられる。A から B に向かう向きに、AB の重心位置に対して固定された座標を x とした。

$$F_e = \frac{d}{d\tau}\left(m_B \frac{dx}{d\tau}\right)$$
$$F_e - F_m = \frac{d}{dt}\left(m_B \frac{dx}{dt}\right)$$

ゆえに、（式 5.31）により、以下の様に時間の比が概算される。

$$d\tau = \sqrt{1 - \frac{v^2}{c^2}}\ dt$$

5.6 作用反作用の法則が成り立たない！？

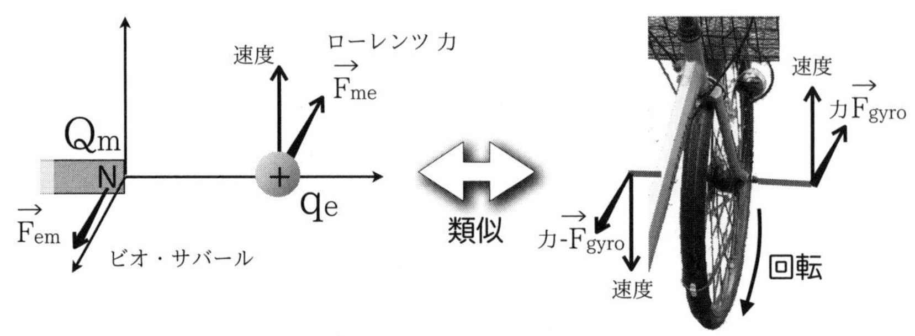

図 5.13 ローレンツ力とジャイロの力

電荷と磁荷がすれ違うときに力を及ぼしあう。それらに働く力は大きさが同じで向きが逆なので、作用反作用の法則が成り立っている様に見える。しかし、力の作用線[15)]が一致していないために、回転力に関しては電荷とと磁荷の間で作用反作用の法則が成立していないように見える。これは止まっているコマが、勝手に回り出すようなものだ。高校の先生方の間では、この件に触れることを禁忌とされている先生も少なくなく、生徒が気付かないように、そーっと通り過ぎるようにしているというお話を伺ったこともある。ほんとうに作用反作用の法則が破れてしまったのだろうか？

一方、自転車を手放し運転していて、車体を左に倒すと、ハンドルの右側が押し出されて前に出て、左側が引っ張られて後ろに下がり、自転車のバランスが保たれる。これは前輪が回転しているせいで、車体を傾ける速さに比例して、回転軸と傾きの速さの両方に垂直な向きに回転しようとする力がはたらくからである。これをジャイロの原理 (gyroscopic principles) という。これは、回転する車輪の慣性が引き起こす現象である。この現象は電荷と磁荷がすれ違うときに生じる力の働きかたと良く似ている（図 5.13）。

---

15) 力の作用が及ぶ中心点を通り、力の方向に引いた直線。

この類似 (analogy) から、電荷と磁荷の間では“見えない・さわれない、何か”が回転しているものと考えることができる。これは、電束密度 $\vec{D}$ と磁束密度 $\vec{B}$ がクロスしているところには $\vec{D}$ から $\vec{B}$ へ右ネジを回す向きすなわち $\vec{D}\times\vec{B}$ の向きに電磁場[16)]の運動量 (momentum) が存在していると考えると辻褄が合う（図 5.14）（⇒ §7.2)。運動量とは“動きの勢い”の様なものと理解されたし。これがぐるりと円周に沿って同じ回転の向きに並んでいるのだから、円盤が回っている場合と良く似ている。$\vec{D}\times\vec{B}$ の単位を計算してみると、

$$\mathrm{Wb/m^2 \cdot C/m^2 = (kg\ m/s)/m^3}$$

運動量を体積で割った量であることがわかる。つまり物理量 $\vec{D}\times\vec{B}$ は、単位を見る限り、電磁場の運動量の体積密度である。

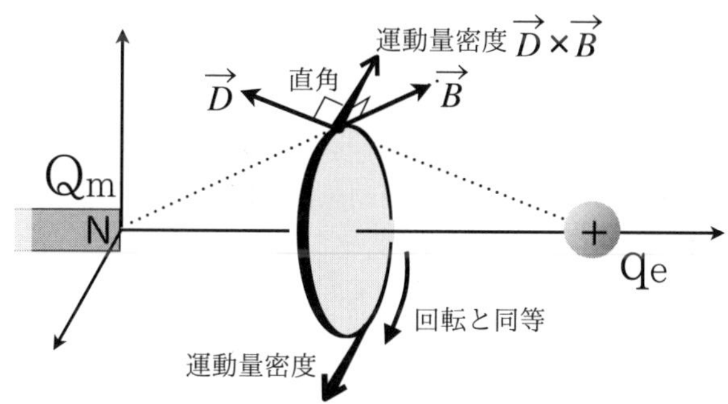

図 5.14 電束密度と磁束密度が交差するところに場の運動量

この回転の勢い（角運動量）を直接取り出す方法や問題提起に関しては、いくつかの教科書で議論されている [23, 25]。

16) 「電磁波という言葉はあるが、電磁場なんて言葉は無い！ あるのは電場と磁場だけだ！」と、こだわってらした先生がいた。そうかもしれないが、意味は通じると思う。言葉として国語辞典にも載っている。英語でも electromagnetic field という用語は存在している。

思い出して欲しい、**全ての自然法則はどこかで繋がっている**（と、信じる）。ローレンツ力から、電磁場の運動量の話が出てきたのだから、電磁場の運動量からローレンツ力の起源を説明することも可能なはずである。磁束密度の中を、電荷が移動する様子を考えてみよう。以降の図で“手前から紙面へ飛び込む向き”を ⊗、“紙面から手前へ飛び出す向き”を ⊙ で表す。

図の左側に磁石の N 極があり、磁束密度が左から右へと走っている。そこへ、プラスの電荷を下から上へ移動させよう。通過前は電磁場の運動量はむこう向き ⊗ である。通過後は電束密度の向きが逆転するから、電磁場の運動量は手前向き ⊙ になる。この運動量の差は電荷が吸収したものと考えられる。つまり運動量保存則により、通過後に電荷の運動量は向こう向き ⊗ に増加したことになる。運動量の増加分は電荷の移動距離に比例するから、単位時間（1 秒）当たりで考えると、電荷が受ける力が速度に比例することになり、ローレンツ力が、電磁場の運動量によって説明できた。

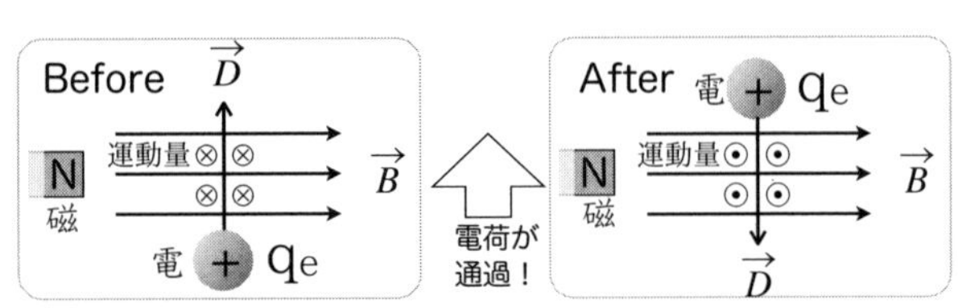

図 5.15　電磁場の運動量とローレンツ力

これを、電荷と共に移動する観測者の立場で見て見よう（図 5.16）。状況は全く変わらず、働く力も変わらないが、見かけが変わるので呼びかたは変わる。止まっているプラスの電荷が向こう向き ⊗

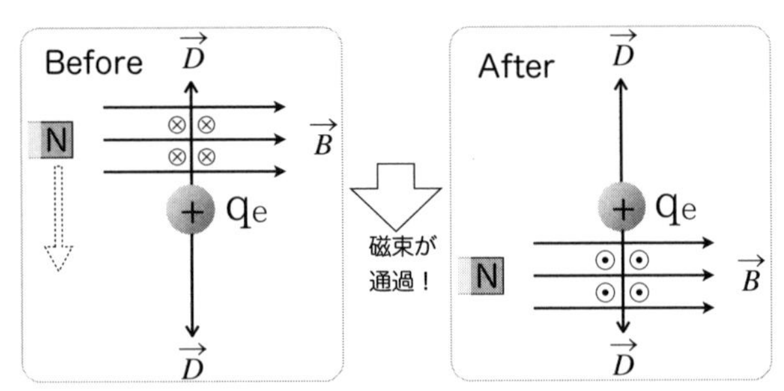

図 5.16　電磁場の運動量と誘導起電力

へ押されているのだから、向こう向き ⊗ へ向かう電場が存在するのと同じことだと解釈される。これは誘導電場と呼ばれる。

この状況で磁荷が受ける力について考えてみる。電荷が向こう向き ⊗ に押されたのだから、磁荷は反対に手前向き ⊙ に押されるはずである。はたして、磁荷の通過に伴い、電磁場の運動量は ⊙ 向きから ⊗ 向きに変化する。この運動量の変化を埋め合わせるべく磁荷の運動量は ⊙ 向き増加する。つまり、⊙ 向きに押される。

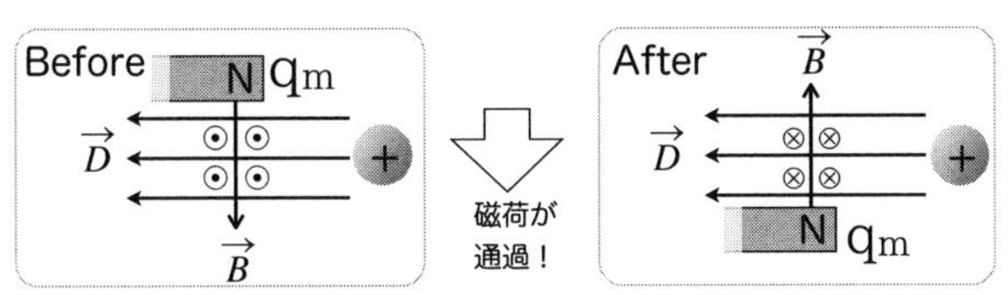

図 5.17 電磁場の運動量と電束の中を移動する磁荷

これを、磁石と共に移動する観測者の立場で見て見よう (図 5.18)。つまり、最初の設定へと戻る。磁荷 (N 極) は静止しているが手前向き ⊙ の力を受ける事になる。これは手前向き ⊙ の磁場と等価である。これはすなわち、ビオ・サバールの法則である。

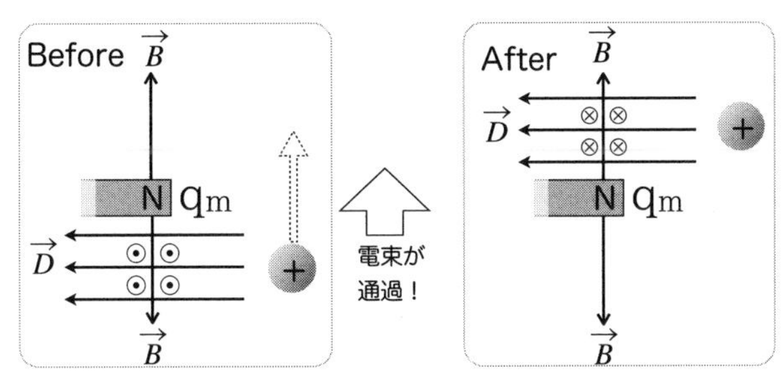

図 5.18 電磁場の運動量とビオ・サバールの法則

以上より、電荷と磁荷がすれ違うときに生じる力は、電磁場の運動量で説明を付けられることがわかる。作用反作用の関係は、電荷と磁荷で直接にやりとりするのではなく、運動量を伴った電磁場が間に挟まっている事を無視できない。ゆえに、作用反作用の法則は、電荷と電磁場、電磁場と磁荷というように切り分けて考えれば、問題なく成立していることがわかる。

5.7　電磁場をビジュアル化する

電荷や磁荷の所在が明らかでしかも数個程度にとどまる場合には、先ほどまで紹介した方法ですぐに問題が解ける。しかし現実には、電荷や磁荷の位置が定かではなかったり、一つ一つを把握できないほどに多数存在しており、実用的な意味ではもっと便利なやりかたが他にあるだろう。

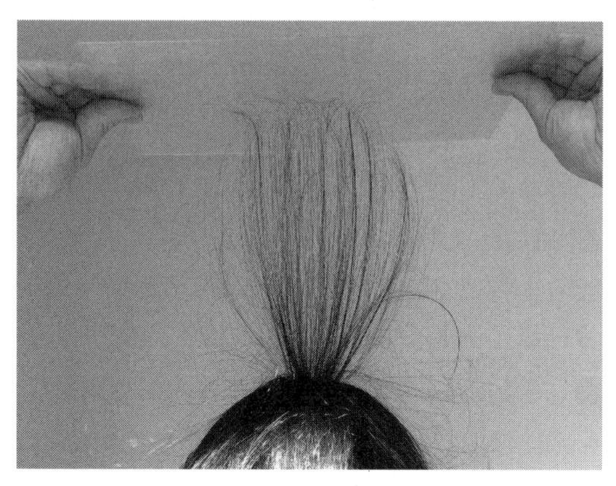

図 5.19　静電気と毛

結論として電磁場の記述方法はベクトルと微積分を組み合わせる方法が一般的である。そうすれば、適切な条件を当てはめることで、必ず計算により結論を得ることができる。だがそれでは電磁気学を学ぶ前に数学を学ばねばならず、初学者への敷居が上がってしまう。そこでここでは昔ながらの直観的な方法として、“電束線”、“電束密度”、“電束”、“電気力線”、“磁束線”、“磁束密度”、“磁束”、“磁力線”について紹介する。

まずは電場や電束密度を曲線の束（たば）として扱ってみよう。毛髪やモフモフな動物の毛に塩化ビニールの板（下敷き）をこすりつけて持ち上げると、くっついてくる。毛はプラスに電気を帯び、下敷きはマイナスに電気を帯びる。だから毛は下敷きが作り出した電場に引き寄せられて持ち上がる。もしも毛の質量が十分に小さくて、毛が一様に電気を帯びていたとすると、毛は電場に引っ張られると共に、毛と毛は反発するのでばらける。かくしておおむね毛の向きは電場の向きと一致するであろう。大雑把であるが電場の姿を見えるように表現できたことになる。こんな感じで、電場や電束密度を無数に描かれた線で表現してみる。簡単のため、以後、特にことわりの無い場合は、電荷以外の部分を全て真空[17]を仮定する。空気中でもわずかな誤差を除けば、ほぼ真空と見なしてよい。真空につき、電場と電束密度は比例する（$\vec{D} = \epsilon_0 \vec{E}$）ので、大きさの違い以外の点では同じく扱うことができる。

ウニだとか栗だとかの様な形を想像してみて欲しい。点電荷[18]から均等に放射状に伸びる無数の直線を考える。その線は、電荷から遠くなるほどにまばらになって行く。このまばらになり具合を評価しよう。電荷を頂点とする細く尖った円錐を考え、その断面を観察すると、電荷からの距離に関係なく同じ数の線があることになる。しかし円錐の断面積は電荷からの距離の 2 乗に比例する。よって、線のまばらになり具合を線の本数を円錐の断面積で割った量で評価しよう。線は全方向に均一に伸びているから、以下が成立。

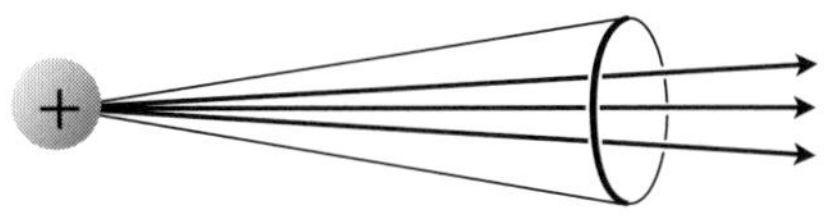

図 5.20　電荷と電束線と円錐

$$\frac{\text{円錐内に入っている線の本数}}{\text{線に垂直な円錐の断面積}} = \frac{\text{電荷から伸びる線の総数}}{\text{電荷を中心とした球の表面積}}$$

つまり、電荷[19]に比例した本数の線を引けば、線のまばらになり具合が電束密度や電場の大きさと比例した量として表現できる。そこで、**電気量 Q_e の電荷から、$Q_e N_e$ 本の電束線が出ている**としよう。N_e の値は状況に応じて適当に設定する。たとえば電気素量 e に対して eN_e が整数になるように設定すれば、どの場合でも“本数”は確実に整数になるであろう。電束線の本数を N_e で割れば、電気量と等価な物理量となる。以上まとめると、

$$\text{電束密度の大きさ} = \frac{\text{電束線の本数}}{N_e \times \text{面積}}$$

$$\text{電場の大きさ} = \frac{\text{電束線の本数}}{\epsilon_0 \times N_e \times \text{面積}}$$

---

[17] 容器の内部から原子や分子やプラズマなどを全て取り除いたという意味の真空。

[18] ほぼ点と見なしても差し支えないぐらいサイズの小さな、電気を帯びた物体。

[19] 電荷というコトバは電気を帯びた小物体とその物体が帯びた電気量の両方に使われる。ここは電気量の意味。

この線は電場や電束密度を表現したものである、故にこの線にも向きを設定する。電場や電束密度の向きに合わせてプラスの電荷からは飛び出す向き、マイナスの電荷へは刺さる向きとする。物質の内部では電場の向きと電束密度の向きが異なることがあり得るので、電場を表す線と電束密度を表す線は区別する必要がある。故にそれぞれに名前を付けよう。電場を表す線を**電気力線**、電束密度を表す線を**電束線**とする。

線の本数につき、ほとんどの教科書では、以下のように設定される。

- 電束線 ⇒ 電気量 1C につき 1 本、
電束密度の大きさは (電束線の本数)/(面積)
- 電気力線 ⇒ 電気量 1C につき $1/\epsilon_0$ 本、
電場の大きさは (電気力線の本数)/(面積)

しかし、単位を持ち、整数ではない量を“本数”として数えるにはいささか抵抗を感じる[20]。そこで本書では便宜的に N_e を適当な大きな定数として、“電気量 Q_e につき電束線 N_eQ_e 本”としておいた方がわかりやすいと判断した。しばらくこのやりかたにおつきあいいただきたい。

表現方法をもう少し詰めてみる。電荷から距離 r だけ離れた所で、電束線の向きに対して、右ネジの向きに回るように小さな閉曲線 ∂S を考える。閉曲線が電束線と垂直であるとき、閉曲線の内側を貫く電束線の本数は、電束密度の大きさに N_e と閉曲線で囲まれた部分の面積 S を掛けたものである。

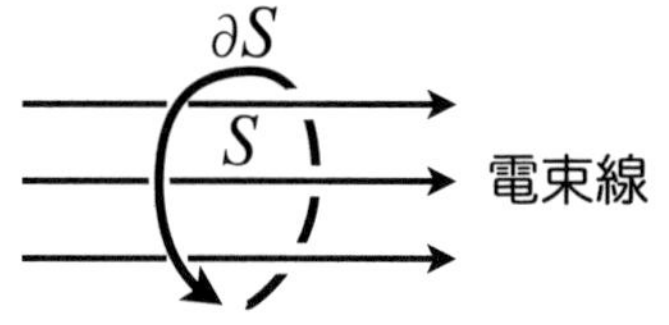

図 5.21　右ネジの向きに巻く

$$電束線の本数 = 全本数 \times 割合 = Q_eN_e \times \frac{S}{4\pi r^2} = D\,N_e\,S$$

つまり、電束密度の大きさ D は、電束線の本数を N_eS で割った量である。電

20)「電束線の本数」という表現は避けて、ダイレクトに「電束」と呼ぶ教科書が多い。

束線の本数を N_e で割った量は**電束** (electric flux) と呼ばれる[21)]。**電束の単位は電気量の単位と同一**である。電気量 Q_e のうち、∂S で囲まれた部分に及ぼす電気の量が S を貫く電束というイメージである。

もしも、電束線と ∂S が垂直では無かった場合、面積は電束線に沿って、電束線と垂直になるまで射影した面積を用いる。∂S が電束線に対して右ネジの向きとは反対向きだった場合、電束はマイナスの値とする。計算の便宜のために微小な面積をベクトルで表現してみる。∂S が微小であると仮定し、右ネジの向きに ∂S とは垂直にベクトル $d\vec{S}$ を設定（図 5.22）。その大きさは ∂S で囲まれた部分の面積であるとする。$d\vec{S}$ と電束密度 $\vec{D}$ とのなす角を θ とすると、射影された面積が $|d\vec{S}|\cos\theta$ だから、電束は、

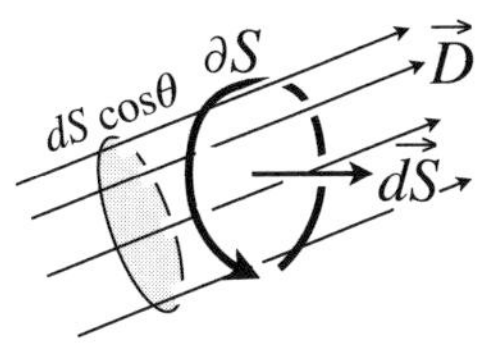

図 5.22　面積ベクトル

$$電束 = |\vec{D}| \cdot |d\vec{S}| \cos\theta = \vec{D} \cdot d\vec{S} \tag{5.33}$$

と、三角関数や内積を使って表現される。見方を変えて、電束密度を、面積ベクトル $d\vec{S}$ へ射影してかけ算する $|\vec{D}|\cos\theta \cdot |d\vec{S}|$ という見方も可能。

電荷 Q_e の周りの電束密度をベクトルで表現すると、以下のようになるわけだが、立体的な空間内に無数に矢印を書き込むようなもので、感覚的には少々つかみにくい。

$$\vec{D} = \frac{Q_e}{4\pi r^2} \frac{\vec{r}}{r}$$

これを直感力を生かせるように、電束線の束に書き直せることを示そう。電荷が 1 つだけの場合は自明。電荷から遠く離れるほどにまばらになることが、電束密度の大きさに反映されている。複数になった場合はどうであろうか？（図 5.23）のように、閉曲線 ∂S 内を左下から電束線が N_1 本、右下から電束線が N_2 本貫いているとする。電束線は合計 $N_1 + N_2$ 本貫いていることになるが、これがベクトル算で合成された電束密度に対する電束線の本数と一致していな

21) 一般に教科書では、$N_e = 1$ として扱われる。

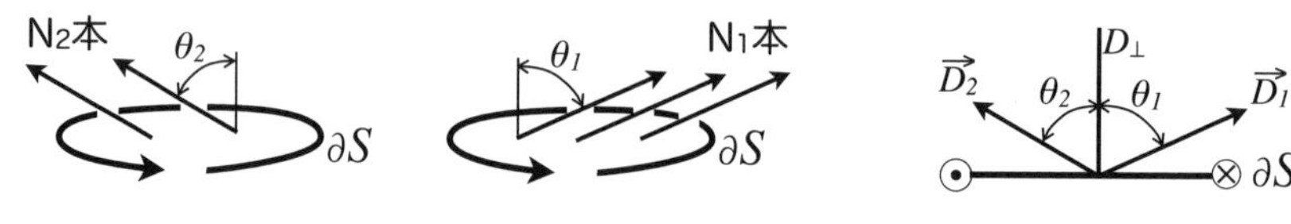

図 5.23　電束線の合成

ければならない。ベクトル算であることの根拠として、まずは電場を考えてみる。∂S の中心へ小さな電荷を仮想的に配置したとして、受ける力はベクトル算で足されるから、力を電気量で割って得られる電場もベクトル算で足される。真空中では電束密度は電場と比例するから、電束密度もベクトル算で足されなければならない。左下から貫く N_1 本の電束に対応した電束密度の大きさは、

$$D_1 = N_1/(N_e S \cos\theta_1)$$

右下から貫く N_2 本の電束に対応した電束密度の大きさは、

$$D_2 = N_2/(N_e S \cos\theta_2)$$

これらをベクトル算で足し加えた電束 $\vec{D}$ の閉曲線 ∂S に垂直な方向の成分 $D_\perp$ は、図 5.23 右より、

$$\begin{aligned} D_\perp &= D_1 \cos\theta_1 + D_2 \cos\theta_2 \\ &= (N_1 + N_2)/(N_e S) \end{aligned}$$

よって、電束密度をベクトル算で合成して得られた電束線の本数 $N_e D_\perp S$ が、それぞれの電束線の本数の合計 $N_1 + N_2$ と一致することが示された。これで、空間の各点に配置されたベクトル $\vec{D}$ を、向き付けられた曲線の束である電束線でも表現できることがわかった。

電束線は初期の頃には各電荷に対して放射状に直線で出入りする線の集まりとして考えられていたらしい（図 5.24 左）。これをいったん電束密度 $\vec{D}$ に翻訳して各粒子からの電束密度をベクトルで合計する事により、交差の無い曲線の束で描く形にできるようになった（図 5.24 右）。例えばプラスの電荷とマイ

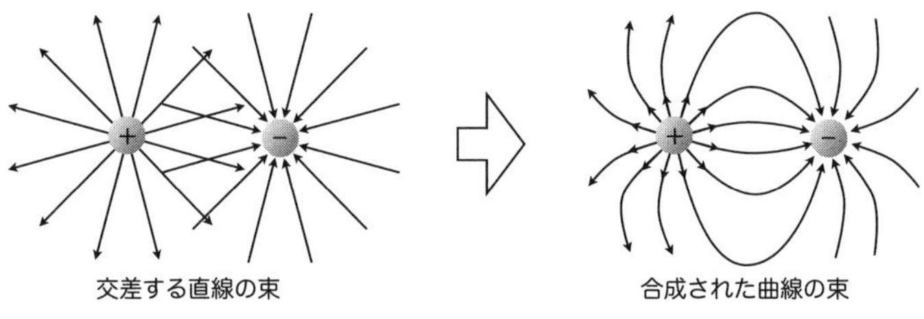

図 5.24 電束のベクトル和による電束線の合成

ナスの電荷が近くに置かれているとき、(図 5.24) の様に描かれる。電場や電束密度の大きさは線の込み具合で表現され、向きは線の向きとして表現される。空間を隙間無く矢印 $\vec{D}$ で埋め尽くすよりは見やすい表現となっただろう。

電束密度 $\vec{D}$ と磁束密度 $\vec{B}$ が交差するところに電磁場の運動量が生じたように、実は電束線の周りには圧力と張力が存在する。証明は先送りするが、(式 7.11) の様に、電束線の線がばらける方向に圧力 $\frac{1}{2}\vec{D}\cdot\vec{E}$ があり、線が縮む方向には圧力と同じ大きさの張力がある。電束線 1 本あたりに直すと張力は $\frac{1}{2N_e}|\vec{E}|$[22]。これを意識しながら線を描くと、それらしい線が引けるようになるだろう。さらにこの電束線の力で、電荷どうしが引きあったり反発したりすることを説明することができる。プラスマイナス異なる電荷の間には電束線が通っているので張力で引かれあい、同種の電荷の間では、電束線の圧力で反発する。但し、真空中ではない場合には、物質との相互作用が入って来るので複雑になりわかりにくくなる。

以上の電荷を磁荷に置き換えれば、全く同様な話が磁束密度 $\vec{B}$ と磁場 $\vec{H}$ にも適用できる。磁束密度に対応した曲線群が**磁束線** (あるいは、単に磁束)、磁場に対応した曲線群が**磁力線**である。磁力線のデモとしてよく行われているの

[22] 電気量 Q_e に対して電束線の本数は N_eQ_e だから、電束線一本あたりの電気量は $1/N_e$。この電束線一本の電荷を電束線に沿って観測点まで仮想的に移動してみる。力は電場に電気量を掛けて得られるから、$\frac{1}{N_e}\vec{E}$ になりそうなものだが、電荷自身が電場の源でもあることから半分に減る。"糸の張力" とは異なり、線に沿って一定になるとは限らないことに注意。

が、紙の下に棒磁石を置き上から砂鉄を振りかけて、現れた曲線群を観察。

以上まとめると、

- **電束線**：電荷 Q_e を中心に均等に放射状に伸びた直線の束（たば）。本数は N_e を非常に大きな適当な数として、全部で N_eQ_e 本。向きがあり、プラスの電荷からは放出、マイナスの電荷へは刺さる向き。（注意：$N_e = 1$ は説明のために導入した量につき、教科書や定期試験などでは $N_e = 1$。）
- **電束密度**：電荷の影響の強さを示すベクトル。記号はよく $\vec{D}$ が使われる。空間の各点に配置され、電束線と同じ向きを向く。大きさは、電束線の向きを軸として右ネジの向きに回転する小さな閉曲線（図 5.21）を考え、その曲線内を通る電束線の本数を閉曲線に囲まれた平面の面積と N_e で割った量。
- **電束**：空間内に曲面を設定し、その裏から表へ貫く電束線の本数を N_e で割った量。電気量と同じ単位 [C]（クーロン）を有する。電束線が表から裏へ貫いた場合は、値をマイナスで評価する。面が面積ベクトル $d\vec{S}$ で表される微小な面（図 5.22）の場合、電束の値は電束密度 $\vec{D}$ に対して $\vec{D}\cdot d\vec{S}$ と、表される。ある程度の大きさのある面に対してはこれを積分して値が得られる。電束線に沿って曲面を移動させても電束の値が変わらないことから、その曲面を通る電束線の束（たば）も電束と呼ぶ。
- **電束線の合成**：複数の電束線が交差する場合、それぞれの電束線に対応した電束密度をベクトルとして足しあげて、その合成された電束密度をもとに新たな電束線を設定する。合成前後でどんな面に対しても電束の値は変わらない。この合成により電束線は曲線の束（たば）として扱われることになり、交差することもなくなる。
- **電気力線**：電束線の電場バージョン。電束線から電束密度を算出するのと同じ手法で電気力線からは電場が算出される。真空中においては、電束線との違いは本数のみであり、本数は電束線の本数を真空中の誘電率 ϵ_0 で割った数。物質内部においては電場 $\vec{E}$ の方向へ引かれた線の束となる。

磁気に関しては、“電”を“磁”に置き換えて全く同様。

- **磁束線**：磁荷 Q_m を中心に均等に放射状に伸びた直線の束(たば)。本数は N_m を非常に大きな適当な数として、全部で N_mQ_m 本。向きがあり、プラスの磁荷（N 極）からは放出、マイナスの磁荷（S 極）へは刺さる向き。（注意：教科書や試験などでは $N_m=1$。また、磁荷は思考の便宜として導入されたもので、単独での磁荷は今のところ見つかっていない。）
- **磁束密度**：磁荷の影響の強さを示すベクトル。記号はよく $\vec{B}$ が使われる。空間の各点に配置され、磁束線と同じ向きを向く。大きさは、磁束線の向きを軸として右ネジの向きに回転する小さな閉曲線を考え、その曲線内を通る磁束線の本数を閉曲線に囲まれた平面の面積と N_m で割った量。
- **磁束**：空間内に曲面を設定し、その裏から表へ貫く磁束線の本数を N_m で割った量。磁気量と同じ単位 [Wb]（ウェーバー）を有する。磁束線が表から裏へ貫いた場合は、値をマイナスで評価する。面が面積ベクトル $d\vec{S}$ で表される微小な面（図 5.22）の場合、磁束の値は磁束密度 $\vec{B}$ に対して $\vec{B}\cdot d\vec{S}$ と、表される。ある程度の大きさのある面に対してはこれを積分して値が得られる。磁束線に沿って曲面を移動させても磁束の値が変わらないことから、その曲面を通る磁束線の束(たば)も磁束と呼ぶ。
- **磁束線の合成**：複数の磁束線が交差する場合、それぞれの磁束線に対応した磁束密度をベクトルとして足しあげて、その合成された磁束密度をもとに新たな磁束線を設定する。合成前後でどんな面に対しても磁束の値は変わらない。この合成により磁束線は曲線の束(たば)として扱われることになり、交差することもなくなる。
- **磁力線**：磁束線の磁場バージョン。磁束線から磁束密度を算出するのと同じ手法で磁力線からは磁場が算出される。真空中においては、磁束線との違いは本数のみであり、本数は磁束線の本数を真空中の透磁率 μ_0 で割った数。物質内部においては磁場 $\vec{H}$ の方向へ引かれた線の束となる。

5.8　$\vec{D}$ と $\vec{E}$、$\vec{B}$ と $\vec{H}$ の違い

電束密度 $\vec{D}$ と電場 $\vec{E}$ は、真空中では比例関係にあるが（$\vec{D} = \epsilon_0 \vec{E}$)、物質内部においてはその違いが現れる。プラスチックやロウのように、電気は通さないものの、その分子の内部では電気の移動を許す物質を、**誘電体** (dielectric) という。誘電体に外部から電場をかけると、各分子内での電荷の移動が起り、物体の表面に電荷がにじみ出てきたかのように見える。この、誘電体に対する考え方が $\vec{D}$ と $\vec{E}$ では異なる。そもそも電束密度 $\vec{D}$ は、電荷による周囲の空間への影響力を表現するもので、電場 $\vec{E}$ は電荷が受ける力をその電気量で割ったものだった。この違いが誘電体の内部で現れる（図 5.25)。電場の場合

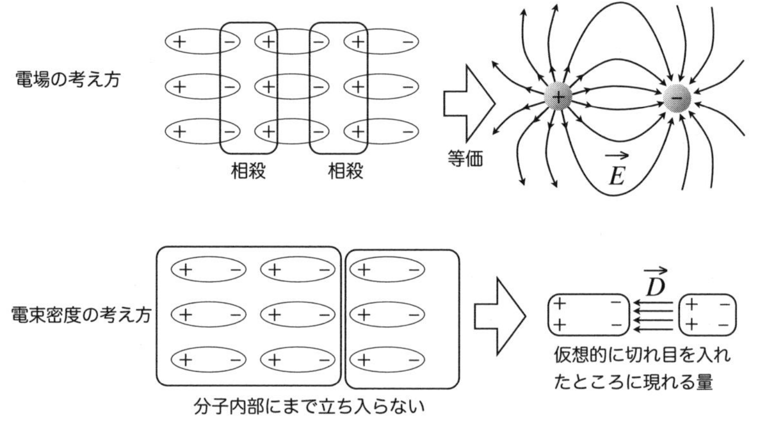

図 5.25　電場と電束密度の考え方の違い

は、＋と－がくっついている場合はそこから受ける力は相殺されるので無視する。その結果、誘電体表面ににじみ出した電荷から受ける力を評価する事になる。電束密度の場合は、電束線がプラスの電荷から出てマイナスの電荷に入るものだから、誘電体を仮想的に切断した時の隙間（真空）に現れる電場に ϵ_0 を掛けて評価する。つまり、誘電体が作り出す電場と電束密度は、誘電体内部では向きが逆になる。

強い電場の中でロウを溶かして冷やして固めると、分子内の電荷が偏ったまま維持されることが知られている（⇒ エレクトレット）。この物体はプラスの電気とマイナスの電気を同量持っているので、全体としては電気を帯びていない。電気を帯びていないのだから電束密度がゼロになるのかというとそういう訳ではなく、袋のような閉曲面を考えると、曲面に入る電束と出て行く電束が同量になり、曲面全体の電束は差し引きゼロになる。要するに電束線はループになる。

同様に、磁束密度 $\vec{B}$ と磁場 $\vec{H}$ は、真空中では比例関係にあるが（$\vec{B} = \mu_0 \vec{H}$）、物質（特に永久磁石）内部においてはその違いが現れる。電束密度と電場の間の関係がそのまま平行して成立する。磁荷が単独では存在しないので、磁束密度をつないでできた磁束線は必ずループになる。

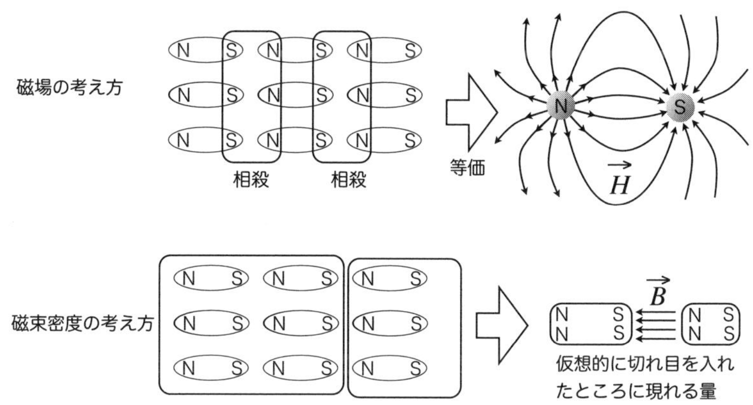

図 5.26　磁場と磁束密度の考え方の違い

5.9　ガウスの法則

クーロンの法則（式 5.2,5.9）を電束と磁束を使った表現にしてみよう。いわゆるガウスの法則である。

図 5.27　立体領域 R と、その表面 ∂R

ガウスの法則

空間（立体）内の任意の領域 R を考える。R の表面を ∂R とする。このとき、外側を表（おもて）とする。

- R に含まれる電荷の総量は、∂R から出て行く電束の総量に等しい。
- R に含まれる磁荷の総量は、∂R から出て行く磁束の総量に等しい。

“任意の”とは、どのように選び取ってもかまわないという意味。ただ屁理屈を言えば微分が使えてなおかつ R を連続的に変形して一点にまで縮めることができる必要はある。開集合なのか閉集合なのか気にしたり、有理数と無理数で分けるような事は想定していない。また、磁束に関しては、磁荷が単独では存在を確認されていないので、実際にはゼロになる。あえてゼロとしないのは思考上の便宜。

距離の２乗に反比例するというクーロンの法則の性質は、電束線と磁側線の定義を通して電束・磁束の中に織り込み済みである。実際、点状の電荷や磁荷が単独で一つだけ存在する状況を設定すると、ガウスの法則から直ちに逆二乗則（式 5.5,5.12）が再現される。法則とは名ばかりで、事実上、電束密度 $\vec{D}$ と磁束密度 $\vec{B}$ の定義だとも云える。

ここで言う電荷や磁荷は、誘電体表面ににじみ出た電荷や、棒磁石の極などは含まれない。もしも誘電体や永久磁石などがあった場合には、仮想的に表面 ∂R にて切断して考える。その意味で誘電体の電荷や永久磁石の磁荷等は正負相殺されて値に寄与しない。

また、磁荷が単独では存在しない事を考慮すると、２つ目のガウスの法則は**磁束保存の式**とも呼ばれる。

磁束保存の式

- 任意の立体領域の表面を貫く磁束の総量はゼロ。

5.10　誘導起電力、誘導起磁力（仮称）

ローレンツ力とビオサバールの法則（式 5.21）を電束と磁束を使って表現してみよう。いわゆる**ファラデーの電磁誘導の法則**と**アンペールの法則**である。

まずは（図 5.11）と（式 5.27）と（5.16）をご覧いただきたい。電荷を磁束線が横切ると、周囲の電磁場の運動量の変化によって電荷は磁束線とその進む向きとに垂直な方向へ力を受ける。つまり（式 5.27）のように、電場と等価な作用を及ぼす。電荷の近くに任意の 2 点 P,Q を設定。電荷は力を受けているから電荷を点 P から点 Q に移動するためには、電荷に働く力に逆らって外から仕事（移動のために、電荷にエネルギーを与えること）をしなければならない。その仕事 $W_{P\to Q}$ は、電気量を q_e、磁束密度を $\vec{B}$、磁束線が移動する速度を $\vec{v}_m$ として、（式 5.27）より、

$$
\begin{aligned}
W_{P\to Q} &= (-\overrightarrow{\text{電荷に働く力}})\cdot\overrightarrow{PQ} \\
&\overset{5.27}{=} q_e(\vec{v}_m\times\vec{B})\cdot\overrightarrow{PQ} \\
&\overset{\S 5.3}{=} q_e(\overrightarrow{PQ}\times\vec{v}_m)\cdot\vec{B}
\end{aligned}
$$

この仕事を電荷の電気量で割った値のことを**電圧** (voltage) という。単位は V（ボルト）。

$$
\mathrm{V} = \mathrm{J/C} \tag{5.34}
$$

点電荷の周りにも電圧はゼロにはならずに存在するが、とくに区別するために、この場合は移動する磁束に誘導されたことに由来して、**誘導起電力**ともいう。点 P に対する点 Q の電圧 (誘導起電力) を $V_{P\to Q}$ とすると、

$$
V_{P\to Q} = (\overrightarrow{PQ}\times\vec{v}_m)\cdot\vec{B}
$$

これはいわゆる高校物理で習う“lvB の公式”でもある。さてこの両辺に短い時間 Δt を掛けてみよう。（図 5.28）をご覧いただきたい。面積ベクトル $\Delta\vec{S} = \overrightarrow{PQ}\times(\vec{v}_m\Delta t)$ は、点 P から点 Q へと向かうベクトルと、磁束線が移動した変位（最後の位置から最初の位置を引いた、位置ベクトルの差）$\vec{v}_m\Delta t$ とを 2 辺に持つ平行四辺形の面積を、向き付きで表した量である。誘導起電力

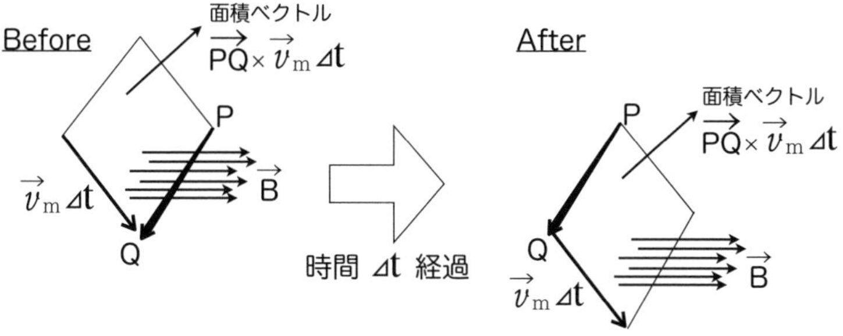

図 5.28 時間 Δt の間に線分 PQ を横切る磁束

と時間の積 $V_{P\to Q}\Delta t = \Delta\vec{S}\cdot\vec{B}$ は、この平行四辺形を貫く磁束になっている。つまりこれは、時間 Δt の間に、P から Q へ向かうベクトルを横切った磁束である。

$$(\text{誘導起電力})\ V_{P\to Q} = \frac{\text{時間}\Delta t\ \text{の間に、}\overrightarrow{PQ}\text{を横切る磁束}}{\Delta t} \tag{5.35}$$

これが誘導電場の式（式 5.27）を磁束を用いて表現し直した式である。

電圧は電気を帯びた物体の近くでも生じるが、その場合は位置で値が決まるので、一周して戻ってくると、差がゼロになってしまう。誘導起電力は電圧の一種だが、一回りしてもとの場所に戻ってきてもゼロにはならない。この違いの分である一回りの電圧を求める公式を作ってみよう。

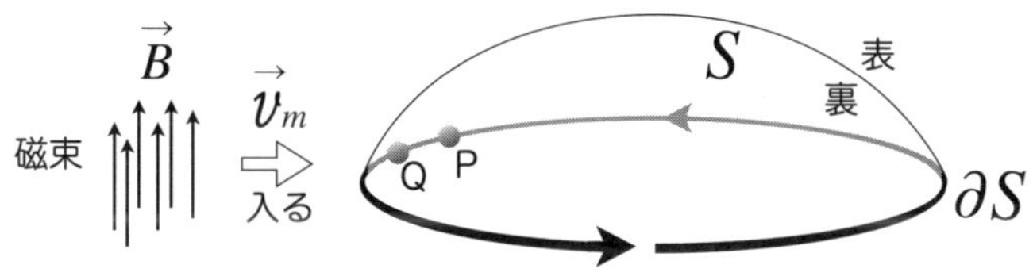

図 5.29 閉曲線に入る磁束

先ほどの 2 点 PQ を含む閉曲線 ∂S と、∂S をへりに持つ曲面 S を考える。

∂S には向きがあり、S には裏表がある。右ネジを ∂S の方向へ回す向きが S の裏から表へ抜ける向きとする。そこへ、(図 5.29) の様に、磁束が ∂S の外から内側へ通り抜けるとする。このとき、ローレンツ力（あるいは、フレミング左手の法則）により、∂S 上の P と Q をつなぐ線に束縛されているプラスの電荷は $\mathrm{Q} \to \mathrm{P}$ の方向へ力を受ける。つまり、P に対する Q の電圧はプラスである。同様にしてこの電圧を ∂S 全体について足し加えると、(式 5.35) により

$$(\text{誘導起電力})\ V_{(\partial S\ \text{に沿って一周})} = \frac{\text{時間}\Delta t\ \text{の間に、}S\ \text{に入る磁束}}{\Delta t} \tag{5.36}$$

磁力線は生成したり消滅したりしないので、∂S を越えて S 内に入ってきた磁束は、そのまま S を貫く磁束の増え分と等しくなる。よって、以下が成り立つ。

$$(\text{誘導起電力})\ V_{(\partial S\ \text{に沿って一周})} = \frac{(\text{時間}\Delta t\ \text{の間の}\ S\ \text{を貫く磁束の増え分})}{\Delta t}$$

よって、Δt を十分に小さいとして、以下が成り立つ。

ファラデーの電磁誘導の法則

$$(\text{誘導起電力})\ V_{(\partial S\ \text{に沿って一周})} = \frac{d}{dt}(S\ \text{を貫く磁束}) \tag{5.37}$$

磁束線は途中で切れたり消えたりしないので、「S を貫く磁束」は、「∂S 内の磁束」と言い換えてもよい。これを**ファラデーの電磁誘導の法則**という[23)]。磁束と電圧の関係式という形にまとめたが、本質的にはローレンツ力の（式 5.21）の表現を変えただけに過ぎない。なお、**電圧が大きくなる方向と電場 $\vec{E}$ の方向が逆**であることに注意せよ。これは重力による位置エネルギー $m\phi$ と重力 $m\vec{g}$ の向きとの関係と同じである。

[23)] 教科書などではよく $V = -\frac{d\Phi}{dt}$ のようにマイナスがついているが、このマイナスは「電流の変化を妨げる向き」という意味のマイナスである。

次に、磁荷を移動させるのに必要なエネルギーを考えてみよう。仮想的に単独で移動する磁荷を設定して、先ほどまでの議論に対して電⇔磁 の入れ替えを行う。ただし、（式 5.27）を（式 5.26）に置き換える際に、符号 ± が違うことに注意する必要がある。（図 5.29）の磁束と磁束密度 $\vec{B}$ を、電束と電束密度 $\vec{D}$ に、速度 $\vec{v}_m$ を $\vec{v}_e$ に、読み替えて欲しい。電圧に対して磁圧（仮称）、誘導起電力に対して誘導起磁力（仮称）を設定する。

点 P に対する点 Q の磁圧を $A_{P\to Q}$ とすると、（式 5.26）により、

$$(\text{誘導起磁力})\ A_{P\to Q} = -\frac{\text{時間}\Delta t\text{ の間に、}\overrightarrow{PQ}\text{を横切る電束}}{\Delta t} \tag{5.38}$$

ローレンツ力の場合と同様に閉曲線 ∂S とそれをヘりとする曲面 S を設定し、∂S に沿って一周する磁圧は以下のようになる。

$$(\text{誘導起磁力})\ A_{(\partial S\text{ に沿って一周})} = -\frac{d}{dt}(S\text{ を貫く電束}) \tag{5.39}$$

ところで電荷は単独で存在できるから、電束を求める際に、電荷の存在も考慮する必要がある。（図 5.30）のように、∂S をヘりとして共有する 2 つの面

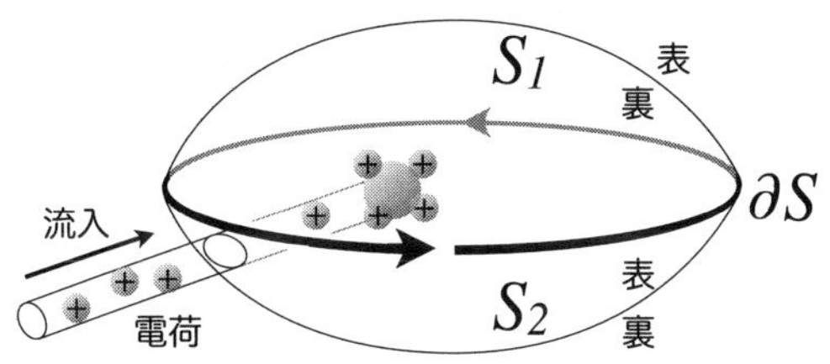

図 5.30　電荷の流入

S_1, S_2 があるとする。すると、ガウスの法則により、

$$(S_1\text{を貫く電束}) - (S_2\text{を貫く電束}) = (S_1\text{と }S_2\text{で囲まれた領域の電気量})$$

となる。第 2 項にマイナスがつくのは面の表裏が逆だから。一方、単位時間に着目している面を通り抜けた電気量を電流という。

電流

> 着目している面を、単位時間あたりに通り抜ける電気量。
> プラスの電気が面の裏から表に抜ける向きで値がプラス。
> マイナスの電気が面の表から裏に抜ける向きで値がプラス。
> 単位は [A]（アンペア）。

電荷が内部に流入してきている場合、電荷は勝手に生成したり消滅したりしないから（←**電荷の保存則**という）、以下が成立。（↓これも電荷の保存則）

$$(\text{立体領域表面から流入した電気量}) = (\text{立体領域内部で増加した電気量})$$

よって、t を時刻として、（図 5.30）の状況において、

$$(S_2\text{を裏から表へ貫く電流}) = \frac{d}{dt}(S_1\text{と }S_2\text{で囲まれた領域の電気量})$$

これらを合わせて、

$$\frac{d}{dt}(S_1\text{を貫く電束}) = \frac{d}{dt}(S_2\text{を貫く電束}) + (S_2\text{を裏から表へと貫く電流})$$

つまり、面を電流が貫くときには、電流もカウントしなければならない。故に閉曲線 ∂S に沿って一周する誘導起磁力（磁圧）$A_{(\partial S\text{ に沿って一周})}$ の公式は以下のように書き直される。

アンペールの法則

$$A_{(\partial S\text{ に沿って一周})} = -\frac{d}{dt}(S\text{ を貫く電束}) - (S\text{ を貫く電流}) \quad (5.40)$$

これを**アンペールの法則**という。本質的にはローレンツ力の（式 5.21）の表現を変えただけに過ぎない。電束の時間微分と電流が並行して扱われることから、電束の時間微分を電流の一種と見なして**電束電流**あるいは**変位電流**と呼ぶ。ここに“○○電流”といっても、電流を電流の向きに垂直な断面積で割った量（電流密度）に相当するものであることに注意せよ。また、**磁圧が大きくなる方向と磁場 $\vec{H}$ の方向が逆**であることに注意せよ。

以上を踏まえて、ファラデーの電磁誘導の法則においても、“磁流”も考えなければならないのだろうか？ その必要はない。仮に S_1 と S_2 で囲まれた領域に棒磁石の N 極を突っ込んだとしても、磁束の総量は変化しない。なぜなら、棒磁石はその内部に磁束線の戻りを有しているから。もしも磁気単極子（N 極のみ、あるいは S 極のみを有する粒子）が発見されたならば、磁流の項を書き加える必要が生じるが、今のところ磁気単極子は見つかっていないので必要が無い。

無いものは無いと言われても、あった方が面白いので、あることにして電⇔磁完全対称 な方程式を作ることはできる。そうしてみると、面白いことに、いったんある時刻で磁荷・磁流が存在しないという条件を与えてやると、磁荷・磁流が存在しないことを維持する様に方程式ができている。つまり N 極だけ、あるいは S 極だけの磁荷が勝手に湧いて出てこないように、方程式ができているのである。

ところで、“磁圧”だとか“誘導起磁力”だとか云う用語は存在しない。本書にてローカルに設定されているのみである。多くの場合は線積分を使った表現で表されている。これを示そう。磁荷 q_m を点 P からすぐ近くの点 Q まで動かすとき、磁場 $\vec{H}$ から受ける力は、$\vec{F}_m = q_m \vec{H}$ である。この力に“逆らって”外部からする仕事は、$W_m = -\vec{F}_m \cdot \overrightarrow{PQ}$ だから、点 P に対する点 Q の磁圧 $A_{P\to Q} = W_m/q_m$ は、以下のようになる。

$$A_{P\to Q} = -\vec{H} \cdot \overrightarrow{PQ} \tag{5.41}$$

もしも点 P と点 Q が離れていて PQ 間で $\vec{H}$ の値が一定であるとは見なせない場合、位置ベクトル、

$$\vec{r} = (x, y, z)$$

を導入して線積分をするのが良いだろう。経路を細かく区切り、それぞれの区切った点に対して先ほどの点 P 点 Q の様な扱いを設定する。つまりそれぞれの区間において、磁圧 dA は、$\overrightarrow{PQ}$ を $\vec{r}$ の微分 $d\vec{r}$ で置き換えて、

$$dA = -\vec{H} \cdot d\vec{r}$$

であるからこれを全ての区間に対して足し加える、つまり線積分である。ついでに起電力 V と電場 $\vec{E}$ の場合も同様。以上より、

線積分を使った表現

$$\text{（誘導起電力）}V_{\partial S\ \text{に沿って一周}} = -\oint_{\partial S} \vec{E} \cdot d\vec{r} \tag{5.42}$$

$$\text{（誘導起磁力）}A_{\partial S\ \text{に沿って一周}} = -\oint_{\partial S} \vec{H} \cdot d\vec{r} \tag{5.43}$$

ここに、積分記号に付いた小さな○は、“ひとまわり”の意味。

5.11　まとめ

電磁気学は天才実験家ファラデーらが成し遂げた膨大な実験結果を、40 歳年下で数学に堪能なマクスウェルが数式を使ってより簡潔な形にまとめて完成されたと云われている。これに由来して電磁気学の基礎方程式はマクスウェルの方程式と呼ばれている。ガウスの法則（磁束保存の法則）とファラデーの電磁誘導の法則とアンペールの法則の組み合わせがそれにあたる。もっとも、マクスウェルによるオリジナルはもっと複雑だったらしいが、後世において、そう呼び習わされている。数学に疎遠な人たちからは何か取っ掛かりにくさを感じさせるこれらの数式について、本章ではクーロンの法則とローレンツ力の「言い換え」に過ぎないことを示した。その際に、電気や磁気の影響の拡がりを直観的・視覚的に捉えるために、電束・磁束という概念を導入した。

我々の身の回りの物体をミクロの視点で見ると、膨大な数のプラスの電気とマイナスの電気が量子力学的な環境下で結びついてできている。ここでひとまず量子力学を脇に置くならば、平凡な物体の中身（とくに空間）のほとんどを占めているのが電気と磁気であるといっても過言ではない。その意味で、電磁気学的な力が及ばなくなる速さが現在の我々の文明が扱うことのできる限界の速さであり、その値が単純にクーロンの法則とローレンツ力の組み合わせから真空中の光の速さであることを示すことができた。

ローレンツ力の式から、電気と磁気が交差するところには、電磁場自体にも運動量が伴われていることが示唆されている。即ち慣性の存在である。このため、電荷を突然急激に振り回した際に生じる影響は、遠方へと瞬時に伝わるのではなく、ムチやスリンキーを揺さぶるように、時間をかけて近くから遠くへ伝播して行く事がわかる。この**影響の遅延効果**はクーロン力とローレンツ力の式の中には明示されていない。明示されていないが考慮しなければいけない。よって、物体の速さが光の速さに近づいたり、恒星間のような人間のスケールに比して膨大な距離の対象を扱う際には、電束と磁束の算出にあたりこの遅延効果を盛り込む必要があり、見かけに反して複雑な計算を求められることになる。これを解決するには、例えばマクスウェルの方程式を、全て微分で表現する手もある。次章ではマクスウェルの方程式を様々な表現に表わしてみよう。

第6章

マクスウェルの方程式

量子力学的な効果を除けば、電磁気学的な現象は全てクーロン力（式5.2, 5.9）と、ローレンツ力（≒ビオ・サバールの法則）（式5.21）に帰着させることができる。しかしこのままでは、原理を説明するだけならば良いが、運用に当たり多少の解釈やモデル化が必要とされるので、それらの手法・認識を共有する必要がある。そこで前の章では電場 $\vec{E}$、磁場 $\vec{H}$、電束、磁束を定義し、マクスウェルの方程式と呼ばれる式の集まりにまとめた。なお、電束と磁束は、それぞれ電束密度 $\vec{D}$ と磁束密度 $\vec{B}$ の面積分として表現することができる。ただし、積分を使った表現には若干の問題点があり、微分を使った表現に修正する。

その結果、マクスウェル方程式には興味深い性質があることがわかる。ベクトルを表すときに、空間の3成分に時間方向も加えて4成分とすると、式がとてもシンプルにまとまる。そこで我々が物理法則だと思っていたものは、実は4次元の空間の中に2次元曲面の束を入れる入れ方を考えていたものだと気づかされる。つまりマクスウェルの方程式とは、そもそもが幾何学を表した式だったともいえる。それを背景として本章ではマクスウェル方程式を多彩な表現方法で表わす。残念ながら本章では容赦なく数式が荒れ狂う。だが、本章を制圧すれば以下の2点が得られるであろう。

1. 時空構造の話題への入り口が $\vec{D}=\epsilon_0\vec{E},\ \vec{B}=\mu_0\vec{H}$ であることへの理解。
2. 一般相対性理論の中心であるアインシュタイン方程式の成り立ちを理解することを登山に例えるならば、本章制圧は八合目踏破に相当する。

6.1 積分に乗る

ここで、マクスウェルの方程式を $\vec{E}$, $\vec{B}$, $\vec{H}$, $\vec{D}$ と積分を使った表現に改めて書き下してみよう。その前に積分領域を明示しておく必要がある。（図 6.1）のように、空間（立体）内の任意の立体領域を R、R の表面を ∂R とする。∂R は外向きが表（おもて）である。また、向き付けられた閉曲線 ∂S を考え、∂S をへりに持つ任意の曲面を S とする。∂S の向きをネジが回転する向きとし、右ネジが進む向きが S の裏から表へ抜ける向きとする。

図 6.1 空間の領域と向き付け

$d\vec{S}$ が ∂R 上又は S 上の微小な面を表し、$d\vec{r}$ が ∂S 上の近接する 2 点の位置ベクトルの差を表わすとして、$\vec{D}\cdot d\vec{S}$ は電束、$\vec{B}\cdot d\vec{S}$ は磁束、$-\vec{E}\cdot d\vec{r}$ は起電力、$-\vec{H}\cdot d\vec{r}$ は起磁力（仮称）をそれぞれ表すから、（§5.7, 5.9）並びに（式 5.37, 5.40, 5.42, 5.43）より、

マクスウェルの方程式（積分形）

$$\oint\!\!\!\oint_{\partial R} \vec{D}\cdot d\vec{S} \overset{\S 5.7, \S 5.9}{=} R\text{ 内の電荷の総量} \tag{6.1}$$

$$\oint\!\!\!\oint_{\partial R} \vec{B}\cdot d\vec{S} \overset{\S 5.7, \S 5.9}{=} R\text{ 内の磁荷の総量} \tag{6.2}$$

$$-\oint_{\partial S} \vec{E}\cdot d\vec{r} \overset{5.37, 5.42}{=} S\text{ を通る磁流} + \frac{d}{dt}\iint_S \vec{B}\cdot d\vec{S} \tag{6.3}$$

$$\oint_{\partial S} \vec{H}\cdot d\vec{r} \overset{5.40, 5.43}{=} S\text{ を通る電流} + \frac{d}{dt}\iint_S \vec{D}\cdot d\vec{S} \tag{6.4}$$

ここに、積分記号に付いている小さな○は、閉曲面あるいは閉曲線の全体に

渡って重複せずに積分するという意味。（式 6.3）の磁流は、（式 6.4）における電流と電束密度の関係からの類似である。磁荷と磁流は実在しないが、理論としてオモシロイので入れてある。それらを探索する実験を組み立てるとき以外は常にゼロとして良いだろう。各式は、磁荷と磁流がゼロであることを前提として、上から順に以下のように呼ばれる。

1. 6.1: ガウスの法則 (Gauss's law)
2. 6.2: 磁場のガウスの法則（Gauss's law for magnetism, 磁束保存則）
3. 6.3: ファラデーの電磁誘導の法則（Faraday's law of induction , Maxwell–Faraday equation）
4. 6.4: アンペールの法則 (Ampère's circuital law with Maxwell's addition)

ただしこれらの積分で書かれた方程式には以下の 2 つの難点がある。

- 第一に、**遅延**の問題。突然に光の速さに迫るような急激な動きがあった場合、その変化の影響は近いところから順に伝播する。影響が積分領域全体に行き渡るまでの時間が無視できない場合、遅延を考慮して足し加えなければならない。
- 第二に、**整合性**の問題。これらの方程式は、主に電荷や磁荷が周りの空間に及ぼす影響の度合いを表現したものである。これらで表された $\vec{E}$, $\vec{B}$, $\vec{H}$, $\vec{D}$ が、電荷や磁荷が受ける力を表した（式 5.29）と矛盾してはならない。これを確認すべきなのだけれども、この積分形の式では計算しずらい。

以上の理由により、積分領域を細分し、小さな領域の積分で表された方程式の集まりに直してみる。つまり、微分を使った表現に直してみる。

6.2 微分に乗る前編：ガウスの定理を使う

ガウスの法則（式 6.1,6.2）を微分の形に直すためにはガウスの定理を使う。

ガウスの定理 (Gauss' theorem)

$$\oiint_{\partial R} \vec{D} \cdot d\vec{S} = \iiint_R \vec{\nabla} \cdot \vec{D}\ dV \tag{6.5}$$

ここに、$\vec{D}$ はベクトル場（空間内に連続的に存在する微分可能なベクトル）、$\vec{\nabla} = (\frac{\partial}{\partial x}, \frac{\partial}{\partial y}, \frac{\partial}{\partial z})$ はナブラ、$dV = dxdydz$ は微小な体積要素を表わす。R, ∂R, $d\vec{S}$ については (図 6.1) 左参照。ガウスの定理は発散定理 (divergence theorem) とも呼ばれる。証明は後述する。

領域 R を極端に小さくすれば、右辺の積分領域内で $\vec{\nabla} \cdot \vec{D}$ の値はほとんど変わらないから、定数扱いして、積分の外に出せる。

$$\iiint_{R(\text{微小})} \vec{\nabla} \cdot \vec{D}\ dV = \vec{\nabla} \cdot \vec{D} \iiint_{R(\text{微小})} dV$$

この右辺に現れる $\iiint_R dV$ は体積だから、ガウスの法則（式 6.1, 6.2）により $\vec{\nabla} \cdot \vec{D}$ の値は電気量や磁気量を体積で割った量、すなわち密度と等しくなる。

ゆえにマクスウェル方程式のガウスの法則の部分は、$\vec{D}$ を電束密度、$\vec{B}$ を磁束密度、ρ_e を電荷密度、ρ_m を磁荷密度として、以下のように表現される。

マクスウェルの方程式（ガウスの法則の微分形）

$$\vec{\nabla} \cdot \vec{D} = \rho_e \tag{6.6}$$

$$\vec{\nabla} \cdot \vec{B} = \rho_m \tag{6.7}$$

強調しておくが、この場合、ρ_e, ρ_m には、誘電体表面に滲み出た正負一対の電荷や、棒磁石の磁極などはカウントされない。また、通常は $\rho_m = 0$ である。

ここで、ガウスの定理の成り立ちを見て見よう。まずは積分領域を分割できることを示し、次に、領域を微小な直方体に領域を細分して、その任意のセルに関してガウスの定理が成立することを確認する。

なお、直方体に分割できなかった領域表面部分の寄与は、直方体一つあたりの体積を小さくするにつれ消滅する。（他に、四面体に分割する証明方法もある。）

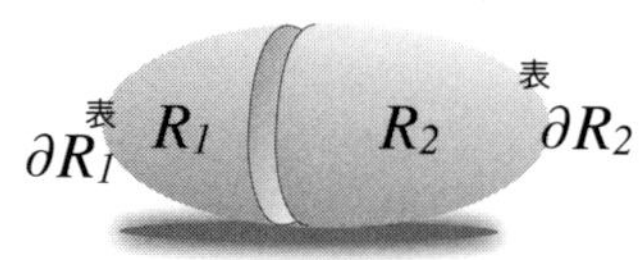

図 6.2　領域の分割

まずは領域を分割できることを確認する。（図 6.2）のように、領域 R を 2 つに分割する。分割したところの面は、互いに向きが逆になるから、その部分の積分値は互いに相殺する。

$$\oiint_{\partial R} \vec{D}\cdot d\vec{S} = \oiint_{\partial R_1} \vec{D}\cdot d\vec{S} + \oiint_{\partial R_2} \vec{D}\cdot d\vec{S}$$

つまり表面積分は、領域を多数の小領域に分割して求めた値の総和として表すことができる。

次に、領域を微小な直方体に分割し、その中の 1 つを取り上げてみよう。（図 6.3）のように、直交座標 $x-y-z$ を用意し、辺の長さをそれぞれ軸の方向に $dx,\ dy,\ dz$ とする。それに伴い、ベクトルの成分表示を $\vec{D}=(D_x,D_y,D_z)$ とする。それぞれの面を代表する点として、面の中央に点 P,Q,R,P',Q',R' を配置する。位置の関数 F の点 P に於ける値を $F(P)$ の様に表わす。この小領域を仮に e として、表面積分の値を概算する。

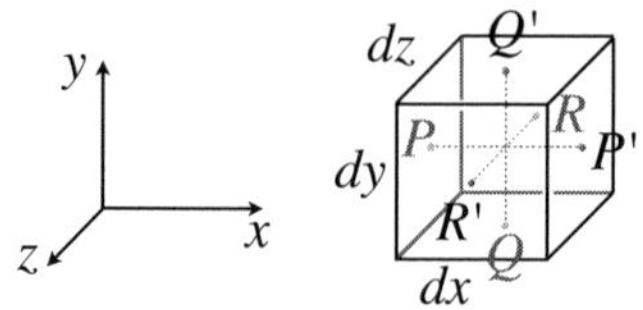

図 6.3　微小体積要素

$$\begin{aligned}\oiint_{\partial e} \vec{D}\cdot d\vec{S} = \ & D_x(P')dydz + D_y(Q')dzdx + D_z(R')dxdy \\ & -D_x(P)dydz - D_y(Q)dzdx - D_z(R)dxdy \\ = \ & \frac{\partial D_x}{\partial x}dx\ dydz + \frac{\partial D_y}{\partial y}dy\ dzdx + \frac{\partial D_z}{\partial z}dz\ dxdy \\ = \ & \vec{\nabla}\cdot\vec{D}\ dxdydz\end{aligned}$$

これを分割した小領域全てに対して適用し足しあげることで、ガウスの定理（式 6.5）が成り立つ事が示される。

6.3 微分に乗る後編：ストークスの定理を使う

ファラデーの電磁誘導の法則（式 6.3）とアンペールの法則（式 6.4）を微分形に直すためにはストークスの定理を使う。

ストークスの定理 (Stokes' theorem)

$$\oint_{\partial S} \vec{H}\cdot d\vec{r} = \iint_S (\vec{\nabla}\times\vec{H})\cdot d\vec{S} \tag{6.8}$$

$\vec{H}$ はベクトル場（空間内に連続的に存在する微分可能なベクトル）、$\vec{\nabla} = (\frac{\partial}{\partial x}, \frac{\partial}{\partial y}, \frac{\partial}{\partial z})$ はナブラ、S, ∂S, $d\vec{r}$, $d\vec{S}$ については（図 6.1）右参照。

例えばアンペールの法則（式 6.4）に適用すると、

$$\iint_S (\vec{\nabla}\times\vec{H})\cdot d\vec{S} = S\text{ を通る電流} + \frac{d}{dt}\iint_S \vec{D}\cdot d\vec{S}$$

積分領域 S が時間経過と共には動かない設定とすると、積分と時間微分を入れ替えることができて、以下のようになる。

$$\iint_S (\vec{\nabla}\times\vec{H} - \frac{\partial\vec{D}}{\partial t})\cdot d\vec{S} = S\text{ を通る電流}$$

面 S をごく小さくすれば、積分の中身をほぼ定数と見て、積分の外に括り出せるのだが、さて困った。仮に $\vec{j}\cdot\vec{S} = I$ のような式があったとして、一般にはこれを “$\vec{j} =$ 何某” の形に解く事はできない。こういうときはがむしゃらに計算を続けるのではなく、様々な可能性を検討してみよう。この場合は、定義に立ち返ってみるのが有効である。電流とは、単位時間当たり[1]に所定の面を通過する電気量である。電気の移動にはそれを担っているものの速度がある。つまり、向きのある量に書き直せるということだ。これを電流の向きと呼ぶことにしよう。電流の向きに対して面が斜めになっていると、面積あたりの電流の大きさは小さくなる。面と電流が垂直な時に最大となる。この最大値を**電流密度**と名付けよう。向きは電気が移動する向きである。電流密度から電流を計算

[1] 要した時間で割るという意味。1 秒間の値ではない。

するには、面を電流とは垂直な向きに射影した面積をかければ良い。面と面のなす角度の cos を掛けるという意味で、内積が使える。すなわち電流密度を $\vec{j}_e$ として、電流は以下で表される。

$$S\text{ を通る電流} = \iint_S = \vec{j}_e \cdot d\vec{S} \tag{6.9}$$

とくに、電流の電気の担い手の電荷密度が ρ_e、速度が $\vec{v}_e$ であるならば、

$$\vec{j}_e = \rho_e \vec{v}_e \tag{6.10}$$

これを用いてアンペールの法則は、以下のようになる。

$$\iint_S (\vec{\nabla} \times \vec{H} - \frac{\partial \vec{D}}{\partial t} - \vec{j}_e) \cdot d\vec{S} = 0$$

面のとりかたが任意であることから、積分と内積を外すことができる。以上により、ファラデーの電磁誘導の法則とアンペールの法則を以下のように微分を使った表現に直すことができる。

マクスウェルの方程式（ファラデーの法則とアンペールの法則の微分形）

$$-\vec{\nabla} \times \vec{E} = \vec{j}_m + \frac{\partial \vec{B}}{\partial t} \tag{6.11}$$

$$\vec{\nabla} \times \vec{H} = \vec{j}_e + \frac{\partial \vec{D}}{\partial t} \tag{6.12}$$

ここに $\vec{E}$ は電場、$\vec{H}$ は磁場、$\vec{j}_e$ は電流、$\vec{j}_m$ は磁流、$\vec{B}$ は磁束密度、$\vec{D}$ は電束密度。通常は $\vec{j}_m = 0$ である。磁極の片方だけが単独で存在した場合にのみゼロではない値になるものなので、棒磁石をいくら振り回しても磁流はゼロのままである。

ここで、ストークスの定理の成り立ちを見て見よう。まずは積分領域を分割できることを示し、次に分割された小領域でストークスの定理が成り立つことを確認する。準備として以下の恒等式を提示する。ベクトル積 × については、(§5.3) を参照のこと。

$$(\vec{A} \times \vec{B}) \cdot (\vec{C} \times \vec{D}) = (\vec{C} \cdot \vec{A})(\vec{B} \cdot \vec{D}) - (\vec{D} \cdot \vec{A})(\vec{B} \cdot \vec{C}) \tag{6.13}$$

証明にはエディントンのイプシロン『$\epsilon_{123}=\epsilon_{231}=\epsilon_{312}=1$, $\epsilon_{132}=\epsilon_{213}=\epsilon_{321}=-1$, 他の ϵ_{ijk} は全てゼロ』とクロネッカーデルタ『$\delta_{ii}=1$, $\delta_{ij}=0(i\neq j)$』を用いるのが良いだろう。これらを用いて以下の恒等式が成り立つ。

$$\sum_{i=1}^{3}\epsilon_{ijk}\epsilon_{ilm}=\delta_{il}\delta_{km}-\delta_{im}\delta_{kl}$$

これは、整数 $\{j,k,l,m\}$ それぞれに 1 から 3 までの整数を当てはめることで確認できる。ベクトルの成分を $\vec{A}=(A_1,A_2,A_3)$ の様に表し、この式の両辺にに $A_iB_jC_lD_m$ を掛けて全ての添え字の組みに対して和を取り、証明終了。

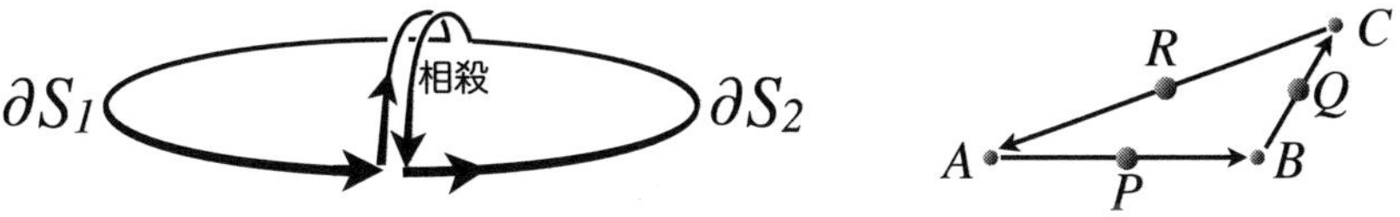

図 6.4　分割と微小面積要素

まずは領域を分割できることを確認する。（図 6.4）左の様に、∂S を S の上で 2 つに分割する。分割したところの線は、互いに向きが逆になるから、その部分の積分値は互いに相殺する。

$$\oint_{\partial S}\vec{H}\cdot d\vec{r}=\oint_{\partial S_1}\vec{H}\cdot d\vec{r}+\oint_{\partial S_2}\vec{H}\cdot d\vec{r}$$

故に経路を微小な三角形[2)]に分割する。その中の任意の一つを（図 6.4）右とする。各頂点を A,B,C とし、線分 AB を代表する点として中点 P を置く。

[2)]長方形や平行四辺形に分割する証明をよく見かけるが、平行四辺形を貼り合わせた面は必ず平面になるので、曲面には適用できない。3 次元の空間が 4 次元の中の超曲面であった場合にも立方体には分割できない。四面体には分割できる。四面体でガウスの法則を証明するには、まず以下の恒等式を証明する。

$$\delta_{ki}\epsilon_{jlm}+\delta_{mi}\epsilon_{jkl}+\delta_{li}\epsilon_{jmk}=\delta_{ij}\epsilon_{klm}$$

以下同様に、点 Q、点 R を設定。点 A, B, C の位置ベクトルをそれぞれ $\vec{a}, \vec{b}, \vec{c}$ とする。中点連結定理により例えば、$\overrightarrow{PR} = \frac{1}{2}\overrightarrow{BC} = \frac{1}{2}(\vec{c} - \vec{b})$ となる。この微小三角形を仮に e とすると、一回りの線積分は以下のように計算される。

$$
\begin{aligned}
\oint_{\partial e} \vec{H} \cdot \vec{r} &= \vec{H}(P) \cdot (\vec{b} - \vec{a}) + \vec{H}(Q) \cdot (\vec{c} - \vec{b}) + \vec{H}(R) \cdot (\vec{a} - \vec{c}) \\
&= (\vec{H}(R) - \vec{H}(P)) \cdot \vec{a} + (\vec{H}(P) - \vec{H}(Q)) \cdot \vec{b} + (\vec{H}(Q) - \vec{H}(R)) \cdot \vec{c} \\
&\overset{4.1}{=} ((\overrightarrow{PR} \cdot \vec{\nabla})\vec{H}) \cdot \vec{a} + ((\overrightarrow{QP} \cdot \vec{\nabla})\vec{H}) \cdot \vec{b} + ((\overrightarrow{RQ} \cdot \vec{\nabla})\vec{H}) \cdot \vec{c} \\
&= ((\frac{1}{2}(\vec{c} - \vec{b}) \cdot \vec{\nabla})\vec{H}) \cdot \vec{a} + ((\frac{1}{2}(\vec{a} - \vec{c}) \cdot \vec{\nabla})\vec{H}) \cdot \vec{b} + ((\frac{1}{2}(\vec{b} - \vec{a}) \cdot \vec{\nabla})\vec{H}) \cdot \vec{c} \\
&= \frac{1}{2}(((\vec{a} \cdot \vec{\nabla})\vec{H}) \cdot \vec{b} - ((\vec{b} \cdot \vec{\nabla})\vec{H}) \cdot \vec{a}) \\
&\quad \frac{1}{2}(((\vec{b} \cdot \vec{\nabla})\vec{H}) \cdot \vec{c} - ((\vec{c} \cdot \vec{\nabla})\vec{H}) \cdot \vec{b}) \\
&\quad \frac{1}{2}(((\vec{c} \cdot \vec{\nabla})\vec{H}) \cdot \vec{a} - ((\vec{a} \cdot \vec{\nabla})\vec{H}) \cdot \vec{c}) \\
&\overset{6.13}{=} \frac{1}{2}(\vec{\nabla} \times H) \cdot (\vec{a} \times \vec{b} + \vec{b} \times \vec{c} + \vec{c} \times \vec{a}) \\
&= (\vec{\nabla} \times H) \cdot \left(\frac{1}{2}(\vec{b} - \vec{a}) \times (\vec{c} - \vec{a}) \right)
\end{aligned}
$$

$\frac{1}{2}(\vec{b} - \vec{a}) \times (\vec{c} - \vec{a})$ は三角形の面積を向き付きで表しているので、分割された微小な三角形の領域でストークスの定理が成り立つことが確認された。これを足し上げることでストークスの定理（式 6.8）が成り立つ事が示される。

6.4 微分形式に乗る

ウェブで「微分形式」を検索すると親切に解説してあるサイトが複数見つかるので、それを見て頂ければ足りるのだが、そうしてしまうと身もふたもないので、軽く言及しておく。厳密な証明などは数学の教科書に譲り、直観的な説明に留める。要するに微分形式とは体積分や面積分などを要領良く表現して、ガウスの定理やストークスの定理をもっと一般に拡張するものである。

ガウスの定理やストークスの定理は、空間上に３次元あるいは２次元の領域があり、その表面あるいはヘリで積分される量を微分して、領域の中身での積分に置き換えるというものだった。高校で習った微積分は変数が一つだけだったので、微分と積分が逆演算の関係にあった事と良くにている。１変数では、微分された（導）関数 $\frac{df}{dx}$ を、ある区間 $[a,b]$ で定積分すると、微分される前の関数の区間の端と端の値の差 $f(b)-f(a)$ になる。これを一次元から２次元、３次元へと拡げたようなものである。この調子で頑張れば、４次元にもいけるだろう。

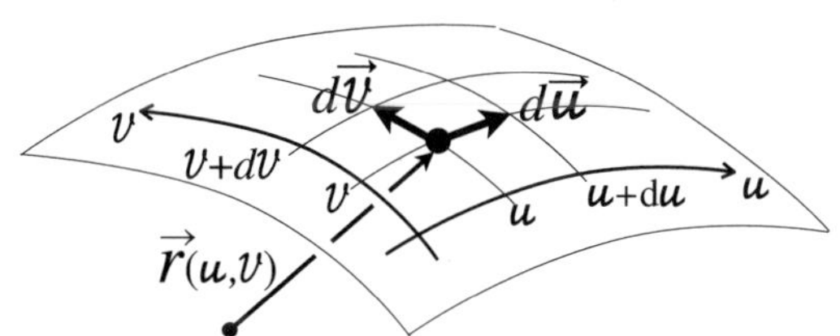

図 6.5 空間内の２次元曲面と面積要素

面積分を実行するとき、まず、面の表しかたの一つとして、地球儀の上の緯度と経度のように、２つの媒介助変数 (u,v) を設定し、位置 $\vec{r}=(x,y,z)$ が (u,v) の関数 $\vec{r}(u,v)$ であるとする方法を採用する（図 6.5）。次に微小な面積要素を作るために微小なベクトル $d\vec{u}, d\vec{v}$ を設定する。

$$d\vec{u} := \vec{r}(u+du, v) - \vec{r}(u,v) = (\frac{\partial x}{\partial u}du,\ \frac{\partial y}{\partial u}du,\ \frac{\partial z}{\partial u}du)$$
$$d\vec{v} := \vec{r}(u, v+dv) - \vec{r}(u,v) = (\frac{\partial x}{\partial v}dv,\ \frac{\partial y}{\partial v}dv,\ \frac{\partial z}{\partial v}dv)$$

これを使って、微小な面積要素 $\acute{d}\vec{S}$ はベクトル積 $\times$ を用いて以下のように表現できる。

$$\acute{d}\vec{S} = d\vec{u} \times d\vec{v} \tag{6.14}$$

ゆえに積分される要素は行列式 $\begin{vmatrix} a & b \\ c & d \end{vmatrix} = ad - bc$ を用いて以下のように書き下されるだろう。

$$\vec{D} \cdot \acute{d}\vec{S} = D_x \begin{vmatrix} \frac{\partial y}{\partial u} & \frac{\partial z}{\partial u} \\ \frac{\partial y}{\partial v} & \frac{\partial z}{\partial v} \end{vmatrix} dudv + D_y \begin{vmatrix} \frac{\partial z}{\partial u} & \frac{\partial x}{\partial u} \\ \frac{\partial z}{\partial v} & \frac{\partial x}{\partial v} \end{vmatrix} dudv + D_z \begin{vmatrix} \frac{\partial x}{\partial u} & \frac{\partial y}{\partial u} \\ \frac{\partial x}{\partial v} & \frac{\partial y}{\partial v} \end{vmatrix} dudv$$

この式の中で媒介助変数 (u, v) の割り振りかたはは自由に取り替えられる。ならば、表現を以下のように略してしまおうというのが微分型式への入り口である。

$$D_x \begin{vmatrix} \frac{\partial y}{\partial u} & \frac{\partial z}{\partial u} \\ \frac{\partial y}{\partial v} & \frac{\partial z}{\partial v} \end{vmatrix} du\ dv \to D_x\ dy \wedge dz$$

$\wedge$ は**ウェッジ積** (wedge product) と呼ばれる。そもそもが行列式なので、線型性と交代性がある。つまり、以下のような性質がある。

ウエッジ積の線型性と交代性

$$(a\ dx + b\ dy) \wedge dz = a\ dx \wedge dz + b\ dy \wedge dz$$
$$dz \wedge dy = -dy \wedge dz$$

同様に体積要素 $\acute{d}V$ も以下のように表現されるだろう。媒介助変数 w を追加。

$$\acute{d}V = \begin{vmatrix} \frac{\partial x}{\partial u} & \frac{\partial y}{\partial u} & \frac{\partial z}{\partial u} \\ \frac{\partial x}{\partial v} & \frac{\partial y}{\partial v} & \frac{\partial z}{\partial v} \\ \frac{\partial x}{\partial w} & \frac{\partial y}{\partial w} & \frac{\partial z}{\partial w} \end{vmatrix} du\ dv\ dw \to dx \wedge dy \wedge dz$$

ウェッジ積 $\wedge$ を跨いで全微分を n 回掛けた式を **"n-form"**（n 型式）と呼ぶ。たとえば、

- $\sqrt{x^2+y^2+z^2}dx\wedge dy\wedge dz$ は、3-form
- $x\ dy\wedge dz+3y\ dz\wedge dx+z^2dx\wedge dy$ は、2-form
- $y\ dx-x\ dy$ は、1-form
- $3x^2+5y$ は、0-form

この form を使った書きかたをしているときは、全微分 $d(\ )$ は全てウェッジ積 $\wedge$ にて掛ける対象であり、この代数に従わない $d(\ )$ と混在させてはならない。必要になった場合は記号を換えるなどの工夫をする。0-form としての導関数や微分係数は問題ないのだが、紛らわしいので表現を工夫する。

- ダメな例：$dx\wedge d\theta dy\wedge dz$

微分 d の定義は（§2.3）で述べられている定義から変わらないが、ライプニッツ則（積の微分）で、d の位置がウェッジ積の記号 $\wedge$ を 1 回またぐごとに符号が反転するので注意。すなわち、

微分型式でのライプニッツ則

f が、n-form であるとき、

$$d(f\wedge g)=df\wedge g+(-1)^n f\wedge dg \tag{6.15}$$

form で書かれた式は、微分を 2 回繰り返すとゼロになる。当然 $d(dx)=0$ である。たとえば、

$$f=d(x^2+y^2)=2x\ dx+2y\ dy\ \rightarrow\ df=d(2x\ dx+2y\ dy)=2dx\wedge dx+2dy\wedge dy=0$$

逆に、微分してゼロになるものは、何かの微分で書かれているといえる（可積分条件）。f を n-form として、

微分形式と可積分条件

$$df=0\Leftrightarrow\ f=d(\text{ 何か })\tag{6.16}$$

ではこの微分型式を用いてストークスの定理とガウスの定理を見て見よう。まずは、線素、面積要素、体積要素を以下のように設定。

$$
\begin{aligned}
d\vec{r} &= (dx,\ dy,\ dz) \\
\acute{d}\vec{S} &= (dy \wedge dz,\ dz \wedge dx,\ dx \wedge dy) \\
\acute{d}V &= dx \wedge dy \wedge dz
\end{aligned}
$$

面積要素と体積要素の $\acute{d}$ は、ただの d だと 1-form や何かの微分（たとえば $V = x\ dy \wedge dz$ だとか）と紛らわしいので、ゴマを振って区別してある。

まずは、ストークスの定理。

$$
\begin{aligned}
d(\vec{H} \cdot d\vec{r}) &= d(H_x dx + H_y dy + H_z dz) \\
&= dH_x \wedge dx + dH_y \wedge dy + dH_z \wedge dz \\
&= \quad (\frac{\partial H_x}{\partial dx} dx + \frac{\partial H_x}{\partial dy} dy + \frac{\partial H_x}{\partial dz} dz) \wedge dx \\
&\quad + (\frac{\partial H_y}{\partial dx} dx + \frac{\partial H_y}{\partial dy} dy + \frac{\partial H_y}{\partial dz} dz) \wedge dy \\
&\quad + (\frac{\partial H_z}{\partial dx} dx + \frac{\partial H_z}{\partial dy} dy + \frac{\partial H_z}{\partial dz} dz) \wedge dz \\
&= (\frac{\partial H_z}{\partial dy} - \frac{\partial H_y}{\partial dz}) dy \wedge dz + ...(\text{略}) \\
&= (\vec{\nabla} \times H) \cdot \acute{d}\vec{S}
\end{aligned}
$$

よって、ストークスの定理は微分型式の演算を利用すると以下のように表現される。

$$
\oint_{\partial S} \vec{H} \cdot d\vec{r} = \iint_S d(\vec{H} \cdot d\vec{r})
$$

微分の逆演算が積分であるというテイストが感じられるだろうか。

次に、ガウスの定理。

$$
\begin{aligned}
d(\vec{D}\cdot \acute{d}\vec{S}) &= d(D_x\ dy\wedge dz + D_y\ dz\wedge dx + D_z\ dx\wedge dy) \\
&= dD_x\wedge dy\wedge dz + dD_y\wedge dz\wedge dx + dD_z\wedge dx\wedge dy \\
&= \ (\frac{\partial D_x}{\partial x}dx + \frac{\partial D_x}{\partial y}dy + \frac{\partial D_x}{\partial z}dz)\wedge dy\wedge dz \\
&\quad +(\frac{\partial D_y}{\partial x}dx + \frac{\partial D_y}{\partial y}dy + \frac{\partial D_y}{\partial z}dz)\wedge dz\wedge dx \\
&\quad +(\frac{\partial D_z}{\partial x}dx + \frac{\partial D_z}{\partial y}dy + \frac{\partial D_z}{\partial z}dz)\wedge dx\wedge dy \\
&= (\vec{\nabla}\cdot\vec{D})\ dx\wedge dy\wedge dz
\end{aligned}
$$

よって、ガウスの定理は微分型式の演算を利用すると以下のように表現される。

$$
\oiint_{\partial R}\vec{D}\cdot \acute{d}\vec{S} = \iiint_R d(\vec{D}\cdot \acute{d}\vec{S})
$$

つまり、微分型式の演算を利用すると、ガウスの定理とストークスの定理が同じ様式に書かれることがわかる。証明は省くが類推として、**任意の (n+1) 次元領域表面全体での n-form φ の積分が、領域内部全体での (n+1)-form $d\varphi$ の積分と等しくなる**。その意味では、$d(d(\mathrm{form}))=0$ の理由として、「領域全体の表面には端が無い」という事に由来すると考えることもできる。

せっかくなのでマクスウェルの方程式を微分形式で書いてみよう。演算の過程で時間は定数であるとして微分を行うことにすると、（式 6.6, 6.7, 6.11, 6.12）より、

$$
d(\vec{D}\cdot \acute{d}\vec{S}) = \rho_e\ \acute{d}V \tag{6.17}
$$

$$
d(\vec{B}\cdot \acute{d}\vec{S}) = \rho_m\ \acute{d}V \tag{6.18}
$$

$$
-d(\vec{E}\cdot d\vec{r}) = (\vec{j}_m + \frac{\partial\vec{B}}{\partial t})\cdot \acute{d}\vec{S} \tag{6.19}
$$

$$
d(\vec{H}\cdot d\vec{r}) = (\vec{j}_e + \frac{\partial\vec{D}}{\partial t})\cdot \acute{d}\vec{S} \tag{6.20}
$$

然るに時間を止めて微分というのは甚だ不自然である。時間も変数であるとして微分すると、例えば最初の式は、以下のように時間微分の項が余る。

$$
d(\vec{D}\cdot \acute{d}\vec{S}) = \rho_e\ \acute{d}V + \frac{\partial\vec{D}}{\partial t}\cdot \acute{d}\vec{S}\wedge dt
$$

一例として $d(\vec{D}\cdot \acute{d}\vec{S}\wedge dt)$ の様にして、dt を掛けて dt が現れる項を潰すという手もあるが、（式 6.20）にも $\frac{\partial\vec{D}}{\partial t}$ を含む項が存在することに注目したい。これを相殺させればあらわに偏微分が現れることはなくなる。さらに（式 6.20）両辺に $\wedge dt$ を掛けておけば $\vec{H}$ の時間微分に向き合わなくて済む。（式 6.19）についても同様。以上によりマクスウェルの方程式は微分型式の処方により以下の形にまとめることができる。

マクスウェルの方程式（微分形式）

$$d(\vec{D}\cdot \acute{d}\vec{S} - \vec{H}\cdot d\vec{r}\wedge dt) = \rho_e\ \acute{d}V - \vec{j}_e\cdot \acute{d}\vec{S}\wedge dt \tag{6.21}$$

$$d(\vec{B}\cdot \acute{d}\vec{S} + \vec{E}\cdot d\vec{r}\wedge dt) = \rho_m\ \acute{d}V - \vec{j}_m\cdot \acute{d}\vec{S}\wedge dt \tag{6.22}$$

見た目はだいぶシンプルになった。しかし扱う空間は時間を入れて４次元になった。幾何学的なオブジェクトとしては、４次元空間の中に浮かぶ３次元超曲面の中の電荷や電流、磁荷や磁流の総和が、その領域表面（２次元）に貼り付いた $\vec{E}$, $\vec{B}$, $\vec{H}$, $\vec{D}$ の積分に等しいという式になっている。興味深いものの、やや抽象的になってきたようである。さらに無理押しするならば、$\acute{d}\vec{S}$ と $d\vec{r}\wedge dt$ の各成分同士の間の関係は、４次元の空間の中で常に直交している。３次元では、曲線の束に垂直に交差する面を考えることができ、これを線の束に沿って直角なまま移動させて、タマネギのような曲面の束を作ることができる。逆に曲面の束があるとき、それとは常に垂直に交わる線を集めた束を作る事ができる。それが４次元でも考えることができて、$\vec{D}$ をほぼ $\vec{E}$、$\vec{H}$ をほぼ $\vec{B}$ と考えるならば、電荷を捉える表面と、磁荷を捉える表面が、常に垂直に交わっているのがオモシロイ。

$\vec{D}\cdot\acute{d}\vec{S}-\vec{H}\cdot d\vec{r}\wedge dt$ と $\vec{B}\cdot\acute{d}\vec{S}+\vec{E}\cdot d\vec{r}\wedge dt$ はなかなか意味のあり気な組み合わせである。この形を崩さずに何とか真空中の関係式 $\vec{D}=\epsilon_0\vec{E},\ \vec{B}=\mu_0\vec{H}$ を盛り込めないものだろうか？ とりあえず式変形してみよう。ここで、$c=\frac{1}{\sqrt{\epsilon_0\mu_0}}$ を真空中の光の速さ、$Z_0=\sqrt{\frac{\mu_0}{\epsilon_0}}$ を真空中の特性インピーダンスとする。

$$\begin{aligned}\vec{B}\cdot\acute{d}\vec{S}+\vec{E}\cdot d\vec{r}\wedge dt &= \mu_0\vec{H}\cdot\acute{d}\vec{S}+\frac{1}{\epsilon_0}\vec{D}\cdot d\vec{r}\wedge dt\\ &= Z_0(\vec{H}\cdot\acute{d}\vec{S}/c+\vec{D}\cdot d\vec{r}\wedge c\ dt)\end{aligned}$$

これを（式 6.21）左辺に現れる形に直すために、以下の置き換え $\star(\ )$ を定義する。ここに、a,b は任意の 0-form、φ_1,φ_2 は任意の form。

ホッジ双対

2-form に対する置き換えの演算 $\star(\ )$ を以下のように定義する。

$$\star(\ d\vec{r}\wedge c\,dt\ )\ \rightarrow\ \acute{d}\vec{S} \tag{6.23}$$

$$\star(\ \acute{d}\vec{S}\ )\ \rightarrow\ -\ d\vec{r}\wedge c\,dt \tag{6.24}$$

$$\star(\ a\varphi_1+b\varphi_2\ )\rightarrow a\star(\ \varphi_1\ )+b\star(\ \varphi_2\ ) \tag{6.25}$$

これを用いて、真空中の関係式 $\vec{D}=\epsilon_0\vec{E},\ \vec{B}=\mu_0\vec{H}$ は、以下のように表現される。

$$\begin{aligned}\star(\ \vec{B}\cdot\acute{d}\vec{S}+\vec{E}\cdot d\vec{r}\wedge dt\ ) &= \star(Z_0(\vec{H}\cdot\acute{d}\vec{S}/c+\vec{D}\cdot d\vec{r}\wedge c\ dt))\\ &= Z_0(\ \vec{D}\cdot\acute{d}\vec{S}-\vec{H}\cdot d\vec{r}\wedge dt\ )\end{aligned}$$

マクスウェルの方程式を $\vec{E},\vec{B},\vec{D},\vec{H}$ の定義と見るならば、この関係式こそが物理法則である。

（式 6.23〜6.25）は、次の節でテンソルを使って表現し直される。

ところで、磁気単極子[3)] (magnetic monopole) と磁流は観測されていない。宇宙創成の名残として存在が期待されてはいるが、もし仮にみつかったとしても非常に希なので、通常は無視して良いだろう。物性分野では物質内部にて実効的な意味で存在することもあるようだが [26]、周りが真空の場合を想定して、これもカウントしない。その意味で（式 6.22）の右辺は常にゼロ。ゆえに（式 6.16）により、以下を満たすポテンシャル $-\phi dt + \vec{A}\cdot d\vec{r}$ の存在が示唆される。

電磁場のポテンシャル

$$\rho_m = 0;\ \vec{j}_m = 0 \ \Leftrightarrow \ \vec{B}\cdot d\vec{S} + \vec{E}\cdot d\vec{r} \wedge dt = d(\ -\phi dt + \vec{A}\cdot d\vec{r}\ ) \qquad (6.26)$$

このとき、ϕ は**静電ポテンシャル**（あるいは**電位**）、$\vec{A}$ は**ベクトルポテンシャル**と呼ばれる。$\vec{E}, \vec{B}$ につき、ベクトルの形に書き下すと、以下のようになる。

$$\vec{E} = -\vec{\nabla}\phi - \frac{\partial \vec{A}}{\partial t}$$
$$\vec{B} = \vec{\nabla} \times \vec{A}$$

これは、荷電粒子の作用 (action)S を以下のように設定して導いた運動方程式に現れる $\vec{E}, \vec{B}$ に一致する。ぜひ計算して確認されたし。

$$S = \int \left\{ \frac{1}{2} m v^2 dt + q_e(-\phi dt + \vec{A}\cdot d\vec{r}) \right\} \ \Rightarrow \ \frac{d}{dt}(m\vec{v}) = q_e(\vec{E} + \vec{v} \times \vec{B})$$

[3)] N,S いずれか一方の磁極みを有する粒子。短く「モノポール」とも呼ばれる。

6.5 テンソルに乗る

自然法則を記述する際には、位置と時刻、すなわち座標を表現する必要がある。しかしこの大自然は人間が居ようが居まいが、座標があろうが無かろうが、同じ在りようで存在しているはずである。そこで、自然法則は座標の表しかたに依存しない形に記述されるべきだという思想が生まれる。座標無しでは物理法則は記述できないのだけれども、せめて、どんな座標を持ってきても等しく表現されるようにしようというのである。

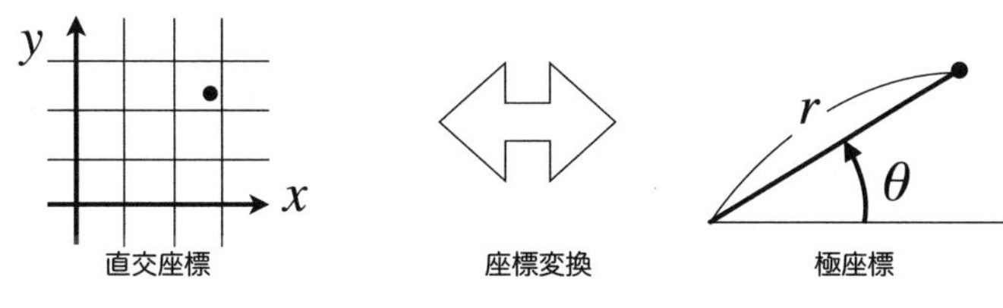

図 6.6　座標

既に微分型式がそれを実現している。古い座標を新しい座標の関数として表しておいて、そのまま代入すれば、直ちに新しい座標での表現に移行できる。じっさい微分型式は作用 (action) やハミルトン型式との相性も良く、かなり多くの物理法則をカバーすることができる。しかしながらもっと小回りを効かせたい場合もあるだろう。物理学の手法の真骨頂は緻密な計算と論理あるいは膨大な観測データに裏付けられた**直観の形成と共有・継承**である。自由に発想したいから、微分型式の枠に縛られていてはできないこともあるだろう。そこで微分型式の良いところは活かしつつ、もっと自由に計算できるやりかたを考える。

物理量には向きがあるものも多く、たいていはベクトルを使って表現される。また、ベクトルに対する演算ということで、行列で表される物理量もある。これらをどんな座標を使っても同じく表現されるようにやりかたを整えたのがテンソルである。まずは基本的な用語を確認し、それから電磁場に適用する。

反変ベクトル

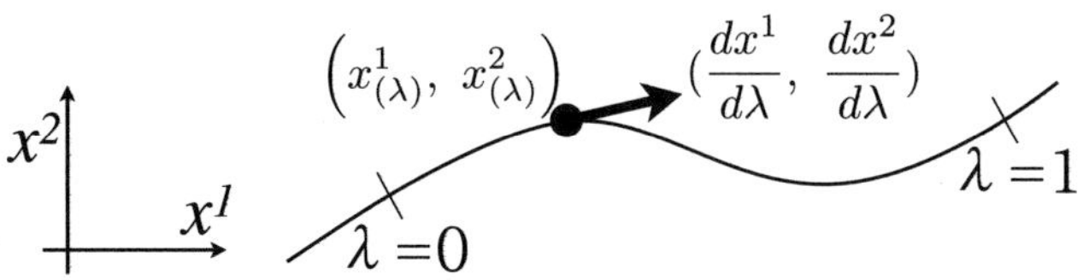

図 6.7　ベクトル

空間の中に矢印を小さく書き込む方法を考える。空間の中に途切れない一本の曲線があり、その線に沿って単調に増加するように実数 λ の値が割り振られている（媒介助変数)。例えば線は2次元の場合、座標を (x^1,x^2) として[4)]、

$$x^1 = x^1(\lambda);\ x^2 = x^2(\lambda)$$

の様に記述される。同じ x でも、左辺の x は値を問うものであり、右辺の x は λ の関数を表す。空間内に連続的に存在する量 ϕ があるとする。これを線に沿って微分することができる。つまり、以下の値を求める計算ができる。

$$\frac{d\phi}{d\lambda} = \frac{\phi\left(x^1(\lambda+d\lambda),x^2(\lambda+d\lambda)\right)-\phi\left(x^1(\lambda),x^2(\lambda)\right)}{d\lambda}$$

数学の本ではこの微分 $\frac{d}{d\lambda}$ を指してベクトルと呼ぶ。高校で習った矢印とはえらい印象の違いであるが、空間上の限りなく近い2点を指定したことにはなるから、矢印を限りなく小さく書き込んだことにはなるだろう。微分のチェーンルールを利用して座標に依存した成分に表わすと、

$$\frac{d\phi}{d\lambda} = \frac{dx^1}{d\lambda}\frac{\partial\phi}{\partial x^1} + \frac{dx^2}{d\lambda}\frac{\partial\phi}{\partial x^2}$$

この係数の組み $(\frac{dx^1}{d\lambda},\frac{dx^2}{d\lambda})$ の事を、物理とくに相対性理論の分野では反変ベクトルと呼ぶ。同じものを別の座標 $(\hat{x}^{\hat{1}},\hat{x}^{\hat{2}})$ で表してみよう。（※見やすさの点

[4)] x^2 の2は2番目の意味で、x の二乗の意味ではない。添え字を上に付けるのはその後の都合による。

で記号 ^ を採用したが、多くの文献では ′ などが使われる。) $\frac{dx}{d\lambda}$ を V に置き直して、新しい座標で書かれた反変ベクトルを $\hat{V}$ で表して、以下のようになる。

$$\frac{d\phi}{d\lambda}=V^1\frac{\partial\phi}{\partial x^1}+V^2\frac{\partial\phi}{\partial x^2}=\hat{V}^{\hat{1}}\frac{\partial\phi}{\partial\hat{x}^{\hat{1}}}+\hat{V}^{\hat{2}}\frac{\partial\phi}{\partial\hat{x}^{\hat{2}}}$$

一方、微分のチェーンルールにより、

$$\begin{aligned}\frac{\partial\phi}{\partial x^1}&=\frac{\partial\hat{x}^{\hat{1}}}{\partial x^1}\frac{\partial\phi}{\partial\hat{x}^{\hat{1}}}+\frac{\partial\hat{x}^{\hat{2}}}{\partial x^1}\frac{\partial\phi}{\partial\hat{x}^{\hat{2}}}\\ \frac{\partial\phi}{\partial x^2}&=\frac{\partial\hat{x}^{\hat{1}}}{\partial x^2}\frac{\partial\phi}{\partial\hat{x}^{\hat{1}}}+\frac{\partial\hat{x}^{\hat{2}}}{\partial x^2}\frac{\partial\phi}{\partial\hat{x}^{\hat{2}}}\end{aligned}$$

となるから、これを代入して、ϕ が任意の関数であることから、$\frac{\partial\phi}{\partial\hat{x}^{\hat{1}}},\frac{\partial\phi}{\partial\hat{x}^{\hat{2}}}$ が外せて、以下を得る。

$$\begin{aligned}\hat{V}^{\hat{1}}&=\frac{\partial\hat{x}^{\hat{1}}}{\partial x^1}V^1+\frac{\partial\hat{x}^{\hat{1}}}{\partial x^2}V^2\\ \hat{V}^{\hat{2}}&=\frac{\partial\hat{x}^{\hat{2}}}{\partial x^1}V^1+\frac{\partial\hat{x}^{\hat{2}}}{\partial x^2}V^2\end{aligned}$$

つまり $(V^1,\ V^2)$ は、微分 $(\frac{\partial\phi}{\partial x^1},\ \frac{\partial\phi}{\partial x^2})$ とは反対の変換に従うから “反変” である。この調子で 3 次元以上にも理論を拡張できる。

記号の省略を行う。以後、

- 3 次元で単に x^i と書いた場合には、$\{x^1,x^2,x^3\}$ 全部の事

だと思って欲しい。4 次元以上でも同様。その上で、λ の事はいったん忘れて、反変ベクトルを以下のように定義する。

反変ベクトル (contravariant vector)

座標 x^μ で記述された数値の組み V^μ が、新しい座標 $\hat{x}^{\hat{\nu}}$ では値が $\hat{V}^{\hat{\nu}}$ になるとする。これが以下の規則に従うとき、V^μ を反変ベクトルという。

$$\hat{V}^{\hat{\nu}}=\sum_\mu\frac{\partial\hat{x}^{\hat{\nu}}}{\partial x^\mu}V^\mu \tag{6.27}$$

共変ベクトル

共変ベクトルとは、微分型式 1-form の係数の組みのことである。座標 x^μ のもとで、

$$1-\mathrm{form}:\varphi=\sum_\mu A_\mu dx^\mu \quad\Rightarrow\quad A_\mu \text{は共変ベクトル}$$

ここで、$\mu=0,1,2,3$ のとき、単独で A_μ と書かれたものは、$\{A_0,\ A_1,\ A_2,\ A_3\}$ の全部の組みを表していることに注意されたし。x^μ についても同様。

ここで新たな座標 $\hat{x}^{\hat{\nu}}$ を導入しよう。この座標で書かれた A の値の組みが $\hat{A}_{\hat{\nu}}$ と表されることにすると、

$$\begin{aligned}\varphi=\sum_{\hat{\nu}}\hat{A}_{\hat{\nu}}dx^{\hat{\nu}}&=\sum_\mu A_\mu dx^\mu\\&=\sum_{\hat{\nu},\mu}A_\mu\frac{\partial x^\mu}{\partial\hat{x}^{\hat{\nu}}}dx^{\hat{\nu}}\end{aligned}$$

$dx^{\hat{\nu}}$ はそれぞれ勝手な値が取れるので、外すことができて、

$$\hat{A}_{\hat{\nu}}=\sum_\mu A_\mu\frac{\partial x^\mu}{\partial\hat{x}^{\hat{\nu}}}$$

である。これは A_μ が微分 $\frac{\partial\phi}{\partial x^\mu}$ と同じ変換ルールに従うので、共に変わるという意味で“共変”である。それで、微分型式の事はいったん忘れて、共変ベクトルを再定義[5)]する。

共変ベクトル (covariant vector)

座標 x^μ で記述された数値の組み A_μ が、新しい座標 $\hat{x}^{\hat{\nu}}$ では値が $\hat{A}_{\hat{\nu}}$ になるとする。これが以下の規則に従うとき、A_μ を共変ベクトルという。

$$\hat{A}_{\hat{\nu}}=\sum_\mu A_\mu\frac{\partial x^\mu}{\partial\hat{x}^{\hat{\nu}}} \tag{6.28}$$

5) 時代という視点では退化だが、具体性を評価して欲しい。

例：スケール変換

反変・共変の最も簡単な例として、長さの単位をインチから cm に直してみよう。インチで測られた位置座標 $(x^1,\ x^2)$ を、cm で測られた座標 $(\hat{x}^{\hat{1}},\ \hat{x}^{\hat{2}})$ での値に表現し直す。

$$(\hat{x}^{\hat{1}},\ \hat{x}^{\hat{2}}) = 2.54(x^1,\ x^2)$$

反変・共変の定義（式 6.27, 6.28）より、ベクトルの成分は以下のように変換される。

$$(\hat{V}^{\hat{1}},\ \hat{V}^{\hat{2}}) = 2.54(V^1,\ V^2)$$
$$(\hat{A}_{\hat{1}},\ \hat{A}_{\hat{2}}) = \frac{1}{2.54}(A_1,\ A_2)$$

つまり反変は長さと同じに変換され、共変は微分と共に変わるのだから、共変は長さの逆数と共に変換される。

例：斜行軸

反変・共変の簡単な例として、地上で測った線路上の位置と時刻 $(x^1,\ x^2)$ を、速さ $\frac{1}{2}$ で等速直線運動をする電車での位置と時刻 $(\hat{x}^{\hat{1}},\ \hat{x}^{\hat{2}})$ に換算する変換を考えてみよう。相対性理論は考慮しない。

$$(\hat{x}^{\hat{1}},\ \hat{x}^{\hat{2}}) = (x^1 - \frac{1}{2}x^2,\ x^2)$$

反変・共変の定義（式 6.27, 6.28）より、ベクトルの成分は以下のように変換される。

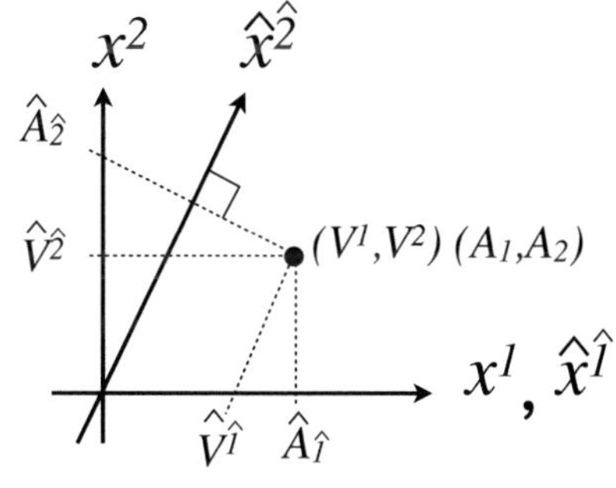

図 6.8　斜行軸

$$(\hat{V}^{\hat{1}},\ \hat{V}^{\hat{2}}) = (V^1 - \frac{1}{2}V^2,\ V^2)$$
$$(\hat{A}_{\hat{1}},\ \hat{A}_{\hat{2}}) = (A_1,\ A_2 + \frac{1}{2}A_1)$$

つまり（図 6.8）のように、反変は座標と同じように変換され、共変は新たな座標軸に垂直に示される。（図の方向は、↑未来、↓過去、→前、←背後。）

スカラー

スカラー (scalar) とは、**座標変換で値を変えない物理量**のことを云う。文脈によって微妙に意味が変わることがあるので注意。高校で習うスカラーは「向きを持たない量」。他に、「回転[6] の変換に対しして値を変えない量」「ローレンツ変換に対して値を変えない量」など、その場その場で、どういう変換の範囲を考えてスカラーと云っているのか、注意を払う必要がある。ここでは全ての座標変換に対する場合を想定する。

例えば、密度は向きの無い量なので、高校物理ではスカラーとして言及される。しかし、インチから cm への変換のように、スケールを変えると、数値が変わってしまう。ゆえに、今ここの文脈では、**密度はスカラーではない**。

スカラーの例

反変ベクトル V^μ と共変ベクトル A_μ の内積

$$\sum_\mu V^\mu A_\mu$$

は、スカラーである。

$$\because \sum_{\hat{\nu}} \hat{V}^{\hat{\nu}} \hat{A}_{\hat{\nu}} = \sum_{\mu,\hat{\nu}} (V^\mu \frac{\partial x^{\hat{\nu}}}{\partial x^\mu}) \hat{A}_{\hat{\nu}} = \sum_{\mu,\hat{\nu}} V^\mu (\frac{\partial x^{\hat{\nu}}}{\partial x^\mu} \hat{A}_{\hat{\nu}}) = \sum_\mu V^\mu A_\mu$$

[6] 一概に「回転」といっても、座標だけが回ったのか、世界の方は固定しておいて着目しているモノだけを回したのか、世界もモノも固定で観測者だけが回ったのか、意識して注意しておく必要がある。

テンソル

テンソル (tensor) とは、反変ベクトルや共変ベクトルとの内積をとることでスカラーが得られる物理量のことである。

- この意味で、反変ベクトルや共変ベクトル自体も、テンソルである。
- 定理：上付き添え字に対しては反変ベクトルと同じ変換を受け、下付き添え字に対しては共変ベクトルと同じ変換を受ける。

例：$\hat{T}^{\hat{\mu}}{}_{\hat{\nu}\hat{\rho}}$ をテンソル、$\hat{A}_{\hat{\mu}}, \hat{V}^{\hat{\nu}}, \hat{W}^{\hat{\rho}}$ を任意の共変ベクトルと反変ベクトルとして、

$$\begin{aligned}\sum_{\hat{\mu},\hat{\nu},\hat{\rho}} \hat{T}^{\hat{\mu}}{}_{\hat{\nu}\hat{\rho}} \hat{A}_{\hat{\mu}} \hat{V}^{\hat{\nu}} \hat{W}^{\hat{\rho}} &= \sum_{\alpha,\beta,\gamma} T^{\alpha}{}_{\beta\gamma} A_{\alpha} V^{\beta} W^{\gamma} \\ &= \sum_{\alpha,\beta,\gamma,\hat{\mu},\hat{\nu},\hat{\rho}} T^{\alpha}{}_{\beta\gamma} \left(\frac{\partial \hat{x}^{\hat{\mu}}}{\partial x^{\alpha}} \hat{A}_{\hat{\mu}}\right) \left(\frac{\partial x^{\beta}}{\partial \hat{x}^{\hat{\nu}}} \hat{V}^{\hat{\nu}}\right) \left(\frac{\partial x^{\gamma}}{\partial \hat{x}^{\hat{\rho}}} \hat{W}^{\hat{\rho}}\right) \\ &= \sum_{\alpha,\beta,\gamma,\hat{\mu},\hat{\nu},\hat{\rho}} \left(T^{\alpha}{}_{\beta\gamma} \frac{\partial \hat{x}^{\hat{\mu}}}{\partial x^{\alpha}} \frac{\partial x^{\beta}}{\partial \hat{x}^{\hat{\nu}}} \frac{\partial x^{\gamma}}{\partial \hat{x}^{\hat{\rho}}}\right) \hat{A}_{\hat{\mu}} \hat{V}^{\hat{\nu}} \hat{W}^{\hat{\rho}}\end{aligned}$$

ここで、$\hat{A}_{\hat{\mu}}, \hat{V}^{\hat{\nu}}, \hat{W}^{\hat{\rho}}$ はそれぞれ任意だから、両辺から外すことができて、テンソル $T^{\alpha}{}_{\beta\gamma}$ の変換則が得られる。

$$\hat{T}^{\hat{\mu}}{}_{\hat{\nu}\hat{\rho}} = \sum_{\alpha,\beta,\gamma} T^{\alpha}{}_{\beta\gamma} \frac{\partial \hat{x}^{\hat{\mu}}}{\partial x^{\alpha}} \frac{\partial x^{\beta}}{\partial \hat{x}^{\hat{\nu}}} \frac{\partial x^{\gamma}}{\partial \hat{x}^{\hat{\rho}}}$$

似非(えせ)テンソル

テンソルに似ているけれどもテンソルの変換則を満たさない量を似非テンソル (non tensor) という。たとえば、共変ベクトルの微分は似非テンソルである。

$$\begin{aligned}\frac{\partial \hat{A}_{\hat{\mu}}}{\partial \hat{x}^{\hat{\nu}}} &= \sum_{\alpha} \frac{\partial}{\partial \hat{x}^{\hat{\nu}}} \left(\frac{\partial x^{\alpha}}{\partial \hat{x}^{\hat{\mu}}} A_{\alpha}\right) \\ &= \sum_{\alpha} \frac{\partial A_{\alpha}}{\partial \hat{x}^{\hat{\nu}}} \frac{\partial x^{\alpha}}{\partial \hat{x}^{\hat{\mu}}} + \sum_{\alpha} \frac{\partial^2 x^{\alpha}}{\partial \hat{x}^{\hat{\nu}} \partial \hat{x}^{\hat{\mu}}} A_{\alpha} \\ &= \sum_{\alpha,\beta} \frac{\partial A_{\alpha}}{\partial x^{\beta}} \frac{\partial x^{\beta}}{\partial \hat{x}^{\hat{\nu}}} \frac{\partial x^{\alpha}}{\partial \hat{x}^{\hat{\mu}}} + \sum_{\alpha} \frac{\partial^2 x^{\alpha}}{\partial \hat{x}^{\hat{\nu}} \partial \hat{x}^{\hat{\mu}}} A_{\alpha}\end{aligned}$$

テンソルの例

例えば3次元で、応力 σ^{ij} はテンソル。応力とは、ゴムや土砂等の物体内部で押しあったり引きあったりズレたりする力のことである。仮想的な切断面を考えて、その表面が裏から表へ及す力を与える。つまり、圧力の応力はプラス[7)]。微小な仮想切断面の面積ベクトルを dS_j とすると、その表面が及ぼす力は、

$$\sum_{j=1}^{3} \sigma^{ij} dS_j$$

で与えられる。

なお、面積ベクトルが共変ベクトルなのは、（式6.14）にあるように、2点の差を表す2つの反変ベクトル du^j, dv^k に対して、ベクトル積を行うために、完全反対称テンソル ϵ_{ijk}（後述）を掛けてあるため。

$$dS_i = \sum_{j,k} \epsilon_{ijk}\ du^j\ dv^k$$

ϵ_{ijk} はいわばエディントンのイプシロン（式5.17）のテンソル版。

7)応力の正負は分野によって決め方が異なるので注意。工学分野では、圧力をマイナス応力として扱うことが多いらしい。物理学では多くの場合、圧力で応力はプラス。

計量テンソル

計量テンソル (metric tensor) g_{ij} は近接する 2 点間の距離を与えるテンソル。基本テンソルとも言う。2 点間の微小な位置の差を dx^i（※ 1-form ではない)、距離を $\acute{d}s$ とする[8]と、g_{ij} は以下のように用いられる。

$$\acute{d}s^2 = \sum_{i,j} g_{ij}\ dx^i\ dx^j$$

dx^i は反変ベクトルと同じ変換に従い、距離 $\acute{d}s$ はスカラーだから、g_{ij} はテンソルである。また、$dx^j\ dx^i = dx^i\ dx^j$ だから、g_{ij} の反対称成分 $g_{ij} - g_{ji}$ が担う役割は無い。故にほとんどの理論においては、反対称成分はゼロとして扱われる。

$$g_{ji} = g_{ij}$$

例として、g_{ij} の成分を縦横一覧として行列表示する[9]と、3 次元で普通の直交座標では、以下のようになる。

$$(g_{ij}) = \begin{pmatrix} 1 & 0 & 0 \\ 0 & 1 & 0 \\ 0 & 0 & 1 \end{pmatrix}$$

次の例として、座標を変えて、地球を完全な球として扱い、地球中心からの距離を x^1、緯度を $x^2 \times \frac{360^\circ}{2\pi}$（北緯をプラス、南緯をマイナス)、経度を $x^3 \times \frac{360^\circ}{2\pi}$（東経をプラス、西経をマイナス）とするならば、以下のように表される。

$$(g_{ij}) = \begin{pmatrix} 1 & 0 & 0 \\ 0 & (x^1)^2 & 0 \\ 0 & 0 & (x^1\ \cos x^3)^2 \end{pmatrix}$$

中心からの距離を地表面に固定して考えれば、地図（球面）上の距離を緯度経度から計算する式になる。

相対性理論では、さらに時間の方向も距離に加えて、4 次元の計量テンソルを考え、これが重力場のポテンシャルを兼ねることになる。

---

8) “s の微分” ではない。微分の d と紛らわしいので、d の上にゴマを振った。ほとんどの文献ではただの d として書かれる。

9) 行列を知らない場合は巻末（§A.6）参照。また、ウェブ上にも親切な解説が多数見つかる。

計量テンソルの逆行列を上付き添え字の g^{ij} で表わす。さらにクロネッカーデルタを添え字上下混合で g^i_j で表わす。

定義：計量テンソルの逆行列

$$g^{ik},\ g^i_j:\quad \sum_k g^{ik} g_{kj} = g^i_j = \begin{cases} 1 & (i = j) \\ 0 & (i \neq j) \end{cases} \tag{6.29}$$

- 計量テンソルは対称 $g_{ji} = g_{ij}$ なので、その逆行列も対称 $g^{ji} = g^{ij}$ である。
- クロネッカーデルタ g^i_j はテンソルである。

$$\because \sum_{i,j} g^i_j \frac{\partial \hat{x}^{\hat{l}}}{\partial x^i} \frac{\partial x^j}{\partial \hat{x}^{\hat{m}}} = \sum_i \frac{\partial \hat{x}^{\hat{l}}}{\partial x^i} \frac{\partial x^i}{\partial \hat{x}^{\hat{m}}} = \frac{\partial \hat{x}^{\hat{l}}}{\partial \hat{x}^{\hat{m}}} = \hat{g}^{\hat{l}}_{\hat{m}}$$

- 計量の逆行列 g^{ij} もテンソルである。

なぜなら、

$$\begin{aligned}
\sum_{i,j,\hat{m}} \left(g^{ij} \frac{\partial \hat{x}^{\hat{l}}}{\partial x^i} \frac{\partial \hat{x}^{\hat{m}}}{\partial x^j} \right) \hat{g}_{\hat{m}\hat{n}} &= \sum_{i,j,\hat{m}} g^{ij} \frac{\partial \hat{x}^{\hat{l}}}{\partial x^i} \left(\frac{\partial \hat{x}^{\hat{m}}}{\partial x^j} \hat{g}_{\hat{m}\hat{n}} \right) \\
&= \sum_{i,j,k} g^{ij} \frac{\partial \hat{x}^{\hat{l}}}{\partial x^i} \left(g_{jk} \frac{\partial x^k}{\partial \hat{x}^{\hat{n}}} \right) \\
&= \sum_{i,k} g^i_k \frac{\partial \hat{x}^{\hat{l}}}{\partial x^i} \frac{\partial x^k}{\partial \hat{x}^{\hat{n}}} = \sum_i \frac{\partial \hat{x}^{\hat{l}}}{\partial x^i} \frac{\partial x^i}{\partial \hat{x}^{\hat{n}}} = \frac{\partial \hat{x}^{\hat{l}}}{\partial \hat{x}^{\hat{n}}} = \hat{g}^{\hat{l}}_{\hat{n}}
\end{aligned}$$

よって逆行列の関係が示されたから、

$$\sum_{i,j} g^{ij} \frac{\partial \hat{x}^{\hat{l}}}{\partial x^i} \frac{\partial \hat{x}^{\hat{m}}}{\partial x^j} = \hat{g}^{\hat{l}\hat{m}}$$

であり、g^{ij} がテンソルであることが示された。

計量テンソルを最も基本的なテンソルであると考えるならば、これとの内積をとることで、反変を共変に、共変を反変に、取り替えることができる。

基本密度

例えば 3 次元空間で微分型式の 3-form: $\rho\ dx^1 \wedge dx^2 \wedge dx^3$ を考えてみる。$dx^1 \wedge dx^2 \wedge dx^3$ は体積要素だから、ρ は密度だといえる。例えば長さのスケールをインチから cm に変えたとすると、各 dx は 2.54 倍になるから、新しい ρ の値は、$\hat{\rho} = \frac{1}{2.54^3}\rho$ である。これを一般の座標変換についてはどうなるか求めてみよう。3-form 自体はスカラーだから、

$$\begin{aligned}\hat{\rho}\ d\hat{x}^{\hat{1}} \wedge d\hat{x}^{\hat{2}} \wedge d\hat{x}^{\hat{3}} &= \rho\ dx^1 \wedge dx^2 \wedge dx^3 \\ &= \sum_{i,j,k} \rho\ \frac{\partial x^1}{\partial \hat{x}^{\hat{i}}} d\hat{x}^{\hat{i}} \wedge\ \frac{\partial x^2}{\partial \hat{x}^{\hat{j}}} d\hat{x}^{\hat{j}} \wedge\ \frac{\partial x^3}{\partial \hat{x}^{\hat{k}}} d\hat{x}^{\hat{k}} \\ &= \sum_{i,j,k} \rho \frac{\partial x^1}{\partial \hat{x}^{\hat{i}}} \frac{\partial x^2}{\partial \hat{x}^{\hat{j}}} \frac{\partial x^3}{\partial \hat{x}^{\hat{k}}}\ d\hat{x}^{\hat{i}} \wedge\ d\hat{x}^{\hat{j}} \wedge\ d\hat{x}^{\hat{k}} \\ &= \sum_{i,j,k} \rho \frac{\partial x^1}{\partial \hat{x}^{\hat{i}}} \frac{\partial x^2}{\partial \hat{x}^{\hat{j}}} \frac{\partial x^3}{\partial \hat{x}^{\hat{k}}}\ sgn \begin{pmatrix} \hat{i} & \hat{j} & \hat{k} \\ 1 & 2 & 3 \end{pmatrix} d\hat{x}^{\hat{1}} \wedge\ d\hat{x}^{\hat{2}} \wedge\ d\hat{x}^{\hat{3}} \\ &= \rho\ \det(\ \frac{\partial x^i}{\partial \hat{x}^{\hat{j}}}\ ) d\hat{x}^{\hat{1}} \wedge d\hat{x}^{\hat{2}} \wedge d\hat{x}^{\hat{3}}\end{aligned}$$

置換における符号関数 sgn については、巻末（§A.8）を参照のこと。det( ) は行列式（§A.9）。det($J^i{}_{\hat{j}}$) と書いた場合、$J^i{}_{\hat{j}}$ を縦横に並べて行列（§A.6）とし、その行列の行列式である。このときの添え字 $i, \hat{j}$ は、ダミーとして扱う。以上の計算は次元数が 4 以上に増えても同様に成立する。

密度の変換則

座標 x^i での値が ρ である密度が、座標 $\hat{x}^{\hat{j}}$ での値が $\hat{\rho}$ になるとするとき、以下が成立する。

$$\hat{\rho} = \rho\ \det(\ \frac{\partial x^i}{\partial \hat{x}^{\hat{j}}}\ ) \tag{6.30}$$

さて、座標を自由に取り換えられるのは良いが、例えば座標として角度を採用した場合、密度には既に長さが掛けられていることになり、その意味がつかみづらくなる。そこで、見慣れた直交座標で値が 1 になるような、基本的な密度が欲しいところである。そのために、2 点間の距離を与えている計量テンソル g_{ij} を用いて基準となる密度を算出してみよう。計量テンソル g_{ij} は、座標

変換に対して、共変ベクトルを 2 つ掛けた分の変換をするから、g_{ij} の行列式の平方根は座標変換に対して密度として振る舞うであろう。

$$\begin{aligned}\det(\hat{g}_{\hat{l}\hat{m}}) &= \det(\sum_{ij} \frac{\partial x^i}{\partial \hat{x}^{\hat{l}}} g_{ij} \frac{\partial x^j}{\partial \hat{x}^{\hat{m}}}) \\ &= \det(\frac{\partial x^i}{\partial \hat{x}^{\hat{l}}}) \det(g_{ij}) \det(\frac{\partial x^j}{\partial \hat{x}^{\hat{m}}})\end{aligned}$$

平方根をとる前に、絶対値をとらなければならないのだけれども、ここで符号の問題が生じる。密度の変換則を適用した場合、プラスの値を持つ密度が、鏡に映した世界では、前後が反転するためにマイナスになってしまう。それも含めて基本的な密度は対処できる必要がある。そこで符号 s_c を用意しよう。基準となる素朴な座標系に対して、使用中の座標の中に鏡に映すような反転の変換が含まれているとき、$s_c = -1$ として符号を調節しよう[10)]。

基本密度

符号を定めるため、X^i を基本となる最も素朴な意味での座標系とする。座標 x^i での基本密度を、ディラックの記法に従い $\sqrt{\ }$ とする。g_{ij} は計量。

$$s_c = \begin{cases} 1 & (\ \det(\frac{\partial X^i}{\partial x^j}) > 0\ ) \\ 0 & (\ \det(\frac{\partial X^i}{\partial x^j}) = 0\ ) \\ -1 & (\ \det(\frac{\partial X^i}{\partial x^j}) < 0) \end{cases} \tag{6.31}$$

$$\sqrt{\ } = s_c \sqrt{|\det(\ g_{ij}\ )|} \tag{6.32}$$

これで定義された $\sqrt{\ }$ は符号も含めて密度の変換則に従う。以下が言える。

- $\frac{\rho}{\sqrt{\ }}$ は、スカラーとなる。
- n 次元で $\sqrt{\ }\ dx^1 \wedge dx^2 \wedge\ ..\ \wedge dx^n$ は体積要素を表すだろう。

以上までは 3 次元で例示したが、同様な内容が 4 次元以上でも扱える。

---

10) これは本書でのローカルルールです。

完全反対称テンソル

下付き添え字が次元の数だけあって、どの添え字に対しても隣り合う添え字を取り替えると、もとの値に-1を掛けた値になるテンソルを完全反対称テンソルという。簡単のため、例として3次元の場合を見て見よう。これは同じ方針・手法で、4次元以上にも対応できる。

定義：完全反対称テンソル（3次元）

$$\epsilon_{ijk} = \sqrt{\ }\ sgn\begin{pmatrix} 1 & 2 & 3 \\ i & j & k \end{pmatrix} \tag{6.33}$$

3次元の場合は、いわゆるエディントンのイプシロンである。これがテンソルになっていることを確認しよう。

$$\begin{aligned}
\sum_{i,j,k} \epsilon_{ijk} \frac{\partial x^i}{\partial \hat{x}^{\hat{l}}} \frac{\partial x^j}{\partial \hat{x}^{\hat{m}}} \frac{\partial x^k}{\partial \hat{x}^{\hat{n}}} &= \sum_{i,j,k} \epsilon_{ijk} \frac{\partial x^i}{\partial \hat{x}^{\hat{1}}} \frac{\partial x^j}{\partial \hat{x}^{\hat{2}}} \frac{\partial x^k}{\partial \hat{x}^{\hat{3}}} sgn\begin{pmatrix} 1 & 2 & 3 \\ \hat{l} & \hat{m} & \hat{n} \end{pmatrix} \\
&= \sum_{i,j,k} \sqrt{\ }\ sgn\begin{pmatrix} 1 & 2 & 3 \\ i & j & k \end{pmatrix} \frac{\partial x^i}{\partial \hat{x}^{\hat{1}}} \frac{\partial x^j}{\partial \hat{x}^{\hat{2}}} \frac{\partial x^k}{\partial \hat{x}^{\hat{3}}} sgn\begin{pmatrix} 1 & 2 & 3 \\ \hat{l} & \hat{m} & \hat{n} \end{pmatrix} \\
&= \sqrt{\ } \det\left(\frac{\partial x^i}{\partial \hat{x}^{\hat{j}}}\right) sgn\begin{pmatrix} 1 & 2 & 3 \\ \hat{l} & \hat{m} & \hat{n} \end{pmatrix} \\
&= \hat{\sqrt{\ }}\ sgn\begin{pmatrix} 1 & 2 & 3 \\ \hat{l} & \hat{m} & \hat{n} \end{pmatrix} \\
&= \hat{\epsilon}_{\hat{l}\hat{m}\hat{n}}
\end{aligned}$$

ゆえに、ϵ_{ijk} がテンソルであることが示された。

この完全反対称テンソルが、電磁場を記述するために必要となる。すなわち真空中の関係式 $\vec{D} = \epsilon_0 \vec{E},\ B = \mu_0 \vec{H}$ を記述するために必要となる。電磁場を微分型式（式 6.21, 6.22, 6.26）に書いた際に、位置座標に時間も混ぜてしまうと、簡潔な形に表されることが示された。つまり時間も空間座標と対等に扱うと、表現がスッキリする。そこで時間を第0番目の成分とする。4番目にしないのは時間が特別だから。古い文献などでは、4番目にしているものも多く存在する。整数の組み $\{0,1,2,3\}$ を表すときに、ギリシャ文字がよく使われる。それで、完全反対称テンソルに関する公式をいくつか用意しておこう。

計算を始める前に計量テンソルの行列式の符号 s_g を定義しておこう[11)]。

計量テンソルの符号

$$s_g = \begin{cases} 1 & (\ \det(g_{\mu\nu}) > 0\ ) \\ 0 & (\ \det(g_{\mu\nu}) = 0\ ) \\ -1 & (\ \det(g_{\mu\nu}) < 0\ ) \end{cases} \tag{6.34}$$

まずは全部上付き添え字から。和のΣ記号は省略する。一つの項の中に上下同じ文字の添え字があれば、和を取ることにする。

$$\begin{aligned} \epsilon^{\mu\nu\rho\sigma} &= \epsilon_{\alpha\beta\gamma\delta} g^{\alpha\mu} g^{\beta\nu} g^{\gamma\rho} g^{\delta\sigma} \\ &= \epsilon_{\alpha\beta\gamma\delta} g^{\alpha 0} g^{\beta 1} g^{\gamma 2} g^{\delta 3} sgn\begin{pmatrix} \mu & \nu & \rho & \sigma \\ 0 & 1 & 2 & 3 \end{pmatrix} \\ &= \sqrt{\ \det(\ g^{\alpha\beta}\ )} sgn\begin{pmatrix} \mu & \nu & \rho & \sigma \\ 0 & 1 & 2 & 3 \end{pmatrix} \\ &= \sqrt{\ /\det(\ g_{\alpha\beta}\ )} sgn\begin{pmatrix} \mu & \nu & \rho & \sigma \\ 0 & 1 & 2 & 3 \end{pmatrix} \\ &= \frac{s_g}{\sqrt{\ }} sgn\begin{pmatrix} \mu & \nu & \rho & \sigma \\ 0 & 1 & 2 & 3 \end{pmatrix} \end{aligned} \tag{6.35}$$

以下は、計算で時々使う定理。証明は上記の $\epsilon^{\mu\nu\rho\sigma}$ を参照して添え字に数字を全部入れてみれば確認できる。

完全反対称テンソル（4 次元）の公式

※ 一つの項の中に上下同じ文字の添え字があれば、和を取る。

$$\frac{1}{6}\ \epsilon^{\mu\nu\rho\sigma}\epsilon_{\alpha\nu\rho\sigma} = s_g\ g^{\mu}_{\alpha} \tag{6.36}$$

$$\frac{1}{2}\ \epsilon^{\mu\nu\rho\sigma}\epsilon_{\alpha\beta\rho\sigma} = s_g\ (g^{\mu}_{\alpha} g^{\nu}_{\beta} - g^{\mu}_{\beta} g^{\nu}_{\alpha}) \tag{6.37}$$

$$\epsilon^{\mu\nu\rho\sigma}\epsilon_{\alpha\beta\gamma\sigma} = s_g\ sgn\begin{pmatrix} \mu & \nu & \rho \\ \alpha & \beta & \gamma \end{pmatrix} \tag{6.38}$$

[11)] s_g もこの本のローカルルール。時空で 4 次元の場合、普通は $s_g = -1$ で固定。

テンソル算の極意

テンソルを使った計算のコツを紹介する。これは単なる一例にすぎないので、各自独自に工夫して欲しい。

アインシュタインの記法 (Einstein notation)

式の同じ項の中で、同じ文字の添え字が 2 度現れたとき、その添え字の範囲にわたって和をとる。たとえば $\mu = 0,1,2,3$ ならば、

$$A_\mu V^\mu = \sum_{\mu=0}^{3} A_\mu V^\mu$$

つまり、Σ記号が省略されているものと心得る。

必ず上付き（反変）と下付き（共変）がペアになる。上上、下下だったり、3つ以上同じ記号の添え字が現れた場合は、何か特別なことをやっているときか、あるいは単なる書き間違いであろう。

- マーカーペンを 4 色以上用意して、上下の添え字の組みに同じ色を塗っておくと、見やすくなるのでオススメである。
- 読むときに頭の中で添え字ごとに音を割り当てておくのもよい。楽器はお好みで。ドレミ…で、文字 7 種類までは対応できる。下付き添え字に対して上付き添え字を 1 オクターブあげておく。テンソルが奏でる音を楽しんでもらいたい。
- ペアがあっても事情に因り和をとらない場合、添え字の上に○を書き添えておくとよいだろう[12)]。例：$A_\mu V^{\mathring{\mu}} \neq A_\mu V^\mu$

12) 輪と和のダジャレ。

単に V^μ と書いてあったら、

$\mu=0,1,2,3$ であるとき、
単に V^μ と書いてあったら、全部の組みを一覧したものと心得る。

$$\{\, V^0,\, V^1,\, V^2,\, V^3 \,\}$$

ギリシャ文字とローマ字

添え字について、慣例により、
ギリシャ文字は 0,1,2,3 に、ローマ字は 1,2,3 に、割り当てる。

$$\begin{aligned} V^\mu &\to \{\, V^0,\, V^1,\, V^2,\, V^3 \,\} \\ V^i &\to \qquad \{\, V^1,\, V^2,\, V^3 \,\} \end{aligned}$$

※逆だったり、そうはしない本や文献もあるので文脈に注意。

ダミー添え字は積極的に置き換える

和の中で使われている添え字は単なる目印に過ぎないのでダミーである。
どことどこが繋がっているのかに意味がある。
必要に応じて文字を取り替えよう。

$$T_{\mu\nu}U^\mu V^\nu = T_{\nu\alpha}U^\nu V^\alpha$$

但し、ダミーではない添え字とぶつからないよう注意。

対称性を活用しよう

たとえば、$F_{\nu\mu}=-F_{\mu\nu}$ なら、

$$F_{\mu\nu}T^{\nu\mu} = -F_{\mu\nu}T^{\mu\nu} = \frac{1}{2}F_{\mu\nu}(T^{\nu\mu}-T^{\mu\nu})$$

たとえば、$\epsilon_{\mu\nu\rho\sigma}$ が4次元の完全反対称テンソルなら、

$$\epsilon_{\mu\nu\rho\sigma}T^{\mu\nu\rho} = \frac{1}{6}\epsilon_{\mu\nu\rho\sigma}(T^{\mu\nu\rho}+T^{\nu\rho\mu}+T^{\rho\mu\nu}-T^{\mu\rho\nu}-T^{\nu\mu\rho}-T^{\rho\nu\mu})$$

電磁場をテンソルで書く

長々とお待たせしました！！　いよいよ本題です。微分形式で書かれた方程式（式 6.21, 6.22, 6.26）をテンソルの言葉に翻訳してみよう。

微分型式で書かれた式の中で時間座標が空間座標と対等になっていることに着目。時間も含めた 4 次元の空間を考えてみる。まずは計量テンソルを決める必要がある。座標を以下のように設定しよう。

$$(x^0,\ x^1,\ x^2,\ x^3) = (t,\ x,\ y,\ z) \tag{6.39}$$

空間 $x-y-z$ に特別な方向もなく、三平方の定理が成り立っているから、

$$g_{11} = g_{22} = g_{33}\ ,\ g_{23} = g_{31} = g_{12} = 0$$

同じ座標値で時間の経過と共に特定の方向へ長さが伸びて行くこともないから、

$$g_{01} = g_{02} = g_{03} = 0$$

よって、$g_{\mu\nu}$ は対角成分のみとなる。そこで、

$$g_{11} = g_{22} = g_{33} = a\ ,\ g_{00} = ab\ ,\ \text{他はゼロ}$$

と、置いて見よう。逆行列は、以下のようになる。

$$g^{11} = g^{22} = g^{33} = \frac{1}{a}\ ,\ g^{00} = \frac{1}{ab}\ ,\ \text{他はゼロ}$$

$\det(\ g_{\mu\nu}\ ) = a^4 b$ だから、完全反対称テンソルは、以下のようになる。

$$\epsilon_{0123} = a^2\sqrt{|b|}$$

微分形式で書かれたマクスウェルの方程式（式 6.21, 6.22）より、

$$\vec{B}\cdot d\acute{\vec{S}} + \vec{E}\cdot d\vec{r}\wedge dt = \frac{1}{2}F_{\mu\nu}dx^\mu \wedge dx^\nu\ ;\ F_{\mu\nu} + F_{\nu\mu} = 0$$

$$\vec{D}\cdot d\acute{\vec{S}} - \vec{H}\cdot d\vec{r}\wedge dt = \frac{1}{2}H_{\mu\nu}dx^\mu \wedge dx^\nu\ ;\ H_{\mu\nu} + H_{\nu\mu} = 0$$

と、置くと[13]、成分の対応は、以下のようになる。

---

[13] Σ記号が省略されていることに注意。上下で同じ文字の添え字が現れたら和をとる。この場合は、ギリシャ文字につき 0 から 3 まで足しあげる。

電磁場の四元化

$(t,x,y,z)=(x^0,x^1,x^2,x^3)$ である座標にて、

$$\vec{B}=(F_{23},F_{31},F_{12}) \tag{6.40}$$

$$\vec{E}=(F_{10},F_{20},F_{30}) \tag{6.41}$$

$$\vec{D}=(H_{23},H_{31},H_{12}) \tag{6.42}$$

$$\vec{H}=(H_{01},H_{02},H_{03}) \tag{6.43}$$

大まかな見通しとして、$\vec{D}$ と $\vec{E}$、$\vec{B}$ と $\vec{H}$ が仮に等しいとすると、F と H の関係は、4 次元の完全反対称テンソルを掛けた並べ替えのように見える。そこで、H に完全反対称テンソルを掛けてみよう。まずは ${\epsilon_{\mu\nu}}^{\rho\sigma}$ を定義する。

$${\epsilon_{\mu\nu}}^{\rho\sigma}:=\epsilon_{\mu\nu\alpha\beta}g^{\alpha\rho}g^{\beta\sigma}$$

次に、真空を仮定して、$\vec{D}=\epsilon_0\vec{E},\ \vec{B}=\mu_0\vec{H}$ の関係式を適用。電場は、

$$\frac{1}{2}{\epsilon_{01}}^{\rho\sigma}H_{\rho\sigma}={\epsilon_{01}}^{23}H_{23}=\sqrt{|b|}D_x\ =\sqrt{|b|}\epsilon_0E_x=-\sqrt{|b|}\epsilon_0F_{01}$$

$02,03$ 成分についても同様。続いて磁場は、

$$\frac{1}{2}{\epsilon_{23}}^{\rho\sigma}H_{\rho\sigma}={\epsilon_{23}}^{01}H_{01}=\frac{\sqrt{|b|}}{b}H_x\ =\frac{\sqrt{|b|}}{b}\frac{1}{\mu_0}B_x=\frac{\sqrt{|b|}}{b}\frac{1}{\mu_0}F_{23}$$

$31,12$ 成分についても同様。

F と H **の関係がテンソル算で与えられ、計量と完全反対称テンソルと比例定数のみで与えられる**と仮定すると、比例定数は等しくならなければいけない。

$$-\sqrt{|b|}\epsilon_0=\frac{\sqrt{|b|}}{b\ \mu_0}$$

ゆえに b の値が求まる。定数 ϵ_0,μ_0 を以下のように置き直し、

$$c:=\frac{1}{\sqrt{\epsilon_0\mu_0}}\ \text{(真空中の光の速さ)} \tag{6.44}$$

$$Z_0:=\sqrt{\frac{\mu_0}{\epsilon_0}}\ \text{(真空の特性インピーダンス)} \tag{6.45}$$

b と比例定数は以下のように与えられる。

$$b = -c^2$$
$$-\sqrt{|b|}\epsilon_0 = \frac{\sqrt{|b|}}{b\ \mu_0} = -\frac{1}{Z_0}$$

F と H の関係は計量と完全反対称テンソルを用いて以下のようにまとまる。

$\vec{D} = \epsilon_0 \vec{E},\ \vec{B} = \mu_0 \vec{H}$ より：その 1

$$\frac{1}{2}\epsilon_{\mu\nu}{}^{\rho\sigma} H_{\rho\sigma} = -\frac{1}{Z_0} F_{\mu\nu} \tag{6.46}$$

b が求まったから、計量は、以下のようになる。

$\vec{D} = \epsilon_0 \vec{E},\ \vec{B} = \mu_0 \vec{H}$ より：その 2

$$\acute{d}s^2 = g_{\mu\nu} dx^\mu dx^\nu = a(-c^2 dt^2 + dx^2 + dy^2 + dz^2) \tag{6.47}$$

つまり、**真空中の電磁気学の関係式 $\vec{D} = \epsilon_0 \vec{E},\ \vec{B} = \mu_0 \vec{H}$ は、我々の住む世界の時空の構造を決めていた**のである。そもそもを辿ればこれらは、クーロン力とローレンツ力の式（式 5.2, 式 5.9, 式 5.21）に起源を求めることができる。目ぼしい実験事実はそれらだけで、考えだけでここまで辿り着いたのである。言い換えれば、大変なことが素朴な数式の中に隠れていたのである。

ここで、電磁気学から a の値を決定することはできない。この a は**共形因子** (conformal factor) と呼ばれている。もちろん定数である必要はない。共形因子の値を変えても小さな図形の長さや時間の間の比は変わらないから、図形の角度や形が変わらない。だから「共形」。物理的には（式 4.7）と照らし合わせるならば、a は質量に関係する量であることが示唆される。

もしも $\acute{d}s$ が距離に修正を加えたものだと考えるならば、$a = 1$ を選択するのがよいだろう。あるいはもしも $\acute{d}s$ が時間に修正を加えたものだと考えるならば、$a = -\frac{1}{c^2}$ を選択するのもよいだろう。特にこれは物体の運動を表わす作用（式 4.7）との相性が良い。間をとって、$a = -1$ というのはどうだろうか？インクの消費量が最も少ないという意味では最適化された書きかたである。

さて、テンソルで書かれているということは、自由に座標を取り換えてもよいことになる。任意の新しい座標で、電磁場の成分を（式 6.40〜6.43）に照らして、真空中での関係式 $\vec{D} = \epsilon_0 \vec{E},\ \vec{B} = \mu_0 \vec{H}$ は維持されているだろうか？ 一般にはノーである。（式 6.46）によれば、座標変換されたあとの値は必ずしも $\vec{D} = \epsilon_0 \vec{E},\ \vec{B} = \mu_0 \vec{H}$ の形を維持するとは限らない。しかし、計量テンソルが新しい座標でも（式 6.47）を維持している限り、$\epsilon_{\mu\nu}{}^{\rho\sigma}$ の各成分の値が変わらないので、それは成り立っていることがわかる。共形因子は相殺されるので変わってもかまわない。すなわち、共形因子の変更を許して、計量テンソルの値が（式 6.47）のまま維持される座標変換が、真空中の関係式 $\vec{D} = \epsilon_0 \vec{E},\ \vec{B} = \mu_0 \vec{H}$ を維持する座標変換である。つまり、この座標変換で移り変われる範囲の座標では、テンソルや微分型式を導入する以前の形でのマクスウェル方程式が維持されていることになる。

ところで、真空中ではない場合には $\vec{D} = \epsilon_0 \vec{E},\ B = \mu_0 \vec{H}$ は成立しなくなるが、（式 6.46, 6.47）はどうなるのだろうか？ 誘電体や磁性体の内部では（式 6.46）は物質に固有な性質を反映させるべく変更を免れないだろう。Z_0 は電気抵抗の次元を有した量であり、電荷や磁荷と密接な関係があることを示唆しているからだ。計量はどうなるのだろうか？ c を“物質中の光の速さ”に変更するのだろうか？ もし仮に変更を加えるとしたら、空間を満たしている物質の速度も変数に入れなければならなくなるから、そんなに簡単には済まされない。あるいは時刻を位置座標と対等に扱うという前提が崩れるか。結局のところ、計量の中に電荷や磁荷に直接関係した量が含まれておらず、「おそらくは」そのままだろう。それを積極的に否定する理由もとくには見当たらない。ただし、これはあくまでも「おそらく」のレベルに過ぎない。一般相対性理論において、計量テンソルは重力ポテンシャルとしての役割を担うので、**物質の存在と計量テンソルとの関わりが質量の存在以外にもあるかどうかは、十分慎重に吟味すべき課題**ではある。

ここで、電荷密度、電流、磁荷密度、磁流を以下のようにして四元ベクトルに対応させる。

電荷密度・電流・磁荷密度・磁流の四元化

$(x^0, x^1, x^2, x^3) = (t, x, y, z)$ である座標にて、

$$J_e{}^0 := \rho_e \,/\sqrt{\ } \tag{6.48}$$

$$(J_e{}^1,\ J_e{}^2,\ J_e{}^3) := \vec{j}_e \,/\sqrt{\ } \tag{6.49}$$

$$J_m{}^0 := \rho_m \,/\sqrt{\ } \tag{6.50}$$

$$(J_m{}^1,\ J_m{}^2,\ J_m{}^3) := \vec{j}_m \,/\sqrt{\ } \tag{6.51}$$

するとこれらは完全反対称テンソル ϵ を用いて以下のようにまとめられる。

$$\rho_e\ \acute{d}V - \vec{j}_e \cdot \acute{d}\vec{S} \wedge dt = \frac{1}{6} J_e{}^\alpha\ \epsilon_{\alpha\mu\nu\rho} dx^\mu \wedge dx^\nu \wedge dx^\rho \tag{6.52}$$

$$\rho_m\ \acute{d}V - \vec{j}_m \cdot \acute{d}\vec{S} \wedge dt = \frac{1}{6} J_m{}^\alpha\ \epsilon_{\alpha\mu\nu\rho} dx^\mu \wedge dx^\nu \wedge dx^\rho \tag{6.53}$$

6 で割ってあるのは、和の中で同じ項が 6 つづつ重複して現れるから。

さて、いよいよマクスウェルの方程式を微分型式からテンソルの言葉に翻訳してみよう。その前に微分の記号を簡略化する。偏微分をカンマ “,” で表わす。

カンマで偏微分

$$F_{\mu\nu,\rho} := \frac{\partial F_{\mu\nu}}{\partial x^\rho} \tag{6.54}$$

微分を実行。

$$\begin{aligned} d(\vec{D} \cdot \acute{d}\vec{S} - \vec{H} \cdot \vec{r} \wedge dt) &= d(\frac{1}{2} H_{\mu\nu} dx^\mu \wedge dx^\nu) \\ &= \frac{1}{2} H_{\mu\nu,\rho} dx^\rho \wedge dx^\mu \wedge dx^\nu \\ &= \frac{1}{2} H_{\mu\nu,\rho} dx^\mu \wedge dx^\nu \wedge dx^\rho \end{aligned}$$

よって、（式 6.21, 6.52）より、

$$3H_{\mu\nu,\rho}dx^\mu \wedge dx^\nu \wedge dx^\rho = J_e{}^\alpha\ \epsilon_{\alpha\mu\nu\rho}dx^\mu \wedge dx^\nu \wedge dx^\rho$$

両辺から $dx^\mu \wedge dx^\nu \wedge dx^\rho$ を外したいところだが、微分型式には反対称性がある。

$$\begin{aligned} dx^\nu \wedge dx^\mu \wedge dx^\rho &= -dx^\mu \wedge dx^\nu \wedge dx^\rho \\ dx^\mu \wedge dx^\rho \wedge dx^\nu &= -dx^\mu \wedge dx^\nu \wedge dx^\rho \end{aligned}$$

そのため、外す際には係数にも反対称性が求められる[14)]。

$$H_{[\mu\nu,\rho]} := \frac{1}{3}(H_{\mu\nu,\rho} + H_{\nu\rho,\mu} + H_{\rho\mu,\nu})$$

と置くと、$H_{[\mu\nu,\rho]}$ は隣り合う添え字の入れ替えに対して反対称。よって、左辺の $H_{\mu\nu,\rho}$ を $H_{[\mu\nu,\rho]}$ で置き換えて、$dx^\mu \wedge dx^\nu \wedge dx^\rho$ を外すことができる。

$$H_{\mu\nu,\rho} + H_{\nu\rho,\mu} + H_{\rho\mu,\nu} = J_e{}^\alpha\ \epsilon_{\alpha\mu\nu\rho}$$

もう一方の式（式 6.22）についても同様の手順でテンソルに翻訳できる。以上より、テンソルで書かれたマクスウェルの方程式が得られた。

マクスウェルの方程式（テンソル）

$$H_{\mu\nu,\rho} + H_{\nu\rho,\mu} + H_{\rho\mu,\nu} = J_e{}^\alpha\ \epsilon_{\alpha\mu\nu\rho} \quad (6.55)$$

$$F_{\mu\nu,\rho} + F_{\nu\rho,\mu} + F_{\rho\mu,\nu} = J_m{}^\alpha\ \epsilon_{\alpha\mu\nu\rho} \quad (6.56)$$

F と H の意味付けとして、もしも $\vec{E}$, $\vec{H}$, $\vec{D}$, $\vec{B}$ との対応（式 6.40〜6.43）に頼らないならば、電荷 q_e、磁荷 q_m の粒子が受ける力（式 5.29）の i 番目の成分が、以下のようになっていることに依拠できる。

$$f_i = (q_e F_{i\mu} - q_m H_{i\mu})\frac{dx^\mu}{dx^0} \quad (6.57)$$

---

14) この意味がよくわからない場合は、具体的に添え字に数字を入れて、たし算を書き下してみるとよい。

ここでは導出に微分型式を利用したが、（式 6.55, 6.56）を導出するためには、かならずしも微分型式を利用する必要はない。要は、マクスウェルの方程式の微分形（式 6.6, 6.7, 6.11, 6.12）に（式 6.40）〜（式 6.43）、（式 6.48）〜（式 6.51）を適用して並べればできるものである。

（式 6.55, 6.56）は反対称な添え字が 3 つあり、冗長にも見える。そこで上付き添え字の完全反対称テンソルを用いて、添え字の数を見かけ上、減らすことができる。両辺に $-\frac{1}{6}\epsilon^{\sigma\mu\nu\rho}\sqrt{\ }$ を掛けて、（式 6.36）を適用、

$$(-\frac{1}{2}H_{\mu\nu}\ \epsilon^{\mu\nu\sigma\rho}\sqrt{\ })_{,\rho} = J_e{}^{\sigma}\sqrt{\ } \tag{6.58}$$

$$(-\frac{1}{2}F_{\mu\nu}\ \epsilon^{\mu\nu\sigma\rho}\sqrt{\ })_{,\rho} = J_m{}^{\sigma}\sqrt{\ } \tag{6.59}$$

（式 6.35）によれば、$\epsilon^{\sigma\mu\nu\rho}\sqrt{\ }$ の値は $-1, 0, 1$ のいずれかのみなので、定数として微分の中に入れた。また、$\det(g_{\mu\nu}) = -c^2a^4 < 0$ であることも使った。

ところで、真空中の関係式（式 6.46）を適用するとマクスウェルの方程式から H を消去することができる。マクスウェルの方程式の一つ（式 6.58）に、真空中での関係式（式 6.46）を代入して、以下を得る。

$$(F^{\mu\nu}\sqrt{\ })_{,\nu} = Z_0 J_e{}^{\mu}\sqrt{\ } \tag{6.60}$$

ここに、

$$F^{\mu\nu} := g^{\mu\alpha}F_{\alpha\beta}g^{\beta\nu}$$

磁荷・磁流は電荷・電流との対称性がよいので学習の助けの目的で書いてあるが、（式 6.60）を（式 6.59）と並べて見る限り、もし実在するとしたとしたら電荷と磁荷は F を介して繋がっているので、互いに強い制限を及ぼしあうことになるだろう。

磁荷と磁流の不存在に由来するポテンシャル（式 6.26）を以下のように置く。

$$-\phi dt + \vec{A}\cdot d\vec{r} = -A_\mu dx^\mu \tag{6.61}$$

電位・ベクトルポテンシャルの四元化

$(x^0, x^1, x^2, x^3) = (t, x, y, z)$ である座標にて、

$$A_0 = \phi \tag{6.62}$$

$$(A_1,\ A_2,\ A_3) = -\vec{A} \tag{6.63}$$

（式 6.26）に代入。$dx^\mu \wedge dx^\nu$ を外す時には反対称に注意する。

$$\begin{aligned}\frac{1}{2}F_{\mu\nu}dx^\mu \wedge dx^\nu &= d(\ -A_\nu dx^\nu\ ) \\ &= -A_{\nu,\mu}dx^\mu \wedge dx^\nu \\ &= \frac{1}{2}(A_{\mu,\nu} - A_{\nu,\mu})dx^\mu \wedge dx^\nu\end{aligned}$$

よって、電磁場とそのポテンシャルとの関係式は以下のようにテンソルに翻訳される。

$$F_{\mu\nu} = A_{\mu,\nu} - A_{\nu,\mu} \tag{6.64}$$

ここでちょっと、$F_{\mu\nu}$ にイタズラしてみよう。k をてきとうな定数として、完全反対称テンソルで成分の並びをひっくり返した別のポテンシャルの微分を付加してみる。

$$F_{\mu\nu} = A_{\mu,\nu} - A_{\nu,\mu} + k\,\epsilon_{\mu\nu}{}^{\alpha\beta}\,\tilde{A}_{\alpha,\beta}$$

偏微分は順番を入れ替えられるから、この付加項は（式 6.60）左辺には影響しない。一方（式 6.59）に代入すると、A_μ の項は消えるが、$\tilde{A}_\mu$ の項は残り、磁流 $J_m{}^\mu$ 由来のポテンシャルとして機能する。場の方程式としては磁荷・磁流を担うことができるようになるのだけれども、粒子の運動との兼ね合い（式 6.57）をどうするかという課題は残る。また、そもそも初めの拠り所としたクーロン力（式 5.9）とローレンツ力（式 5.21）において、磁荷の存在は便宜的なものでしかなかった。つまり、そもそも磁荷は電荷・電流の影ともいえる存在なので、全く独立したポテンシャルを与えてしまうのもどうかとも思われる。単独での磁荷は見つかっていないので、無いといわれているモノを探す場合は、可能な理論の幅が広すぎるので、何らかの整理が必要になるだろう。つまり広く信用されている“原理”をいくつか持ち込み拠り所とすることになる。また、“無い”事を実験で示すのも至難で、実験の精度を上げるにつれて“無い”事の確度が上がるわけで、果てしなく金と人力を投入して実験精度の向上を図る努力が為されることになる。あるいは、電荷と磁荷の対称性をとことん追求した理論を作れば、磁荷と電荷の割合を自由に変更しても、理論が示している物理現象が同じであるようにできるのかも知れない。

6.6　ディラックのデルタ関数

次節で必要になるので提示する。大きさが点としか見なせない電荷の電荷密度を扱う際に、非常に幅の狭い関数が必要になる。拡大すればそれなりの姿を顕すのだろうが、そこは追求せずに大きさが無視できるものとして扱う。

ディラックのデルタ関数

x を実数として、ディラックのデルタ関数を、以下のように定義する。

- $\delta(x)$ は何回でも x で微分可能

$$\delta(x) = \begin{cases} \infty & (x = 0) \\ 0 & (x \neq 0) \end{cases} \tag{6.65}$$

$$\int_{-\infty}^{\infty} \delta(x)\ dx = 1 \tag{6.66}$$

積分区間は $[-1,1]$ でも問題ない。具体的な関数形は問わないのだけれども、イメージとしては、正規分布関数などの極限としても考えることもできる。

$$\frac{1}{\sqrt{2\pi}\sigma} e^{-\frac{1}{2}\left(\frac{x}{\sigma}\right)^2} \to \delta(x) \quad (\sigma \to 0)$$

つまり、見かけは関数でも極限操作がセットになっていると思えばいい。

デルタ関数の多重積

位置ベクトル $\vec{x} = (x, y, z)$ に対し、3 重積を以下のように定義する。

$$\delta^3(\vec{x}) = \delta(x)\delta(y)\delta(z) \tag{6.67}$$

また、x が $(x^1,\ x^2,\ x^3)$ を表わす文脈においては、以下を表すものとする。

$$\delta^3(x) = \delta(x^1)\delta(x^2)\delta(x^3) \tag{6.68}$$

さらに、x が $(x^0,\ x^1,\ x^2,\ x^3)$ を表わすとき、以下を定義する。

$$\delta^4(x) = \delta(x^0)\delta(x^1)\delta(x^2)\delta(x^3) \tag{6.69}$$

計算を進める上で便利ないくつかの基本的な定理がある。a を定数、$f'(x)$ を $f(x)$ の導関数 $\frac{df(x)}{dx}$ として、

デルタ関数の基本公式

$$\int_{-\infty}^{\infty} \delta(a\ x)\ dx = \frac{1}{a} \tag{6.70}$$

$$\int_{-\infty}^{\infty} f(x)\delta(x-a)\ dx = f(a) \tag{6.71}$$

$$\int_{-\infty}^{\infty} f(x)\delta'(x-a)\ dx = -f'(a) \tag{6.72}$$

- （式 6.70）の証明：

$$1 = \int_{-\infty}^{\infty} \delta(a\ x)\ d(a\ x) = a\int_{-\infty}^{\infty} \delta(a\ x)\ dx$$

整えて与式を得る。

- （式 6.71）の証明：
$x \neq a$ で $\delta(x-a) = 0$ だから、以下が成立。

$$f(x)\delta(x-a) = f(a)\delta(x-a)$$

この両辺を積分して与式を得る。

- （式 6.72）の証明：
微分のライプニッツ則により以下が成立。（部分積分）

$$f(x)\delta'(x-a) = (f(x)\delta(x-a))' - f'(x)\delta(x-a)$$

この両辺を積分して与式を得る。

6.7　アクションに乗る

ここでは電荷の運動とマクスウェルの方程式の両方を与える作用 (action) を考える。まずは磁荷・磁流が存在せず、空間には電荷と電磁場以外は何も無い真空を前提とする。

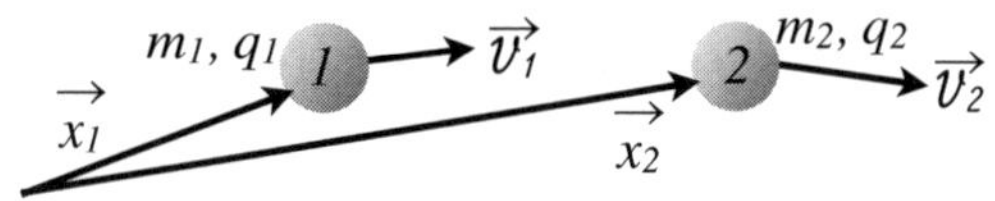

図 6.9　2粒子の相互作用

2つの粒子が静電気力だけで相互作用しているとしよう（図 6.9)。電荷1の質量を m_1、電気量を q_1、位置を $\vec{x}_1$、速度を $\vec{v}_1$、電荷2の質量を m_2、電気量を q_2、位置を $\vec{x}_2$、速度を $\vec{v}_2$ とする。$\vec{x}_1$, $\vec{x}_2$, $\vec{v}_1$, $\vec{v}_2$ は時刻 t の関数である。$\vec{x}$ を任意の位置座標とする。速度は十分に遅く、相対性理論は考慮しない。クーロンの法則を導くような作用 (action)S を例示すると、

$$
\begin{aligned}
S_{kin} &= \int \left\{ \frac{1}{2} m_1 |\vec{v}_1|^2 + \frac{1}{2} m_2 |\vec{v}_2|^2 \right\} dt \\
S_{int} &= \int \left\{ - \frac{q_1\ q_2}{4\pi |\vec{x}_2 - \vec{x}_1|} \right\} dt \\
S &= S_{kin} + S_{int}
\end{aligned}
$$

これを $\vec{x}_1$ で変分（⇒ §4.8）すると、電荷1の運動方程式が得られ、クーロンの法則（式 5.2）が確認される。この相互作用の項 S_{int} をマクスウェルの方程式を扱う中で出てきたポテンシャルと整合させたい。1粒子の場合は、

$$
S_{int} = \int \{ -q_1 (\phi(\vec{x}_1) dt - \vec{A}(\vec{x}_1) \cdot d\vec{x}_1) \}
$$

と、置いて $\vec{x}_1$ で変分すると、静電気力とローレンツ力を受ける運動方程式が

得られた。

$$\vec{E} = -\vec{\nabla}\phi - \frac{d\vec{A}}{dt}\ ;\ \ \vec{B} = \vec{\nabla}\times\vec{A}$$
$$\frac{d}{dt}m\vec{v}_1 = q_1(\vec{E} + \vec{v}_1 \times \vec{B})$$

これを 2 粒子の相互作用に拡張したい。磁場の効果はいったん無視するとして、

$$S_{int} = \int \{-q_1\phi(\vec{x}_1)dt - q_2\phi(\vec{x}_2)dt\}$$

の様に書けるだろうか？ 試しに以下のように置いてみる。

$$|\vec{x}|_e := \sqrt{|\vec{x}|^2 + {r_e}^2} \tag{6.73}$$
$$\phi(\vec{x}) = \frac{q_1}{4\pi|\vec{x} - \vec{x}_1|_e} + \frac{q_2}{4\pi|\vec{x} - \vec{x}_2|_e}$$

ここで、自己相互作用で∞ が現れるのを防ぐために、（便宜的に）小さな距離を r_e 程度にぼかした。この r_e には“とても小さな距離”という以上の意味はなく、定数であれば、いくらでも小さな値をとってかまわない。

しかしながらこれでは重複があるために 2 倍になってしまう。

$$-q_1\phi(\vec{x}_1)dt - q_2\phi(\vec{x}_2)dt = -2\frac{q_1\ q_2}{4\pi|\vec{x}_2 - \vec{x}_1|_e}dt + \text{定数}\ dt$$

では半分にすればいいのかというとそういうわけでもない。なぜなら、$\phi(\vec{x}_2)$ の中にも暗に $\vec{x}_1$ が変数として含まれてしまっているから。

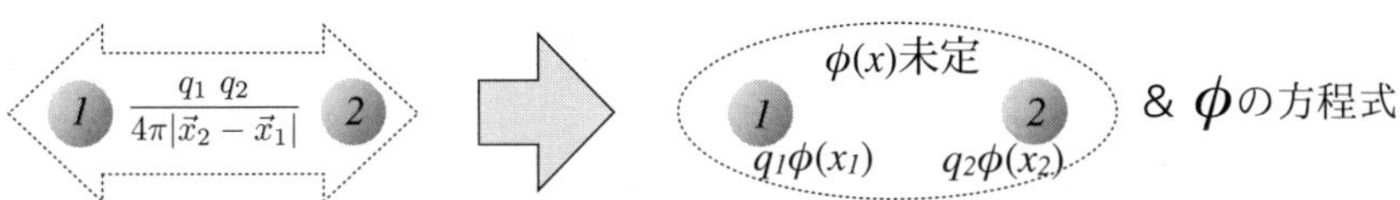

図 6.10 相互作用のポテンシャルを未定関数として導入

つまり作用の中で $\phi(\vec{x})$ は未定関数扱いとし、その関数自体には電荷の位置情報は含めない。そして、$\phi(\vec{x})$ に対する方程式を与える項を作用に付け加えればよいだろう（図 6.10）。これを以下の 3 段階の手順で求める。

1. 電荷 $(q_1,\ q_2)$ から電荷密度 ρ を用いた形に S_{int} を書き換える
2. マクスウェル方程式 $\vec{\nabla}\cdot\vec{D}=\rho$ が出るように S_{int} を書き換える
3. 磁荷・磁流が不存在の場合の式 $\vec{E}=-\vec{\nabla}\phi-\frac{\partial\vec{A}}{\partial t}$ が出るように S_{int} を書き換える

まずは、$\vec{x}=\vec{x}_1$ 付近の電荷密度 ρ が、デルタ関数を用いて、$\rho=q_1\delta^3(\vec{x}-\vec{x}_1)$ と書ける事に着目。

$$\begin{aligned}-q_1\phi(\vec{x}_1)dt &= \iiint(-q_1\phi(\vec{x}_1))dt\ \delta^3(\vec{x}-\vec{x}_1)\acute{d}V\\ &= \iiint -q_1\delta^3(\vec{x}-\vec{x}_1)\phi(\vec{x})\acute{d}V\,dt\end{aligned}$$

つまり、$\rho=q_1\delta^3(\vec{x}-\vec{x}_1)+q_2\delta^3(\vec{x}-\vec{x}_2)$ により、以下のようになる。

$$S_{int}=\int(-q_1\phi(\vec{x}_1)-q_2\phi(\vec{x}_2))dt=\iiiint(-\rho(\vec{x})\ \phi(\vec{x}))\,\acute{d}V\,dt$$

次に、マクスウェル方程式 $\vec{\nabla}\cdot\vec{D}=\rho$ を反映させるために、
置き換え $-\rho\to-\rho+\vec{\nabla}\cdot\vec{D}$ を実行。

$$\begin{aligned}S_{int} &= \iiiint(-\rho+\vec{\nabla}\cdot\vec{D})\phi\acute{d}V\,dt\\ &= \iiiint(-\rho\phi-\vec{D}\cdot\nabla\phi+\vec{\nabla}\cdot(\phi\vec{D}))\acute{d}V\,dt\\ &= \iiiint(-\rho\phi-\vec{D}\cdot\nabla\phi)\acute{d}V\,dt+\int(\oiint\phi\vec{D}\cdot\acute{d}\vec{S})dt\end{aligned}$$

最後の表面積分は、変分に影響しないので削除する。これで ϕ での変分結果が、$\vec{\nabla}\cdot\vec{D}=\rho$ を与えるようにできた。

さらに、磁荷・磁流が不存在の場合のポテンシャルと電場の関係
$\vec{E}=-\vec{\nabla}\phi-\frac{\partial\vec{A}}{\partial t}$ を反映させよう。置き換え $\vec{\nabla}\phi\to\vec{\nabla}\phi+\frac{\partial\vec{A}}{\partial t}+\vec{E}$ を実行。

$$S_{int}=\iiiint(-\rho\phi-\vec{D}\cdot(\nabla\phi+\frac{\partial\vec{A}}{\partial t}+\vec{E}))\acute{d}V\,dt$$

ところが、$\vec{D}$ と $\vec{E}$ は独立変数ではなく、比例関係にあるから $\vec{D}\cdot\vec{E}$ を $\vec{D}$ で微分すると 2 倍の $2\vec{E}$ になってしまい、$\vec{\nabla}\phi+\frac{\partial\vec{A}}{\partial t}+\vec{E}=0$ を再現しない。よっ

て、この２次の項を半分にする。

$$S_{int} = \iiiint (-\rho\phi - \vec{D}\cdot(\nabla\phi + \frac{\partial\vec{A}}{\partial t} + \frac{1}{2}\vec{E}))\acute{d}V\,dt$$

ρ をもとの表現に戻して、できあがり。

$$\begin{aligned}
\rho &= q_1\delta^3(\vec{x}-\vec{x}_1) + q_2\delta^3(\vec{x}-\vec{x}_2) \\
S_{int} &= \int\{-q_1\phi(\vec{x}_1) - q_2\phi(\vec{x}_2)\}dt + \iiiint(-\vec{D}\cdot(\nabla\phi + \frac{\partial\vec{A}}{\partial t} + \frac{1}{2}\vec{E}))\acute{d}V\,dt \\
&= \int\{-q_1\phi(\vec{x}_1) - q_2\phi(\vec{x}_2)\}dt + \iiiint(\vec{D}\cdot(-\vec{\nabla}\phi - \frac{\partial\vec{A}}{\partial t}) - \frac{1}{2\epsilon_0}\vec{D}\cdot\vec{D})\acute{d}V\,dt
\end{aligned}$$

クーロンの法則を与える作用の中で ϕ を未定関数扱いとし、変分で得られた方程式により関数 ϕ が求められる形になった。

念のため、ϕ と $\vec{D}$ での変分結果を以下に示す。

$$\begin{aligned}
\vec{\nabla}\cdot\vec{D} &= q_1\ \delta^3(\vec{x}-\vec{x}_1) + q_2\ \delta^3(\vec{x}-\vec{x}_2) \\
\vec{D} &= \epsilon_0(-\vec{\nabla}\phi - \frac{\partial}{\partial t}\vec{A})
\end{aligned}$$

$\vec{D}$ を消去して、磁場の効果は考慮していないので、$\frac{\partial}{\partial t}\vec{\nabla}\cdot\vec{A}$ は無視すると、

$$\vec{\nabla}\cdot\vec{\nabla}\phi = -\frac{q_1}{\epsilon_0}\delta^3(\vec{x}-\vec{x}_1) - \frac{q_2}{\epsilon_0}\delta^3(\vec{x}-\vec{x}_2)$$

ところで、微分方程式

$$\vec{\nabla}\cdot\vec{\nabla}G = -\delta^3(\vec{x})$$

の解は、

$$G = \frac{1}{4\pi|\vec{x}|}$$

であることが知られているから、方程式の解は以下のように求まる。

$$\phi(\vec{x}) = \frac{q_1}{4\pi\epsilon_0|\vec{x}-\vec{x}_1|} + \frac{q_2}{4\pi\epsilon_0|\vec{x}-\vec{x}_2|}$$

$\phi(\vec{x}_1)$ と $\phi(\vec{x}_2)$ は自己相互作用により値が ∞ に発散するが、その発散項は定数なので、電荷が受ける力 $-q\vec{\nabla}\phi$ には影響しない。あるいは、$|\vec{x}|$ の代わりに

$|\vec{x}|_e$（式 6.73）を用いれば、形式的にではあるが発散は回避される。重ねて強調するが、解としてのこの ϕ を作用の中に戻してはいけない。作用の中の ϕ はあくまでも未定関数として扱う。これで、クーロンの法則が再現されることが確認された。

ローレンツ力も考慮するためには作用の中でベクトルポテンシャル $\vec{A}$ を含む項も入れる必要がある。ベクトルポテンシャルも含めた全体を計算してみよう。これは、テンソルを利用すると効率良く計算することができる。座標 x^0 は時刻を表すが、これは各粒子に共通。4 次元体積要素を $d^4x = d\acute{V}dt = dx\,dy\,dz\,dt$ と表わす。なお、ここで使われている微分演算子 $d(\ )$ は（⇒ §2.3）微分形式ではないので、積の順番に注意しなくてかまわない。まずは電荷と電磁場の相互作用の部分を、電流密度 J_e^μ との相互作用の形に直してみよう。i 番目の粒子に関わる変数あるいは定数に i を添え字として添える。

$$
\begin{aligned}
S_{int} &\overset{4.17}{=} \int \sum_i -q_i\phi(\vec{x}_i)dt + q_i\vec{A}(\vec{x}_i)\cdot d\vec{x}_i \\
&\overset{6.62,6.63}{=} \int \sum_i -q_i A_\sigma(x_i)dx_i^\sigma \\
&\overset{\text{並べ替え}}{=} \int \sum_i -q_i \frac{dx_i^\sigma}{dx^0} A_\sigma(x_i)dx^0 \\
&\overset{6.71}{=} \int \iiint \underline{\sum_i -q_i\delta^3(x-x_i)\frac{dx_i^\sigma}{dx^0}}\, d^3x\, A_\sigma(x)dx^0 \\
&\overset{6.48,6.49}{=} \iiiint \underline{-J_e^\sigma\sqrt{\ }}A_\sigma d^4x
\end{aligned}
\tag{6.74}
$$

次に、A での変分によってマクスウェル方程式（式 6.58）が満たされるように、項を追加する。なお、磁荷と磁流が存在しない条件下でベクトルポテンシャルを仮定しているので、マクスウェル方程式（式 6.59）は既に満たされている。

$$
-J_e^\sigma\sqrt{\ } \overset{\text{項追加}}{\rightarrow} -J_e^\sigma\sqrt{\ } + (-\frac{1}{2}H_{\mu\nu}\ \epsilon^{\mu\nu\sigma\rho}\sqrt{\ })_{,\rho}
$$

$$
\text{つまり、}S_{int} \overset{6.58}{\rightarrow} \iiiint (-J_e^\sigma\sqrt{\ } + (-\frac{1}{2}H_{\mu\nu}\ \epsilon^{\mu\nu\sigma\rho}\sqrt{\ })_{,\rho})A_\sigma d^4x
$$

ここで、作用に追加した項を S_{em} と置き直し、改めて電磁場の作用とする。最後に、荷電粒子の間の空間は真空であると仮定し、真空中の関係式（式 6.46）を代入する。ここに、$F^{\rho\sigma} := g^{\rho\mu}F_{\mu\nu}g^{\nu\sigma}$ である。

$$\begin{aligned}
S_{em} &= \iiiint(-\frac{1}{2}H_{\mu\nu}\ \epsilon^{\mu\nu\sigma\rho}\sqrt{\ })_{,\rho}A_\sigma d^4x \\
&\overset{\text{部分積分}}{=} \iiiint\frac{1}{2}H_{\mu\nu}\ \epsilon^{\mu\nu\sigma\rho}\sqrt{\ }A_{\sigma,\rho}d^4x \qquad +(\text{表面項}) \\
&= \iiiint\frac{1}{4}H_{\mu\nu}\ \epsilon^{\mu\nu\sigma\rho}\sqrt{\ }(A_{\sigma,\rho}-A_{\rho,\sigma})d^4x+(\text{表面項}) \\
&\overset{6.46}{=} \iiiint-\frac{1}{2Z_0}F^{\sigma\rho}\sqrt{\ }(A_{\sigma,\rho}-A_{\rho,\sigma})d^4x \quad +(\text{表面項})
\end{aligned}$$

この表面項は変分に影響しないので、以後、削除する。

次に、F の変分によって電磁場とベクトルポテンシャルとの関係式（式 6.64）が成立するように、これを代入する。しかし、F の 2 乗を変分すると、F の 2 倍が現れるので半分に修正する。

$$\begin{aligned}
A_{\sigma,\rho}-A_{\rho,\sigma} &\overset{\text{追加}}{\to} A_{\sigma,\rho}-A_{\rho,\sigma}-F_{\sigma\rho} \\
S_{em} &\overset{6.64}{\to} \iiiint-\frac{1}{2Z_0}F^{\sigma\rho}\sqrt{\ }(A_{\sigma,\rho}-A_{\rho,\sigma}\quad \underline{-F_{\sigma\rho}})d^4x \\
&\overset{\text{修正}}{=} \iiiint-\frac{1}{2Z_0}F^{\sigma\rho}\sqrt{\ }(A_{\sigma,\rho}-A_{\rho,\sigma}-\frac{1}{2}F_{\sigma\rho})d^4x
\end{aligned}$$

以上により、電磁場の作用 S_{em} の完成である。

電磁場の作用（テンソル表示）

テンソル $F_{\mu\nu}$ $(=F_{\nu\mu})$ と、共変ベクトル A_μ により、以下となる。

$$S_{em}=\iiiint\frac{1}{2Z_0}F_{\mu\nu}(\frac{1}{2}F_{\rho\sigma}-A_{\rho,\sigma}+A_{\sigma,\rho})\ g^{\mu\rho}g^{\nu\sigma}\sqrt{\ }d^4x \quad (6.75)$$

ここで改めて、$S_{em}+S_{int}$ を F と A で変分してみよう。

$$\begin{aligned}
\delta(S_{em}+S_{int}) = \iiiint\{\ &\frac{1}{2Z_0}\underline{\delta(F_{\mu\nu})}(F_{\rho\sigma}-A_{\rho,\sigma}+A_{\sigma,\rho})\ g^{\mu\rho}g^{\nu\sigma}\sqrt{\ } \\
&+(\frac{1}{Z_0}(F^{\rho\sigma}\sqrt{\ })_{,\sigma}-J_e^\rho\sqrt{\ })\underline{\delta(A_\rho)}\ \}\ d^4x
\end{aligned}$$

F での変分結果を表す部分が、F を A で与える式になっているので、作用に始めから A で表された F を代入してあっても、A での変分結果には影響しないことがわかる。よって、この代入を実行すると、以下のようにまとまる。

$$S_{em} = \iiiint -\frac{1}{4Z_0}(A_{\mu,\nu} - A_{\mu,\nu})(A_{\rho,\sigma} - A_{\sigma,\rho})\ g^{\mu\rho} g^{\nu\sigma} \sqrt{\ } d^4x \quad (6.76)$$

多くの教科書では、これを電磁場の作用であるとしている。そこをあえて（式 6.75）の形に書くのは、ハミルトン型式に移行する際に、物理的な意味がつかみやすいから。

これらの作用を、対応関係（式 6.40, 6.41）によって、３次元のベクトルでの表現に書き直してみよう。計量は、$\acute{d}s^2 = c^2dt^2 - dx^2 - dy^2 - dz^2$ であるものとする。まずは、（式 6.75）は、以下のようになる。

$$S_{em} = \iiiint \left(\vec{D} \cdot (-\vec{\nabla}\phi - \frac{\partial \vec{A}}{\partial t}) - \vec{H} \cdot (\vec{\nabla} \times \vec{A}) - \frac{1}{2\epsilon_0} \vec{D} \cdot \vec{D} + \frac{\mu_0}{2} \vec{H} \cdot \vec{H} \right) d^4x$$

一方で（式 6.76）のように、$\vec{D}$, $\vec{H}$ が ϕ, $\vec{A}$ によって表されている式を代入してある場合は、以下のよになる。

$$S_{em} = \iiiint \left(\frac{\epsilon_0}{2} (-\vec{\nabla}\phi - \frac{\partial \vec{A}}{\partial t})^2 - \frac{1}{2\mu_0} (\vec{\nabla} \times \vec{A})^2 \right) d^4x \quad (6.77)$$

これら（式 6.76, 6.77）の表現は、多くの教科書などで見かけられるであろう。

以上により、真空中の荷電粒子の集まりと電磁場の振る舞いを表わす作用は、$S_{kin} + S_{int} + S_{em}$ として、まとめられる。相対性理論も考慮した形にするには、S_{kin} を修正するだけでよい。

$$S_{kin} = \int \sum_i -m_i c \sqrt{c^2dt^2 - |d\vec{x}_i|^2} = \int \sum_i -m_i c\, \acute{d}s_i \quad (6.78)$$

これは（§2.7, 4.5, 4.7）で扱ったように、以下の２つの条件に由来する。

- 電荷が電磁波にはね飛ばされる際に、エネルギーと運動量が保存する
- 電磁波のエネルギー密度 ϵ と運動量密度 p との間に $\epsilon = pc$ の関係

6.8 ハミルトン型式からタキオンへ

ついでだから、電磁場中の荷電粒子のハミルトン型式についても言及しておく。改めて（式 6.78）より書き直した以下の 1 粒子の作用を出発点にする。

$$S = S_{kin} + S_{int} = \int L dt$$
$$L = -mc^2\sqrt{1-\frac{v^2}{c^2}} - q(\phi - \vec{A}\cdot\vec{v}) \qquad (\vec{v} := \frac{d}{dt}\vec{x})$$

一般化運動量 $\vec{p}$ とハミルトニアン H は、

$$\vec{p} := \frac{\partial L}{\partial \vec{v}} = \frac{m\vec{v}}{\sqrt{1-\frac{v^2}{c^2}}} + q\vec{A} \tag{6.79}$$

$$H := \vec{p}\cdot\vec{v} - L = \frac{mc^2}{\sqrt{1-\frac{v^2}{c^2}}} + q\phi \tag{6.80}$$

この 2 式から変数 $\vec{v}$ を消去するためには、平方根の存在により、以下の 2 次式を利用する事は避けられない。

$$(H - q\phi)^2 = c^2(\vec{p} - q\vec{A})^2 + (mc^2)^2 \tag{6.81}$$

そこで作用は、H を（式 6.81）を満たすものとする拘束条件のもとで、以下のようになる。この H は $\vec{p}$ と $\vec{x}$ の関数として扱う。

$$S = \int (\vec{p}\cdot\vec{v} - H)dt = \int \vec{p}\cdot d\vec{x} - H dt$$

ラグランジュの未定乗数法を使えば、拘束条件を作用の中に組み込むことができる。すなわち、$\acute{d}\lambda$ を dt と同程度の大きさの t の任意関数（但し、$\frac{\acute{d}\lambda}{dt} > 0$）とし[15)]、$t, H$ を新たに変数扱いすることにして、力学系は以下の作用としてまとめられる。

$$S = \int \vec{p}\cdot d\vec{x} - H dt + \frac{1}{2}((H - q\phi)^2 - c^2(\vec{p} - q\vec{A})^2 - (mc^2)^2)\acute{d}\lambda \tag{6.82}$$

---

15) λ が t の関数なのではなく、$\acute{d}\lambda$ が t の関数であることに注意。

さてここで、ここで大それたことをしでかす。未定乗数 $\acute{d}\lambda$ に対する条件を緩めて、t の任意の単調増加関数 $\lambda(t)$ の微分で置き換えてみる。つまり、d の上のゴマを外す。それでも荷電粒子の運動方程式は、結果的には正しく再現される。ここで λ を t の関数とするのではなく、逆に t を λ の関数として扱うことにすれば、$\vec{x}$ も t を介して λ の関数となり、t と $\vec{x}$ を対等に扱うことができるようになる。λ は $t-x-y-z$ 軸を持つ“方眼紙”の上に描かれるグラフとしての、粒子の線（世界線 (world line) という）に、スタート地点から順番に割り振られた数ということになる。すなわち媒介助変数である。

スタート地点の λ とゴール地点の λ の値を固定しておくとすれば、質量を含む項は、定数であるものとして作用から排除することができる。

$$\int_{\mathrm{Start}}^{\mathrm{Goal}} -(mc^2)^2 \, d\lambda = -(mc^2)^2(\lambda_{\mathrm{Goal}} - \lambda_{\mathrm{Start}})$$

この作用では λ を未定な量として、荷電粒子の質量は保存量扱いとなる。

$$S = \int \vec{p}\cdot d\vec{x} - H dt + \frac{1}{2}(\ (H-q\phi)^2 - c^2(\vec{p}-q\vec{A})^2\ )d\lambda \tag{6.83}$$

同様な計算は計量テンソル $g_{\mu\nu}$ の具体的な内容を定めなくても実行することができて、その場合は以下のようにまとめられる。（λ は軌道に沿って単調増加。）

$$S = \int_{\mathrm{Start}}^{\mathrm{Goal}} -p_\mu dx^\mu + \frac{1}{2}(p_\mu - qA_\mu)(p_\nu - qA_\nu)g^{\mu\nu}c^2 d\lambda \tag{6.84}$$

この作用を使えば、光速 c による制約が、あらわには現れない。つまり超光速粒子として知られるタキオンの世界線を自由に引くことができる。現代の場の量子論によれば、素粒子の静止質量はヒッグス粒子との相互作用により与えられ、正（通常粒子）であるか、ゼロ（光子など）であるか、純虚数（タキオン）であるかは、この相互作用により決まるというシナリオになっている。これを古典力学へ逆輸入することは暴挙とも言えるが、オモチャと割り切って遊んでみるがいい。タキオンは速さが大きいほど、磁場の影響を敏感に受けて容易に曲がることがわかるだろう。

つまり運良くタキオンの実在が確認できたとしても、概ね自身でくしゃくしゃに縮れてしまい、遠くまで到達できない。通信に応用するには工夫が必要。

第 7 章

電磁場のエネルギーと運動量

前の章では、電場 $\vec{E}$、電束密度 $\vec{D}$、磁場 $\vec{H}$、磁束密度 $\vec{B}$ の間になり立つ関係式を様々に表現した。ここでは、標準的に良く知られた表現でのマクスウェル方程式（式 6.6, 6.7, 6.11, 6.12）を使って、説明が後回しになっていた電磁波のエネルギーと運動量の関係式（式 2.6）と、電磁場の運動量密度の式 $\vec{D} \times \vec{B}$ (§5.6) について触れる。大まかなシナリオは、

- 電磁場の運動量密度が $\vec{D} \times \vec{B}$ である件について、
  1. 応力（３次元）について符号の確認も兼ねて簡単に触れる。
  2. 運動方程式として、$\vec{D} \times \vec{B}$ を時間で微分したものが体積あたりの力になることを見る。この力が電荷や磁荷からの反作用としての力と、電磁場自身の応力からの力であることを確認する。
- 電磁波の運動量に光速を掛けた値が電磁波のエネルギーに等しくなる件について、
  1. まずは電磁場によって運ばれるエネルギーの流れ（時間あたり、断面積あたりで）が、$\vec{E} \times \vec{H}$ となることを確認する。
  2. 次に、真空中での電磁波の伝播速度が $c = \frac{1}{\sqrt{\epsilon_0 \mu_0}}$ であることを確認する。
  3. 最後に、時間 dt の間に、$\vec{E} \times \vec{H}$ と垂直な面積 A の面を通過したエネルギーが、その時間で通過した運動量の合計と等しくなることを確認する。

7.1　応力

電磁場の運動量を考える際に、電磁場の応力が算出される。その準備として、ここでは応力とは何かを簡単に確認する。

応力 (stress) とは力をその力が加わっている面積で割った量で、気体や水のようにさらさら流れる液体における“圧力”の考え方を、ゴムや土砂の様な固体にも応用できるように拡張したものである。気体は引っ張ると際限なく膨張するし、液体は引っ張ると気化してしまう。しかし固体の場合は（壊れない範囲の力で）引っ張ることで張力が発生する。但し、大学入試問題などで“張力”というと、軽いヒモなどで物体が結ばれている際に、ヒモが物体を引っ張る力として扱われるが、ここではその力をそのヒモの断面積で割った量であり、いわば反対向きの圧力を意味している。

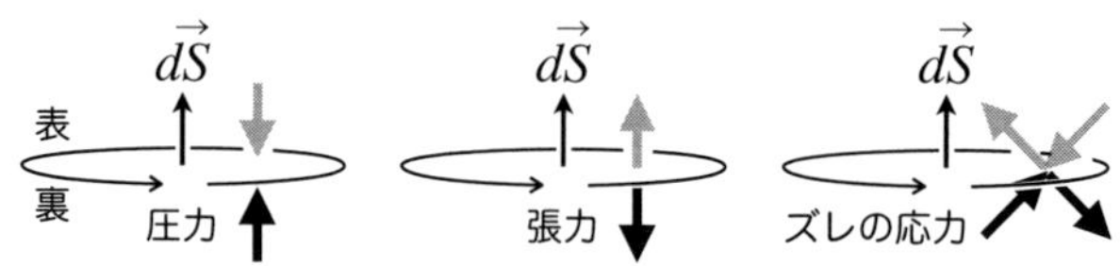

図 7.1　圧力と張力とズレの応力

「ボールを水に沈めた時の、ボールに加わる圧力」は、ボールの表面の中の小さな部分を考えて、そこに加わる力をその部分の面積で割って得られる。それを抽象化してみよう。ボールのような具体的なモノが無い場合にも、物体内部に仮想的に裏表のある小さな面を考えて、水なりゴムなり物体を仮想的にその面にて切断して考える。そして（図 7.1）のように、**面の裏側にある物体が、面の表側にある物体に及ぼす力** $d\vec{f}$ について考えることにしよう[1)]。ここに、$d\vec{f}$ の d は“何かの一部で、あとで合計される、とても小さい量”を意味するものであり、何かの微分を表しているわけではない。

[1)]物理ではこの考え方が主流のようだが、工学分野では反対向きに定義される事が多いようである。その場合、応力の符号± が逆転するので注意が必要。

この小さな面をベクトル（３次元）で表現してみよう。大きさがその面積で、裏から表へ抜ける向きを向いたベクトルを $d\vec{S}$ とする。例えば、水の水圧が p であるとき、面の裏側にある水が表側にある水に及ぼす力は $d\vec{f} = pd\vec{S}$ で表される。

棒を押し縮めたり引っ張ったりする様子を想像して欲しい。固体の場合には圧力と張力が混在するであろう。水圧と違って、この圧力と張力には向きがある。（図 7.1）右のように、圧力と張力が半々に面に対して斜めにに混在すれば、面をずらす方向への応力が存在することになる。これは**ズレの応力**と云われている。丸い棒をねじった場合、棒に垂直な断面各所に対して働いている応力はズレの応力である。

力の大きさは力が加わる面の面積に比例するから、面に働く力 $d\vec{f}$ は、面積ベクトル $d\vec{S}$ に何かを掛けた形に表現される。圧力・張力・ズレの応力を以下のようにまとめてみよう。ここに、σ^{12} というのは、σ の 12 乗という意味ではなく、行列 σ の 1 行 2 列目の成分という意味である。添え字が上に付いているのはテンソルの作法に従うため。まずは以下のように設定する。（行列算については巻末の（§A.6）参照。）

$$
\begin{aligned}
d\vec{f} &= \begin{pmatrix} df^1 & df^2 & df^3 \end{pmatrix} \\
d\vec{S} &= \begin{pmatrix} dS_1 & dS_2 & dS_3 \end{pmatrix} \\
\sigma &= \begin{pmatrix} \sigma^{11} & \sigma^{12} & \sigma^{13} \\ \sigma^{21} & \sigma^{22} & \sigma^{23} \\ \sigma^{31} & \sigma^{32} & \sigma^{33} \end{pmatrix}
\end{aligned}
$$

そして、力と断面積と応力の関係を以下のようにまとめる。

$$
d\vec{f} = d\vec{S}\ \sigma \tag{7.1}
$$

普通多くの教科書や文献では $d\vec{f}$ や $d\vec{S}$ は縦に並べて、$d\vec{f} = \sigma\ d\vec{S}$ とするのだけれども、あとで体積あたりに働く力を“$-\vec{\nabla}\ \sigma$”と表現したいので、転置した並びに並べてある。

小さな領域を仮想的に切り出して、その小領域に働く応力による回転釣り合いから、$\sigma^{ji} = \sigma^{ij}$ であることを示そう。（図 7.2）のように、立方体を仮想的に切り出す。立方体の各辺は、直交座標 $(x^1,\ x^2,\ x^3)$ の軸と同じ向きとし、各

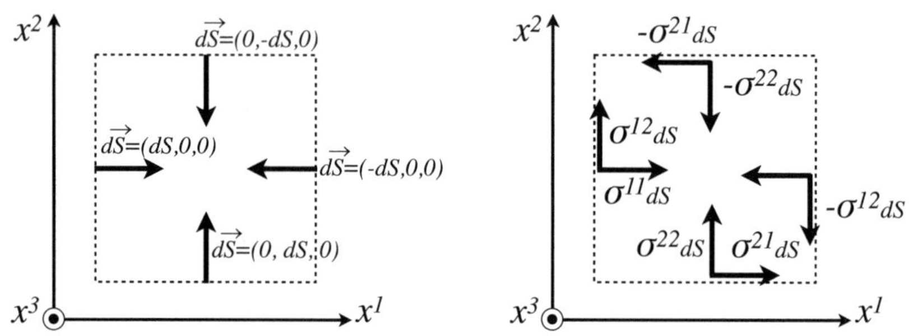

図 7.2　小さな立方体に働く応力

面の面積は dS であるとする。（図 7.2）左のように立方体の外部の領域が、立方体に及ぼす応力は、立方体の面の内向きを表とする面積ベクトルで記述される。したがって、各面に対して、立方体外部の領域が立方体に及ぼす力は（図 7.2）右のように表される。相対する面同士ではズレの応力は立方体を回転させるように働くから、立方体が回転釣り合いになるためには、隣り合う面同士で回転力を相殺しなければならない。すなわち $\sigma^{12} = \sigma^{21}$ となる。他の面についても同様で、微小な部分に関して回転釣り合いが成立していると仮定すると、

$$\sigma^{ji} = \sigma^{ij}$$

でなければならない。行列として表示するなら、転置しても元と同じ対称行列。

$$^{t}\sigma = \sigma$$

すると、圧力の方向と張力の方向が直交していることがわかる。もしも行列の固有値・固有ベクトルに馴染みが無い場合は、ひとまず巻末の（§A.12）を参照していただきたい。σ が実数で書かれた対称行列だから、以下の条件を満たす、互いに直交して長さが 1 の 3 つのベクトル $\vec{e}_1$, $\vec{e}_2$, $\vec{e}_3$ が存在する。

$$\vec{e}_1\sigma = p_1\vec{e}_1$$
$$\vec{e}_2\sigma = p_2\vec{e}_2$$
$$\vec{e}_3\sigma = p_3\vec{e}_3$$

ここに、p_1, p_2, p_3 は実数で、**主応力** (principal stress) と呼ばれる。$p_i > 0$ なら圧力、$p_i < 0$ なら張力である。3つのベクトル $\vec{e}_1$, $\vec{e}_2$, $\vec{e}_3$ の方向は**主軸**と呼ばれる。つまり、圧力の方向と張力の方向は直交する。

話を再び水圧に戻して、浮力について考える。水を詰めて空気を抜いたビニール袋を水の中に投入する。ビニール袋自体の体積や質量を無視できるほど大量の水が詰めてあるならば、その袋は水中で浮きもしなければ沈みもせずに流れに任せて漂う。しかしながら水袋には内部の水の分の重さがある。これは水袋の重さと、水袋を浮かせようとする浮力がつり合っていると解釈される。水袋の体積をそのままに、中の水を抜いたら、水袋の存在により周囲に排除された水の重さ分だけ浮き上がる力を受ける事になる。これを、袋が底面で受ける圧力と上面で受ける圧力の差として捉えることができる。

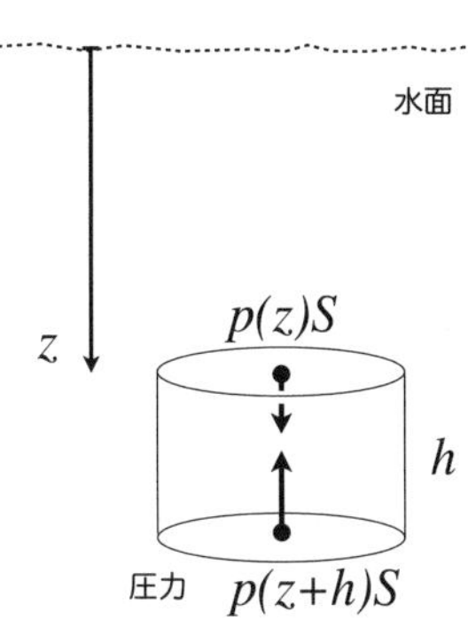

図 7.3　水圧と浮力

簡単のため、(図 7.3) のように、水中に沈めた物体の形を、底面積 S、高さ h の円筒としよう。水圧は水深が深くなるほど大きくなる。水面から真下へ向かって座標 z を設定する。物体上面の深さを z とすると、物体底面の深さは $z+h$ である。底面に加わる水圧は z 負の向きに大きく、上面に加わる水圧は z 正の向きに底面の値よりは小さい。深さ z での水圧を $p(z)$ とすると、浮力は、以下のように近似される。

$$-p(z+h)S + p(z)S \fallingdotseq -\frac{\partial p}{\partial z} h\ S \tag{7.2}$$

hS は物体の体積だから、体積あたりの浮力は $-\frac{\partial p}{\partial z}$ だということになる。

この浮力の考え方を一般の応力へ拡張しよう。液体や固体などの内部で、仮想的に小さな領域 R を切り出す。その領域が周囲からの応力に因って受ける力を、その体積で割った量を算出しよう。まずは見栄えの都合により、応力テ

ンソル σ を列毎に分けて、ベクトルのように表示する。

$$\vec{\sigma}^{\,i} = \begin{pmatrix} \sigma^{1i} \\ \sigma^{2i} \\ \sigma^{3i} \end{pmatrix}$$

すると、面 $d\vec{S}$ が及ぼす力の成分は以下のように内積を使って表わされる。

$$df^i = \vec{\sigma}^{\,i} \cdot d\vec{S}$$

領域 R が周囲からの応力によって受ける力を合計すると、力の i 番目の成分は、積分で $\oiint_{\partial R} \vec{\sigma}^{\,i} \cdot d\vec{S}$ と表されるように思われる[2)]。が、しかし、向きに注意である。この積分を実行する場合、$d\vec{S}$ の向きは内部から外部へと向かう向きに設定されている。ただ今評価しているのは、外から中へ及ぼされる力なので、$d\vec{S}$ の向きが内向きになっている。故に積分の作法に合わせて、$d\vec{S}$ の向きを反転させる。よって、領域 R（図 6.1 左）が周囲からの応力によって受ける力の合計は、ガウスの定理（式 6.5）により、

$$f^i = -\oiint_{\partial R} \vec{\sigma}^{\,i} \cdot d\vec{S} \overset{6.5}{=} -\iiint_R \vec{\nabla} \cdot \sigma^{\,i} d\acute{V} \fallingdotseq -\vec{\nabla} \cdot \sigma^{\,i} \iiint_R d\acute{V}$$

ここに $d\acute{V}$ は、微小な体積。$\iiint_R d\acute{V}$ は領域 R の体積を表している。領域 R はとても小さいので、その領域内で $\vec{\nabla} \cdot \sigma^{\,i}$ の値がほとんど変わらないものと見なして、定数扱いにより積分の外に括り出した。これらを横に 3 つならべると、以下のようになる。

$$\frac{1}{\iiint_R d\acute{V}} \begin{pmatrix} f^1 & f^2 & f^3 \end{pmatrix} = -\vec{\nabla}\sigma$$

以上により、

微小領域が、応力によって受ける体積あたりの力

外部から応力を受けている微小領域が、応力によって受ける体積あたりの力は、

$$-\vec{\nabla}\sigma \tag{7.3}$$

---

2) $\oiint_{\partial R}$ は、「R の表面全域に渡って囲むように足し加える」の意味。

7.2 電磁場の運動量と応力

標準的に微分で書かれたマクスウェルの方程式（式 6.6, 6.7, 6.11, 6.12）を使って、電磁場の運動量密度が $\vec{D}\times\vec{B}$ であることを示そう。それが運動量であるならば、時間で微分すると運動方程式の意味で電磁場が受ける力が算出されるはずである。ここでは表現の手段として行列を使う。もしも行列初体験なら巻末の（§A.6）を参照されたし。

その前に、表示が込み入ってくるので記号を定義しておく。但し（式 7.4）は本書のローカルルールであり一般的ではない。

$$\cdot\vec{D}\vec{\nabla}\vec{E}\cdot := D_x\vec{\nabla}E_x + D_y\vec{\nabla}E_y + D_z\vec{\nabla}E_z \tag{7.4}$$

$$\vec{D}\otimes\vec{E} := \begin{pmatrix} D_x \\ D_y \\ D_z \end{pmatrix}\begin{pmatrix} E_x & E_y & E_z \end{pmatrix} \tag{7.5}$$

$$\vec{\nabla}\sigma := \begin{pmatrix} \frac{\partial}{\partial x} & \frac{\partial}{\partial y} & \frac{\partial}{\partial z} \end{pmatrix}\begin{pmatrix} \sigma_{xx} & \sigma_{xy} & \sigma_{xz} \\ \sigma_{yx} & \sigma_{yy} & \sigma_{yz} \\ \sigma_{zx} & \sigma_{zy} & \sigma_{zz} \end{pmatrix} \tag{7.6}$$

計算結果を以下に示す。途中の計算は巻末（§A.13）に示したが、見る前にしばし手を動かして確認していただきたい。マクスウェルの方程式（式 6.6, 6.7, 6.11, 6.12）より、

$$\begin{aligned}\frac{\partial}{\partial t}(\vec{D}\times\vec{B}) &= -\rho_e\vec{E} - \vec{j}_e\times\vec{B} - \rho_m\vec{H} + \vec{j}_m\times\vec{D} \\ &\quad + \vec{\nabla}(\vec{D}\otimes\vec{E} + \vec{B}\otimes\vec{H}) - \cdot\vec{D}\vec{\nabla}\vec{E}\cdot - \cdot\vec{B}\vec{\nabla}\vec{H}\cdot\end{aligned} \tag{7.7}$$

この最後の項を簡単にしたい。真空中であれば $\vec{D}=\epsilon_0\vec{E},\ \vec{B}=\mu_0\vec{H}$ の関係式があるので、以下のようにまとめることができる。

$$\cdot\vec{D}\vec{\nabla}\vec{E}\cdot + \cdot\vec{B}\vec{\nabla}\vec{H}\cdot = \frac{1}{2}\vec{\nabla}(\vec{D}\cdot\vec{E} + \vec{B}\cdot\vec{H})$$

真空中でなくても、微分される量が 2 次式になっていれば良いので、P, M を位置によって値を変えない行列として、$\vec{D}=P\vec{E},\ \vec{B}=M\vec{H}$ のように表せるならば、この関係式は成立する。そもそも物質中での状況に対応するには電磁場

と物質との相互作用も考えなければならないから、せいぜいこれが限界であろう。この条件下で I を単位行列として、以下のようにまとめることができる。

電磁場の運動量 $\vec{D}\times\vec{B}$ と応力 σ

真空中などのように、P, M を位置によって値を変えない行列として、$\vec{D}=P\vec{E},\ \vec{B}=M\vec{H}$ のように表せるとき、以下が成り立つ。

$$\vec{F}_P := \rho_e\vec{E}+\vec{j}_e\times\vec{B}+\rho_m\vec{H}-\vec{j}_m\times\vec{D} \tag{7.8}$$

$$\sigma := \frac{1}{2}(\vec{D}\cdot\vec{E}+\vec{B}\cdot\vec{H})I-\vec{D}\otimes\vec{E}-\vec{B}\otimes\vec{H} \tag{7.9}$$

$$\frac{\partial}{\partial t}(\vec{D}\times\vec{B}) = -\vec{F}_P-\vec{\nabla}\sigma \tag{7.10}$$

（式 7.8）と電荷・電流・磁荷・磁流が受ける力（式 5.29）と見比べていただきたい。電流や磁流を担っている粒子の電荷密度と磁荷密度をそれぞれ ρ'_e, ρ'_m、それらの平均速度をそれぞれ $\vec{v}_e$, $\vec{v}_m$、とするならば、$\vec{j}_e=\rho'_e\vec{v}_e$, $\vec{j}_e=\rho'_m\vec{v}_m$ だから、$\vec{F}_P$ は電荷や磁荷が電磁場から受ける、体積あたりの力。よって（式 7.10）右辺第一項 "$-\vec{F}_P$" はその反作用といえる。右辺第二項 "$-\vec{\nabla}\sigma$" は、水圧に対する浮力のようなもので、電磁場自体の応力から受ける、体積あたりの力と考えられる。つまり（式 7.3）によれば、この σ は電磁場の応力である。以上により、$\vec{D}\times\vec{B}$ は、電磁場自身が持っている運動量の密度であるといえる。

仮に真空中で、$\vec{E}=(E,0,0)$ なる電場が存在したとしよう。このときの σ は、以下で与えられる。

$$\sigma=\frac{\epsilon_0}{2}E^2\begin{pmatrix}-1 & 0 & 0\\ 0 & 1 & 0\\ 0 & 0 & 1\end{pmatrix} \tag{7.11}$$

つまり、電場の向きには張力、垂直な方向には圧力。これを電気力線と重ねてみると、力線自体には張力があり、力線同士は互いに圧力で押しあうという描像が得られる。これにより、プラスの電荷同士が反発して、プラスとマイナスの電荷が引きあう理由を、電気力線で説明することができるであろう。

7.3 電磁場によるエネルギーの輸送とエネルギー保存則

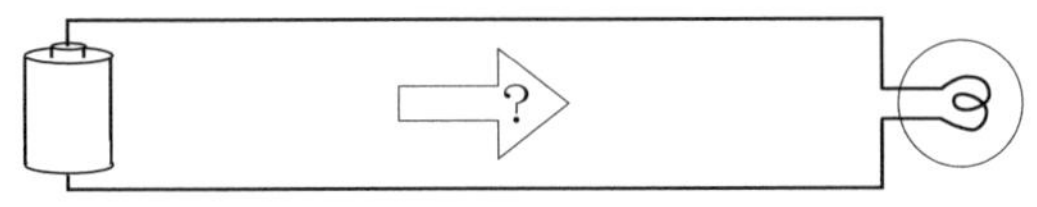

図 7.4 エネルギーはどこを通る？

豆電球に電線を繋ぎ、その電線を電池に繋ぐと豆電球が点灯する。この点灯で消費されるエネルギーは、電池から供給される。さて、電池から出たエネルギーはどこを通って豆電球に至るのであろうか？ ホースの中を水が押し出されるように、電線の中の電子が運ぶのだろうか？ 実は電線の間の空間にて電磁場に運ばれている。その物理量 $\vec{E}\times\vec{H}$ はポインティング・ベクトル (Poynting vector) と呼ばれている。

ここでは電磁場が蓄積しているエネルギーと、電磁場によるエネルギーの輸送を、エネルギー保存則を利用して確認する。すなわち、小さな立体領域 R を考えて、以下の 3 つの合計がゼロになることを手がかりとする。

1. R 内の電磁場のエネルギーの変化（増加でプラス、減少ならマイナス）
2. R から流出した電磁場のエネルギー（流出でプラス、流入でマイナス）
3. R 内の電荷や磁荷が電磁場からされた仕事

まずは電荷や磁荷が電磁場からされる仕事を評価する。電荷や磁荷が電磁場から受ける力は（式 5.29）で与えられる。電荷や磁荷が時間当たりに電磁場からされた仕事を評価するには、この力に速度を掛ければよい。

$$
\begin{aligned}
\vec{F}\cdot\vec{v} &= \Big(q_e(\vec{E}+\vec{v}\times\vec{B})+q_m(\vec{H}-\vec{v}\times\vec{D})\Big)\cdot\vec{v} \\
&= q_e\vec{v}\cdot\vec{E}+q_m\vec{v}\cdot\vec{H}
\end{aligned}
$$

ここから連続体へ移行する。$\vec{v}$ を電荷や磁荷を運んでいる粒子のの平均速度とみなし、それらの粒子の電荷密度を ρ_e、磁荷密度を ρ_m、領域の体積を V とすると、電流密度 $\vec{j}_e$ と磁流密度 $\vec{j}_m$ で表されることがわかる。

$$q_e\vec{v} \to \rho_e V\vec{v} = \vec{j}_e V$$
$$q_m\vec{v} \to \rho_m V\vec{v} = \vec{j}_m V$$

故に、体積あたり時間当たりに電荷・磁荷が電磁場からされる仕事は、電流密度と磁流密度を用いて以下のように表される。

$$\vec{F}\cdot\vec{v}/V = \vec{j}_e\cdot\vec{E} + \vec{j}_m\cdot\vec{H}$$

一方、マクスウェルの方程式（式 6.11, 6.12）より、以下が成立する。途中の計算は巻末（§A.13）に示した。

$$(\vec{E}\cdot\frac{\partial\vec{D}}{\partial t} + \vec{H}\cdot\frac{\partial\vec{B}}{\partial t}) + \vec{\nabla}\cdot(\vec{E}\times\vec{H}) + (\vec{j}_e\cdot\vec{E} + \vec{j}_m\cdot\vec{H}) = 0 \tag{7.12}$$

左辺第 3 項は先ほどの、時間当たり体積あたりでの、電荷・磁荷が電磁場からされる仕事である。左辺第一項を簡単にしたい。真空中であれば関係式 $\vec{D} = \epsilon_0\vec{E},\ \vec{B} = \mu_0\vec{H}$ により、以下の様にまとめることができる。

$$\vec{E}\cdot\frac{\partial\vec{D}}{\partial t} + \vec{H}\cdot\frac{\partial\vec{B}}{\partial t} = \frac{1}{2}\frac{\partial}{\partial t}(\vec{E}\cdot\vec{D} + \vec{H}\cdot\vec{B}) \tag{7.13}$$

これは真空ではなくても、２次式の微分になっていればよいので、時間と共に値を変えない行列 P, M を用いて、$\vec{D} = P\vec{E},\ \vec{B} = M\vec{H}$ の関係で表されるなら成立する。いずれにせよ物質中ではその物質とのエネルギーの収支を評価しなければならなくなるだろう。以後、この条件（式 7.13）が成り立つ前提で話を進める。（式 7.12）を体積積分 $\iiint_R\ dV$ すると、ガウスの定理（式 6.5）により以下のようになる。ここで、積分領域は時間と共に動かさないものとする。故に時間微分と順番を入れ替えることができる。

電磁場の時間当たりでのエネルギー収支

時間変化しない行列 P, M を用いて、$\vec{D}=P\vec{E},\ \vec{B}=M\vec{H}$ の関係がある場合、以下のエネルギー収支が成立する。

$$u := \frac{1}{2}(\vec{E}\cdot\vec{D}+\vec{H}\cdot\vec{B}) \tag{7.14}$$

$$\vec{S}_{em} := \vec{E}\times\vec{H} \qquad \text{（ポインティング・ベクトル）} \tag{7.15}$$

$$P_{int} := \vec{j}_e\cdot\vec{E}+\vec{j}_m\cdot\vec{H} \tag{7.16}$$

$$\frac{d}{dt}\iiint_R u\, dV + \oiint_{\partial R}\vec{S}_{em}\cdot d\vec{S} + \iiint_R P_{int}\, dV = 0 \tag{7.17}$$

（式 7.17）第 1 項は、時間当たりの領域内の電磁場のエネルギーの変化。つまり u は電磁場のエネルギー密度を表していることがわかる。第 2 項は、時間当たりに領域表面より流出する電磁場のエネルギー。つまり、$\vec{E}\times\vec{H}$ **は時間当たり面積あたりの電磁場のエネルギーの流れを表していることがわかる**。第 3 項は、電荷や磁荷が時間当たりに電磁場からされた仕事。この第 3 項が、u と $\vec{E}\times\vec{H}$ の物理的な意味に根拠を与えている。

最初の送電の話題に戻ろう。電池を繋ぐとプラス側の電線からマイナス側の電線へ向けて電場 $\vec{E}$ が生じる。さらに電流が流れると、電流の向きに対して右ネジが回転する向きに磁場 $\vec{H}$ が生じるから、電場と磁場のクロスが生じ、ベクトル積 $\vec{E}\times\vec{H}$ は電池から電球へ向かう向きになり、エネルギーを輸送する。

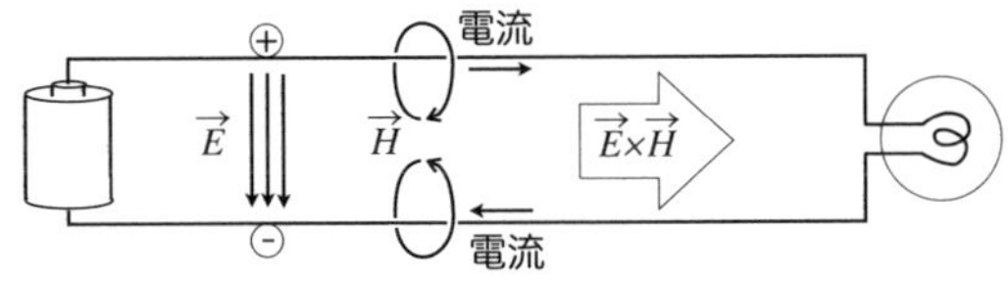

図 7.5　電磁場によるエネルギーの輸送

送電線で運ばれるエネルギーは電線の中を伝って運ばれると思っている人は多いようだ。大電力を担う送電線の下に立つと、大電力のエネルギーの一部が常にあなたの体を貫いているのだということを忘れないで欲しい。

7.4　電磁波の速さ

物質の無い真空中では、電磁場は速さ $c := \frac{1}{\sqrt{\epsilon_0\mu_0}}$ で伝播することを確認する。マクスウェル方程式（式 6.6, 6.7, 6.11, 6.12）を、電荷も磁荷も無い（$\rho_e = \rho_m = 0,\ \vec{j}_e = \vec{j}_m = 0$）真空中（$\vec{D} = \epsilon_0\vec{E},\ \vec{B} = \mu_0\vec{H}$）での設定にて、$\vec{E}, \vec{B}$ のみで書き下すと、以下のようになる。

$$
\begin{aligned}
\vec{\nabla}\cdot\vec{E} &= 0 \\
\vec{\nabla}\cdot\vec{B} &= 0 \\
\vec{\nabla}\times\vec{E} &= -\frac{\partial\vec{B}}{\partial t} \\
\vec{\nabla}\times\vec{B} &= \frac{1}{c^2}\frac{\partial\vec{E}}{\partial t}
\end{aligned}
$$

この方程式の解は様々にあるけれども、伝播する速さを確認したいだけなので、なるべく単純な解を想定しよう。$\vec{n}, \vec{E}_0, \vec{B}_0$ を定数、f を適当な関数として、以下のように平面波を仮定してみる。方程式と矛盾しなければこれも解である。

$$
\begin{aligned}
\vec{E} &= \vec{E}_0\ f(ct - \vec{n}\cdot\vec{x}) \\
\vec{B} &= \vec{B}_0\ f(ct - \vec{n}\cdot\vec{x})
\end{aligned}
$$

これは $\vec{n}$ の方向に速さ $c/|\vec{n}|$ で伝播する平面波を表している。マクスウェルの方程式に代入して、以下を得る。

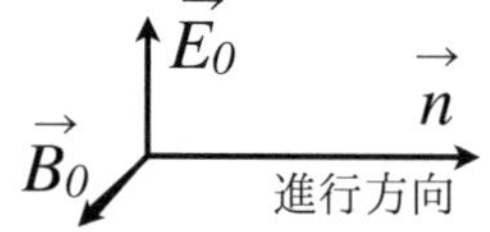

図 7.6　向きの関係

$$
\begin{aligned}
\vec{n}\cdot\vec{E}_0 &= 0 \\
\vec{n}\cdot\vec{B}_0 &= 0 \\
\vec{n}\times\vec{E}_0 &= c\vec{B}_0 \\
\vec{n}\times\vec{B}_0 &= -\frac{1}{c}\vec{E}_0
\end{aligned}
$$

つまり電磁波の進行方向に対して、電場も磁束密度も垂直な向きを向いており、これらも互いに垂直。$\vec{E}$ から $\vec{B}$ へ向けての回転に対して右ネジが進む向きに電磁波が進むことがわかる。

$$-|\vec{n}|^2\vec{E}_0 = \vec{n}\times(\vec{n}\times\vec{E}_0) = c\vec{n}\times\vec{B}_0 = -\vec{E}_0$$

だから、$|\vec{n}| = 1$。以上により電磁波の伝播速度は c であることが確認できた。なお、$\vec{E}$ と $\vec{B}$ の大きさの関係は、以下のようになる。

$$|\vec{E}| = c|\vec{B}|$$

この説明では電磁波の伝播する速さが c であることについて、一般性が無いように思われるかもしれないが、フーリエ変換を用いれば、真空中のマクスウェル方程式の一般解が、速さ c で伝播する平面波の重ね合わせで表現される事を証明できる。

マクスウェルの方程式とベクトル 3 重積の公式（式 5.16）により、

$$\begin{aligned} 0 = \vec{\nabla}\times(\vec{\nabla}\times\vec{E} + \frac{\partial}{\partial t}\vec{B}) &= \vec{\nabla}(\vec{\nabla}\cdot\vec{E}) - (\vec{\nabla}\cdot\vec{\nabla})\vec{E} + \frac{\partial}{\partial t}\vec{\nabla}\times\vec{B} \\ &= -(\vec{\nabla}\cdot\vec{\nabla})\vec{E} + \frac{1}{c^2}\frac{\partial^2}{\partial t^2}\vec{E} \\ &= (\frac{1}{c^2}\frac{\partial^2}{\partial t^2} - \vec{\nabla}\cdot\vec{\nabla})\vec{E} \end{aligned}$$

同様にして、磁束密度も同じ方程式に従う。

$$(\frac{1}{c^2}\frac{\partial^2}{\partial t^2} - \vec{\nabla}\cdot\vec{\nabla})\vec{B} = 0$$

ここで、有限な任意の関数 f を、フーリエ変換として、

$$f = \sum_{\omega,\vec{k}} A(\omega,\vec{k})e^{i(\omega t - \vec{k}\cdot\vec{x})}$$

と、置くと、

$$(\frac{1}{c^2}\frac{\partial^2}{\partial t^2} - \vec{\nabla}\cdot\vec{\nabla})f = 0$$

の解は、

$$A(\omega,\vec{k}) = 0 \quad (\ |\omega| \neq |\vec{k}|c\ )$$

つまり、伝播する速さが c 以外のフーリエ成分は排除される。

7.5　電磁波のエネルギーと運動量の関係

いよいよ長らく後回しになっていた電磁波のエネルギーと運動量の関係式（式 2.6）について触れる準備が整った。電磁場の運動量密度を表す $\vec{p}=\vec{D}\times\vec{B}$ に、真空中の関係式（$\vec{D}=\epsilon_0\vec{E},\ \vec{B}=\mu_0\vec{H}$）を代入すると、電磁場のエネルギーの流れを表わすポインティングベクトル $\vec{S}_{em}=\vec{E}\times\vec{H}$ との関係が明らかになる。

$$\vec{S}_{em}=c^2\vec{p} \tag{7.18}$$

c が余計に 1 つ掛けられていると思われるかも知れない。しかし、運動量密度が運動量を体積 $A\,c\,dt$ で割った（図 7.7）量であるのに対し、ポインティングベクトルは、エネルギーを時間 dt と面積 A で割った量なので、分母が違う。

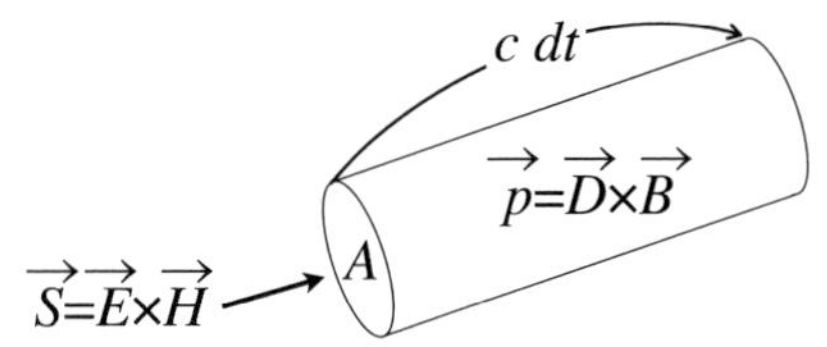

図 7.7　ポインティングベクトルと運動量密度

ポインティングベクトルと垂直に面積 A の小さな面を取る。時間 dt の間にこの面を通り抜ける電磁場のエネルギーは、$\epsilon=|\vec{S}|A\ dt$ である。この時間の間に、面を通過した電磁波が掃く領域の体積は、$V=A\ c\ dt$ で、その領域内の電磁場の運動量は、$P=|\vec{p}|V$ だから、（式 7.18）により、

$$\epsilon=Pc \tag{7.19}$$

が成り立っている。

第8章

電磁場の対称性

本章と次章はいわゆる特殊相対性理論の話題である。一般相対性理論への足がかりとなるのは、（§8.8）である。アインシュタイン方程式の意味をさっさと理解したいセッカチな人は、そこを理解した後、10 章へ飛んでかまわない。

6 章で、マクスウェルの方程式を時間も絡めた任意の座標変換を施しても同じ形に書かれる様に様々な表現で書き下したが、座標変換の中にも回転の変換のように真空中の関係式 $\vec{D}=\epsilon_0\vec{E}$, $\vec{B}=\mu_0\vec{H}$ の形を変えない座標変換が存在する。回転だけでなく速度を加える変換 (boost) に関しても、この関係式の形を変えない座標変換が存在し、これを**ローレンツ変換**という。回転からは場の量（あるいは素粒子）に固有の角運動量であるスピンという物理量が見出される。このスピンの情報を担う物理量として、スピノルが現れる。スピノルを掛け合わせて回転の座標変換に従うベクトルを構成できるが、ベクトルをルートしてスピノルを作ることはできない。ゆえにスピノルは、座標変換を回転に限る限りは、ベクトルよりも基本的な物理量であるといえる。一方で、ローレンツ変換は、式だけを見る限りにおいては時間と空間の間の虚数角度の回転の様にも見えるので、回転との類似がいくつか見られる。この類似性から、スピノルを含む物理量を、ローレンツ変換も含めた物理量に容易に拡張することができる。スピノルは次章で扱う。

本章と次章では電磁場の対称性として見出された回転とローレンツ変換について紹介する。その中で、本章では主に座標について扱い、次章では、スピノルについて紹介する。ローレンツ変換が関係している物理で重力の理論を含まないものを**特殊相対性理論**という。対して、重力の理論も含めた理論が**一般相

対性理論である。特殊相対性理論は「加速度を扱わない」と、しばしば誤解されるが、**加速度は問題なく扱える**。相対性理論は略して**相対論**ともいわれる。相対性理論は 19 世紀末から 20 世紀初頭にかけて、電磁気学と力学の間に横たわっていた矛盾ともとれる不整合に対して、“時間の測りかた” に着目して、見通しの良い解釈を確立したものである。「宇宙船の中の時間はゆっくり進む」だとか「走っている棒は縮む」だとか、刺激的な文言が踊り、日頃物理学とは無縁な人たちにも興味を持ってもらうためには格好の題材となっている。

よく見かける解説書などでは、以下の 2 つを話の出発点にする。

- 相対性原理：力学の方程式が成り立つ全ての座標系に対して、電気力学（電磁気学）や光学の法則がいつも同じ形で成り立つ[1)]。
- 光速度不変の原理[2)]：真空中の光の速さは、光源や観測者の速度には無関係で、常に $c = 299792458\mathrm{m/s}$。

“なぜ？” を問うたら話が長くなってしまいそうな部分を「原理」ということにして追求しない。こうやって説明すれば、興味を持ってくれた中学生にも理解してもらえるし、一般聴衆に向けて講演する場合にも、話についてきてもらうことができそうだ [30]。

しかしながら、我々は無謀にも光の速さを超えることを企んでいる。光の速さが定数であること、すなわち、どんなに光を追いかけても変わらぬ速さで光が逃げて行くことの理由を、追求しないという姿勢はつまらない気がする。それでここまで電磁気学の成り立ちについて長々とおつきあいいただいた。話の発端はローレンツ力にまで遡る。直流電流が流れている電線の近くに方位磁石を近づけると、影響を受けて磁石が動くし、電子のビームを可視化した装置に磁石を近づけると、電子のビームが曲がる様子を観察することができる。紛れもなくこれは身近に体験できる事象だ。そこから話を始めて、理屈をこねまわ

---

1) この部分は「慣性系は互いに同等」などという言い回しになっている本などが多いが、ここでは 1905 年のアインシュタインのオリジナル [27] に合わせた。どう考えてもオリジナルの表現の方がわかりやすいのだが..

2) 英文表記にあわせて「光の速さの定数性」と呼んだ方がよろしいと思う。しかも、高校では “速度” はベクトル量で “速さ” はその大きさとして習うので混乱が生じる。

し、我々は光の速さが定数であることに辿り着くのである。今一度その道筋を振り返ってみよう。そして、そこから得られた（光の速さが定数であることも含めた）対称性について本章では議論する。

8.1 電磁場の対称性が見出されるまでのみちのり

電磁波の対称性が見出されるまでの今までの論理の流れを振り返ってみよう。電磁気学の理論は、5 章で扱ったように、クーロンの法則（式 5.2, 5.9）とローレンツ力（ビオ・サバールの法則）（式 5.21）に電荷保存と磁荷保存[3)]を加えてマクスウェルの方程式を得た。これを 6 章で扱ったように、微分型式で書き表すと、空間座標に対して時間座標が対等に現れていることが分かり（式 6.21, 6.22）、テンソルに翻訳する際には、真空中の関係式 $\vec{D}=\epsilon_0\vec{E},\ \vec{B}=\mu_0\vec{H}$ より、空間座標に時間を加えた 4 次元空間の計量（式 6.47）

$$\acute{d}s^2 = g_{\mu\nu}dx^\mu dx^\nu = -a(c^2dt^2 - dx^2 - dy^2 - dz^2)$$

が得られた。ただし、電磁場の理論のみでは計量の共形因子 a は決まらない。

光の速さで移動する点は $\acute{d}s=0$ で表される。つまり、

$$\acute{d}s=0 \overset{6.47}{\rightarrow} (\frac{dx}{dt})^2+(\frac{dy}{dt})^2+(\frac{dz}{dt})^2=c^2$$

そして座標をいかに変更しても $\acute{d}s=0$ は維持される。光を追いかけるべく速度を加えた座標系でも物理法則が同じに成り立つと仮定するならば、（式 6.47）はやはり成立する。つまり、新しい座標 ($\hat{t},\ \hat{x},\ \hat{y},\ \hat{z}$) でも、

$$\acute{d}\hat{s}=0 \overset{6.47}{\rightarrow} (\frac{d\hat{x}}{d\hat{t}})^2+(\frac{d\hat{y}}{d\hat{t}})^2+(\frac{d\hat{z}}{d\hat{t}})^2=c^2$$

これが光の速さが変わらないことの所以である。

[3)] 磁荷は無くてかまわないのだけれども、オモシロイから入れてある。不要なら、いつでも値をゼロにすることができる。見かたを変えるなら、ある時刻で値をいったんゼロに置くと、ゼロのまま保存されるように理論ができている。

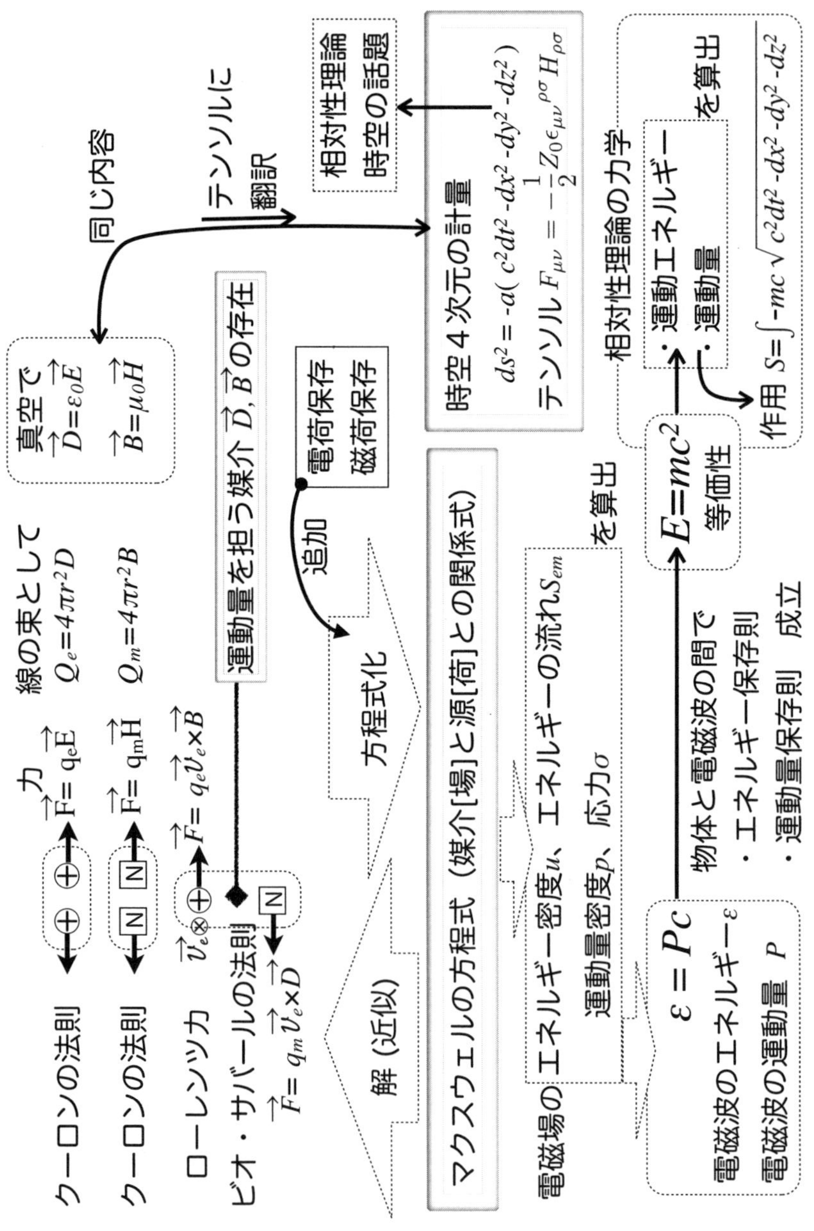

図 8.1　電磁気学の理論の相関と論理の流れ

一方で、7 章で扱ったように、電磁波が運搬するエネルギーは電磁波の運動量に比例していることが、マクスウェルの方程式から導かれる（式 7.19）。これを電磁波と物体との間にエネルギー保存と運動量保存が成立することと併せて、(§2.7) では質量エネルギーの等価性 $E = mc^2$ が導かれ、そこから相対論的な運動量の式（式 2.10）が導かれ、さらにそこから（§4.5）ではモーペルチューイの原理を経て、相対論的な粒子の作用 (action)（式 4.7）を導くことができた。それを連続化して、以下の作用 (action) を得る。

$$S = \int -mc\sqrt{c^2dt^2 - dx^2 - dy^2 - dz^2} \tag{8.1}$$

ここに m は粒子の静止質量。

さて、この**作用と計量は酷似**している。そこでたとえば、共形因子を $a = -1$ に固定してしまえば、物体の運動を表わす作用は計量を用いて、

$$S = \int -mc\ \acute{d}s \tag{8.2}$$

と、書けそうだ。この共通性の便利さから、まずは共形因子は定数に固定しておいて、対称性について考えてみよう。

マクスウェルの方程式は微分型式でもテンソルでも書けて、座標を時間も含めて自由に選べるのだけれども、真空中の関係式 $\vec{D} = \epsilon_0\vec{E},\ \vec{B} = \mu_0\vec{H}$ をそのままの見た目で変えない座標変換は限られてくる。この式をテンソルで書いたものが（式 6.46）になるのだが、座標を変更して完全反対称テンソル $\epsilon_{\mu\nu}{}^{\rho\sigma}$ の成分の値が変わってしまうと、対応（式 6.40〜6.43）に照らして $\vec{D} = \epsilon_0\vec{E},\ \vec{B} = \mu_0\vec{H}$ の形を維持できない。逆に云うと $\epsilon_{\mu\nu}{}^{\rho\sigma}$ の成分の値を変更しない座標変換は対等な関係で繋がっており、基準となるどれか一つというものは存在しない。特定の範囲の座標変換をしても物理が変わらないという意味で対称である。$\epsilon_{\mu\nu}{}^{\rho\sigma}$ は計量テンソル $g_{\mu\nu}$ の成分を組み合わせてできている。ということは、計量が（式 6.47）の形 $-a(c^2dt^2 - dx^2 - dy^2 - dz^2)$ に表されている限りにおいて、$\epsilon_{\mu\nu}{}^{\rho\sigma}$ の成分の値は変わらない。つまり、その範囲の座標変換においては、$\vec{D} = \epsilon_0\vec{E},\ \vec{B} = \mu_0\vec{H}$ がそのままの形で維持されるということだ。

一方では質量 m の粒子の作用が $c^2dt^2-dx^2-dy^2-dz^2$ で表されているので、共形因子 a は固定するとして、ここから計量を変えない座標は対等であることになる。具体的には回転や推進（速度を加えること）がそれにあたるだろう。

見ただけですぐわかる対称性として時間反転 $t\to -t$ や、空間反転 $x\to -x, y\to -y, z\to -z$ や、原点の変更 $t\to t+T_0, x\to x+X_0, y\to y+Y_0, z\to z+Z_0$ があるが、これらを含めた $c^2dt^2-dx^2-dy^2-dz^2$ を変えない変換を**ポアンカレ変換**[4)]、含めない変換を**ローレンツ変換**という。ローレンツ変換は回転の変換を含むが、回転以外の部分を強調してローレンツ変換と云う場合もある。あるいは回転以外であることを強調する場合は**ローレンツブースト** (Lorentz boost) と云う。ただし、ローレンツブーストを 3 回以上組み合わせて回転を作り出すことができるので、それは見た目だけで、回転から独立しているわけではない。まずは回転とローレンツ変換を見て行こう。

[4)] ジュール＝アンリ・ポアンカレ（Jules-Henri Poincaré, 1854 – 1912）フランスの数学者、理論物理学者、科学哲学者。

8.2 ローレンツ変換. その 1

まずは、y, z は留め置き、

$$c^2dt^2 - dx^2$$

を変えない t, x だけの座標変換 $t \to \hat{t},\ x \to \hat{x}$ を考えてみよう。t, x が関わる変換といえば以下の**ガリレイ変換**が考えられる。（図 8.2）のように、数直線 x に対して、数直線 $\hat{x}$ が一定の速度 v で移動して行く変換である。（行列算に関しては（§A.6）を参照。）

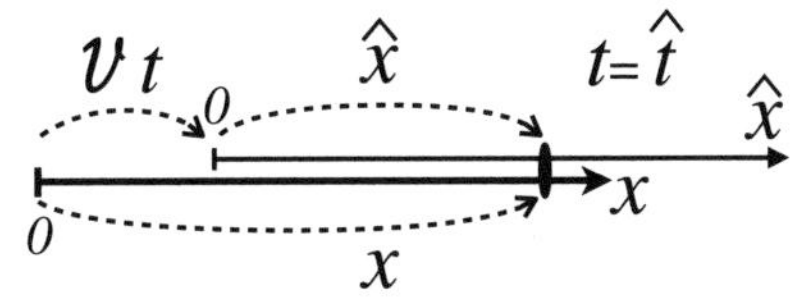

図 8.2　ガリレイ変換

$$\begin{pmatrix} ct \\ x \end{pmatrix} = \begin{pmatrix} 1 & 0 \\ \frac{v}{c} & 1 \end{pmatrix} \begin{pmatrix} c\hat{t} \\ \hat{x} \end{pmatrix}$$

しかしながら、これは以下のように条件を満たさない。

$$c^2dt^2 - dx^2 = (c^2 - v^2)d\hat{t}^2 - d\hat{x}^2 - vd\hat{t}d\hat{x}$$

そこで、$d\hat{t}d\hat{x}$ の項を消すために、0 の所に数 r を置いて見る。（※ この修正は、それ以前までの**“同時刻”の概念を覆す**ことになるが、従来理論は近似として成り立つので、誤っていたと決めつけるのは誤り。）

$$\begin{pmatrix} ct \\ x \end{pmatrix} = \begin{pmatrix} 1 & \mathrm{r} \\ \frac{v}{c} & 1 \end{pmatrix} \begin{pmatrix} c\hat{t} \\ \hat{x} \end{pmatrix}$$

すると、$cr - v = 0$ ならば、$d\hat{t}d\hat{x}$ の項を消せることがわかる。
そこで、$r = \frac{v}{c}$ とすると、

$$c^2dt^2 - dx^2 = (1 - \frac{v^2}{c^2})(c^2d\hat{t}^2 - d\hat{x}^2)$$

よって、大きさ調節のために、全体に $\frac{1}{\sqrt{1-\frac{v^2}{c^2}}}$ を掛けて完成。

$$\begin{pmatrix} ct \\ x \end{pmatrix} = \frac{1}{\sqrt{1 - \frac{v^2}{c^2}}} \begin{pmatrix} 1 & \frac{v}{c} \\ \frac{v}{c} & 1 \end{pmatrix} \begin{pmatrix} c\hat{t} \\ \hat{x} \end{pmatrix} \tag{8.3}$$

これを**ローレンツ変換**という。

近似として、もとのガリレイ変換に戻るためには、以下の 2 つの条件が必要。

ローレンツ変換からガリレイ変換に戻れる条件

1. $|v|$ が c に比して誤差の範囲内と見なせるほどにに小さい。
2. $\hat{x}$ の大きさが、時間 $v\hat{x}/c^2$ を無視できる程度に留まっている。

前者はよく云われる話ではあるが、後者はつい忘れられがちなので注意が必要だ。重ねて強調するが、v/c **が小さいというだけではガリレイ変換にはならない**。

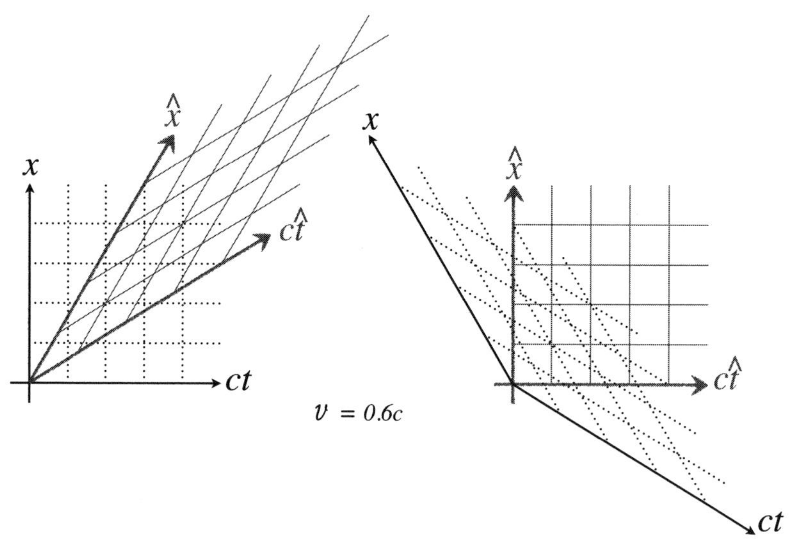

図 8.3　$v = 0.6c$ の場合のローレンツ変換

変換の数値の対応の例をグラフで示すと（図 8.3）のようになる。左右とも同じ内容を表している。x 軸あるいは $\hat{x}$ 軸と平行な線がそれぞれの座標での“同時刻”を表している事に注意。つまり、電磁場の対称性を取り入れた結果、同時刻という概念は相対的なものとなった。これを**同時の相対性**という。

8.3 ローレンツ変換. その 2

空間座標の間の相対速度が、$(v,0,0)$ ではなく、一般の向きを向いた $\vec{v}$ である場合は、空間座標を $\vec{v}$ と平行な成分と、垂直な成分に分ければ（式 8.3）が使い回せる。つまり

$$v := \sqrt{\vec{v}\cdot\vec{v}},\quad \vec{n} := \frac{1}{v}\vec{v} \tag{8.4}$$

として、$v(\vec{n}\cdot\vec{x}) = \vec{v}\cdot\vec{x}$ より、以下の 3 式にまとめられる。

$$t = \frac{1}{\sqrt{1-\frac{v^2}{c^2}}}(\hat{t} + \frac{1}{c^2}\vec{v}\cdot\vec{x}) \tag{8.5}$$

$$\vec{n}\cdot\vec{x} = \frac{1}{\sqrt{1-\frac{v^2}{c^2}}}(v\hat{t} + \vec{n}\cdot\hat{\vec{x}}) \tag{8.6}$$

$$\vec{x} - (\vec{x}\cdot\vec{n})\vec{n} = \hat{\vec{x}} - (\hat{\vec{x}}\cdot\vec{n})\vec{n} \tag{8.7}$$

（式 8.7）の $(\vec{x}\cdot\vec{n})$ に（式 8.6）を代入して、

$$\begin{aligned}
\vec{x} &\overset{8.7}{=} \hat{\vec{x}} - (\hat{\vec{x}}\cdot\vec{n})\vec{n} + (\vec{x}\cdot\vec{n})\vec{n} \\
&\overset{8.6}{=} \hat{\vec{x}} - (\hat{\vec{x}}\cdot\vec{n})\vec{n} + \frac{v\hat{t} + \vec{n}\cdot\hat{\vec{x}}}{\sqrt{1-\frac{v^2}{c^2}}}\vec{n} \\
&= \frac{\vec{v}\hat{t}}{\sqrt{1-\frac{v^2}{c^2}}} + \hat{\vec{x}} + (\frac{1}{\sqrt{1-\frac{v^2}{c^2}}} - 1)(\hat{\vec{x}}\cdot\vec{n})\vec{n}
\end{aligned} \tag{8.8}$$

（式 8.5）と（式 8.8）で一般の相対速度のローレンツ変換となる。これらは時間反転 $(t \to -t, \vec{v} \to -\vec{v})$ あるいは空間反転 $(\vec{x} \to -\vec{x}, \vec{v} \to -\vec{v})$ を施しても成り立つ。込み入った式に見えるが、以下の設定で見かけ上は簡潔に表現できる。

$$[\vec{n}] := \begin{pmatrix} 0 & n_x & n_y & n_z \\ n_x & 0 & 0 & 0 \\ n_y & 0 & 0 & 0 \\ n_z & 0 & 0 & 0 \end{pmatrix} = \begin{pmatrix} 0 & \vec{n} \\ \vec{n} & 0 \end{pmatrix} \tag{8.9}$$

$$e^{\phi} := \sqrt{\frac{c+v}{c-v}} \tag{8.10}$$

（式 8.10）の ϕ はラピディティ (Rapidity) と呼ばれる。$[\vec{n}]$ の 3 乗を計算すると、

$$[\vec{n}]^3 = [\vec{n}]$$

となるから、m を自然数として、以下が成立。

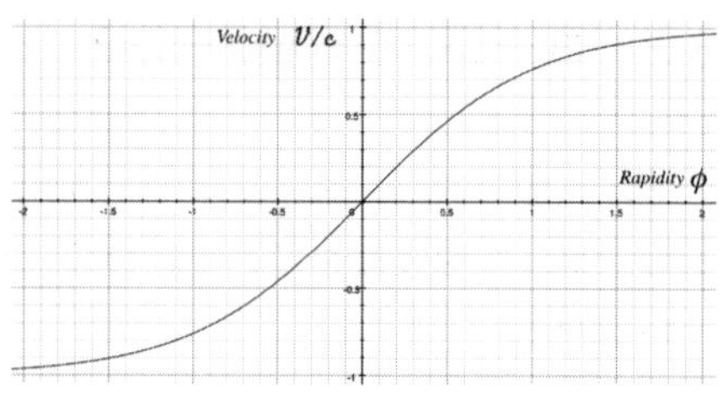

図 8.4　ラピディティ (横軸) と速度 (縦軸)

$$(\phi[\vec{n}])^{2m-1} = \phi^{2m-1}[\vec{n}] \tag{8.11}$$

$$(\phi[\vec{n}])^{2m} = \phi^{2m}[\vec{n}]^2 \tag{8.12}$$

一方で、双曲線関数 $\cosh\phi$, $\sinh\phi$ を導入する。

$$\cosh\phi := \frac{e^{\phi}+e^{-\phi}}{2} = 1+\frac{1}{2}\phi^2+\frac{1}{24}\phi^4+..\overset{8.10}{=}\frac{1}{\sqrt{1-\frac{v^2}{c^2}}}$$

$$\sinh\phi := \frac{e^{\phi}-e^{-\phi}}{2} = \phi+\frac{1}{6}\phi^3+\frac{1}{120}\phi^5+..\overset{8.10}{=}\frac{1}{\sqrt{1-\frac{v^2}{c^2}}}\frac{v}{c}$$

つまり、$\cosh\phi-1$ は ϕ の偶数乗のべきで、$\sinh\phi$ は ϕ の奇数乗のべきで級数展開できるので、

$$\cosh(\phi[\vec{n}])-1\overset{8.12}{=}(\cosh(\phi)-1)[\vec{n}]^2$$

$$\sinh(\phi[\vec{n}])\overset{8.11}{=}\sinh(\phi)[\vec{n}]$$

ゆえに、

$$\begin{aligned}
e^{\phi[\vec{n}]} &= 1+\sinh(\phi[\vec{n}])+(\cosh(\phi[\vec{n}])-1)\\
&= 1+\sinh(\phi)[\vec{n}]+(\cosh(\phi)-1)[\vec{n}]^2\\
&= 1+\frac{1}{\sqrt{1-\frac{v^2}{c^2}}}\frac{v}{c}[\vec{n}]+(\frac{1}{\sqrt{1-\frac{v^2}{c^2}}}-1)[\vec{n}]^2
\end{aligned}$$

よって、ローレンツ変換（式 8.5, 8.8）は（式 8.4, 8.9, 8.10）により、以下のような形に書くことができる。

$$\begin{pmatrix} ct \\ \vec{x} \end{pmatrix} = e^{\phi[\vec{n}]}\begin{pmatrix} c\hat{t} \\ \hat{\vec{x}} \end{pmatrix} \tag{8.13}$$

また、ローレンツ変換（式 8.5, 8.8）が時間反転 $(t \to -t, \vec{v} \to -\vec{v})$ あるいは空間反転 $(\vec{x} \to -\vec{x}, \vec{v} \to -\vec{v})$ をしても同じく成り立つことから、この式もこれらの入れ替えに対して成立する。

$$\begin{pmatrix} ct \\ -\vec{x} \end{pmatrix} = e^{-\phi[\vec{n}]} \begin{pmatrix} c\hat{t} \\ -\vec{\hat{x}} \end{pmatrix} \tag{8.14}$$

8.4 速度合成

速度 v で走っている電車から進行方向へ速度 u で物体を射出すると、地面から見た速度は $v+u$ になる。これを繰り返せば光の速さを超えられそうなものだが、ローレンツ変換（式 8.3）に照らしてどうなるのだろうか？（式 8.3）を微分して、第 2 成分を第 1 成分で割ると、

$$\frac{dx}{cdt} = \frac{(vd\hat{t} + d\hat{x})/\sqrt{1-\frac{v^2}{c^2}}}{(cd\hat{t} + \frac{v}{c}d\hat{x})/\sqrt{1-\frac{v^2}{c^2}}} = \frac{v + \frac{d\hat{x}}{d\hat{t}}}{c + \frac{v}{c}\frac{d\hat{x}}{d\hat{t}}}$$

$(\hat{t}, \hat{x})$ の座標系で測った速度を $\hat{u} := \frac{d\hat{x}}{d\hat{t}}$ と置いて、整理して、

$$\frac{dx}{dt} = \frac{v + \hat{u}}{1 + \frac{v\hat{u}}{c^2}} \tag{8.15}$$

これが**相対論的な速度合成則**である。合成された速度を光の速さから引くと、

$$c - \frac{dx}{dt} = \frac{c(c-v)(c-\hat{u})}{c^2 + v\hat{u}}$$

だから、光よりも遅い速さをいくら継ぎ足しても、右辺は正となり、$\frac{dx}{dt}$ は光の速さを超えることはない。さらに、もともと光の速さ c で移動する点にどんな速さを足し引きしても右辺はゼロとなり $\frac{dx}{dt}$ は光の速さのままである。ではもともと光より速い速度で移動する点はどうなるのだろうか？ 光よりも遅い速さを継ぎ足しても右辺は負のままであり、光の速さよりも遅くなることはできない。光の速さよりも遅くなるためには、光よりも速い速度に、さらに光よりも速い速度を足さなければならない。

ところで（式 8.15）を書き直すと、以下のように指数関数のような性質が見出される。（実際に計算して確認されたし。）

$$\frac{c+\frac{dx}{dt}}{c-\frac{dx}{dt}}=\frac{c+v}{c-v}\ \frac{c+\hat{u}}{c-\hat{u}}$$

つまり、 $v,\ \hat{u},\ \frac{dx}{dt}$ のラピディティ（式 8.10）をそれぞれ $\phi_1,\ \phi_2,\ \phi_3$ とすると、速度合成の式は、以下のように足し算で表される。

$$\phi_3=\phi_1+\phi_2$$

問題　8.4.1

$(\hat{t},\hat{x})$ の座標系で測った速度に $\hat{y},\hat{z}$ 成分があったら合成速度はどうなるか？

略解

速度の x 成分については本文と同じ。y 成分については $dy=d\hat{y},\ dz=d\hat{z}$ だから、時間の変換分のみが効いてくる。（式 8.3）より、
$dt=(d\hat{t}+\frac{v}{c^2}d\hat{x})/\sqrt{1-\frac{v^2}{c^2}}\ =(1+\frac{v}{c^2}\frac{d\hat{x}}{d\hat{t}})d\hat{t}/\sqrt{1-\frac{v^2}{c^2}}$

ゆえに、$(\frac{dy}{dt}\ ,\ \ \frac{dz}{dt})=\frac{\sqrt{1-\frac{v^2}{c^2}}}{1+\frac{v}{c^2}\frac{d\hat{x}}{d\hat{t}}}(\frac{d\hat{y}}{d\hat{t}}\ ,\ \ \frac{d\hat{z}}{d\hat{t}})$

問題　8.4.2

（図 8.4）に、速度 v とラピディティ ϕ の関係を表したグラフがある。このグラフを用いて、適当に選んだ 2 つの速度を合成せよ。

解答例

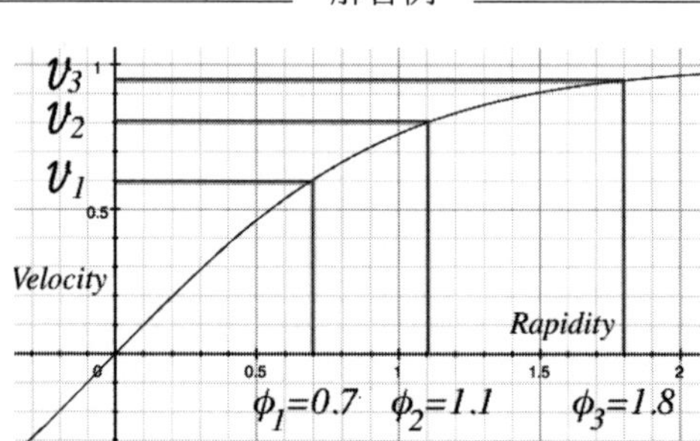

図の縦軸は光の速さを単位とした速度である。横軸はラピディティで、v_1 のラピディティと v_2 のラピディティを足し合わせて v_3 のラピディティを得る。

問題 8.4.3

地球から飛び立った宇宙船が一直線上を常に一定の加速度 g で加速し続けるとする。この加速度は、宇宙船の船内の人たちが、慣性力によって、常に地球の地表面と同じ重力のもとで生活できるという意味での一定で、$g = 9.8\mathrm{m/s^2}$ とする。地球を出発した時点での速度をほぼ 0 と見なすとして、宇宙船の船内時間で 1 年が経過した時点での地球から見た宇宙船の速さは光の速さ c の何%に達するか？ 有効数字 2 桁で求めよ。星間ガスの影響や隕石などの衝突、恒星からの輻射圧、軌道付近に現れる星や銀河などの重力は全て無視せよ。

ヒント

速度が光の速さに近づくと、日常生活で経験してきた常識が成り立たないという局面に遭遇するのだけれども、それならば、我々の常識が通用する範囲のことを積み重ねていけば良いのである。なお、地球は慣性系であると見なす。

解答例

地球を出発してから船内時間 t 経過した時点での宇宙船の地球から見た速度を $v(t)$ とする。一方で、時刻 t での宇宙船の船内を基準として、とても短い時間 dt 後の宇宙船の速度は $g\,dt$ である。この速度の増え分に対応するラピディティ $d\phi$ はとても小さいので、速度の増え分を光速 c で割った量に等しくなる。

$$1 + d\phi = e^{d\phi} = \sqrt{\frac{c + g\,dt}{c - g\,dt}} = 1 + g\,dt/c$$

ローレンツ変換より得られる速度合成の公式より、地球から見た船内時刻 $t + dt$ でのラピディティの値は船内時刻 t での宇宙船のラピディティに、船内時間 dt の間に増えたラピディティ $d\phi$ を足したものになるから、地球を出発してからのラピディティを積算すれば、船内時刻 t のラピディティを得ることができる。初速がゼロだから、

$$\phi(t) = g\,t/c$$

これを速度について解き返して、

$$v(1\,年)/c = \tanh(g \cdot 1\,年/c) = 0.77$$

答え：77%

問題　8.4.4

地球の赤道上に地面と垂直に棒を立てる。その棒をまっすぐに延長し、高さを海王星の軌道半径 ($r = 4.50 \times 10^{12}$m) と同じくした。棒の先端の速さは、地球の自転に伴い、単純に計算すると光の速さを超えそうであるが ($2\pi r/1$ 日 $=$ $1.09c > c$)、ローレンツ変換に基づく速度合成を考慮すると、先端の速さは実際のところ光の速さ c の何%になるか？　有効数字 2 桁で求めよ。ここに、“棒がまっすぐ”というのは棒の至るところに棒にくっついた点検要員を配置して彼らの近くの上下で棒のゆがみも曲がりも全く検出されないという意味での“まっすぐ”である。棒の長さは、係員が地上から長さ 1m のモノサシを順番に当てがって測定した値とする。天体の衝突や星間ガスやプラズマや太陽の輻射圧、各天体からの重力などなどは全て無視せよ。

ヒント

加速する宇宙船の問題と解く要領は同じである。高さ y の地点に棒と速度を同じくする回転しない観測者を配し、高さ $y+dy$ の点の棒の速さを測ればよろしい。その観測者から見て、棒の向きと速度が垂直であることにも注意。棒と同じ位置にて測定する限り、どこでも同じである。

略解

天体の重力を無視できるので、重りを 2 つヒモで結んで宇宙空間に静置し、ヒモに張力が生じたかどうかで、自転を検知できる。ある時刻で、地球から高さ y の棒上の点に対して位置と速度が同じくなるような自転していない観測者を配し、高さ $y+dy$ の点の棒の速さを測定する。棒の角速度は $\omega = (2\pi/\ 1$ 日$)$ であり、観測者の位置でも棒は同じ角速度 ω で回転しているので、その観測者が見た、高さ $y+dy$ の点の棒の速さは ωdy となる。この値は光の速さ c に比して十分に小さいので、ラピディティに換算すると、$\omega dy/c$ と等しくなる。ローレンツ変換に依拠した速度合成は、ラピディティの和で表されるから、高さ 0 から r までこれを積算して、高さ r での棒のラピディティ $(\omega r/c)$ が算出される。これを速さについて解き返して、棒の先端の速さを得る。

$$速さ/c = \tanh(\omega r/c) = 0.796.. \tag{8.16}$$

答え：80 %

解説

この棒は、ローカルにはまっすぐなのに、遠方から見ると、ナルトの渦巻きのように、ゼンマイが巻かれるように、時の経過と共にどんどん巻き付いていく。これは棒が棒にとっての“同時刻”の世界に存在しているために起る現象である。つまり夜空の星へ向かって腕を伸ばし、腕を回すと、腕の延長線上の“同時刻”を繋いだ線はその見かけ上、ぐにゃりと曲がることになる。その腕をグルグル回すと、その腕の向きを基準とした“同時刻”の線は、見かけ上、その一端が星からさほど移動せずに、大宇宙にグルグルと渦巻きを形作ることになる。もしも地上から月に届く程の巨大スケールの堅い構造物をぶんぶん振り回したとすると、我々が日常で見慣れた固体の動きとは異なり、同時刻の問題に加えて、加えた力と光が往復するための遅延も生じるために、かなり“ぐにゃぐにゃ”した感じに見えるにちがいない。

地球上の時刻を決める際には、なるべく太陽が南中する頃合いを正午と定めたいものだ。このため地上に 24 種類存在するローカル民事時間 (LCT) と全世界共通の協定世界時 (UTC) が並行して存在する。もしも人類が星間空間に進出した場合、宇宙標準時を定めて各恒星系とのローカル時刻とのすり合わせをすることになるだろう。この場合、LTC と UTC の様に位置の関係だけでは決まらない。速度も考慮しなければならなくなるのである。そればかりか宇宙標準時そのものを定める場合にも、どの速度を基準とするか、あるいは何を以て“同時刻”と定めるかが大きな問題となる。この、基準となる同時刻の決め方のことを**タイムスライス**という。

特にことわっておくが、ここで一般相対性理論は使っていない。加速度があるところでは一般相対性理論を使わなければならないと広く誤解されているが、一般相対性理論が必要になるのは、重い星付近のの重力場などによる「時空の歪み」や、宇宙全体について議論する場合であり、歪んだ時空を考えていないケースでは、特に必要のあるものではない。

しかしながら、一般相対性理論に至ってはタイムスライスはさらに注意深く意識すべき設定であり、タイムスライスの取りかたによって、同時刻が作り出す“空間”の姿が様々に変容する事に注意されたい。

8.5　すれ違う宇宙船、相手の時計の進みが遅くなる

星から遠く離れた宇宙空間で Alice の乗った宇宙船を Bob が乗った宇宙船が追い越す状況を想定する。双方の時計は両者の位置が重なったときに時刻 0 とし、その重なった位置を座標原点とする。空間は両者の相対速度の向きだけを考えることとする。Alice から見た Bob の速度は v である。Alice は予め時計を合わせた記録装置を空間の各所に（Alice に対して）固定。各位置での出来事を記録。その位置と時刻を $(t,\ x)$ とし、同様に Bob 側での位置と時刻を $(\hat{t},\ \hat{x})$ とすると、両者の間の関係はローレンツ変換（式 8.3）で結ばれる。

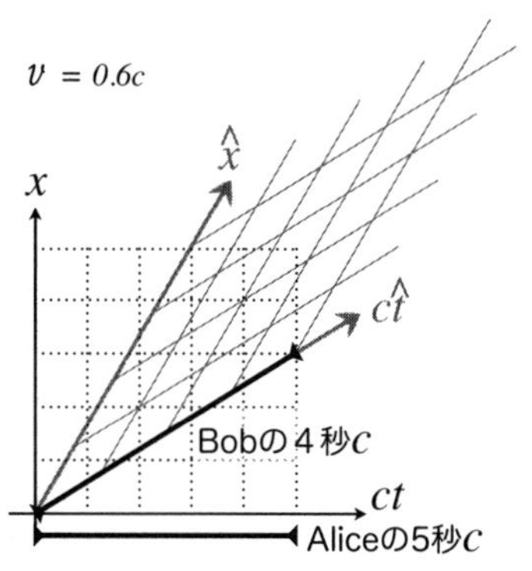

図 8.5　時計の遅れの仕組み

さて、Alice が Bob の宇宙船の中の時計を見たとしよう。Bob の時計が $\varDelta\hat{t}$ だけ時を刻む間に、Alice の時計ではいくらの時間 $(\varDelta t)$ が経過するであろうか？ 要点は Bob に対して止まった時計を表すには $\hat{x}$ が変化しない事である。（式 8.3）より、位置と時刻の差をとって、

$$\begin{pmatrix} c\varDelta t \\ \varDelta x \end{pmatrix} = \frac{1}{\sqrt{1-\frac{v^2}{c^2}}} \begin{pmatrix} 1 & \frac{v}{c} \\ \frac{v}{c} & 1 \end{pmatrix} \begin{pmatrix} c\varDelta\hat{t} \\ 0 \end{pmatrix}$$

ゆえに、

$$\varDelta t = \frac{\varDelta\hat{t}}{\sqrt{1-\frac{v^2}{c^2}}} \tag{8.17}$$

観測者 Alice の時計は Bob の時計の $\frac{1}{\sqrt{1-\frac{v^2}{c^2}}}$ 倍の長さの時を刻んでいる。これは、$\varDelta x \neq 0,\ \varDelta\hat{x} = 0$ とした結果である。

立場を逆転させた場合は、単純に式を解き返して $\varDelta\hat{t} = \varDelta t\sqrt{1-\frac{v^2}{c^2}}$ とするのではなく、設定を $\varDelta x = 0,\ \varDelta\hat{x} \neq 0$ の様に仕切り直す必要がある。

8.6 すれ違う宇宙船、進行方向へ相手の長さが縮む

前節と同じ設定で Alice と Bob に登場いただく。Bob が長さ l の棒を持っていたとしよう。この棒の長さは Alice から見てどうなるか？ Alce と Bob の相対速度と垂直な方向に棒が向いている場合には、ローレンツ変換によれば長さの変更は無い。しかし、棒の向きが相対速度の向きを向いていた場合には、Alice から見て、棒は縮む。なぜなら、棒の先端と後端にそれぞれ時計を付けたとすると、Alice に対して静止している記録装置によれば、棒の先端の時刻は後端の時刻よりも遅れた時刻を示しており、後端がいくらか追いつき、棒は縮む。この縮むことを**ローレンツ収縮** (Lorentz contraction) という。先行研究者の名前も入れて、**ローレンツ・フィッツジェラルド収縮** (Lorentz–FitzGerald contraction)、あるいは単に **“長さの収縮”** (Length contraction) ともいう。

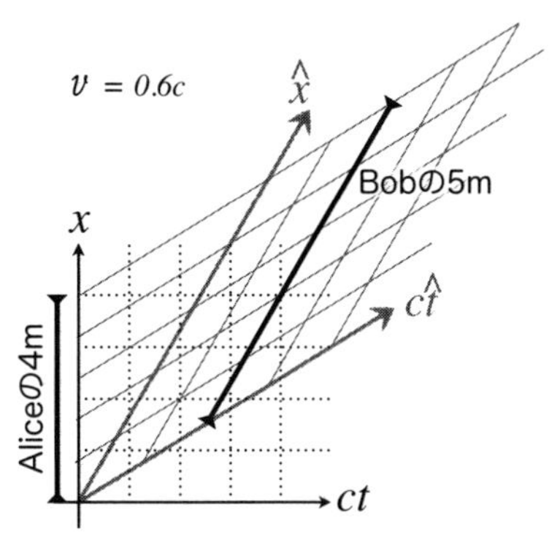

図 8.6 ローレンツ収縮

さて、棒の先端にある時計が示す時刻と後端にある時計が示す時刻を Alice が読みとった値の差を $\varDelta\hat{t}$ としよう。Alice から見た棒の長さを l' とすると、ローレンツ変換（式 8.3）より位置と時刻の差をとって、

$$\begin{pmatrix} 0 \\ l' \end{pmatrix} = \frac{1}{\sqrt{1-\frac{v^2}{c^2}}} \begin{pmatrix} 1 & \frac{v}{c} \\ \frac{v}{c} & 1 \end{pmatrix} \begin{pmatrix} c\varDelta\hat{t} \\ l \end{pmatrix}$$

これを解いて、ローレンツ収縮の式を得る。

$$l' = \sqrt{1-\frac{v^2}{c^2}}\, l \tag{8.18}$$

Alice と Bob の立場を入れ替えた場合、設定の仕切り直しが必要なので注意。

8.7　一様加速とホライズン

問題　8.7.1

Aliceの居る慣性系である宇宙基地から、Bobが常に一定の加速度 g で推進する宇宙船で旅立った。Bobの軌道はAliceから見て、直線であるとする。ここに、一定の加速度 g というのは、任意の時刻で宇宙船と同じ速度の慣性系から見た宇宙船の加速度が g という意味である。出発時からAliceの時間で T_A 経過した時点での、基地から宇宙船までの距離 L_A はいくらになるか？

ヒント

（式 8.16）の計算を利用する。また、双極関数の定義は以下のようになる。

$$\sinh\theta = \frac{e^{\theta}-e^{-\theta}}{2}\ ,\ \cosh\theta = \frac{e^{\theta}+e^{-\theta}}{2}\ ,\ \tanh\theta = \frac{\sinh\theta}{\cosh\theta} \tag{8.19}$$

略解

Aliceが測った宇宙船の時刻と位置を t_A,x_A、Bobが測った船内時刻を t_B とする。（式 8.16）を得たときの議論により、Aliceが測った宇宙船の速さ v は、

$$v := \frac{dx_A}{dt_A} = c\tanh(\frac{g\,t_B}{c}) \tag{8.20}$$

である。一方、Bobは宇宙船の船内でほとんど移動していないから、（式 8.17）により、以下が成立

$$dt_A = \frac{dt_B}{\sqrt{1-\frac{v^2}{c^2}}} = \cosh(\frac{g\,t_B}{c})dt_B = d\left(\frac{c}{g}\sinh(\frac{g\,t_B}{c})\right)$$

$$dx_A = v dt_A = c\sinh(\frac{g\,t_B}{c})dt_B = d\left(\frac{c^2}{g}\cosh(\frac{g\,t_B}{c})\right)$$

ゆえに、$t_B=0$ にて $x_A=0,t_A=0$ となるような積分定数を選択して、

$$t_A = \frac{c}{g}\sinh(\frac{g\,t_B}{c})\ ;\ x_A = \frac{c^2}{g}\left(\cosh(\frac{g\,t_B}{c})-1\right) \tag{8.21}$$

恒等式 $\cosh\theta \equiv \sqrt{1+(\sinh\theta)^2}$ を利用して、t_B を消去。

$$x_A = \frac{c^2}{g}\left(\sqrt{1+(\frac{g\,t_A}{c})^2}\ -1\right) \tag{8.22}$$

答え、$L=\frac{c^2}{g}\left(\sqrt{1+(\frac{g\,T_A}{c})^2}\ -1\right)$

問題 8.7.2

前の問題の設定で、Bob にとっての全ての「同時刻」が、必ず Alice の座標での定点 $t=0$, $x=-\frac{c^2}{g}$ を通ることを示せ。

ヒント

（図 8.3）で、同時刻のラインの傾きに注目。

略解

Bob の時計での時刻 t_B で、Alice から見た Bob の位置と速度は、（式 8.21, 8.20）で与えられる。このときの、Alice から見た Bob の同時刻を表わす線は、グラフ（図 8.3）の意味で、傾き c/v である。この線が Alice の座標の x 軸と交わる位置を $t_A=0,\ x_A=-H$ とすると、傾きから、以下の関係式が得られる。（図 8.7）

$$\frac{H+x_A}{ct_A}=\frac{c}{v}$$

これに（式 8.21, 8.20）を代入して、以下が得られる。

$$H=\frac{c^2}{g} \tag{8.23}$$

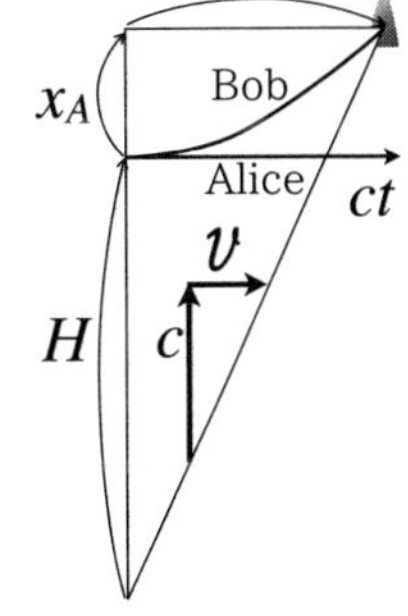

図 8.7　$ct-x$ グラフ上で

この H が t_B に依らない定数になることから、Bob にとっての同時刻の線は必ず Alice の座標での定点 $t=0,\ x=\frac{c^2}{g}$ を通る。

解説

つまり、Bob から見て、加速する方向に対して前方に行くほど時間の進みが速くなり、後方に行くほど、時間の進みが遅くなり、ついに距離 H だけ下がると、時の流れが凍りついたように止まってしまう。さらに後方へ下がると時の流れが逆行するのが見られそうな期待はあるが、実はそこからの信号は Bob には届かない。関係式（式 8.22）は双曲線のグラフになっており、Alice の座標での点（イベント）$t=0,\ x=-H$ から出た光は、その双曲線の漸近線を為す。つまり Bob から見て後方への距離 H よりも遠い点からの光は、Bob が加速をやめない限り、永遠に Bob に届くことは無い。このように「そこから先は見えない」境界のことを、地平線から先が見えないことに例えて、**ホライズン** (horizon) という。

以上まとめると、

加速の効果

- 加速度の向きに対して前方では慣性系の時間が速く進み、後方では遅く進み、加速度 g に対して、距離 $\frac{c^2}{g}$ 後方の点で**時が止まる。**
- 光に追いつき追い越すことはできないが、**後方から来た光に追いつかれないようにすることなら可能。**

問題　8.7.3

地球上で地面に固定された物体は、慣性系に対して常に加速度 $g = 9.8\mathrm{m/s}^2$ で加速している。この加速に起因するホライズンまでの距離を求めよ。

ヒント

設定条件を良く考えるべし。

略解

重力加速度から算出されるホライズンまでの距離は、およそ $\frac{c^2}{g} \simeq 10^{16}\mathrm{m}$ ではあるが、地球の引力によってもたらされた加速度は局所的なものであり、想定されるホライズンまでの距離よりも遥に小さなスケールでの現象である。ゆえに、このホライズンまでの距離は無効。地球上に固定されている点の加速度は、地表面の重力加速度とは関係なく、銀河系の中での太陽の加速や、地球の自転や太陽の周りの公転に依る加速などから算出されるべきものである。
答え：条件不足で求められないが、おそらくは非常に大きく、値も定まらない。

解説

地球の引力がもたらした加速に対して、自由落下することによって得られる慣性系は、誤差を許容した上で、範囲が限られるので、**局所慣性系**と呼ばれる。

また、星の重力が非常に強い場合には、星に対して静止した観測者に対して、星の表面よりも手前にホライズンが現れることになる。その場合、星がホライズンで覆われて、その内部の情報は、観測者に届くことはない。

8.8 相対論的、放物運動

前節のつづき。慣性系である Alice の座標での等速直線運動は、慣性系に対して一様に加速する Bob から見れば軌跡が曲線を描く放物運動となる。

問題 8.8.1

Alice の居る慣性系である宇宙基地から、Bob が常に一定の加速度 g で推進する宇宙船で旅立った。Bob の軌道は Alice から見て、直線であるとする。ここに、一定の加速度 g というのは、任意の時刻で宇宙船と同じ速度の慣性系から見た宇宙船の加速度が g という意味である。Alice の座標 t,x と Bob の座標 $\hat{t},\hat{x}$ との間の座標変換を求めよ。$x=0$ は Alice の居る宇宙基地で、$\hat{x}=0$ は、Bob が乗っている宇宙船の位置とし、Bob が出発した時刻をそれぞれの空間座標原点（$x=\hat{x}=0$）にて $t=\hat{t}=0$ とする。

ヒント

前節の結論を利用する。Bob の時刻で t_B である線が求まっているので、その線の上で空間座標 $\hat{x}$ を割り振ってやれば良い。あるいは Bob の時刻 t_B での Alice から見た Bob の速度（式 8.20）での、ローレンツ変換を施せば良い。双極関数 $\cosh\theta, \sinh\theta$ については、前節参照のこと。

略解

Bob の時計の時刻 t_B での、Bob の座標での Bob の位置を x_B とする。この時刻での Bob の位置と時刻を原点に引き戻して、Lorentz 変換。

$$\begin{pmatrix} ct-ct_A \\ x-x_A \end{pmatrix} = \Lambda \begin{pmatrix} c\hat{t}-ct_B \\ \hat{x}-x_B \end{pmatrix}$$

$$\Lambda = \frac{1}{\sqrt{1-\frac{v^2}{c^2}}} \begin{pmatrix} 1 & \frac{v}{c} \\ \frac{v}{c} & 1 \end{pmatrix} = \begin{pmatrix} \cosh\theta & \sinh\theta \\ \sinh\theta & \cosh\theta \end{pmatrix}$$

ここに、$v = c\tanh\theta$ とした。（式 8.20）より、$\theta = \frac{g\,t_B}{c}$。Bob の座標で Bob は座標原点にいるから $x_B = 0$。また、このローレンツ変換が有効な時刻は $\hat{t} = t_B$ のみだから、

$$\theta = \frac{g\,\hat{t}}{c}$$

$$\begin{pmatrix} ct-ct_A \\ x-x_A \end{pmatrix} = \begin{pmatrix} \cosh\theta & \sinh\theta \\ \sinh\theta & \cosh\theta \end{pmatrix} \begin{pmatrix} 0 \\ \hat{x} \end{pmatrix}$$

ゆえに（式 8.21）より以下の座標変換を得る。（答え）

$$\begin{pmatrix} ct \\ x+\frac{c^2}{g} \end{pmatrix} = (\hat{x}+\frac{c^2}{g}) \begin{pmatrix} \sinh(\frac{g\,\hat{t}}{c}) \\ \cosh(\frac{g\,\hat{t}}{c}) \end{pmatrix} \tag{8.24}$$

解説

Bob の位置 $\hat{x} = 0$ において、c を非常に大きな数として以下のように近似すると、

$$\sinh(\frac{g\,\hat{t}}{c}) \fallingdotseq \frac{g\,\hat{t}}{c}\ ;\ \ \cosh(\frac{g\,\hat{t}}{c}) \fallingdotseq 1+\frac{1}{2}(\frac{g\,\hat{t}}{c})^2$$

より

$$t = \hat{t},\ x = \frac{1}{2}gt^2$$

が得られ、見慣れた等加速度運動の公式になる。

問題 8.8.2

質量 m の自由粒子の作用 (action)（式 8.1）を、Bob の座標を用いて書け。

略解

まず、相対的な速度・加速度の方向に垂直な座標成分は影響を受けず、変わらない。

$$y = \hat{y},\ z = \hat{z}$$

さらに、（式 8.24）の両辺を微分して

$$\begin{pmatrix} cdt \\ dx \end{pmatrix} = d\hat{x} \begin{pmatrix} \sinh(\frac{g\,\hat{t}}{c}) \\ \cosh(\frac{g\,\hat{t}}{c}) \end{pmatrix} + (\hat{x} + \frac{c^2}{g}) \begin{pmatrix} \cosh(\frac{g\,\hat{t}}{c}) \\ \sinh(\frac{g\,\hat{t}}{c}) \end{pmatrix} \frac{g\,d\hat{t}}{c} \tag{8.25}$$

これらを（式 8.1）に代入して、以下を得る。（答え）

$$S = \int -mc\sqrt{(1+\frac{g\hat{x}}{c^2})^2(cd\hat{t})^2 - d\hat{x}^2 - d\hat{y}^2 - d\hat{x}^2} \tag{8.26}$$

解説

Bob にしてみれば、慣性力と重力の区別はないから、一様な重力の原因を時間の流れのムラとして表現することができることがわかった。ちなみにこの作用の $\sqrt{\ }$ の中から $d\hat{t}$ を括り出してラグランジアン（式 4.15）の形に書き出すと、物体の速さを v として、以下のようになるが、

$$v^2 = (\frac{d\hat{x}}{dt})^2 + (\frac{d\hat{y}}{dt})^2 + (\frac{d\hat{z}}{dt})^2$$
$$L = -mc^2\sqrt{(1+\frac{g\hat{x}}{c^2})^2 - \frac{v^2}{c^2}}$$

$\frac{g\hat{x}}{c^2}$ ならびに $\frac{v^2}{c^2}$ が 1 に比して非常に小さいとして近似をすると、以下のようになる。($\because \sqrt{1+h} \fallingdotseq 1 + \frac{1}{2}h - \frac{1}{8}h^2 + \ldots$)

$$L = \frac{1}{2}mv^2 - mg\hat{x} - mc^2$$

これは $\frac{1}{2}m$ 倍と定数項 $-mc^2$ の差があるものの、$\hat{x}$ を高さとして（§4.1）で紹介した放物運動を表わす作用に一致する。

8.9　光のドップラー効果

ローレンツ変換に伴う時の長さの修正に関連して、光のドップラー効果を取り上げる。

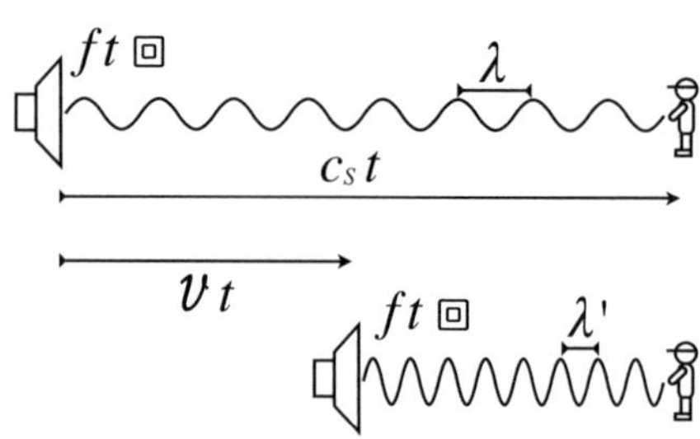

図 8.8　音波のドップラー効果

緊急車両が通るとき、近づいて来るときには音が高くなり、遠ざかるときには音が低くなる。これは波動に対して一般的な性質で、**ドップラー効果** (Doppler effect) と呼ばれる。一秒間あたりに同じ動きが繰り返される回数を振動数 (frequence) という。近づきつつある波源から届いた波動の振動数は大きくなり、遠ざかりつつある波源から届いた波動の振動数は小さくなる。

音波の場合、風が吹いていなくて観測者が静止している条件で、音源が観測者に対して速さ v で近づきつつある場合を考えてみよう。音波の速さを c_S、音源の振動数を f とすると、(図 8.8) にあるように、時間 t の間に、音波は c_St 進行、音源は vt 進行し、空間的に同じパターンの繰り返しが ft 個現れる。この空間パターン 1 つあたりの長さのことを**波長**というが、音源が移動したせいで、波長が縮む。長さ c_St-vt の中に、繰り返しパターンが ft 個入っているから、縮んだ波長 λ' は、観測者が観測する振動数を f' として、以下のように 2 通りに表される。

$$\lambda' = \frac{c_St - vt}{ft} = \frac{c_St}{f't}$$

ゆえに、音源が速さ v で近づきつつある場合の音波のドップラー効果は以下のように表される。

$$f' = \frac{c_S}{c_S - v} f \tag{8.27}$$

これを真空中で光の速さに対して無視できないような大きな速さで移動する物体から出る光に関してはどうなるだろうか？ 速さ v で移動する時計の時の刻みは（式 8.17）により $1/\sqrt{1-\frac{v^2}{c^2}}$ 倍に遅くなるのだから、時間当たりの繰り返し回数である振動数は $\sqrt{1-\frac{v^2}{c^2}}$ 倍に小さくなる。よって、音波の場合の式の f を $\sqrt{1-\frac{v^2}{c^2}}$ 倍に修正して以下を得る。

$$f' = \sqrt{\frac{c+v}{c-v}}f \tag{8.28}$$

これを光のドップラー効果という。天体から届く光の情報をもとに天体の速度などを計算するときに有用な公式となる。

光の速さに対して十分に小さな速さの場合、音波の場合の公式を適用した場合の誤差は以下のようになる。

$$\frac{c}{c-v} - \sqrt{\frac{c+v}{c-v}} \fallingdotseq \frac{1}{2}\left(\frac{v}{c}\right)^2$$

音源あるいは光源が観測者からの視線方向に対して、斜めに移動している場合はどうであろうか？ まずは音源の場合について。波長を縮ませる要素は速度の視線方向成分のみが関与する。視線方向に対して垂直な移動に対しては波長の修正は必要ない。ゆえに、観測者へ向かう音波の音源位置での進行速度をベクトルで表して $\vec{c}_S$ とすると、音波のドップラー効果は、内積を利用して以下のように表される。

$$f' = \frac{c_S^2}{c_S^2 - \vec{c}_S \cdot \vec{v}}f \tag{8.29}$$

ローレンツ変換による修正は、時間の長さの補正のみであるから、（式 8.17）により光源位置での光の速度を $\vec{c}$（$\vec{c}\cdot\vec{c}=c^2$）として、以下のように修正される。

$$f' = \frac{c^2}{c^2 - \vec{c}\cdot\vec{v}}\sqrt{1-\frac{v^2}{c^2}}\ f \tag{8.30}$$

8.10　回転

まずは t, z を留め置き、$dx^2 + dy^2$ を変えない x, y だけの座標変換 $x \to \hat{x},\ y \to \hat{y}$ を考えてみよう。

$$dx = pd\hat{x} + rd\hat{y}$$
$$dy = qd\hat{x} + sd\hat{y}$$

とすると、条件 $dx^2 + dy^2 = d\hat{x}^2 + d\hat{y}^2$ より、以下の条件が得られる。

$$p^2 + q^2 = 1 \tag{8.31}$$
$$r^2 + s^2 = 1 \tag{8.32}$$
$$pr + qs = 0 \tag{8.33}$$

（式 8.33）より、k をある数として、以下のように置ける。

$$r = -kq;\ s = kp$$

これを（式 8.32）に代入して、（式 8.31）より $k = \pm 1$ を得る。たとえば、$p = 1$ だと、$k = -1$ の場合は $d\hat{x} = x,\ \hat{y} = -dy$ となり、y 軸反転の不連続変換になるから、$k = -1$ は破棄。ゆえに、（式 8.31）より、

$$p = \cos\theta_{12}$$
$$q = \sin\theta_{12}$$

と、置くと、

$$r = -\sin\theta_{12}$$
$$s = \cos\theta_{12}$$

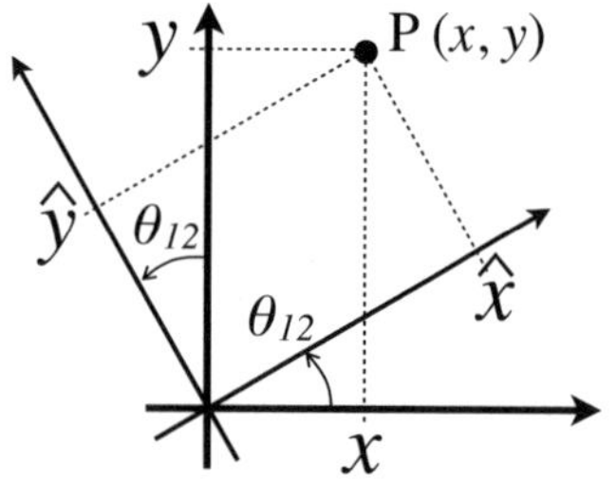

図 8.9　回転の座標変換

を得る。θ_{12} が定数であるとすると、そのまま積分できて、座標の原点が共通であるとすると、以下を得る。（行列算に関しては巻末（§A.6）に記した。）

$$\begin{pmatrix} x \\ y \end{pmatrix} = \begin{pmatrix} \cos\theta_{12} & -\sin\theta_{12} \\ \sin\theta_{12} & \cos\theta_{12} \end{pmatrix} \begin{pmatrix} \hat{x} \\ \hat{y} \end{pmatrix} \tag{8.34}$$

これが回転の座標変換である。$y \to z$ 軸の回転や、$z \to x$ 軸の回転についても同様。これらの回転を組み合わせて、任意の軸の周りで任意の角度での座標回転を得ることはできる。

8.11 回転と一次変換

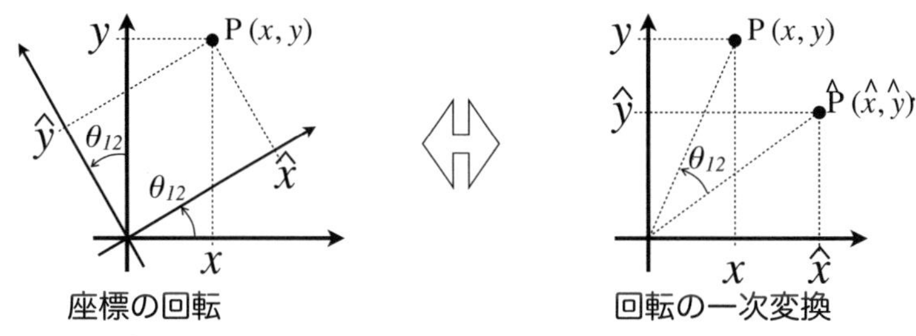

図 8.10 座標の回転と回転の一次変換

今ここで扱っているのは座標変換で、同じ点の位置を数値で表す際に、座標を回してみたらその数値の組みがどうなるかという話。（図 8.10）のように、これを点やモノの回転移動の扱いに応用することができる。点の移動が座標値の 1 次式で表される変換のことを**1 次変換**という。回しているのが座標なのかモノなのかで角度の符号 ± が反対になるので、その時々の文脈に注意されたし。

8.12 微小回転

回転の角度が無限小で済ませられる用途も少なくなく、表現がかなり簡単になる。有限な大きさの角度の変換も、無限小の変換を無限回繰り返して得ることができるのだから、無限小回転は回転の基本だと言えよう。また、回しても何かが変わらないという対称性を考えるときにも微小な回転で十分だ。思考の節約のため、まずはいったんモノを回す回転を考え、そして、座標を回す回転に戻す。

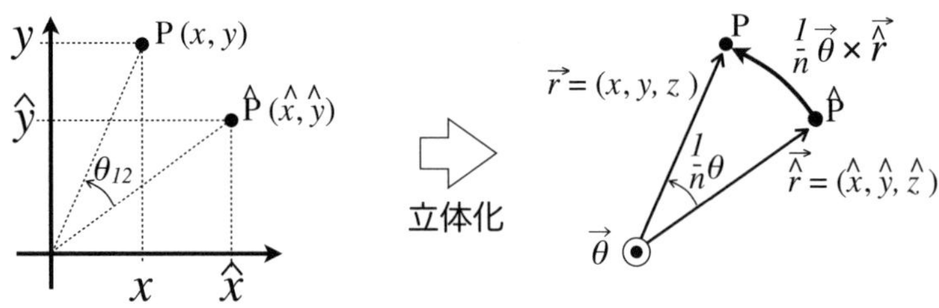

図 8.11　回転の一次変換、立体化

まず、回転の軸と角度を表すベクトル $\vec{\theta}$ を定義する。$\vec{\theta}$ の向きに対して右ネジが進むように回転する向きに、角度 $|\vec{\theta}|$ だけ回転させる事を表わす。一方で n を非常に大きな数とし、微小な回転 $\frac{1}{n}\vec{\theta}$ について考える。

（図 8.11）は、$\vec{\theta}$ がまっすぐ手前を向くように覗き込んだ絵である。位置ベクトル $\vec{\hat{r}}$ を $\vec{\theta}$ を軸に微小な角度 $\frac{1}{n}|\vec{\theta}|$ だけ回転させて、新たな位置ベクトル $\vec{r}$ を得る事を考える。図に描かれているのは $\vec{\hat{r}}$, $\vec{r}$ それぞれの $\vec{\theta}$ に垂直な成分であるが、回転は $\vec{\theta}$ とは垂直な面内での移動であるから、前後方向について考慮する必要はない。点 $\hat{P}$ から点 P へ至る円弧の長さは、回転の半径と角度 [rad] との積だから、図に描かれている $\vec{\hat{r}}$ の長さに角度 $\frac{1}{n}|\vec{\theta}|$ を掛けた値に等しい。これを向きも含めて表すには、ベクトル積が便利である。

$$\overrightarrow{\hat{P}P} = \frac{1}{n}\vec{\theta} \times \vec{\hat{r}} \tag{8.35}$$

円弧と線分の違いはあるが、$\frac{1}{n}|\vec{\theta}|$ がとても小さいために、その違いは無視できる。すなわち、

$$\vec{r} = \vec{\hat{r}} + \frac{1}{n}\vec{\theta} \times \vec{\hat{r}} \tag{8.36}$$

これを元の座標変換の処理に焼き直すと、

$$\begin{pmatrix} x \\ y \\ z \end{pmatrix} = \begin{pmatrix} \hat{x} \\ \hat{y} \\ \hat{z} \end{pmatrix} + \frac{1}{n}\vec{\theta} \times \begin{pmatrix} \hat{x} \\ \hat{y} \\ \hat{z} \end{pmatrix} \tag{8.37}$$

ここで、$(\vec{\theta}\times)$ を（式 5.20）の要領で行列に置き換えると、

$$\begin{pmatrix} x \\ y \\ z \end{pmatrix} = \left(1 + \frac{1}{n}\vec{\theta}\times\right) \begin{pmatrix} \hat{x} \\ \hat{y} \\ \hat{z} \end{pmatrix}$$

回転角度 $\frac{1}{n}\vec{\theta}$ の微小回転を n 回繰り返して、$n \to \infty$ の極限では、ネイピア数 e を用いて、座標回転は形式的に以下のように書ける。

$$\begin{pmatrix} \hat{x} \\ \hat{y} \\ \hat{z} \end{pmatrix} = \left(1 + \frac{1}{n}\vec{\theta}\times\right)^n \begin{pmatrix} \hat{x} \\ \hat{y} \\ \hat{z} \end{pmatrix} \to e^{\vec{\theta}\times} \begin{pmatrix} \hat{x} \\ \hat{y} \\ \hat{z} \end{pmatrix}$$

座標を角度 $\vec{\theta}$ 回転する座標変換

原点を通り $\vec{\theta}$ の向きを向く回転軸に対して右ネジが回転する向きに角度 $|\vec{\theta}|$ 回転移動する変換により、座標 (x, y, z) の各座標軸を回転移動し、新たな座標 $(\hat{x}, \hat{y}, \hat{z})$ を得る変換は、以下のようになる。

$$\begin{pmatrix} x \\ y \\ z \end{pmatrix} = e^{(\vec{\theta}\times)} \begin{pmatrix} \hat{x} \\ \hat{y} \\ \hat{z} \end{pmatrix} \tag{8.38}$$

この回転の行列

$$R = e^{(\vec{\theta}\times)} := \lim_{n\to\infty} (1 + \frac{1}{n}\vec{\theta}\times)^n$$

は、転置すると逆行列になる。

$${}^tR = e^{{}^t(\vec{\theta}\times)} \overset{5.20}{=} e^{-(\vec{\theta}\times)} = R^{-1}$$

また、R の行列式は 1 である。限りなく大きな数 n に対して、

$$\det(1+\frac{1}{n}\vec{\theta}\times)\overset{A.21}{=}\det(I)+\det(I)\mathrm{tr}(I^{-1}\ \frac{1}{n}\vec{\theta}\times)\overset{5.20}{=}1$$

$$\det(R) = \det(\lim_{n\to\infty}(1+\frac{1}{n}\vec{\theta}\times)^n) = \lim_{n\to\infty}(\det(1+\frac{1}{n}\vec{\theta}\times))^n = 1$$

さらに行列 $\vec{\theta}\times$ が 3 行 3 列なので、R も 3 行 3 列の行列である。以上によりこの回転の行列 R の特徴は略して **"SO(3)"** と呼ばれる。

- S: Special 行列式が 1
- O: Orthogonal 直交行列（列ベクトル同士が互いに直交）${}^tR\,R = I$
- 3: 3 行 3 列

問題　8.12.1

「微小な角度 $\vec{\alpha}$ 回転し、さらに微小な角度 $\vec{\beta}$ 回転し、さらに角度 $-\vec{\alpha}$ 戻し、さらに角度 $-\vec{\beta}$ 戻す」を表わす回転の変換を、回転角 $\vec{\alpha}$, $\vec{\beta}$ につき 2 次の項まで求めよ。

ヒント

$$e^x = 1+x+\frac{1}{2}x^2+\frac{1}{6}x^3+\ldots$$

解答例

まず、簡単のため、以下のように置く。

$$\alpha = \vec{\alpha}\times$$
$$\beta = \vec{\beta}\times$$

求められている変換は、以下のように計算される。α, β の 3 次以上は無視して、

$$\begin{aligned} e^{-\beta}e^{-\alpha}e^{\beta}e^{\alpha} &= (1-\beta+\frac{1}{2}\beta^2)(1-\alpha+\frac{1}{2}\alpha^2)(1+\beta+\frac{1}{2}\beta^2)(1+\alpha+\frac{1}{2}\alpha^2) \\ &= 1+\alpha\beta-\beta\alpha \\ &\overset{5.16}{=} 1+(\vec{\alpha}\times\vec{\beta})\times \end{aligned}$$

つまり、角度 $\vec{\alpha}\times\vec{\beta}$ の回転となる。

解説

ここで、$\vec{\alpha}$ が x 軸方向を向き、$\vec{\beta}$ が y 軸方向を向いているとすると、x 軸を軸とした回転と、y 軸を軸とした回転の組み合わせで、z 軸を軸とした回転が作り出せたことになる。

第9章

スピノル

スピノルを理解するためには初歩的な行列の知識を必要とする。行列を学んだことのない人には必要な知識を巻末にまとめておいたので参考にされたし。実は行列を使うと計量 $\acute{ds}$ を変えない座標変換を自動的に生成することができる。その行列から 2 つの複素数からなるスピノル[1)] (Spinor) と呼ばれる量を考えることができる。

スピノルが初めて物理学に応用されたのは、電子の棒磁石のような振るまいを説明するためであった。電気を帯びたものが回転していれば、回転軸の周りに渦状の電流が存在することになるから、磁場からローレンツ力を受ける。見かたを変えると、渦状の電流は、ビオサバールの法則により、そこに棒磁石があるかのような磁場を周囲に発生させる。つまり自転する電荷は微小な棒磁石のようにも振る舞う。原子の中身を高校で習うような遊星モデルとして考える[2)]とするならば、原子核の周りを電子がグルグル回っているのだが、電子の立場で見たならば、電子の周りを原子核がグルグル回っている。つまり電気を

[1)] スピノール、スピナーとも表記される。ウィキペディアや物理学辞典 (培風館) では、見出し語としてスピノールになっているのでおそらくそれが“正しい”表記なのだが、筆者は日本語での物理の会話の中で英語読みの「スピナー」はあっても「スピノール」と発音されるのを聞いた憶えがない。ウィキペディアでも、2022 年現在、本文中では「スピノル」になっている。事実上「スピノル」が日本語として定着しているのではなかろうか。もしこだわるのなら、訳さずに spinor と表記するのが良かろう。

[2)] このモデルはかなり乱暴な理屈であり、論理的に「正しい」かというとむしろ怪しいが、観測事実に対する予言能力があるので結果オーライとなる。

帯びたものがグルグル回っているのだから、電子の立場から見て、電子のある場所には磁場が存在する。電子はその磁場の影響を受けて、微小な棒磁石のように振る舞うことが、観測事実から確認されている。以上より電子には自転のような性質があることがわかる。運動量とは物体の運動の勢いを表すような量であるが、それに対応して回転の勢いを表わす量を角運動量という。電子の棒磁石のように振る舞う性質は、電子が自転しているとするモデルを介して、電子の角運動量と結びつけられるであろう。電子が固有に持つ角運動量を測定すると、値が必ず $\pm\frac{1}{2}\hbar$ となっている[3)]。つまり予め定められたひとつの方向に対して、角運動量は $+\frac{1}{2}\hbar$ ないし $-\frac{1}{2}\hbar$ の 2 通りのみが観測される。ゼロなどの中間の値が観測されないのは量子力学に特徴的な性質である。このプラスマイナス 2 通りの状態と回転の代数に対応するために複素数 2 成分の物理量として、スピノルが 1927 年、パウリ (Wolfgang Pauli) によって、原子の中の電子の理論に適用された。素粒子が固有に持っている自転角運動量を $\hbar$ で割った量のことを、回転にちなんで**スピン** (spin) というが、それを記述する量なので、エーレンフェスト (Paul Ehrenfest) によって、**スピノル** (spinor) と名付けられた [32]。もともとは回転が関わる代数に対して作られた物理量ではあるが、ローレンツ変換 (boost) が回転とよく似ていることから、翌 1928 年、ディラック (Paul Adrien Maurice Dirac) によって、ローレンツ変換にも対応するように拡張された。

ニュートン力学を記述するのにベクトルが有用であるように、スピノルは電子や陽子などの物質を表わす素粒子（フェルミオン）を記述するためには無くてはならない物理量である。そのため、超光速粒子として空想科学アニメなどをにぎわせる“タキオン”の量子論的な振る舞いを記述するためにも、スピノルの知識は必要になる [31]。

[3)] $\hbar$ はディラック定数。プランク定数 $h \fallingdotseq 6.6 \times 10^{-34}\,\mathrm{Js}$ を 2π で割った量。

9.1　2成分スピノル

ここら先はかなりゴチャゴチャした数式が続くが、辛抱強く付き合って欲しい。この手法を使った文献や教科書が存在している以上、いつか役に立つ。

回転の変換とローレンツ変換（式 8.3）を比べてみよう。（式 8.34）の両辺に行列算として $(1\ i)$ を左から掛けてみる。同様にして、$(1\ \ -i)$ を左から掛けると、複素共役の関係にある式が現れる。オイラーの公式（式 4.22）により、

$$
\begin{aligned}
x+iy &= \ \ e^{i\theta_{12}}(\hat{x}+i\hat{y}) \\
x-iy &= e^{-i\theta_{12}}(\hat{x}-i\hat{y})
\end{aligned}
$$

一方、ローレンツ変換は、ラピディティ (Rapidity) ϕ_{01} を以下のように設定。

$$
e^{\phi_{01}} = \sqrt{\frac{c+v}{c-v}}
$$

（式 8.3）の両辺に $(1\ 1)$ を行列算として左から掛けた式と $(1\ \ -1)$ を左から掛けた式を並べてみると、回転とよく似た式が現れる。

$$
\begin{aligned}
ct+x &= \ \ e^{\phi_{01}}(c\hat{t}+\hat{x}) \\
ct-x &= e^{-\phi_{01}}(c\hat{t}-\hat{x})
\end{aligned}
$$

つまり $x \pm iy$、$ct \pm x$ の様な組み合わせを作ることで、回転とローレンツ変換を類似した形で眺められる。この路線を全部の座標に拡げてみよう。

$$
\begin{aligned}
d\acute{s}^2 &= c^2dt^2 - dx^2 - dy^2 - dz^2 \qquad (9.1) \\
&= (cdt-dz)(cdt+dz) - (-dx+idy)(-dx-idy) \\
&= \det\begin{pmatrix} cdt-dz & -dx+idy \\ -dx-idy & cdt+dz \end{pmatrix}
\end{aligned}
$$

ここに、det() は、行列式（⇒ §A.9）。ここで象徴的に2行2列の行列として、

$$
[dx^{\ \bullet\circ}] := \begin{pmatrix} cdt-dz & -dx+idy \\ -dx-idy & cdt+dz \end{pmatrix} \qquad (9.2)
$$

と、書くとする。[4] この行列の作りかたは一意には決まらないが、あとで定義（式 9.21）がパウリ行列（式 9.16）の自然な拡張となるように、この形に仕組んだ。$[dx\ ^{\bullet\circ}]$ はエルミート行列（⇒ §A.6）になっている。（式 9.3）の様に両側から複素数を成分に持つ 2 行 2 列の行列 Q, S を左右から掛ける座標変換 $(t,\ x,\ y,\ z) \to (\hat{t},\ \hat{x},\ \hat{y},\ \hat{z})$ を考える。

$$[dx\ ^{\bullet\circ}] = Q[d\hat{x}\ ^{\bullet\circ}]S \tag{9.3}$$

座標変換された座標の値 $(\hat{t},\ \hat{x},\ \hat{y},\ \hat{z})$ はそれぞれ実数だから、$[d\hat{x}\ ^{\bullet\circ}]$ もエルミート行列。よって、両辺にエルミート共役 †（⇒ §A.7）をとると、$[dx\ ^{\bullet\circ}]^\dagger = [dx\ ^{\bullet\circ}]$, $[d\hat{x}\ ^{\bullet\circ}]^\dagger = [d\hat{x}\ ^{\bullet\circ}]$ により、

$$[dx\ ^{\bullet\circ}] = S^\dagger[d\hat{x}\ ^{\bullet\circ}]Q^\dagger$$

ゆえに（式 9.3）と見比べてシンプルに、$Q = S^\dagger$ とする。

両辺の行列式をとって、$\acute{d}s^2 = \det[dx\ ^{\bullet\circ}]$, $\acute{d}\hat{s}^2 = \det[d\hat{x}\ ^{\bullet\circ}]$ より、

$$\begin{aligned}\acute{d}s^2 &= \det(Q)\acute{d}\hat{s}^2\det(S)\\ &= \det(S^\dagger)\det(S)\ \acute{d}\hat{s}^2\\ &= \det(S)^*\det(S)\ \acute{d}\hat{s}^2\\ &= |\det(S)|^2\ \acute{d}\hat{s}^2\end{aligned}$$

よって、この座標変換は $|\det(S)|^2$ を共形因子の比として、（式 6.47）を変えない。つまり電磁場を記述する方程式（$\vec{D} = \epsilon_0\vec{E}$, $\vec{B} = \mu_0\vec{H}$）は、この座標変換で形を変えない。しかし、質量 m の粒子の作用 (actoin) を（式 8.2）の様に書きたい場合、質量の尺度が固定されている事により、共形因子を座標の選択に依らずに固定しておく必要がある。すなわち、

$$|\det(S)| = 1$$

---

4) 記号 $^{\bullet\circ}$ は、後に成分で計算するときのための伏線。この先、物理量として「共変スピノル $_\circ$」「反変スピノル $^\bullet$」とそれらの成分の複素共役 ($_\bullet\ ^\circ$) が登場し、それら 4 種類のうちどれをそこにかけるのかという目印とする。これらの記号は説明のための便宜であり、一般的な記法に翻訳すると、$[dx\ ^{\bullet\circ}]^{\dot{A}B} = \bar{\sigma}_\mu{}^{\dot{A}B}dx^\mu = (cdt - \vec{\sigma}\cdot d\vec{x})^{\dot{A}B}$ である。また、このルールに従えば変換の行列 S は $S_\circ{}^\circ$ と書かれるべきだが、省略した。

とする。この絶対値 | | は複素数に対しての絶対値なので、外すと、α を実数として、$\det(S)=e^{i\alpha}$ と書かれることになるが、S に $e^{-\frac{1}{2}i\alpha}$ をかけることで、$\det(S)=1$ とすることができる。この $e^{-\frac{1}{2}i\alpha}$ の要素は座標変換（式 9.3）に影響を与えない。よって、$\alpha=0$ に値を固定する。つまり、

$$\det(S)=1 \tag{9.4}$$

これで $\acute{ds}$ を（式 9.1）のまま変えない座標変換を自動的に生成できるようになった。 S は4つの複素数を成分に持つが、条件 $\det(S)=1$ により、1つ減り、複素数3つ分の自由度を持つことがわかる。求められる変換は回転の向きと角度で実数3つ、ローレンツ boost の速度で実数3つで6つの実数の自由度を持つから、個数の上では一致することがわかる。

この変換の行列 S は成分が複素数 (**C**omplex) の2行2列の行列で行列式の値が1 (**S**pecial) となる線型変換 (**L**inear) を表わすことから、この特徴は短く **SL(2,C)** と呼ばれる。

この変換に伴って、スピノルと呼ばれる量が定義される。

計量 $\acute{ds}^2$ を変えない座標変換と共変スピノル

S を成分が複素数で $\det(S)=1$ を満たす任意の2行2列の行列として、

$$[dx\ {}^{\bullet\circ}]=S^{\dagger}[d\hat{x}\ {}^{\bullet\circ}]S \tag{9.5}$$

とすると、この座標変換 $(t,\ x,\ y,\ z)\rightarrow(\hat{t},\ \hat{x},\ \hat{y},\ \hat{z})$ は計量 $\acute{ds}^2$ の式の形と値を変えない。

この座標変換に対して複素数2成分の量 $\psi_{\circ}=\begin{pmatrix}\psi_1\\ \psi_2\end{pmatrix}$ が、以下の変換を受けるならば、$\psi_{\circ}$ を**共変スピノル**という。

$$\psi_{\circ}\rightarrow\hat{\psi}_{\circ}=S\psi_{\circ} \tag{9.6}$$

この定義によれば、$\varphi_{\circ},\psi_{\circ}$ をそれぞれ共変スピノルとして、物理量 $\varphi_{\circ}^{\dagger}[dx\ {}^{\bullet\circ}]\psi_{\circ}$ は、この座標変換に対して、値を変えない。

$$\because\ \varphi_{\circ}^{\dagger}[dx\ {}^{\bullet\circ}]\psi_{\circ}=\varphi_{\circ}^{\dagger}(S^{\dagger}[d\hat{x}\ {}^{\bullet\circ}]S)\psi_{\circ}\ =(S\varphi_{\circ})^{\dagger}[d\hat{x}\ {}^{\bullet\circ}]S\psi_{\circ}\ =\hat{\varphi}_{\circ}^{\dagger}[d\hat{x}\ {}^{\bullet\circ}]\hat{\psi}_{\circ}$$

この値は、座標値の微分 $(dx^0,\ dx^1,\ dx^2,\ dx^3) = (cdt,\ dx,\ dy,\ dz)$ の1次式だから、これらを括り出して、以下の j^*_μ を定義することができる。

$$\varphi^\dagger_\circ[dx^{\ \bullet\circ}]\psi_\circ = j^*_\mu dx^\mu$$

$j^*_\mu dx^\mu$ が計量 $\acute{ds}^2$ を変えない座標変換に対して不変量だから、j^*_μ はテンソル（⇒ §6.5）の意味で共変ベクトル。つまり、共変スピノルを掛け合わせて共変ベクトルを作ることができる。

ただし、**スピノルの"共変"と、ベクトルの"共変"は無関係**である。ベクトルにおいて共変と反変の内積から不変量が得られるように、スピノルにおいてもこれをまねて、一方で反変を定義して、反変と共変の内積が不変量であるとするようにしたものである。この意味で、$[dx^{\ \bullet\circ}]\psi_\circ$ は反変スピノルである。

共変スピノルから反変スピノルを作る方法を考えてみよう。$\varphi_\circ, \psi_\circ$ を横に並べて行列を作ると、以下のような変換を受ける。

$$\begin{pmatrix}\hat{\varphi}_\circ & \hat{\psi}_\circ\end{pmatrix} = S\begin{pmatrix}\varphi_\circ & \psi_\circ\end{pmatrix}$$

両辺の行列式をとると、$\det(S) = 1$ より、$\det\begin{pmatrix}\varphi_\circ & \psi_\circ\end{pmatrix}$ が $\acute{ds}$ を変えない座標変換に対する不変量であることがわかる。なぜなら、

$$\begin{aligned}\det\begin{pmatrix}\hat{\varphi}_\circ & \hat{\psi}_\circ\end{pmatrix} &= \det(S)\det\begin{pmatrix}\varphi_\circ & \psi_\circ\end{pmatrix}\\ &= \det\begin{pmatrix}\varphi_\circ & \psi_\circ\end{pmatrix} = {}^t\varphi_\circ\epsilon\psi_\circ\end{aligned}$$

ここに、

$$\epsilon := \begin{pmatrix}\epsilon^{11} & \epsilon^{12}\\ \epsilon^{21} & \epsilon^{22}\end{pmatrix} := \begin{pmatrix}0 & 1\\ -1 & 0\end{pmatrix} \tag{9.7}$$

そこで、共変スピノル $\varphi_\circ$ をもとに、以下の記号 φ° , $\varphi^\bullet$ を定義する。

共変スピノルから反変スピノルを算出する方法

$$\varphi_\circ = \begin{pmatrix}\varphi_1\\ \varphi_2\end{pmatrix} \to \text{並べ替え}\ \varphi^\circ := \begin{pmatrix}\varphi^1\\ \varphi^2\end{pmatrix} := \begin{pmatrix}\varphi_2\\ -\varphi_1\end{pmatrix} = \epsilon\varphi_\circ \tag{9.8}$$

$$\varphi^\circ \to \text{複素共役}\ \varphi^\bullet := \begin{pmatrix}\varphi^{\dot{1}}\\ \varphi^{\dot{2}}\end{pmatrix} := \begin{pmatrix}(\varphi^1)^*\\ (\varphi^2)^*\end{pmatrix} = (\varphi^\circ)^* \tag{9.9}$$

成分につけられた添え字が上下に移動したりドットが打たれたりしているが、$\circ$ や $\bullet$ の上下が添え字位置の上下に対応し、複素共役 ($\circ \Leftrightarrow \bullet$) が添え字の上のドットの有無に対応する。エルミート共役をとると、${}^t\epsilon = -\epsilon$ により、

$$(\varphi^\bullet)^\dagger = {}^t\varphi^\circ = -{}^t\varphi_\circ\epsilon$$

これらの記号を用いて、不変量を以下のように書くことができる。

$$-\det\begin{pmatrix}\varphi_\circ & \psi_\circ\end{pmatrix} = {}^t\varphi^\circ\psi_\circ = (\varphi^\bullet)^\dagger\psi_\circ = {}^t\psi_\circ\varphi^\circ = {}^t\psi_\circ(\varphi^\bullet)^*$$

つまり、$\varphi^\bullet$ は反変スピノルである。不変量から変換則を求めてみよう。

$$(\varphi^\bullet)^\dagger\psi_\circ = (\hat{\varphi}^\bullet)^\dagger\hat{\psi}_\circ = (\hat{\varphi}^\bullet)^\dagger S\psi_\circ = (S^\dagger\hat{\varphi}^\bullet)^\dagger\psi_\circ$$

$\psi_\circ$ は任意だから、両辺から外すことができて、反変スピノルは以下の変換に従う。この変換則に従う量のことを改めて反変スピノルとして定義する。

反変スピノル

座標変換 $[dx\ {}^{\bullet\circ}] = S^\dagger[d\hat{x}\ {}^{\bullet\circ}]S$ において、
以下の変換則に従う量を反変スピノルとする。

$$\varphi^\bullet = S^\dagger\hat{\varphi}^\bullet \tag{9.10}$$

もしも $S^\dagger = S^{-1}$ ならば、$\hat{\varphi}^\bullet = S\varphi^\bullet$ だから、反変スピノルと共変スピノルの区別は無い。このとき座標変換（式 9.5）は、空間成分と時間成分を混ぜない。

$$\begin{aligned}
\because 2dt &= \mathrm{tr}([dx^{\bullet\circ}]) = \mathrm{tr}(S^\dagger[d\hat{x}^{\bullet\circ}]S) = \mathrm{tr}(SS^\dagger[d\hat{x}^{\bullet\circ}]) = \mathrm{tr}([d\hat{x}^{\bullet\circ}]) = 2d\hat{t}\\
0 &= \mathrm{tr}([dx^{\bullet\circ}] - dt) = \mathrm{tr}(S^\dagger[d\hat{x}^{\bullet\circ}]S - dt) = \mathrm{tr}(S^{-1}([d\hat{x}^{\bullet\circ}] - dt)S)\\
&= \mathrm{tr}(S\ S^{-1}([d\hat{x}^{\bullet\circ}] - dt)) = \mathrm{tr}([d\hat{x}^{\bullet\circ}] - d\hat{t}) = 0\ (\text{単位行列は省略})
\end{aligned}$$

つまり回転を表している。ゆえに座標変換が回転のみであれば、スピノルに反変と共変の区別は無い。2 成分スピノルに反変と共変の区別があるのはローレンツ変換を考慮するためである。

ちなみに、条件 $S^\dagger = S^{-1}$ を満たす行列のことをユニタリ行列 (**U**nitary matrix) という。その上、行列式の値が 1 (**S**pecial) で、2 行 2 列の行列である特徴を、短く **SU(2)** と略記する。（この中で特に全ての成分が実数の場合は直交行列 (**O**rthogonal matrix) に由来し、**SO(2)** と略記されるが出番は無い。）

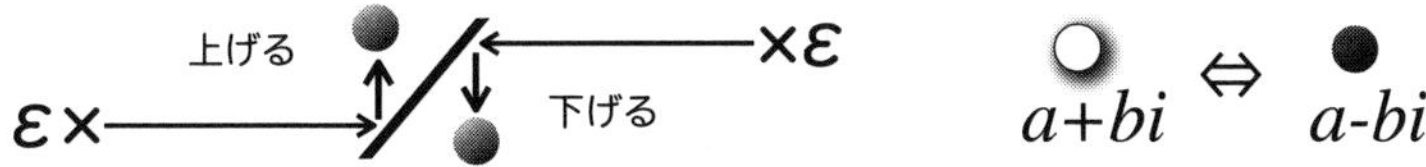

図 9.1　スピノルの添え字の上げ下げと複素共役のイメージ

計算の要領

1. 下付きの $_\circ$(又は $_\bullet$) を上付きに上げるには ϵ を左から掛ける。
   上付きの $^\circ$(又は $^\bullet$) を下付きに下げるには ϵ を右から掛ける。
   スラッシュ／をイメージすると良い。(図 9.1)
   ϵ を反対向きからかける必要がある場合には、${}^t\epsilon = -\epsilon$ を掛ける。
2. 複素共役で $\circ \to \bullet$ あるいは、$\bullet \to \circ$ と、トグルで入れ替わる。
3. かけ算は必ず $_\circ$ と $^\circ$ のペアか又は、$_\bullet$ と $^\bullet$ のペアで行う。

$\circ$ と $\bullet$ の上げ下げは、ϵ の成分が実数であることにより、複素共役 ($\bullet \Leftrightarrow \circ$) と順番を入れ替える事ができる。ペアの作りかたにつき、$(\phi^\bullet)^\dagger\psi_\circ$ の様な組み合わせがあるが、これはエルミート共役の中に複素共役が含まれているせいで、複素共役の演算を全てやり尽くした後での、ペア $_\circ{}^\circ$ と $_\bullet{}^\bullet$ という意味である。

添え字の上げ下げにつき、例として、$[dx\ {}^{\bullet\circ}]$ の ${}^{\bullet\circ}$ を 2 つとも下げてみよう。下げるには ϵ を左から掛けるのだが、左の ${}^\bullet$ を下げるには ϵ を左から掛けなければならない。だから ${}^t\epsilon$ を掛ける。

$${}^t\epsilon[dx\ {}^{\bullet\circ}]\epsilon = [dx\ {}_{\bullet\circ}]$$

一方で、複素共役をとると、入れ替え $\circ \to \bullet,\ \bullet \to \circ$ だから、

$$[dx\ {}_{\bullet\circ}]^* = [dx\ {}_{\circ\bullet}]$$

となる。よって、（式 9.2）により、

$$[dx\ {}_{\circ\bullet}] := \begin{pmatrix} cdt + dz & dx - idy \\ dx + idy & cdt - dz \end{pmatrix} \tag{9.11}$$

である。これは $[dx\ ^{\bullet\circ}]$ の余因子行列（⇒ §A.11）になっている。すると、以下は不変量となる。（※単位行列は省略して書かれている。）

$$[dx\ ^{\bullet\circ}][dx\ _{\circ\bullet}] = [dx\ _{\circ\bullet}][dx\ ^{\bullet\circ}] = \acute{d}s^2 \tag{9.12}$$

$[dx\ _{\circ\bullet}]$ の変換則を求めてみよう。仮に $\acute{d}s^2 \neq 0$ とすると $[dx\ ^{\bullet\circ}]^{-1}$ を掛けて、

$$\begin{aligned}[dx\ _{\circ\bullet}] &= \acute{d}s^2[dx\ ^{\bullet\circ}]^{-1} = \acute{d}s^2(S^\dagger[d\hat{x}\ ^{\bullet\circ}]S)^{-1} \\ &= S^{-1}\acute{d}s^2[d\hat{x}\ ^{\bullet\circ}]^{-1}(S^\dagger)^{-1} = S^{-1}[d\hat{x}\ _{\circ\bullet}](S^\dagger)^{-1}\end{aligned}$$

ゆえに、変換則は以下で与えられる。

$$[d\hat{x}\ _{\circ\bullet}] = S[dx\ _{\circ\bullet}]S^\dagger \tag{9.13}$$

$\acute{d}s^2 = 0$ の場合にもこれを拡張して適用しても矛盾を生じない。

ここで、$\varphi^\bullet$, $\psi^\bullet$ を反変スピノルとするとき、（式 9.10, 9.13）により、$(\varphi^\bullet)^\dagger[dx\ _{\circ\bullet}]\psi^\bullet$ は不変量となる。

$$\because (\hat{\varphi}^\bullet)^\dagger[d\hat{x}\ _{\circ\bullet}]\hat{\psi}^\bullet = (\hat{\varphi}^\bullet)^\dagger S[dx\ _{\circ\bullet}]S^\dagger\hat{\psi}^\bullet = (\varphi^\bullet)^\dagger[dx\ _{\circ\bullet}]\psi^\bullet$$

この意味で、$[dx\ _{\circ\bullet}]\psi^\bullet$ は共変スピノルである。またこの不変量は座標の微分 dx^μ の一次式だから、以下の j_μ が定義できる。

$$(\varphi^\bullet)^\dagger[dx\ _{\circ\bullet}]\psi^\bullet = j_\mu dx^\mu$$

つまりこの j_μ は共変ベクトルである。

ではこの j_μ を直接に算出する方法を考えてみよう。以下に示す4つの行列 $\sigma_{\circ\bullet\mu}(\mu = 0,..,3)$ を定義すれば、

$$[dx_{\circ\bullet}] = \sigma_{\circ\bullet\mu}dx^\mu \tag{9.14}$$

j_μ は、以下のように表される。

$$j_\mu = (\varphi^\bullet)^\dagger\sigma_{\circ\bullet\mu}\psi^\bullet \tag{9.15}$$

$\sigma_{\circ\bullet\mu}$ の具体的な内容を示すには、**パウリ行列**を用いるのが良い。

パウリ行列

$$\sigma_x = \begin{pmatrix} 0 & 1 \\ 1 & 0 \end{pmatrix} , \sigma_y = \begin{pmatrix} 0 & -i \\ i & 0 \end{pmatrix} , \sigma_z = \begin{pmatrix} 1 & 0 \\ 0 & -1 \end{pmatrix} \tag{9.16}$$

これを用いて、（式 9.2）より、具体的な内容は以下のように表される。

$$\sigma_{\circ\bullet\ 0} = \sqrt{g_{00}}\ , \sigma_{\circ\bullet\ 1} = \sigma_x\ , \sigma_{\circ\bullet\ 2} = \sigma_y\ , \sigma_{\circ\bullet\ 3} = \sigma_z \tag{9.17}$$

ここで、$\sqrt{g_{00}}$ が出てくるが、これは時間の単位を調節するためで、$x^0 = t$ ならば、$\sqrt{g_{00}} = c$、$x^0 = ct$ ならば、$\sqrt{g_{00}} = 1$ の意味である。その他の座標は、$x^1 = x,\ x^2 = y,\ x^3 = z$ で、$g_{11} = g_{22} = g_{33} = -1$ ある。このとき、座標変換の範囲が一般座標変換ではなくて、$g_{\mu\nu}dx^\mu dx^\nu = c^2dt^2 - dx^2 - dy^2 - dz^2$ の式表現と値を変えない変換に限定されている事に留意されたい。

一方で反変を定義してみよう。

$$[dx^{\bullet\circ}] = \sigma^{\bullet\circ}{}_\mu dx^\mu \tag{9.18}$$

これは反変⇔共変 の変換則と複素共役のルールに従うから、以下が成り立つ。

$$\sigma^{\bullet\circ}{}_\mu = (\epsilon\ \sigma_{\circ\bullet\mu}\ {}^t\epsilon)^* \tag{9.19}$$

すなわち、具体的には、以下のように表される。

$$\sigma^{\bullet\circ}{}_0 = \sqrt{g_{00}}\ , \sigma^{\bullet\circ}{}_1 = -\sigma_x\ , \sigma^{\bullet\circ}{}_2 = -\sigma_y\ , \sigma^{\bullet\circ}{}_3 = -\sigma_z \tag{9.20}$$

ところで、○● を使った表現は本書独自のものであった。他の教科書などと表記を合わせる為に、この ○● を省略すると、バーを用いて以下のようになる。

$$\sigma_\mu := \sigma_{\circ\bullet\mu} \tag{9.21}$$
$$\bar{\sigma}_\mu := \sigma^{\bullet\circ}{}_\mu \tag{9.22}$$

積を取るときには必ず ○ あるいは ● 同士で、^{反変} と $_{共変}$ が隣り合うような組みで行うルールがあった。そのために、σ 同士の積は**必ず**、σ_μ **と** $\bar{\sigma}_\nu$ **が隣り合う**

ように掛けなければならない。また、σ_μ と $\bar{\sigma}_\nu$ は記号だけを見る限り共変ベクトルの様に見えるが、これらはそもそもベクトルの成分を行列の成分として並べるための定数であったので、座標変換に対して値を変えない事に注意せよ。

ところで、この σ_μ と $\bar{\sigma}_\nu$ の具体的な表現は本書では（式 9.21,9.22）を通して（式 9.17,9.20）により与えられるが、これは文献や教科書などによりまちまちである。まず回転とローレンツ変換に対して、基準となる向きや、基準となる速度は存在しないから、以下の変換で結ばれる σ は全て対等な役割を果たすことができる。

$$\sigma_\mu \to \sigma'_\mu = S\ \sigma_\mu\ S^\dagger$$
$$\bar{\sigma}_\mu \to \bar{\sigma}'_\mu = (S^{-1})^\dagger\ \bar{\sigma}_\mu\ S^{-1}$$

ここに、S は、座標変換で用いたものと同様にして、定数の複素数を成分にもち、$\det S = 1$ を満たす任意の行列。さらに、以下の関係式が成り立つことから、それぞれを $\sqrt{2}$ で割った流儀も少なくない。

$$\sigma_\mu \bar{\sigma}_\nu + \sigma_\nu \bar{\sigma}_\mu = 2g_{\mu\nu} \tag{9.23}$$
$$\bar{\sigma}_\mu \sigma_\nu + \bar{\sigma}_\nu \sigma_\mu = 2g_{\mu\nu} \tag{9.24}$$
$$\mathrm{tr}(\sigma_\mu \bar{\sigma}_\nu) = 2g_{\mu\nu} \tag{9.25}$$

臨機応変に対応して欲しい。

以後、問題へと続く。基礎的な内容も含まれるので必ずやるべし。

問題 9.1.1

${}^t\varphi^\circ\psi_\circ = -{}^t\varphi_\circ\psi^\circ$ 並びに、$(\psi^\bullet)^\dagger\psi_\circ = 0$ を示せ。

ヒント

共変スピノルから反変スピノルを作ったときの定義を使う。

略解

$$
{}^t\varphi^\circ\psi_\circ \overset{9.8}{=} {}^t(\epsilon\varphi_\circ)\psi_\circ = {}^t\varphi_\circ{}^t\epsilon\psi_\circ = -{}^t\varphi_\circ\epsilon\psi_\circ \overset{9.8}{=} -{}^t\varphi_\circ\psi^\circ
$$
$$
(\psi^\bullet)^\dagger\psi_\circ \overset{9.9}{=} {}^t\psi^\circ\psi_\circ \overset{9.8}{=} {}^t(\epsilon\psi_\circ)\psi_\circ = {}^t\psi_\circ{}^t\epsilon\psi_\circ \overset{9.7}{=} 0
$$

問題 9.1.2

以下を証明せよ。* は複素共役を表わす。

$$
(\varphi_\circ^\dagger[dx\ {}^{\bullet\circ}]\psi_\circ)^* = (\varphi^\bullet)^\dagger[dx\ {}_{\circ\bullet}]\psi^\bullet
$$

ヒント

共変スピノルと反変スピノルの入れ替えの練習です。

略解

まずは、(式 9.2, 9.12, 9.7) により、以下が成り立つ。

$$
-\epsilon[dx\ {}^{\bullet\circ}]\epsilon = [dx\ {}_{\circ\bullet}]^*
$$

よって、$\epsilon^\dagger = -\epsilon,\ \epsilon^2 = -1$ により、

$$
\begin{aligned}
\varphi_\circ^\dagger[dx\ {}^{\bullet\circ}]\psi_\circ &\overset{9.7}{=} (\epsilon\varphi_\circ)^\dagger(-\epsilon[dx\ {}^{\bullet\circ}]\epsilon)(\epsilon\psi_\circ) \\
&\overset{9.8}{=} (\varphi^\circ)^\dagger[dx\ {}_{\circ\bullet}]^*(\psi^\circ) \\
&\overset{9.9}{=} ((\varphi^\bullet)^\dagger[dx\ {}_{\circ\bullet}]\psi^\bullet)^*
\end{aligned}
$$

両辺の複素共役をとって、証明終了。

問題 9.1.3

z 軸に対して右ネジが回転する向きに x 軸と y 軸を角度 θ_{12} だけ回転させる座標変換(式 8.34)を表わす変換行列 S を求めよ。

ヒント

代入して計算するだけ。オイラーの公式 $e^{i\theta} = \cos\theta + i\sin\theta$ を使うと結果を簡潔に表現できる。

略解

（式 8.34）を（式 9.2）に代入して、（式 9.5）を参照する。

$$
\begin{aligned}
[dx\ {}^{\bullet\circ}] &\overset{9.2}{=} \begin{pmatrix} cdt - dz & -dx + idy \\ -dx - idy & cdt + dz \end{pmatrix} \\
&\overset{8.34}{=} \begin{pmatrix} cd\hat{t} - d\hat{z} & e^{(-i\theta_{12})}(-d\hat{x} + id\hat{y}) \\ e^{(i\theta_{12})}(-d\hat{x} - id\hat{y}) & cd\hat{t} + d\hat{z} \end{pmatrix} \\
&= \begin{pmatrix} e^{(-\frac{1}{2}i\theta_{12})} & 0 \\ 0 & e^{(\frac{1}{2}i\theta_{12})} \end{pmatrix} \begin{pmatrix} cd\hat{t} - d\hat{z} & -d\hat{x} + id\hat{y} \\ -d\hat{x} - id\hat{y} & cd\hat{t} + d\hat{z} \end{pmatrix} \begin{pmatrix} e^{(\frac{1}{2}i\theta_{12})} & 0 \\ 0 & e^{(-\frac{1}{2}i\theta_{12})} \end{pmatrix}
\end{aligned}
$$

ゆえに、

$$
S = \begin{pmatrix} e^{(\frac{1}{2}i\theta_{12})} & 0 \\ 0 & e^{(-\frac{1}{2}i\theta_{12})} \end{pmatrix}
$$

解説

回転の変換の特徴として、$S^{\dagger} = S^{-1}$ となる。また、角度 $\theta = 2\pi$ である一回転の変換に対して $S = -1$ となり、スピノルが元の値と一致するためには、2回転が必要であることがわかる。この性質はよく“メビウスの輪”に例えられる。

なお、パウリ行列を用いると、この変換は、以下のように、見かけ上、簡潔に表現することができる。

$$
S = e^{(\frac{1}{2}i\theta_{12}\sigma_z)}
$$

問題　9.1.4

座標 z 軸方向に、新たなる座標軸 $\hat{z}$ が速度 v で移動している。その他の座標軸に関しては $(x, y) = (\hat{x}, \hat{y})$ である。このローレンツ変換に対する変換の行列 S を求めよ。

ヒント

（式 8.3）の x を z に置き換えて代入。ラピディティ ϕ を以下のように置くと結果を簡潔に表現できる。

$$
e^{\phi} = \sqrt{\frac{c+v}{c-v}}
$$

略解

（式 8.3）の x を z に置き換えて、ローレンツ変換は、以下のように表される。

$$\begin{pmatrix} ct \\ z \end{pmatrix} = \frac{1}{\sqrt{1-\frac{v^2}{c^2}}} \begin{pmatrix} 1 & \frac{v}{c} \\ \frac{v}{c} & 1 \end{pmatrix} \begin{pmatrix} c\hat{t} \\ \hat{z} \end{pmatrix}$$

微分して、両辺に左から $\begin{pmatrix} 1 & -1 \\ 1 & 1 \end{pmatrix}$ を掛けて、以下を得る。

$$\begin{pmatrix} cdt - dz \\ cdt + dz \end{pmatrix} = \begin{pmatrix} e^{-\phi}(cd\hat{t} - d\hat{z}) \\ e^{\phi}(cd\hat{t} + d\hat{z}) \end{pmatrix} \tag{9.26}$$

ここに、ϕ は、ラピディティ。

$$e^{\phi} := \sqrt{\frac{c+v}{c-v}}$$

これを、（式 9.2）に代入して、

$$\begin{aligned} [dx\ ^{\bullet\circ}] &\overset{9.2}{=} \begin{pmatrix} cdt - dz & -dx + idy \\ -dx - idy & cdt + dz \end{pmatrix} \\ &\overset{9.26}{=} \begin{pmatrix} e^{-\phi}(cd\hat{t} - d\hat{z}) & -d\hat{x} + id\hat{y} \\ -d\hat{x} - id\hat{y} & e^{\phi}(cd\hat{t} + d\hat{z}) \end{pmatrix} \\ &= \begin{pmatrix} e^{(-\frac{1}{2}\phi)} & 0 \\ 0 & e^{(\frac{1}{2}\phi)} \end{pmatrix} \begin{pmatrix} cd\hat{t} - d\hat{z} & -d\hat{x} + id\hat{y} \\ -d\hat{x} - id\hat{y} & cd\hat{t} + d\hat{z} \end{pmatrix} \begin{pmatrix} e^{(-\frac{1}{2}\phi)} & 0 \\ 0 & e^{(\frac{1}{2}\phi)} \end{pmatrix} \end{aligned}$$

ゆえに、（式 9.5）を参照して、以下の変換行列 S を得る。

$$S = \begin{pmatrix} e^{(-\frac{1}{2}\phi)} & 0 \\ 0 & e^{(\frac{1}{2}\phi)} \end{pmatrix}$$

解説

ローレンツ boost の変換の特徴として、$S^{\dagger} = S$ となる。また、同じ方向へローレンツ変換を重ねると、変換の速度はラピディティに関して和になることがわかりやすい。なお、パウリ行列を用いると、この変換は、以下のように、見かけ上、簡潔に表現することができる。

$$S = e^{(-\frac{1}{2}\phi\sigma_z)}$$

問題　9.1.5

パウリ行列につき、定義（式 9.16）より、以下の性質を確認せよ。ここに、$\vec{A}\cdot\vec{\sigma}=A_x\sigma_x+A_y\sigma_y+A_z\sigma_z$ とする。（ヒントと解答例は略す。ただ、計算あるのみ。）

$$
\begin{aligned}
&{\sigma_x}^2={\sigma_y}^2={\sigma_z}^2=1\,(\text{単位行列})\\
&\sigma_y\sigma_z=-\sigma_z\sigma_y=i\sigma_x\\
&\sigma_z\sigma_x=-\sigma_x\sigma_z=i\sigma_y\\
&\sigma_x\sigma_y=-\sigma_y\sigma_x=i\sigma_z\\
&(\vec{A}\cdot\vec{\sigma})(\vec{B}\cdot\vec{\sigma})=\vec{A}\cdot\vec{B}+i(\vec{A}\times\vec{B})\cdot\vec{\sigma}
\end{aligned}
$$

問題　9.1.6

$\bar{\sigma}_\mu$ を、σ_μ と反対称行列 ϵ を用いて表わせ。

ヒント

複素共役も使う。また、σ_μ , $\bar{\sigma}_\mu$ の定義は（式 9.21, 9.22）である。

$$\sigma_\mu:=\sigma_{\circ\bullet\mu}\ ,\ \bar{\sigma}_\mu:=\sigma^{\bullet\circ}{}_\mu$$

略解

共変⇔反変 と複素共役の変換則を適用すると、以下が成り立つ。

$$[dx^{\bullet\circ}]=(\epsilon\ [dx_{\circ\bullet}]\ {}^t\epsilon)^*=-\epsilon\ [dx_{\circ\bullet}]^*\ \epsilon$$

そこで、（式 9.14, 9.18 , 9.21, 9.22）により、dx^μ を括り出して以下を得る。

$$\bar{\sigma}_\mu=-\epsilon\ (\sigma_\mu)^*\ \epsilon$$

別解

$\epsilon=i\sigma_y$ であるから、パウリ行列の性質により、$\epsilon\sigma_x\epsilon=\sigma_x$, $\epsilon\sigma_y\epsilon=-\sigma_y$, $\epsilon\sigma_z\epsilon=\sigma_z$ となる。σ_x , σ_z の成分は実数で、σ_y の成分は純虚数だから、複素共役も組み合わせれば、σ_y の符号も保たれる。よって、（式 9.17, 9.20）により、

$$\bar{\sigma}_\mu=-\epsilon\ (\sigma_\mu)^*\ \epsilon$$

問題 9.1.7

パウリ行列の定義（式 9.16）を用いて、（式 9.23）が成り立つことを確認せよ。

$$\sigma_\mu \bar{\sigma}_\nu + \sigma_\nu \bar{\sigma}_\mu = 2g_{\mu\nu}$$

ヒント

ただひたすら代入。パウリ行列同士の積については、定義に代入。

略解

まず、$\sigma_\mu \bar{\sigma}_\nu + \sigma_\nu \bar{\sigma}_\mu$ は μ, ν の入れ替えに対して対称。なぜなら、足し算の順序は入れ替えられるから。次に、（式 9.17, 9.20）を与式に代入。$i, j = 1,2,3$ として、

$$\begin{aligned}
\sigma_0 \bar{\sigma}_0 &= \sqrt{g_{00}} \cdot \sqrt{g_{00}} = g_{00} \\
\sigma_1 \bar{\sigma}_1 &= -{\sigma_x}^2 = -1 = g_{11} \quad (22), (33) \text{ についても同様} \\
\sigma_0 \bar{\sigma}_i + \sigma_i \bar{\sigma}_0 &= \sqrt{g_{00}}(-\sigma_i + \sigma_i) = 0 \\
\sigma_i \bar{\sigma}_j + \sigma_j \bar{\sigma}_i &= -(\sigma_i \sigma_j + \sigma_j \sigma_i) = 0 \quad (i \neq j)
\end{aligned}$$

問題 9.1.8

$F^{\mu\nu} + F^{\nu\mu} = 0$ を満たす反対称テンソル $F^{\mu\nu}$ がある。$\sigma_\mu \bar{\sigma}_\nu F^{\mu\nu}$ をパウリ行列を用いて書き下せ。さらに、この $F^{\mu\nu}$ が、$\vec{E}, \vec{B}$ と（式 6.40, 6.41）にて対応するとして、結果を $\vec{E}, \vec{B}$ を用いて書け。ここに、$\vec{\sigma} = (\sigma_x,\ \sigma_y,\ \sigma_z)$ とせよ。

略解

（式 9.16, 9.17, 9.20）より、

$$\begin{aligned}
\sigma_0 \bar{\sigma}_1 F^{01} + \sigma_1 \bar{\sigma}_0 F^{10} &= (\sigma_0 \bar{\sigma}_1 - \sigma_1 \bar{\sigma}_0) F^{01} = -2\sqrt{g_{00}}\ \sigma_x F^{01} \\
\sigma_2 \bar{\sigma}_3 F^{23} + \sigma_3 \bar{\sigma}_2 F^{32} &= (\sigma_2 \bar{\sigma}_3 - \sigma_3 \bar{\sigma}_2) F^{23} = -2\sigma_y \sigma_z F^{23} = -2i\sigma_x F^{23}
\end{aligned}$$

以下同様で、まとめると、

$$\begin{aligned}
&-\frac{1}{2}\sigma_\mu \bar{\sigma}_\nu F^{\mu\nu} \\
&= (\sqrt{g_{00}} F^{01} + iF^{23})\sigma_x + (\sqrt{g_{00}} F^{02} + iF^{31})\sigma_y + (\sqrt{g_{00}} F^{03} + iF^{12})\sigma_z \\
&= (\sqrt{g^{00}} F_{10} + iF_{23})\sigma_x + (\sqrt{g^{00}} F_{20} + iF_{31})\sigma_y + (\sqrt{g^{00}} F_{30} + iF_{12})\sigma_z \\
&= (\frac{1}{c}\vec{E} + i\vec{B}) \cdot \vec{\sigma}
\end{aligned}$$

問題　9.1.9

$F^{\mu\nu}$ を電場と磁束密度を表す反対称テンソル、${j_e}^{\mu}$ を電荷密度と電流密度、${j_m}^{\mu}$ を磁荷密度と磁流密度とし、

$$\bar{\partial} := \bar{\sigma}_\mu g^{\mu\nu} \frac{\partial}{\partial x^\nu}$$
$$F := -\frac{1}{2}\sigma_\mu \bar{\sigma}_\nu F^{\mu\nu}$$
$$\bar{j}_e = \bar{\sigma}_\mu {j_e}^\mu$$
$$\bar{j}_m = \bar{\sigma}_\mu {j_m}^\mu$$

と、置くとき、電荷磁荷の間の空間が真空であることを前提として、マクスウェルの方程式を $\bar{\partial}, F, \bar{j}_e, \bar{j}_m$ を用いて表わせ。ここに、真空中の特性インピーダンスを Z_0 とする。($Z_0 = \mu_0 c = \frac{1}{\epsilon_0 c}$、$A_\mu B^\mu = A_0 B^0 + A_1 B^1 + A_2 B^2 + A_3 B^3$)

ヒント

$F^{\mu\nu}$ は（式 6.40, 6.41）参照。${j_e}^\mu$, ${j_m}^\mu$ は（式 6.48,〜,6.51）参照。マクスウェルの方程式は（式 6.6, 6.7, 6.11, 6.12）参照。ここでは一般座標を考えていないので、計量につき $g_{\mu\nu}dx^\mu dx^\nu = c^2dt^2 - dx^2 - dy^2 - dz^2$ である。

略解

$x^0 = t$ として、条件をそれぞれ当てはめると、以下のように書き下される。

$$\bar{\partial} = \frac{1}{c}\frac{\partial}{\partial t} + \vec{\sigma}\cdot\vec{\nabla}\ ;\ F \overset{\text{前問}}{=} (\frac{1}{c}\vec{E} + i\vec{B})\cdot\vec{\sigma}$$
$$\bar{j}_e \overset{9.20}{=} (\sqrt{g_{00}}\rho_e - \vec{j}_e\cdot\sigma)/\sqrt{\ } = \rho_e - \frac{1}{c}\ \vec{j}_e\cdot\sigma$$
$$\bar{j}_m \overset{9.20}{=} (\sqrt{g_{00}}\rho_m - \vec{j}_m\cdot\sigma)/\sqrt{\ } = \rho_m - \frac{1}{c}\ \vec{j}_m\cdot\sigma$$

よって、真空中のマクスウェルの方程式は、$\bar{\partial}F = Z_0\bar{j}_e + i\bar{j}_m$ と、表される。

$$\because\quad \bar{\partial}F = \mu_0 c\vec{\nabla}\cdot\vec{D} + \mu_0(\frac{\partial}{\partial t}\vec{D} - \vec{\nabla}\times\vec{H})\cdot\vec{\sigma} + i\vec{\nabla}\cdot\vec{B} + \frac{i}{c}(\frac{\partial}{\partial t}\vec{B} + \vec{\nabla}\times\vec{E})\cdot\vec{\sigma}$$
$$= \mu_0(c\rho_e - \vec{j}_e\cdot\vec{\sigma}) + i(\rho_m - \frac{1}{c}\vec{j}_m\cdot\vec{\sigma}) = \mu_0 c\bar{j}_e + i\bar{j}_m = Z_0\bar{j}_e + i\bar{j}_m$$

9.2 ベクトルからスピノルへ

反変ベクトル[5] V^μ は座標変換に対して、座標の微分 dx^μ と同じ規則に従うから、σ_μ, $\bar{\sigma}_\mu$ を使ってこれをスピノルの世界の言葉に翻訳することができる。

$$V^\mu \to V = \sigma_\mu V^\mu \ , \ \bar{V} = \bar{\sigma}_\mu V^\mu \tag{9.27}$$

さらにこれをスピノルの成分表示で書き下すならば、もはや行列の積の順序などに気づかう必要もなくなるであろう。この意味でベクトルの直積 $U^\mu V^\nu$ と同じ変換に従うテンソル $T^{\mu\nu}$ も添え字 μ,ν の無いスピノルの世界の言葉に翻訳可能なはずである。ここでは2成分スピノルの成分表示を用いた計算方法を確認してみよう。

まずは座標変換の範囲につき前提を再度確認する。この節は座標につき一般座標は仮定していない。

$$g_{\mu\nu}dx^\mu dx^\nu = c^2dt^2 - dx^2 - dy^2 - dz^2$$

上記で表される計量の、式の形と値を変えない座標変換（ポアンカレ変換）に限定している。ここでは共形変換の扱いについては（残念ながら）見送る。座標は $x^0 = t$ 又は $x^0 = ct$ であり、$(x^1, x^2, x^3) = (x, y, z)$ である。なお、一般相対性理論では、歪んだ時空を扱うが、局所的には有効な近似として上記の計量と座標を設定できることが前提となっている。

成分を使った2成分スピノルの計算の表しかたを再確認しよう。

成分での表示

1. 共変スピノル $\psi_\circ = \begin{pmatrix}\psi_1 \\ \psi_2\end{pmatrix}$、共変スピノルの複素共役 $\psi_\bullet = \begin{pmatrix}\psi_{\dot{1}} \\ \psi_{\dot{2}}\end{pmatrix}$
2. 反変スピノル $\psi^\bullet = \begin{pmatrix}\psi^{\dot{1}} \\ \psi^{\dot{2}}\end{pmatrix}$、反変スピノルの複素共役 $\psi^\circ = \begin{pmatrix}\psi^1 \\ \psi^2\end{pmatrix}$

反変共変の別を添え字の下付き・上付きで表し、共変 $_\circ$ に下付き添え字を対応

[5] 反変ベクトル・共変ベクトルという言い回しは、数学が得意な皆様の失笑を買うかもしれないが、この方がわかりやすいので、あえて旧いやり方にこだわらせてもらう。

させ、反変 ° に上付き添え字を対応させる。複素共役は、添え字の上にドット "·" を付けたり取ったりして表わす[6)]。● をドットありに対応、○ をドット無しに対応させる。その意味で、ψ°, $\psi_\circ$ は**点なしスピノル** (undotted spinor)、それらの複素共役 $\psi^\bullet$, $\psi_\bullet$ は**点付きスピノル** (dotted spinor) と呼ばれる。

スピノル間の内積を計算するときには、必ず添え字の上下ペアで行い、点無し同士、点付き同士で行う。ここに、スピノルの添え字を大文字のアルファベット（$A, B, \dot{A}, \dot{B} = 1,2$）で表すことにし[7)]、$\sum$ 記号はベクトルの反変・共変の積の時と同様にして省略する。

$$\psi^A \varphi_A = \psi^1 \varphi_1 + \psi^2 \varphi_2\ ,\ \psi^{\dot{A}} \varphi_{\dot{A}} = \psi^{\dot{1}} \varphi_{\dot{1}} + \psi^{\dot{2}} \varphi_{\dot{2}}\ (\ = (\psi^A \varphi_A)^*\ )$$

共変⇔反変 の並べ替えに用いる ϵ の成分表示は（式 9.7）で与えられるが、（式 9.8）の逆変換については ${}^t\varphi_\circ = {}^t\varphi^\circ \epsilon$ であり、複素共役に関してはそれぞれ値を変えない ($\varphi^\bullet = \epsilon \varphi_\bullet$, ${}^t\varphi_\bullet = {}^t\varphi^\bullet \epsilon$)。つまり、$\epsilon$ は行列として成分の添え字をどう付けるのかを区別せずに使っていたので、残りの成分表示に対しても内容はみな同じになる。

$$\epsilon = \begin{pmatrix} \epsilon^{11} & \epsilon^{12} \\ \epsilon^{21} & \epsilon^{22} \end{pmatrix} = \begin{pmatrix} \epsilon^{\dot{1}\dot{1}} & \epsilon^{\dot{1}\dot{2}} \\ \epsilon^{\dot{2}\dot{1}} & \epsilon^{\dot{2}\dot{2}} \end{pmatrix} = \begin{pmatrix} \epsilon_{11} & \epsilon_{12} \\ \epsilon_{21} & \epsilon_{22} \end{pmatrix} = \begin{pmatrix} \epsilon_{\dot{1}\dot{1}} & \epsilon_{\dot{1}\dot{2}} \\ \epsilon_{\dot{2}\dot{1}} & \epsilon_{\dot{2}\dot{2}} \end{pmatrix} = \begin{pmatrix} 0 & 1 \\ -1 & 0 \end{pmatrix}$$

添え字の上げ下げを成分表示で書くならば、以下のようになる。

$$\begin{aligned} \psi^\circ = \epsilon \psi_\circ \quad &\to \quad \psi^A = \epsilon^{AB} \psi_B \\ {}^t\psi_\circ = {}^t\psi^\circ \epsilon \quad &\to \quad \psi_B = \psi^A \epsilon_{AB} \\ \psi^\bullet = \epsilon \psi_\bullet \quad &\to \quad \psi^{\dot{A}} = \epsilon^{\dot{A}\dot{B}} \psi_{\dot{B}} \\ {}^t\psi_\bullet = {}^t\psi^\bullet \epsilon \quad &\to \quad \psi_{\dot{B}} = \psi^{\dot{A}} \epsilon_{\dot{A}\dot{B}} \end{aligned}$$

！ 符号に注意。ベクトル内積の添え字の上げ下げとは違う。

$$\varphi_A \psi^A = -\varphi^A \psi_A \tag{9.28}$$

---

6) ドット "$\dot{A}$" の代わりにダッシュ "A'" を使う文献もある (e.g. Wald)。複素共役なのだから、上付きアスタリスク A^* やバー $\bar{A}$ の方がわかりやすいと思うのだが、なぜか、そうは書かない。活版印刷時代の名残かもしれない。

7) 文献によっては、アルファベット小文字だったり、ギリシャ文字だったりする。書きかたが様々なのでそれぞれの場合につき注意して確認されたし。

内積に使う添え字の上下組みにつき、できる限り、$^{左上}{}_{右下}$ の組み合わせにするように書けば、計算ミスの予防になるだろう。

いよいよベクトルをスピノルの世界へ翻訳してみよう。くどいようだが座標は一般座標ではないことに注意せよ。4次元に拡張されたパウリ行列 σ_μ（式9.17）の成分を、以下のように書くとする。

$$\sigma_\mu = \begin{pmatrix} \sigma_{\mu\ 1\dot{1}} & \sigma_{\mu\ 1\dot{2}} \\ \sigma_{\mu\ 2\dot{1}} & \sigma_{\mu\ 2\dot{2}} \end{pmatrix} \quad (= \sqrt{g_{00}}, \sigma_x, \sigma_y, \sigma_z\ )$$

添え字のつけ方について、$[dx\ {}_{\circ\bullet}] = dx^\mu \sigma_\mu$ だから、σ_μ には、左から ${}^t\psi^\circ$ を掛ける事ができ、右からは $\psi^\bullet$ をかけることができる。ゆえに、$\sigma_{\mu\ A\dot{B}}$ である。また、パウリ行列はエルミート行列だから、これらはスピノルの添え字の入れ替えに対して対称である。（以下 C^* は C の複素共役）

$$\sigma_{\mu\ \dot{B}A} \overset{\text{dot rule}}{=} (\sigma_{\mu\ B\dot{A}})^* \overset{\text{Hermite}}{=} \sigma_{\mu\ A\dot{B}} \tag{9.29}$$

これは添え字の上に点が乗ったままの入れ替えであることに注意されたし。

一方、$\bar{\sigma}_\mu$ の成分は、$[dx\ {}^{\bullet\circ}] = dx^\mu \bar{\sigma}_\mu$ により、添え字の付け方が ${\sigma_\mu}^{\dot{A}B}$ のように決まる。

$$\bar{\sigma}_\mu = \begin{pmatrix} {\sigma_\mu}^{\dot{1}1} & {\sigma_\mu}^{\dot{1}2} \\ {\sigma_\mu}^{\dot{2}1} & {\sigma_\mu}^{\dot{2}2} \end{pmatrix} \quad (= \sqrt{g_{00}}, -\sigma_x, -\sigma_y, -\sigma_z\ )$$

下付きの場合と同様にして、パウリ行列がエルミート行列であることに起因して、添え字の入れ替えに対して対称である。

$${\sigma_\mu}^{B\dot{A}} = {\sigma_\mu}^{\dot{A}B} \tag{9.30}$$

値は添え字の上げ下げのルールにより、以下のように書くことができる。

$${\sigma_\mu}^{\dot{A}B} = (\epsilon^{AX} \epsilon^{\dot{B}\dot{Y}} \sigma_{\mu\ X\dot{Y}})^*$$

つまり、スピノルの成分の世界では、複素共役と添え字の上げ下げのルールが確立されているので、σ_μ と $\bar{\sigma}_\mu$ は、とくに記号を分けて区別する必要は無くなる。

　この $\sigma_\mu{}^{\dot{A}B}$ を用いて、ベクトルをスピノルの世界の言葉に翻訳することができる。

$$V^\mu \quad \to \quad V^{\dot{A}B} = V^\mu \sigma_\mu{}^{\dot{A}B}$$

パウリ行列 σ_μ がエルミートなので、添え字は場所を入れ替えることができる。

$$V^{B\dot{A}} = V^{\dot{A}B}$$

スピノル各成分をベクトルの各成分を使って表にすると、

$V^{\dot{1}1}$	$V^{\dot{2}2}$	$V^{\dot{1}2}$	$V^{\dot{2}1}$
$\sqrt{g_{00}}\,V^0 - V^3$	$\sqrt{g_{00}}\,V^0 + V^3$	$-V^1 + iV^2$	$-V^1 - iV^2$

表 9.1　ベクトルのスピノル表示

　逆変換には（式 9.25）$\mathrm{tr}(\bar{\sigma}_\mu \sigma_\nu) = \sigma_\mu{}^{\dot{A}B} \sigma_{\nu\ B\dot{A}} = 2g_{\mu\nu}$ を使えば良いだろう。

$$V^{\dot{A}B} \quad \to \quad V^\mu = g^{\mu\nu} V_\nu \ ; \ V_\nu = \frac{1}{2} V^{\dot{A}B} \sigma_{\nu\ B\dot{A}}$$

同様にしてテンソル $T^{\mu\nu}$ もスピノル世界に翻訳することができる。

$$T^{\mu\nu} \quad \to \quad T^{\dot{A}B\ \dot{C}D} = T^{\mu\nu}{\sigma_\mu}^{\dot{A}B}{\sigma_\nu}^{\dot{C}D}$$

これは行列として $\sigma_\mu\bar{\sigma}_\nu$ を掛けた物とは違うことに注意されたし。

$$(T^{\mu\nu}\sigma_\mu\bar{\sigma}_\nu)_A{}^D = T_{A\dot{X}}{}^{\dot{X}D} \neq T_{A\dot{B}}{}^{\dot{C}D}$$

ベクトル成分との対応を一覧表にすると、以下のようになる。スペースの都合で $\sqrt{g_{00}} = c$ とした。$\sqrt{g_{00}} = 1$ の場合については $c = 1$ としてほしい。

＼	$T^{\dot{A}B\ \dot{1}1}$	$T^{\dot{A}B\ \dot{2}2}$	$T^{\dot{A}B\ \dot{1}2}$	$T^{\dot{A}B\ \dot{2}1}$
$T^{\dot{1}1\ \dot{C}D}$	$c^2T^{00}+T^{33}$ $-c(T^{03}+T^{30})$	$c^2T^{00}-T^{33}$ $+c(T^{03}-T^{30})$	$-cT^{01}+T^{31}$ $+i(cT^{02}-T^{32})$	$-cT^{01}+T^{31}$ $-i(cT^{02}-T^{32})$
$T^{\dot{2}2\ \dot{C}D}$	$c^2T^{00}-T^{33}$ $-c(T^{03}-T^{30})$	$c^2T^{00}+T^{33}$ $+c(T^{03}+T^{30})$	$-cT^{01}-T^{31}$ $+i(cT^{02}+T^{32})$	$-cT^{01}-T^{31}$ $-i(cT^{02}+T^{32})$
$T^{\dot{1}2\ \dot{C}D}$	$-cT^{10}+T^{13}$ $+i(cT^{20}-T^{23})$	$-cT^{10}-T^{13}$ $+i(cT^{20}+T^{23})$	$T^{11}-T^{22}$ $-i(T^{12}+T^{21})$	$T^{11}+T^{22}$ $i(T^{12}-T^{21})$
$T^{\dot{2}1\ \dot{C}D}$	$-cT^{10}+T^{13}$ $-i(cT^{20}-T^{23})$	$-cT^{10}-T^{13}$ $-i(cT^{20}+T^{23})$	$T^{11}+T^{22}$ $-i(T^{12}-T^{21})$	$T^{11}-T^{22}$ $i(T^{12}+T^{21})$

表 9.2　2 階テンソルのスピノル表示

たとえば、計量テンソル $(g^{\mu\nu}) = \mathrm{diag}(1/c^2\ \ -1\ \ -1\ \ -1)$ にこれを適用すると、c の値や $\sqrt{g_{00}}$ の選択によらずに以下のようになる。

$$g^{\dot{1}1\ \dot{2}2} = g^{\dot{2}2\ \dot{1}1} = -g^{\dot{1}2\ \dot{2}1} = -g^{\dot{2}1\ \dot{1}2} = 2$$
$$\text{その他} = 0$$

これを ϵ を使ってまとめると、

$$g^{\dot{A}B\ \dot{C}D} = 2\,\epsilon^{\dot{A}\dot{C}}\epsilon^{BD} \tag{9.31}$$

あるいは、関係式 $\varphi^1 = \varphi_2$, $\varphi^2 = -\varphi_1$（式 9.8）で前半のスピノル添え字 2 つを下げると、（つまり ϵ を掛けると）

$$g_{A\dot{B}}{}^{\dot{C}D} = 2\ \delta_A^D\ \delta_{\dot{B}}^{\dot{C}} \tag{9.32}$$

ここで、パウリ行列のエルミート性（式 9.29）を使った。

なお、変換行列 S の成分表示は、新座標で書かれた物理量の添え字に "^" を被せるという本書で用いてきた流儀を継承するならば、（式 9.6）の意味で、共変スピノル $\psi_\circ$ に対して、以下のように書かれる。

$$\hat{\psi}_\circ = S\psi_\circ \quad \rightarrow \quad \hat{\psi}_{\hat{A}} = S_{\hat{A}}{}^{B}\ \psi_B$$

スピノルに独特な添え字の上げ下げルール（式 9.28）$\varphi^A\psi_A = -\varphi_A\psi^A$ に注意して、反変スピノルの変換則は、以下のようになる。

$$\hat{\psi}^\circ = {}^tS^{-1}\psi^\circ \quad \rightarrow \quad \hat{\psi}^{\hat{A}} = -S^{\hat{A}}{}_{B}\ \psi^B$$
$$S^{\hat{A}}{}_{B} := \epsilon^{\hat{A}\hat{X}} S_{\hat{X}}{}^{Y} \epsilon_{YB}$$

これは以下の恒等式からも整合性が確認できる。M は任意の 2 行 2 列の行列。

$$ {}^tM\epsilon M \equiv \det(M)\epsilon \tag{9.33}$$

つまり、$\det(S) = 1$ より、${}^tS^{-1} = -\epsilon S\epsilon$ だから、$S_{\hat{A}}{}^{B}$ に対して添え字の上げ下げの規則（図 9.1）を適用したものと合致するだろう。

一方、点付きスピノルの変換に対しては、S の複素共役を充てる。

$$(S_{\hat{A}}{}^{B})^* = S_{\hat{\dot{A}}}{}^{\dot{B}}$$

また、スピノル添え字の上げ下げに使われる ϵ は、この変換で値を変えない。なぜなら、そもそもそういう設定だから。以下のように確認できる。

$$\hat{\epsilon}_{\circ\circ} = S\ \epsilon_{\circ\circ}\ {}^tS \overset{9.33}{=} \det({}^tS)\epsilon_{\circ\circ} = \epsilon_{\circ\circ}$$

以上により、全て成分表示で計算する事ができる。この方法では、もはや行列を使う必然性は無くなる。行列を使った書きかたはスピノルの発見あるいは導入には寄与したが、最終的な理論には必ずしも必要は無いということだ。そう割り切ってしまうという立場に立つならば、もはやベクトルの名残として $V^{\dot{A}B}$、$V_{A\dot{B}}$ の様に添え字を順番や配置を気にして並べる必要はなくなり自由に並べることができるようになる。

ベクトルやテンソルに対して、あえてスピノルを使った形で理論を表現する事のメリットは、この節の冒頭で示したように、電磁場の対称性すなわちローレンツ変換や回転の対称性が自動的に組み込まれた形になる事である。とくに、時空の歪みかたの分類に威力を発揮することは有名な話である。もちろん、素粒子の中でも電子や陽子のように物質らしい振る舞いをする素粒子（フェルミオン）を記述するためには無くてはならない手段である。

9.3　ディラック方程式

ディラック方程式とは、電子などの物質を表わす素粒子（フェルミオン）の量子論的な振る舞いをモデル化（数式として表現）するための方程式である。1928 年にポール・ディラックによって考案され、今日の場の量子論へと受け継がれている。以下の 5 つの特徴を備える。

- シュレーディンガー方程式のフォーマットに従う
- 波動関数の絶対値の 2 乗（数学で言うところのノルム）が状態の出現確率と比例するという“確率解釈”が適用可能
- 電磁場の対称性（つまり特殊相対性理論）と整合する
- 電子の磁気モーメント（小さな棒磁石として振る舞う性質）の値を説明できる
- 陽電子（電子の反粒子）の存在を予言

ディラック方程式の式を見るだけなら、ウェブを検索してすぐに出てくる記事を見ればいいのだが、意味を理解するためには量子力学黎明期の知識が必要となる。高校物理で習った内容からは一歩踏み込まなければならないので、やや説明が長くなるのをお許し頂きたい。

量子力学の世界への導入として、(§4.10) ではシュレーディンガー方程式の成り立ちについて、正確さには欠けるものの直観に訴える形で大まかに説明した。まず軽くおさらいをする。初期の量子力学では諸々の物理量[8)]が波動関数 ψ に格納されているという理論型式を採用するが、それぞれの値を担う波動関数（＝固有状態）が重なり合って（＝足し加えられて）いるから、つまり波動として混ざってしまっているので、物理量の値を確定した値として直接に取り出すことはできない。しかし、様々な値の可能性で平均したような期待値のような量を求めることならできるし、無数にある波動関数の中から、設定された物理的条件に合う波動関数に絞り込むための制限を加える式なら

[8)] 位置やエネルギーなど、測定により数値化できると期待されている量のこと。量子力学に独特な言い回しとしては「オブザーバブル」という用語が充てられる。

ば作れる。つまり、位置ベクトルを $\vec{x}$ として、エネルギー E と、運動量 $\vec{p}$ の間に成り立つ式、$E = H(\vec{x},\vec{p})$ があるとき、以下の置き換えを処方する。（$\vec{\nabla} = (\frac{\partial}{\partial x}, \frac{\partial}{\partial y}, \frac{\partial}{\partial z})$）

$$E\psi \to \quad i\hbar\frac{\partial}{\partial t}\psi \quad , \quad \vec{p}\psi \to -i\hbar\vec{\nabla}\psi \tag{9.34}$$

これは波動関数 ψ が以下のように作用 S_{path} を位相とする波動の重ね合わせのようなものであることに由来する。（※ 厳密には、さらに修正が必要。）

$$S_{\text{path}} = \int_{\text{path}\to\text{終点 }(t,\vec{x})} \vec{p}\cdot d\vec{x} - Edt \quad , \quad \psi = \sum_{\text{path(全部)}} e^{(i\frac{S_{\text{path}}}{\hbar})}$$

つまり、以下の方程式を作れば、波動関数を、設定された物理的条件へと絞り込むことができるものと考えられる。この H は**ハミルトニアン**と呼ばれる。

$$i\hbar\frac{\partial}{\partial t}\psi = H(\vec{x}, -i\hbar\frac{\partial}{\partial \vec{x}})\psi \tag{9.35}$$

これが**シュレーディンガー方程式**で、水素などの原子から吸収・放出される光の波長などに対して高い予言能力を発揮した。つまり、原子の中の電子のエネルギーを計算できるということだ。原子の中の電子の状態が変化するときに、エネルギーの差分を光のエネルギーとして吸収・放出するが、その時の光のエネルギーが光の波長（つまり色）に反比例するので、検証可能となるのである。但し、原子の中の電子の状態が変化して光が吸収・放出される“現場”を押さえるには「場の量子論」への発展を待つことになる。

それでは、高校物理の最後あたりで習う原子核の周りを電子が惑星のように回転する遊星モデル（ボーアモデル）は間違っていたのかというと、水素原子につき、実験事実やシュレーディンガー方程式から計算される値と概ね合っているので、あながち間違いだったとは言い切れない。しかし、シュレーディンガー方程式の方がより正確で詳細な状況を予言できるので優れているといえる。

ここで、説明のためにあえて遊星モデルを使わせてもらう。あくまでも古い仮説を利用した直観的な説明（高校物理のノリともいえる）なので、正しい知識は量子力学の教科書から得て頂きたい。原子核の周りを電子が回っているのだから、これは円周上を電流が流れているのと同じで、いわゆる電磁石になる。つまり原子には棒磁石のように、N 極と S 極が存在することになり、外部の N 極に原子の N 極がむかいあう向きだと、エネルギーは高く、反対向きだとエネルギーは低い。このエネルギー差が原子から出てくる光に反映されて、磁場を加えないときと比べて光の波長が短いものと長いものが現れる。これを発見者の名にちなみゼーマン効果という[9)]。さらにその波長の区別を細かく観察すると、わずかにブレがあることが見つかった。これを異常ゼーマン効果（あるいは、スピンによるゼーマン効果）という。これは電子自身にも小さな棒磁石のような性質が備わっているとすることで説明される。

円周上を電流が流れているとするとき、電流の値と円の面積の積を磁気モーメントという[10)]。磁石としては、電流が回る向きに対して右ネジが進む向きが N 極で、反対向きが S 極に相当し、S 極から N 極へと向かう向き、つまり電流に対して右ネジが進む向きに、磁気モーメントはベクトル $\vec{\mu}$ で表される。これが磁束密度 $\vec{B}$（棒磁石の N 極から発し S 極へと向かう向きを向く）の環境に置かれている場合、エネルギーは内積 $-\vec{B}\cdot\vec{\mu}$ で表される[11)]。これは磁気モーメントが $\vec{B}$ に従って同じ向きを向いている場合にはエネルギーが低く、逆らって逆向きを向いている場合にはエネルギーが高い。この効果をシュレーディンガー方程式に盛り込むためには、ハミルトニアンに $-\vec{B}\cdot\vec{\mu}$ を付加すれば良さそうである。

ところが、原子から出る光を観察するに、電子自体の磁気モーメント $\vec{\mu}$ の向きは加えた磁場 $\vec{B}$ と同じ向きを向くか、反対向きを向くかの 2 通りしかないのである。直角だとか、途中の値は無い。プラスマイナスの 2 値しかない。

[9)] Pieter Zeeman ピーター・ゼーマン (1865 - 1943) オランダの物理学者。ゼーマン効果の発見により、1902 年、ノーベル物理学賞をローレンツとともに受賞。

[10)] 用語錯綜注意：本書では、磁気モーメントを $\vec{\mu}$、磁気双極子モーメントを $\vec{m}$ とするとき、$\vec{m} = \mu_0\,\vec{\mu}$ としている。しかし文献によっては、$\vec{\mu}$ と $\vec{m}$ が逆だったり、同じだったり、様々なケースが散見されるので、文献ごとに確認する必要がある。なお、本書では国際単位系 (SI) を採用しているが、古い文献などでは CGS 単位系が使われている場合も少なくなく、さらに多様になるので、個別に注意が必要。

[11)] 本書の定義では磁場を $\vec{H}$ として、$\vec{B}\cdot\vec{\mu} = \vec{H}\cdot\vec{m}$ となる。混同に注意。

この性質は、磁気モーメントが角運動量と比例することから、量子力学的な角運動量の性質によって説明できる。角運動量とは回転の勢いのような物理量で、例えば運動量 $\vec{p}$ で運動している粒子が、位置ベクトル $\vec{x}$ にあるときの角運動量 $\vec{L}$ の値は、

$$\vec{L} = \vec{x} \times \vec{p} \tag{9.36}$$

で表される物理量である。量子力学への移行処方（式 9.34）に従うならば、

$$\vec{L}\psi = -i\hbar\vec{x} \times \vec{\nabla}\psi \tag{9.37}$$

となり、その結果、量子力学的な角運動量は以下の代数を満たすことになる。

$$\vec{L} \times \vec{L} = i\hbar\vec{L} \tag{9.38}$$

この代数を以て、量子力学的な角運動量の特徴と為し、微分 $\vec{\nabla}$ では対応できない電子などが固有に保持する角運動量にも拡張するものとする。しばし純粋に代数的な議論[12)]（§A.16）を経た後、$\vec{L}$ の取りうる値に関しては、以下の制約がつくことが確認される。z 軸を特別な向き（今の場合、$\vec{B}$ の向き）とし、s をある正の数として、

$$\vec{L} \cdot \vec{L} = \hbar^2 s(s+1) \tag{9.39}$$

$$L_z/\hbar = -s, -s+1, \ .. \ , s-1, s \tag{9.40}$$

$L_z/\hbar$ の最大値と最小値の差が $2s$ でこれが整数値になるから、s の取りうる値は整数かあるいは半整数（奇数を 2 で割った数）に限定される。素粒子や場の量が持つ固有の角運動量に対して、この数 s は**スピン** (spin) と呼ばれる。異常ゼーマン効果の観測から得られる知見として、電子のスピンは $\frac{1}{2}$ である。

---

12) たとえば、ディラック著「量子力学」第 4 版 §36 “角運動量の性質” 参照。ちなみに、その部分の章のタイトルが “やさしい応用” となっているが、読者にとって「やさしい」かどうかは筆者の知るところではない。しかし多くの後発本が言及を回避しているような点についてもズバリと明快に切り込むので、「おもしろい」という評価はかなりの確度で言えるだろう。

この電子の磁気モーメントを記述するために、パウリ[13]は波動関数を行列2成分とした。電子に固有の磁気モーメントに比例するであろう電子の自転角運動量 $\vec{s}=(s_x,s_y,s_z)$ の各成分を2行2列の行列で表し、外部から加えた磁束密度 $\vec{B}$ の方向を座標の z 軸方向とし、角運動量 $\vec{s}$ が z 軸方向を向いている状態と、逆向きの状態を以下で表現した。

$$s_z\begin{pmatrix}1\\0\end{pmatrix}=\frac{1}{2}\hbar\begin{pmatrix}1\\0\end{pmatrix}\quad,\quad s_z\begin{pmatrix}0\\1\end{pmatrix}=-\frac{1}{2}\hbar\begin{pmatrix}0\\1\end{pmatrix}$$

すなわち、これらを横に並べて、S_z は以下のように行列で表現される。

$$s_z=\frac{1}{2}\hbar\begin{pmatrix}1&0\\0&-1\end{pmatrix}$$

角運動量 $\vec{s}$ の向きが z 軸を向いていない場合の表現は、波動関数の重ね合わせで表現される。

$$\psi=\psi_1\begin{pmatrix}1\\0\end{pmatrix}+\psi_2\begin{pmatrix}0\\1\end{pmatrix}$$

つまり ψ はスピノルである[14]。しかしまだローレンツ変換の適用は考慮されていないので、この段階では反変と共変を区別する必要はない。他の角運動量成分 s_x,s_y については、代数（式9.38）を満たす必要がある。その解の一例として、パウリはパウリ行列（式9.16）を用いて以下のように決定した。

$$\vec{s}=\frac{1}{2}\hbar\vec{\sigma}\quad,\quad\vec{\sigma}=(\sigma_x,\sigma_y,\sigma_z)$$

---

[13] Wolfgang Ernst Pauli ヴォルフガング・エルンスト・パウリ (1900 - 1958) オーストリア生まれのスイスの物理学者。1945年にノーベル物理学賞を受賞。

[14] ベクトルは我々の常識と同じく一回転すると元に戻るが、スピノルはメビウスの輪のように、元に戻るためには2回転を要する。このことから高校物理の範囲でもスピノルで記述される量の角運動量最小値が $\frac{1}{2}\hbar$ であることを示すことができる。運動量 p で運動する物体には波長 $\lambda=\frac{h}{p}$ のドブロイ波が伴い、回転運動ではドブロイ波が定在波になる場合のみが許される。つまり最も小さな運動量の場合には、閉じた軌道の長さがドブロイ波長 λ と一致する。半径が r の場合、2回回って元に戻るのだから、軌道長さ（すなわちドブロイ波長）は $4\pi r$。故に角運動量は、$rp=\frac{1}{2}\hbar$ となる。($\hbar=\frac{h}{2\pi}$)

一方で、電気量と質量が q, m の物体が回転しているとき、電磁場の対称性（つまり相対性理論）も量子論的な効果も無視して計算するならば、磁気モーメント $\vec{\mu}$ と角運動量 $\vec{L}$ の間には、以下の関係式が成り立つ[15)]。（式 9.53）

$$\vec{\mu} = \frac{q}{2m}\vec{L}$$

ここで、測定結果と一致させるためには補正係数 g を掛ける必要があり、g の値はおよそ 2 である。この数 g の事を **g 因子** (g-factor) という。かくして、電子の自転由来の磁気モーメントは以下のように表される。

$$\vec{\mu}_s = g\frac{(-e)}{2m_e}\frac{1}{2}\hbar\vec{\sigma}$$

ここに、$-e$ は電子の電気量、m_e は電子の質量。

以上により、波動関数を 2 成分として、シュレーディンガー方程式のハミルトニアン H に以下の項を付加することで、磁束密度 $\vec{B}$ の環境下での電子自体の磁気的な性質を反映させることができる。

$$-\vec{B}\cdot\vec{\mu} = \frac{ge\hbar}{4m_e}\vec{B}\cdot\vec{\sigma}$$

天才パウリはここまで届いた。この段階で g がおよそ 2 であることの理由については謎のままである。あと一歩だけ詰めればこの説明がかなったのだが、惜しくも功を後発に譲る事となる。

その“あと一歩”は実に簡単な修正である。電磁場中にある電子のハミルトニアンは、$-e, m_e$ を電子の電荷と質量、$\phi, \vec{A}$ を電磁場の静電ポテンシャルとベクトルポテンシャルとして、以下のように書かれるが、($\vec{V}^2 := \vec{V}\cdot\vec{V}$)

$$H = \frac{(-i\hbar\vec{\nabla} + e\vec{A})^2}{2m_e} - e\phi \tag{9.41}$$

---

15) その理由については問題に入れておいたので解くべし。

この $(-i\hbar\vec{\nabla}+e\vec{A})^2$ を、$(\vec{\sigma}\cdot(-i\hbar\vec{\nabla}+e\vec{A}))^2$ に書き直すだけである[16)]。

$$H = \frac{(\vec{\sigma}\cdot(-i\hbar\vec{\nabla}+e\vec{A}))^2}{2m_e} - e\phi \tag{9.42}$$

$$= \frac{(-i\hbar\vec{\nabla}+e\vec{A})^2}{2m_e} - e\phi + \frac{e\hbar}{2m_e}\vec{B}\cdot\vec{\sigma} \tag{9.43}$$

ここに、$\vec{B}=\vec{\nabla}\times\vec{A}$。これでキッチリ $g=2$ となる。実際には g は2よりも、わずかに大きくなるが、これは電子の周りにまとわりつく光子などによる量子論的な補正で説明がつく。これを電磁場の対称性（つまり相対性理論）に整合するよう、あと一押しするだけで、ディラック方程式の完成となる。それはつまり、電磁場が無い時のエネルギーと運動量を、$E_{す}$, $\vec{p}_{す}$ とするとき、その関係式 $E_{す}=\frac{(\vec{\sigma}\cdot\vec{p}_{す})^2}{2m_e}$ の分母にある質量にエネルギーからの寄与を半分足すだけである。質量増加分として全部足してしまわないところがミソだ。

$$E_{す} = \frac{(\vec{\sigma}\cdot\vec{p}_{す})^2}{2m_e+\frac{1}{c^2}E_{す}}$$

分母を払って因数分解して以下を得る。

$$(\frac{1}{c}E_{す}+m_e c+\vec{\sigma}\cdot\vec{p}_{す})(\frac{1}{c}E_{す}+m_e c-\vec{\sigma}\cdot\vec{p}_{す}) = (m_e c)^2 \tag{9.44}$$

因数分解できたのは、$(\vec{p}_{す})^2$ を $(\vec{\sigma}\cdot\vec{p}_{す})^2$ に変えた御利益である。ここで p^μ を以下のように定義する。

$$p^\mu = m_e c\ dx^\mu/d\acute{s} \quad , \quad p_\mu = g_{\mu\nu}p^\nu$$

すると、$d\acute{s}^2 = g_{\mu\nu}dx^\mu dx^\nu = c^2dt^2-dx^2-dy^2-dz^2$ により、$g_{\mu\nu}p^\mu p^\nu = (m_e c)^2$ である。$x^0=t$, $\vec{v}=d\vec{x}/dt$ として、p^μ の成分を書き下すと、（式2.9, 2.10）により、以下のようになる。

$$(p^\mu) = \left(\frac{m_e}{\sqrt{1-\frac{v^2}{c^2}}}\ ,\ \frac{m_e\vec{v}}{\sqrt{1-\frac{v^2}{c^2}}}\right) = \left(\frac{1}{c^2}E_{す}+m_e\ ,\ \vec{p}_{す}\right)$$

---

16) 途中の計算については節末の問題に入れておいたので解くべし。

つまり、（式 9.44）は、四元化したパウリ行列（式 9.14〜9.22）を用いて以下のように書かれるので、ローレンツ変換に対しても整合する。

$$(\sigma_\mu p^\mu)(\bar{\sigma}_\nu p^\nu) = (m_e c)^2$$

電磁場がある場合の力学は、電磁場の無い素の作用 $S_{す}$ に相互作用項 S_{int} を足し加えれば良い。

$$S = \int \vec{p}\cdot d\vec{x} - H dt = S_{す} + S_{int} = \int (\vec{p}_{す}\cdot d\vec{x} - H_{す} dt) + \int -(-e)(\phi dt - \vec{A}\cdot d\vec{x})$$

つまり、電磁場の付加に伴う運動量とハミルトニアンの修正は以下の対応となる。

$$\vec{p}_{す} = \vec{p} - (-e)\vec{A}$$
$$E + m_e c^2 \;\rightarrow\; H_{す} = H - (-e)\phi$$

量子力学への移行はこの H に対してシュレーディンガー方程式（式 9.35）を、$\vec{p}$ に対して置き換えの処方（式 9.34）を施す。（式 9.44）を以下のように 2 段階に分けて、ディラック方程式の完成。

ディラック方程式（ワイル表現）

$$(\frac{1}{c}H_{す} - \vec{\sigma}\cdot\vec{p}_{す})\,\varphi_\circ = m_e c\,\psi^\bullet \tag{9.45}$$

$$(\frac{1}{c}H_{す} + \vec{\sigma}\cdot\vec{p}_{す})\,\psi^\bullet = m_e c\,\varphi_\circ \tag{9.46}$$

但しここに、

$$H_{す} = i\hbar\frac{\partial}{\partial t} + e\phi \tag{9.47}$$

$$\vec{p}_{す} = -i\hbar\vec{\nabla} + e\vec{A} \tag{9.48}$$

18 歳で一般相対性理論に関する論文を発表したパウリが、これに気づかなかったはずがないと思われるのだが、筆者は科学史には明るくないので御免。

ここで以下の、（式 9.49）と（式 9.50）は、スピノルの添え字の上げ下げと複素共役のルール（式 9.19）に従い、両側から行列 ϵ を掛けて符号を反転させ、複素共役をとることで、互いに移り変われそうである。つまり同じもの。

$$\frac{1}{c}H_{す} + \vec{\sigma}\cdot\vec{p}_{す} = \sigma_{\circ\bullet\mu}\ p^{\mu} \tag{9.49}$$

$$\frac{1}{c}H_{す} - \vec{\sigma}\cdot\vec{p}_{す} = \sigma^{\bullet\circ}{}_{\mu}\ p^{\mu} \tag{9.50}$$

しかしながら、$(H_{す}, \vec{p}_{す})$ の中の微分の項 $(i\hbar\frac{\partial}{\partial t}, -i\hbar\vec{\nabla})$ には虚数単位 i が掛かっているので、複素共役の際に不具合が生じそうなものである。その対応として、これらの部分は微分を実行した結果として、実数になる部分であると考え、実数と等価に評価するものとする。これは必ず微分演算子と虚数単位がセットになる（関連：§A.15）。

ところで、いったんローレンツ変換を忘れて、（式 9.46, 9.45）の両辺を足した式と引いた式を作ってみよう。

$$\psi_{+} := \varphi_{\circ} + \psi^{\bullet}$$
$$\psi_{-} := \varphi_{\circ} - \psi^{\bullet}$$

として、以下のようになる。

$$\frac{1}{c}E_{す}\psi_{+} - \vec{\sigma}\cdot\vec{p}_{す}\ \psi_{-} = mc\ \psi_{+} \tag{9.51}$$

$$\frac{1}{c}E_{す}\psi_{-} - \vec{\sigma}\cdot\vec{p}_{す}\ \psi_{+} = -mc\ \psi_{-} \tag{9.52}$$

さらに、波動関数を $\psi = \begin{pmatrix}\psi_{+}\\ \psi_{-}\end{pmatrix}$ として、ひとつにまとめると、（式 9.47）より、

$$i\hbar\frac{\partial}{\partial t}\psi = H\psi$$
$$H = \begin{pmatrix} m_e c^2 - e\phi & \vec{\sigma}\cdot\vec{p}_{す} \\ \vec{\sigma}\cdot\vec{p}_{す} & -m_e c^2 - e\phi \end{pmatrix}$$

と、書かれるので置き換え（式 9.48）によって、ハミルトニアン H を書き下すことができる。つまり、シュレーディンガー方程式のフォーマットに乗せることができる。

ここで、運動量 $\vec{p}$ がほぼゼロの場合、(式 9.52) によれば、マイナスエネルギー (粒子の質量がマイナス) の状態が存在することになる。ヘタをするとマイナスエネルギーの粒子が破滅的に増殖して宇宙を破壊してしまいそうな印象を受けるが、ディラックは智慧を絞った。この世界は既にそのマイナスエネルギーの粒子で満たされた後の世界であると考える。電子はその統計的な性質により、全く同じ状態に複数の電子が重なることができないから、既にマイナスエネルギーの粒子は満杯であり、新たに加わることができない。空きができて泡になったとき、その泡がプラスの質量の粒子として振る舞うと解釈した。これを人々は**ディラックの海**と呼んだ。現代の場の量子論の知識では、そのような解釈は不要とされる。これが電子の反粒子である**陽電子** (positron) の発見への予言となった。

ここでディラック方程式 (式 9.51, 9.52) に符号を反転する置き換え、C: $(-e) \to e$, P: $d\vec{x} \to -d\vec{x}$, T: $dt \to -dt$ をしてみよう。これは座標変換ではなくて、そのまますり替えるのである (ベクトル積の定義の符号もひっくり返るので注意)。その結果は m_e を $-m_e$ に取り替えたものと等しくなる。つまり「粒子 $\psi_+ \Leftrightarrow$反粒子 ψ_-」の入れ替えをしたことと等しくなっている。

ところで、おそらくは素粒子物理学者なら誰でもときどきは頭の中に現れては消えるであろう疑問 (というか、違和感) がある。エネルギーというのはそもそも“差”に意味のある量であった。とりあえずは基準となるレベルを決めて偶々そこをゼロに選ぶが、都合により、ゼロの位置は変わることがある。一方で、電磁波と通常物体との間のエネルギーと運動量の保存から、質量とエネルギーの等価性が導かれた。その意味では、質量も本来ならば、その値の差だけにしか意味がない様な量であるべきである。

ところが素粒子の質量は、静止質量 (レストマス) の意味で、正の値を持ち静止可能であるか、ゼロならば常に光の速さで移動して止まることができない。つまりゼロに絶対的な意味がある。この食い違いを追求して見事解決すれば Higgs 機構との絡みで新しい局面を切り開けるのではなかろうかという野望が頭をよぎるのではあるが、しかしながら確かな手がかりも無いので、そのテーマで科研費を通しておいて成果報告で「できませんでした」というわけにもいかないだろう。誰も滅多に口にはしないだろうけど、悶々とする問題だ。

問題　9.3.1

（式 9.37）から（式 9.38）が成り立つことを確認せよ。

ヒント

ベクトル積 × の定義と、微分のライプニッツ則　$\partial(f\psi)-f\partial\psi=(\partial f)\psi$　を使う。ひたすら手を動かして計算あるのみ。解答例は省略する。

問題　9.3.2

電子などの自転の角運動量を $\vec{s}$ とするとき、$\vec{L}$ だけでなく、全体の角運動量 $\vec{L}+\vec{s}$ についても代数（式 9.38）が満たされるとするとき、$\vec{s}$ 自体も単独で代数（式 9.38）を満たすことを示せ。

ヒント

$\vec{s}$ は位置とは関係の無い量なので、$\vec{\nabla}\times\vec{s}=0$ 。これもただ手を動かして計算して確認するだけなので、解答例省略。

問題　9.3.3

質量 m 半径 r の均質なリングが一様に帯電しており電荷の総量は q である。このリングは角速度 ω で回転しており、回転軸は、リングが張る面に垂直で、リングの中心を通り、リングの回転に対して右ネジが進む向きに座標 z 軸がある。x 軸と y 軸はリングが張る面内にある。このリングの角運動量 $\vec{L}$ を求めよ。また、このリングに帯電した電荷による磁気モーメント $\vec{\mu}$ を求めよ。

ヒント

本文中に出てきた定義に当てはめて計算するだけ。

略解

角運動量の定義（式 9.36）により、リングの中の小領域を切り出した部分について、角運動量の向きは全て z 軸方向を向く。またその速さは全て $r\omega$。よって、その部分の質量を dm とすると、運動量の大きさは、$dm\ r\omega$。故に（式 9.36）より角運動量の大きさは、$dm\ r^2\omega$ となる。合計して、角運動量は以下のようになる。

$$\vec{L}=(0,0,mr^2\omega)$$

リングの角速度より、リング上の同じ点が x 軸を横切る頻度は 1 秒間あたりにつき $\frac{\omega}{2\pi}$ 回。よって 1 秒間あたりにつき x 軸を横切る電気量は、$q\frac{\omega}{2\pi}$ となり、これが電流の値である。リングに囲まれた面の面積は πr^2 だから、これらの積が磁気モーメントの大きさ。向きは、磁気モーメントの定義により、z 軸方向。以上より磁気モーメントは以下のようになる。

$$\vec{\mu} = (0,0,\frac{1}{2}qr^2\omega)$$

解説

つまり帯電した回転物体の、磁気モーメントと角運動量の関係は、比電荷だけで決まる。

$$\vec{\mu} = \frac{q}{2m}\vec{L} \tag{9.53}$$

ちなみに、以下の値 μ_B は、その歴史的な経緯から**ボーア磁子**と呼ばれている。これは電磁石の強さの最小単位。$-e, m_e$ を電子の電荷ならびに質量として、

$$\mu_B = \frac{e}{2m_e}\hbar \tag{9.54}$$

問題 9.3.4

質量 m、電荷 q で大きさが無視できる荷電粒子が電磁場の環境下で運動している。空気抵抗など電磁場以外の要因を考慮する必要はない。時刻 t、位置座標 $\vec{x}$、速度 $\vec{v} := \frac{d}{dt}\vec{x}$、運動量 $\vec{p}$、静電ポテンシャル ϕ、ベクトルポテンシャル $\vec{A}$、ハミルトニアン H、作用 S、電場 $\vec{E}$、磁束密度 $\vec{B}$ が以下の関係を満たすとき、

$$S = \int(\vec{p}\cdot d\vec{x} - Hdt) \quad , \quad H = \frac{(\vec{p}-q\vec{A})^2}{2m} + q\phi$$
$$\vec{E} = -\vec{\nabla}\phi - \frac{\partial}{\partial t}\vec{A} \quad , \quad \vec{B} = \vec{\nabla}\times\vec{A}$$

以下の運動方程式が満たされることを確認せよ。

$$\frac{d}{dt}m\vec{v} = q(\vec{E} + \vec{v}\times\vec{B})$$

ヒント

$\vec{x}$, $\vec{p}$ を独立変数として、作用 S を変分するとハミルトンの原理により以下の運動方程式が得られる。

$$v_x = \frac{\partial H}{\partial p_x}\ ,\ v_y = \frac{\partial H}{\partial p_y}\ ,\ v_z = \frac{\partial H}{\partial p_z}\ ,\ \frac{d}{dt}\vec{p} = -\vec{\nabla} H$$

そのほかには、ただ単に手を動かして計算するだけなので、解答例は略す。

解説

（式 9.41）のハミルトニアンの由来を確認する問題である。ハミルトン型式の相対論的な扱いに関しては（§6.7）の最後の方を見るべし。

問題　9.3.5

（式 9.42）から（式 9.43）を求めよ。

ヒント

$$(\vec{A}\cdot\vec{\sigma})(\vec{B}\cdot\vec{\sigma}) = \vec{A}\cdot\vec{B} + i(\vec{A}\times\vec{B})\cdot\vec{\sigma} \tag{9.55}$$

略解

計算。

$$\begin{aligned}(-i\hbar\vec{\nabla}+e\vec{A})\times(-i\hbar\vec{\nabla}+e\vec{A})\phi &= -i\hbar\vec{\nabla}\times(e\vec{A}\phi)+e\vec{A}\times(-i\hbar\vec{\nabla}\phi)\\ &= -ie\hbar(\vec{\nabla}\times\vec{A})\phi = -ie\hbar\vec{B}\phi\end{aligned}$$

よって、パウリ行列の性質（式 9.55）により以下のようになり、与式成立。

$$((-i\hbar\vec{\nabla}+e\vec{A})\cdot\vec{\sigma})^2\psi = (-i\hbar\vec{\nabla}+e\vec{A})^2\psi + i(-ie\hbar\vec{B}\cdot\vec{\sigma})\psi$$

9.4 ガンマ行列

ここまでは2成分スピノルを使って、かなりゴチャゴチャした計算をしてきた。これらをスッキリ見栄え良くまとめる方法がある。まずは、(式9.49, 9.50) に立ち戻って、ディラック方程式を行列で一つの式にまとめてみよう。

$$\begin{pmatrix} 0 & \bar{\sigma}_\mu p^\mu \\ \sigma_\mu p^\mu & 0 \end{pmatrix} \begin{pmatrix} \psi^\bullet \\ \varphi_\circ \end{pmatrix} = mc \begin{pmatrix} \psi^\bullet \\ \varphi_\circ \end{pmatrix}$$

σ_μ 自体も行列なのだけれども、行列の中に行列が入れ子になった状態を想像してもらいたい。あるいは、その記号のまま使うことにして必ずしも σ_μ の成分を縦横の表に書き出す必要は無い。それで、以下のように γ^μ を置けば、ディラック方程式は簡潔な形に書かれるだろう。

$$\gamma^\mu = g^{\mu\nu} \begin{pmatrix} 0 & \bar{\sigma}_\nu \\ \sigma_\nu & 0 \end{pmatrix} \ , \ \psi = \begin{pmatrix} \psi^\bullet \\ \varphi_\circ \end{pmatrix} \quad \text{(ワイル表現)} \tag{9.56}$$

ディラック方程式（ガンマ行列）

$$\gamma^\mu p_\mu \psi = mc \ \psi \tag{9.57}$$

ここに、

$$p_\mu = i\hbar \frac{\partial}{\partial x^\mu} - (-e) A_\mu \tag{9.58}$$

ここに、p_μ の意味は、成分を書き下して、(式6.62, 6.63) に照らして、以下から辿れるだろう。

$$(p_\mu) = (E_{す} \ , \ -\vec{p}_{す}) = (E + e\phi \ , \ -(\vec{p} + e\vec{A})) \ \rightarrow \ \left(\ i\hbar \frac{\partial}{\partial t} + e\phi \ , \ -(-i\hbar \vec{\nabla} + e\vec{A}) \ \right)$$

（式 9.23, 式 9.24）により、この γ^μ は、以下の条件を満たす。

ガンマ行列

$$\gamma^\mu\gamma^\nu + \gamma^\nu\gamma^\mu = 2g^{\mu\nu} \tag{9.59}$$

$$\frac{\partial}{\partial x^\mu}\gamma^\nu = 0 \quad \text{（定数）} \tag{9.60}$$

ここで、座標と計量につき以下の場合を前提としている。

$$g_{\mu\nu}dx^\mu dx^\nu = c^2dt^2 - dx^2 - dy^2 - dz^2 \tag{9.61}$$

この γ^μ を**ガンマ行列** (gamma matrices) あるいは**ディラック行列** (Dirac matrices) という。もともとパウリ行列の組み合わせであったことは忘れて、これを定義とする。ただ、物理的な意味付けなどを考える段階で、結局のところ 2 成分スピノルの計算に出戻ることにはなるだろう。とにもかくにも見かけ上はとてもシンプルになった。多くの解説本やサイトでは、この辺から話が始まっているだろう。

γ^μ と掛け合わせることのできる任意の正方行列を S として、ガンマ行列には、その定義（式 9.59）により、以下の置き換えの任意性が存在する。

$$\gamma^\mu \to \tilde{\gamma}^\mu = S\gamma^\mu S^{-1}$$

ゆえに、具体的な行列表現は様々に存在する。そして代表的なものにはそれぞれ名前がついている。例えば（式 9.56）は**カイラル表現**、あるいは**ワイル表現**と呼ばれる。また、スピノルの反変と共変を半々に混ぜた（式 9.51, 9.52）の場合は、以下のようになり、**ディラック表現**と呼ばれている。

$$\gamma^0 = \frac{1}{\sqrt{g_{00}}}\begin{pmatrix} 1 & 0 \\ 0 & -1 \end{pmatrix}, \ \gamma^i = \begin{pmatrix} 0 & \sigma_i \\ -\sigma_i & 0 \end{pmatrix} \ (i = 1,2,3) \quad \text{（ディラック表現）}$$

ではあるが、方程式を解いたり物理的な意味を考えたりすることはせずに形式的な計算を進めるだけであれば、γ^μ の具体的な表現に踏み込まずに、その代数的な性質（式 9.59）のみで処理することは可能だ。

具体的に行列の形に書き下さなくても、ガンマ行列は代数を形成することができる。添え字 $\mu,\nu,..$ の範囲は 0 から 3 までなので、γ を 5 つ以上掛けると必ず重複が現れ、4つ以下の積に直される。つまり以下の $[1,\ \gamma^{\mu},\ \gamma^{[\mu\nu]},\ \gamma^{[\mu\nu\rho]},\ \gamma^{[\mu\nu\rho\sigma]}]$ それぞれに任意の実数あるいは任意の複素数を掛けて合計した量は、一意に定まり、割り算以外の四則演算（たし算・引き算・かけ算）に対して閉じた代数をなす。ここに、1は単位行列だが、整数の1として扱っても差し支えない。

$$\gamma^{[\mu\nu]} := \frac{1}{2}(\gamma^{\mu}\gamma^{\nu} - \gamma^{\nu}\gamma^{\mu}) \tag{9.62}$$

$$\gamma^{[\mu\nu\rho]} := \frac{1}{3}(\gamma^{\mu}\gamma^{[\nu\rho]} + \gamma^{\nu}\gamma^{[\rho\mu]} + \gamma^{\rho}\gamma^{[\mu\nu]}) \tag{9.63}$$

$$\gamma^{[\mu\nu\rho\sigma]} := \frac{1}{4}(\gamma^{\mu}\gamma^{[\nu\rho\sigma]} - \gamma^{\nu}\gamma^{[\rho\sigma\mu]} + \gamma^{\rho}\gamma^{[\sigma\mu\nu]} - \gamma^{\sigma}\gamma^{[\mu\nu\rho]}) \tag{9.64}$$

時空の次元が5以上に拡張された場合には、さらにこの調子で添え字の数が次元数に達するまで続ける。とりあえず、時空の次元は4で話を進める。なお、分母の整数は、同じ項が重複する数で割ったものである。

ここに、添え字の [ ] は反対称を強調した記号である。すなわち、隣り合う添え字を入れ替えた量は、もとの量に－を付けたものになる。例: $\gamma^{[\mu\rho\nu]} = -\gamma^{[\mu\nu\rho]}$。添え字の範囲は0から3までだから、$\gamma^{[\mu\nu]}$ の独立した成分の数は6、$\gamma^{[\mu\nu\rho]}$ の独立した成分の数は4、$\gamma^{[\mu\nu\rho\sigma]}$ の独立した成分の数は1である。冗長である添え字の数を減らすには、完全反対称テンソル $\epsilon_{\mu\nu\rho\sigma}$ を使うと良いだろう。以下を定義する。

$$\beta_{\mu} := \frac{1}{6}\epsilon_{\mu\nu\rho\sigma}\gamma^{[\nu\rho\sigma]} \tag{9.65}$$

$$\beta := \frac{1}{24}\epsilon_{\mu\nu\rho\sigma}\gamma^{[\mu\nu\rho\sigma]} \tag{9.66}$$

ガンマ行列の代数

$c, c_{\mu}, c_{\mu\nu}, \tilde{c}^{\mu}, \tilde{c}$ を任意の複素数とするとき、以下の g で表される量の全体は、演算「和・差・積」において、閉じた代数をなす。$(c_{\mu\nu} + c_{\nu\mu} = 0)$

$$g = c + c_{\mu}\gamma^{\mu} + \frac{1}{2}c_{\mu\nu}\gamma^{[\mu\nu]} + \tilde{c}^{\mu}\beta_{\mu} + \tilde{c}\beta \tag{9.67}$$

実は、以上の定義は、$(g^{\nu\mu})$ が対角行列であることを使えば、例えば、以下のように、とても簡単になる。

$$\begin{aligned}
\gamma^{[12]} &= \gamma^1\gamma^2 && \text{..以下同様} \\
\gamma^{[123]} &= \gamma^1\gamma^2\gamma^3 && \text{..以下同様} \\
\gamma^{[0123]} &= \gamma^0\gamma^1\gamma^2\gamma^3 && \text{..以下同様} \\
\beta &= c\ \gamma^0\gamma^1\gamma^2\gamma^3 && \\
\beta_0 &= c\ \gamma^1\gamma^2\gamma^3 && \text{..以下同様}
\end{aligned}$$

計算に当たって有用な公式を、節末問題として入れておいた。公式が成り立つことを確認されたし。

問題 9.4.1

ワイル表現での γ^0、γ^1、$\gamma^{[10]}$、$\gamma^{[23]}$ 並びに β をパウリ行列を用いて 2 行 2 列の行列に表現せよ。

ヒント

それぞれの記号の定義を辿って、$\sigma_x, \sigma_y, \sigma_z, g_{00}$ を用いた表現に直す。

解答例

$g^{\mu\nu} = 0\ (\mu \neq \nu)$ なので、$\gamma^{[\mu\nu]} = \gamma^\mu \gamma^\nu\ (\mu \neq \nu)$ 。
また、（式 9.17〜9.22)、（式 9.56, 9.61）により、

$$\gamma^0 = g^{00}\begin{pmatrix} 0 & \sqrt{g_{00}} \\ \sqrt{g_{00}} & 0 \end{pmatrix} = \frac{1}{\sqrt{g_{00}}}\begin{pmatrix} 0 & 1 \\ 1 & 0 \end{pmatrix}$$

$$\gamma^1 = g^{11}\begin{pmatrix} 0 & -\sigma_x \\ \sigma_x & 0 \end{pmatrix} = \begin{pmatrix} 0 & \sigma_x \\ -\sigma_x & 0 \end{pmatrix}$$

$$\gamma^{[10]} = \begin{pmatrix} 0 & \sigma_x \\ -\sigma_x & 0 \end{pmatrix} \frac{1}{\sqrt{g_{00}}}\begin{pmatrix} 0 & 1 \\ 1 & 0 \end{pmatrix} = \frac{1}{\sqrt{g_{00}}}\begin{pmatrix} \sigma_x & 0 \\ 0 & -\sigma_x \end{pmatrix}$$

$$\gamma^{[23]} = \begin{pmatrix} 0 & \sigma_y \\ -\sigma_y & 0 \end{pmatrix}\begin{pmatrix} 0 & \sigma_z \\ -\sigma_z & 0 \end{pmatrix} = \begin{pmatrix} -i\sigma_x & 0 \\ 0 & -i\sigma_x \end{pmatrix}$$

$$\beta = \gamma^{[01]}\gamma^{[23]} = \frac{1}{\sqrt{g_{00}}}\begin{pmatrix} i & 0 \\ 0 & -i \end{pmatrix}$$

問題 9.4.2

p_μ が（式 9.58）で与えられるとき、以下の計算を確認せよ。

$$(\gamma^\mu p_\mu)(\gamma^\nu p_\nu) = g^{\mu\nu} p_\mu p_\nu - i\hbar e\left((\gamma^{[23]}, \gamma^{[31]}, \gamma^{[12]}) \cdot \vec{B} + (\gamma^{[10]}, \gamma^{[20]}, \gamma^{[30]}) \cdot \vec{E}\right)$$

また、ワイル表現にて、右辺をパウリ行列を用いた 2 行 2 列の行列の形に書け。このとき座標を $x^0 = t$ とせよ。

ヒント

前半は、（式 6.40, 6.41, 6.62, 6.63, 6.64）と、以下の添え字の対称化の扱い。

$$T^{\mu\nu} = \frac{1}{2}(T^{\mu\nu} + T^{\nu\mu}) + \frac{1}{2}(T^{\mu\nu} - T^{\nu\mu}) \quad ; \quad \gamma^{[\mu\nu]} T_{\mu\nu} = \frac{1}{2}\gamma^{[\mu\nu]}(T_{\mu\nu} - T_{\nu\mu})$$

後半は、前問の答えを使う。ここに、$x^0 = t$ なので、$\sqrt{g_{00}} = c$ 。

略解

前半はただ手を動かして確認するだけなので略す。後半は答えのみを記す。ワイル表現では、

$$g^{\mu\nu}p_\mu p_\nu - i\frac{\hbar e}{c}\begin{pmatrix}\vec{\sigma}\cdot(\vec{E}-ic\vec{B}) & 0 \\ 0 & -\vec{\sigma}\cdot(\vec{E}+ic\vec{B})\end{pmatrix}$$

解説

$\vec{\sigma}\cdot\vec{B}$ の項は、異常ゼーマン効果として、現象に寄与するが、$\vec{\sigma}\cdot\vec{E}$ の項は、電子単体での有意な誘電分極が見出せないために、電子に対する効果としては無視できる。なお、原子に対する電場の影響は研究者の名にちなみ**シュタルク効果** (Stark effect) と呼ばれている。

問題　9.4.3

計量が（式 9.61）を満たさなくても、対称 $g^{\nu\mu}=g^{\mu\nu}$ であれば、以下の公式が成立する事を確認せよ。ただし、（式 9.72〜9.76）については次元数が 4 であることを前提とする。（式 9.75, 9.76）については、計量テンソルの行列式の符号が負 $\det(g_{\mu\nu})<0$ であることを前提とする。

$$\gamma^\mu\gamma^{[\nu\rho]} \overset{9.59}{=} \gamma^{[\mu\nu\rho]} + g^{\mu\nu}\gamma^\rho - g^{\mu\rho}\gamma^\nu \tag{9.68}$$

$$\gamma^{[\nu\rho]}\gamma^\mu \overset{9.59}{=} \gamma^{[\mu\nu\rho]} - (g^{\mu\nu}\gamma^\rho - g^{\mu\rho}\gamma^\nu) \tag{9.69}$$

$$\gamma^\mu\gamma^{[\nu\rho\sigma]} \overset{9.59}{=} g^{\mu\nu}\gamma^{[\rho\sigma]} + g^{\mu\rho}\gamma^{[\sigma\nu]} + g^{\mu\sigma}\gamma^{[\nu\rho]} + \gamma^{[\mu\nu\rho\sigma]} \tag{9.70}$$

$$\gamma^{[\nu\rho\sigma]}\gamma^\mu \overset{9.59}{=} g^{\mu\nu}\gamma^{[\rho\sigma]} + g^{\mu\rho}\gamma^{[\sigma\nu]} + g^{\mu\sigma}\gamma^{[\nu\rho]} - \gamma^{[\mu\nu\rho\sigma]} \tag{9.71}$$

$$\frac{1}{2}(\gamma^\mu\beta_\nu - \beta_\nu\gamma^\mu) \overset{9.59}{=} g^\mu_\nu\beta \tag{9.72}$$

$$\gamma^\mu\beta = -\beta\gamma^\mu \quad (\because \{(9.70)-(9.71)\ ,\ \gamma^{\overset{\circ}{\mu}}\}\ ) \tag{9.73}$$

$$\gamma^\mu\beta \overset{9.59}{=} g^{\mu\alpha}\beta_\alpha \tag{9.74}$$

$$\gamma^{[\mu\nu\rho]} \overset{6.35}{=} -\beta_\alpha\epsilon^{\alpha\mu\nu\rho} \tag{9.75}$$

$$\gamma^{[\mu\nu\rho\sigma]} \overset{6.35}{=} -\epsilon^{\mu\nu\rho\sigma}\beta \tag{9.76}$$

ヒント

計算用紙を多めに用意して、ただ計算するだけ。「左辺」引く「右辺」を、ひた

すら愚直に展開して、（式 9.59）を適用し、パラパラとキャンセルする項が見出される様を堪能すべし。集中力がどこまで続くかの問題である。転記ミスに注意せよ。$A_\mu B^\mu$ の様なダミー添え字には上下の組みに同じ色を付けるなど工夫せよ。解答例は略す。

問題 9.4.4

θ_μ, $\theta_{\mu\nu}$, $\tilde{\theta}^\mu$, $\tilde{\theta}$ を、それぞれ複素数として、

$$\phi = \theta_\mu \gamma^\mu + \frac{1}{2}\theta_{\mu\nu}\gamma^{[\mu\nu]} + \tilde{\theta}^\mu \beta_\mu + \tilde{\theta}\beta$$

とするとき、

$$e^{-\phi}\gamma^\mu e^\phi = (\gamma^0, \gamma^1, \gamma^2, \gamma^3 \text{の 1 次式})$$

となるのは、$\theta_\mu = \tilde{\theta}^\mu = \tilde{\theta} = 0$ の場合に限られることを示せ。

ヒント

M を行列とするとき、

$$e^M = \lim_{n\to\infty}(1 + \frac{1}{n}M)^n$$

略解

n を非常に大きな整数とするとき、$\frac{1}{n}$ の 2 次の項を無視して、

$$(1 - \frac{1}{n}\phi)\gamma^\mu(1 + \frac{1}{n}\phi) = (\gamma^0, \gamma^1, \gamma^2, \gamma^3 \text{の 1 次式})$$

となるのは、（式 9.68〜9.74）により、$\theta_\mu = \tilde{\theta}^\mu = \tilde{\theta} = 0$ の場合に限られる。この演算を n 回繰り返しても、γ の一次式のままである。

$$(1 - \frac{1}{n}\phi)^n\gamma^\mu(1 + \frac{1}{n}\phi)^n = (\gamma^0, \gamma^1, \gamma^2, \gamma^3 \text{の 1 次式})$$

ゆえに、$n \to \infty$ の極限をとっても、この条件は保たれるので、題意は証明された。

解説

この変換はローレンツ変換と回転の変換に対応し、$(\theta_{01}, \theta_{02}, \theta_{03})$ は速度の方向ベクトル（長さ 1 ）にラピディティを掛けた量、$(\theta_{23}, \theta_{31}, \theta_{12})$ は回転に対して右ネジの進む向きの長さ 1 のベクトルに、回転角度を掛けた量に相当する。

第10章

人工重力と自然重力

牧場に巨大な灰皿のような飛翔体が現れて、牛を次々と吸い上げていく話を期待していたら、申し訳ない。牧場の牛を浮かばせることはできないが、ヒトや装置を入れた箱を振り回すという意味で、重力は人の手で作り出すことができる。しかしながら人が作った重力と、星などの質量を持った物体が作り出した万有引力に由来する重力と見分ける方法はある。それは潮汐力（ちょうせきりょく）があるかどうかを調べればよい。箱をいくら振り回しても、潮汐力を作り出すことはできない。また、重力の源たる物体が存在していれば、万有引力の意味で、重力加速度は、その場所を指し示すが如く質量のある方向を向く。この取り囲むような重力加速度の配置も、箱を振り回して作り出すことはできない。

本章の目標は、重力場に関する式の取り扱いを整備して、アインシュタイン方程式への足がかりとすることである。アインシュタイン方程式はニュートンの万有引力の法則（§2.6）を、電磁気学の法則と矛盾しないように修正したものである。まずは、宇宙の中で点のように浮かぶ天体同士に働く力として議論されていた万有引力の法則（式 2.5）を、電磁気学でクーロンの法則（§5.1）からガウスの法則の微分形（式 6.6）を得たように。場の方程式として微分を使って表現した形に直してみよう。

10.1 無重力と無重量？

地球の衛星軌道上を回る国際宇宙ステーション。その船内の様子を私たちはテレビやネットで見ることができる。中の人たちはふわふわと上も下もなく浮かんでいる。対して、私たちの居る地上では、上も下もあり、私たちの体は常に下向きに引っ張られて地面に押し付けられている。この下に引っ張られる力は重力と呼ばれ、300 年ほど前、イギリスのニュートンがその著書プリンシピア（プリンキピア）の中で、惑星の運行の規則性も、この重力によって説明できることを示した。これは「ニュートンの万有引力の法則」と呼ばれている。

さて、宇宙ステーションの船内では下向きに引っ張られる力がないのだから、重力が無いと考えられる。この状態をアポロ計画よりもさらに古い時代より私たちは「無重力状態」と呼んできた。しかるにおよそ 21 世紀初等、とあるネット上、主に中学や高校の理科の先生の集まりの中で、ある提言がなされた。「無重力という呼びかたはおかしい。これからは無重量と呼ぶことにしよう。」と。筆者はどっちでもいいと思っているのだが、かの主張はこうである。船が水に浮かんでいるときは、重力と浮力がつり合って、浮かんでいる状態となる。これは重力と浮力の力の釣り合いであって重力が消えてしまったわけではない。同様に、宇宙ステーションの船内では、重力と慣性力[1)]（遠心力）がつり合って、浮かんでいる状態が実現されている。これも力の釣り合いであって、重力が消えてしまったわけではないのだから、無重力と呼ぶのは不適切である。しかし物の重さが無いのだから無重量と呼ぶことにしよう。... と。

現象として「重さ」がなくなったことを認めつつも、理論としては重力がゼロになったわけではないという主張である。そもそも、重さが無いのを私たちは無重力と云っていたのではなかったのか。しかも、宇宙ステーションの窓を塞いでしまえば、中に居る宇宙飛行士にとっては、重力と慣性力を区別する術

[1)] 慣性力とは、例えば乗り物が急加速したときに、体が後方に向けて取り残されそうになるが、これを「後ろ向きに力が働いたからだ」と解釈するとき、この後ろ向きの力が慣性力である。英文表記では「pseudo force」。直訳すると「擬力」。ニセモノの力という意味である。

などありもしない。重力と慣性力は本質的に同じ物理量なので、個別に分けて測定することができないのである。重力と慣性力の違いは、「ここまでは重力、残りは慣性力」と、人が意図的に仕分けたものにすぎない。いわばその区別は考え方の便宜に過ぎない。それを自然法則のように扱うやりかたにはいささか抵抗を感じる。自然科学の一般的な方法として、目の前にある事実をたくさん集めて規則性を見出し、それを数式なりにまとめたのが自然法則である。人知を超えた神の真理のようなものがどこかにあって、それが数式としてこの世界に権現したかのように考えているのだとしたら、それは宗教や哲学であって、科学ではない。科学として扱うならば、まずは現象ありきである。その「現象」が、宇宙ステーションの船内で、重力と慣性力を測り分けることができないことを示しているのである。重力を専門とする筆者は当時、私たちが学校で理科実験する程度の精度では、重力と慣性力の区別をつけることは不可能であると説明したのであるが、ほとんど黙殺され、その後その主張は勢いに乗り、残念ながら、現在では無重量という呼びかたがほぼ定着しているようである。

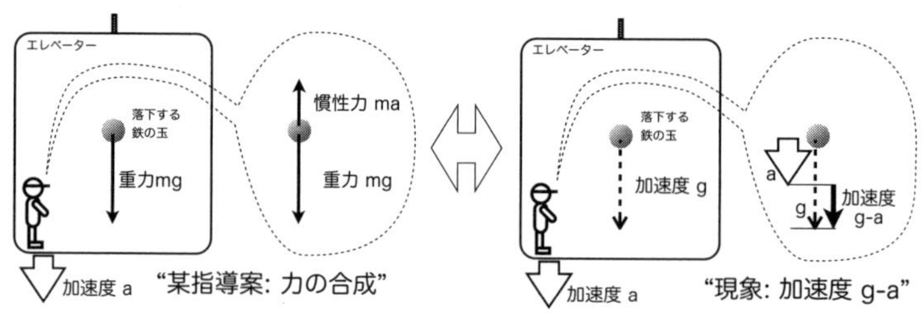

図 10.1　下向きに加速するエレベーター内の重力と重力加速度の解釈（高校物理）

ただ、中学生や高校生には定期テストや受験が控えており、その意味で、学校教育で用語を「統一」しておくという点では意味があるであろう。高校では、「加速度 a で降下するエレベーターの中で自由落下する質量 m の物体に働く力は、重力加速度を g、位置をエレベーターを基準としたとき、下向きに重力 mg、上向きに慣性力 ma である。」と教えるので、重力がなぜ mg なのかという説明もせずに、その延長線上で修正無しに教えて行くと、「宇宙ステーションの船内は無重力ではない。」という奇妙な教義に行き着くのである。

10.2 重力質量と慣性質量

（§2.6）でも述べたように、重力質量とは物体の重さに比例する量であり、慣性質量は、ニュートンの運動方程式の中に現れて、物体を加速する際に動かしにくさ止まりにくさを表す量であり、これらをいったん区別して考え、値が常に一致（または、物質の種類によらずに一定の割合で比例）することに、「等価原理」という名前を付ける。しかし、この区別に何の意味があるのだろうか？極めて高い精度（e.g.10^{-13} [33]）で一致することが検証されているので、少なくとも私たちが学校で理科の実験をやったり、生活に関わるような機械装置類を作ったりするするような程度では区別する必要は全くない。

学校の教科書などでは、

$$\text{重さ} = \text{質量} \times 9.8m/s^2 \tag{10.1}$$

とし、なぜに 9.8 なのかというところには深入りしない。重力質量と慣性質量を分けて考えるような考え方が出てくるのは、そもそもこのあたりに問題があるのではなかろうか。教える側の考えとしては、関係式 (10.1) を理解するためには運動方程式

$$\overrightarrow{\text{力}} = \text{質量} \times \overrightarrow{\text{加速度}} \tag{10.2}$$

が必要で、その運動方程式は教科書ではもっと後の方に出てくるから、差し当たり、重さと質量の関係の段階では持ち出せないということになる。しかしながら運動方程式の概要は、演示や体験を交えながら授業時間のうちの 5 分もあれば生徒につかんでもらえる事柄なので、とりあえず仮に運動方程式の説明をさっさと済ませて、関係式 (10.1) が、単なる単位の換算ではなく、運動方程式であることを理解してもらうことは、実際に可能である。説明のしかたとしては例えば、以下のようなやりかたが考えられる。

まず初めに物体が落下する加速度は物質の種類によらずに同じであることに言及しておく。真空中では羽根もハンマーも同じに落ちることを示したビデオ [34] を見せても良いし、真空にすることのできるガラス管の中に羽根と玉が入っている実験器具が理科室にあれば演示して見せるのも良いであろう。こ

の、「あらゆる物体が空気などによる摩擦を除けば全て同じ加速度で落下する」という“事実”が重要である。

次に思考実験。箱の中に人が入っていて、その箱を落下させると、中の人は

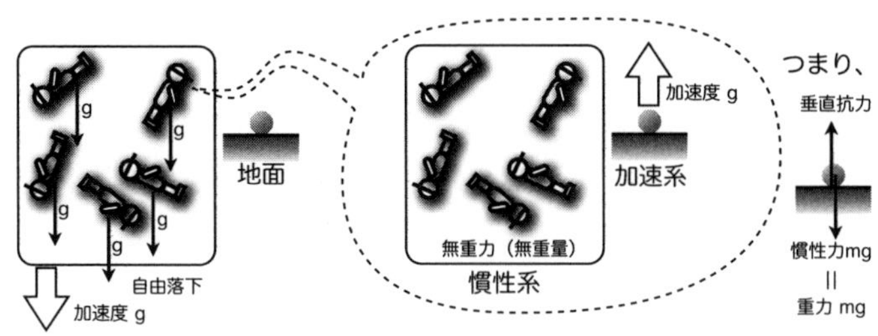

図 10.2　自由落下する観測者から見た地上に置かれた物体

箱から力を受けていない（あるいは、無条件に力がつり合っている）状態になる。全て同じ加速度で落下するから、観測者と箱の動きは相対的には静止しているか、又は等速直線運動になる。すなわち、箱と観測者は慣性系を構成する。この状態から、地上に置かれた物体を観察すると、上向きに加速度 $g = 9.8m/s^2$ で加速している。つまり、地面に置かれた物体は上向きに力を受けて、加速度 g で加速していることになる。地面は慣性系に対して上向きに、加速度 g で加速しているから、地面を基準にしてみると、下向きに慣性力 mg があることになる。これが重力 mg の本質である。

一部の生徒が地球の表面が加速度 g で加速膨張しているのではないのかと聞いてくるが、ここはうまく切り抜けていただきたい。たとえば、「膨らんでいないのに加速している。実はそのへんが時空の『ひずみ』と呼ばれている所以なんだ。[2)]」などと答えてみるのはどうであろうか。以上、説明と演示を含めて授業時間の中の 15 分ほどとれれば決着がつくはずである。少なくとも「重

[2)] でまかせのように聞こえるが、ホントである。時間の流れるスケールを上よりも下の方をごくわずかに遅くすれば、水平に進む光の軌道が下向きにわずかに曲がり、つまり、光が落下するようになるので、「慣性系」も地面に対して落下していることになる。よって、あらゆる物体も落下するようになり、重力加速度が生み出される。

さは質量の 9.8 倍です。覚えなさい。」と指示するよりは効果的だと思われるが、いかがであろう。

実際に授業を進める先生の考え方・進め方にも依るが、学校で教える物理としては、極めて高い精度が要求される実験の例[3)]を除いては、「重力⇒重力質量、慣性力⇒慣性質量」という考え方は、もともと無かったことにできる。

10.3 潮汐力

重力を消すには、容れ物/乗り物ごと、放り投げれば良い。例えば、飛行機をちょうど真空中で物を放り投げた時の運動と同じく飛ばせば、機内の重力は無くなる (parabolic flight)。重力が無くなるという表現に抵抗を覚える人向けには、無重量状態が実現すると表現しておけば良い。ただしこの場合は、飛行機による精度には限界があり、重力を完全に消すことができるわけではないので、微小重力 (micro gravity) という呼ばれかたをするのが一般的である。他には、実験の試料をカプセルの中に入れて、真空にしたチューブの中を落下させる方法 (drop tube) もある。

重力を作りだすには、回転させて遠心力を利用すればいい。洗濯機の脱水プロセスや、化学の実験などで使われる遠心分離器などが良い例である。宇宙船などではまだ実現はしていないものの、昔からよくドーナツ型の宇宙ステーションなどの回転するものが絵に描かれてきた。

しかしながら、そうやって作りだした人工重力と、天体などの質量の大きな物体に起因する自然重力とを区別する方法がある。真空中で砂を放り投げた様な状況を想像して頂きたい。その砂粒一つ一つの加速度の分布を調べれば、自然重力の存在を検知する手がかりが得られる。いわゆる万有引力の法則によって生じた加速度は、重力源としての天体などの質量に近いほど大きいし、また、質量が存在している一点に集まる性質を持っている。それに対して、回転などで人工的に作り出された重力は一様であり、一点に集まる性質をもたない。この性質を使えば、精度の高い測定を行うことで、窓を閉ざした宇宙船の船内で

[3)]例えば、月と地球の質量の合計値の決定など [33]。

地球と宇宙船を結ぶ方向を知ることが可能である。

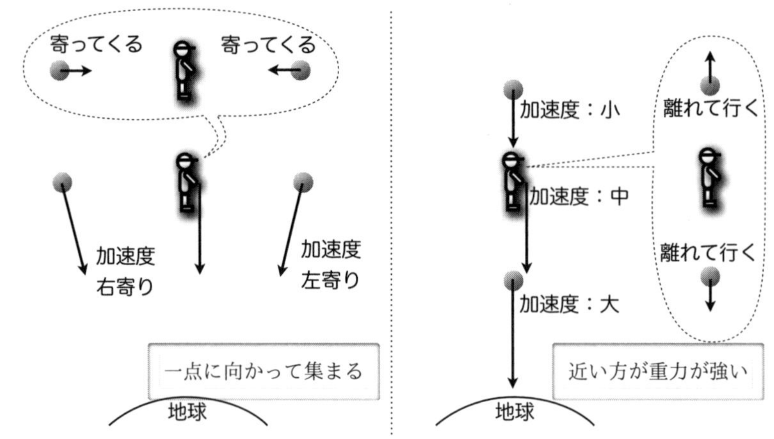

図 10.3　左：水平方向へは寄る；右：垂直方向へは離れる

（図 10.3 左）のように、地球に対して水平方向には、中心の加速度を差し引けば、放り投げられた砂粒は互いに寄ってくる方向に加速されることがわかる。（図 10.3 右）のように、地球に対して上下方向には、地球に近いほど引かれる力が強いから、中心の加速度を差し引けば砂粒は互いに離れて行く方向に加速されることがわかる。

これらの性質は**潮汐力** (tidal force) と呼ばれ、太陽や月が作りだす重力によって地球表面に潮の満ち引きがもたらされることから名付けられた。地球が月や太陽へ向かって自由落下する様子を思い描くとよい。人工重力と自然重力の違いは、力そのものではなく、力の差であるところの、この潮汐力の有無によって判定できる。

宇宙ステーションの船内で「地球に由来する重力が消えていない」とは、重力そのものではなく、その差である潮汐力によって述べられるべきである。物体に働く重力は、観測者が物体と一緒に自由落下することで消去可能であるが、離れた 2 点での重力の差である潮汐力は観測者がどのように運動しても消去することはできない。

10.4 重力加速度と吸い込み

潮汐力以外にも、人工重力と自然重力を見分ける方法がある。物体の質量により生じた重力加速度は、その物体がある場所へと向くので、物体を取り囲む面を考えて、その面上で、重力加速度を合計（面積分）すれば、面の内部の質量に比例した量が得られる。その具体的な内容を見ていこう。

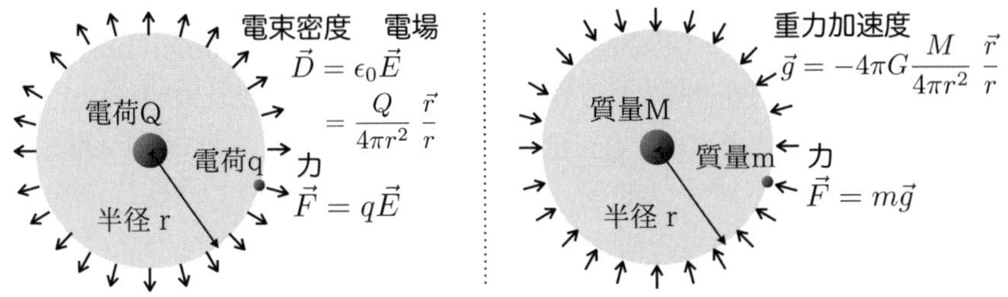

図 10.4　クーロンの法則と万有引力の法則の対比

ニュートンの万有引力の法則に現れる力は、電磁気学でいうクーロン力と式の形が良く似ている。ゆえに、質量と重力の間の関係には、電荷と電束密度との間の関係とのアナロジー（類似）が使える。アナロジーとは、全く別々の現象であっても、式が同じならば、解も同じになることを利用することをいう。対応を表に表す。

種類	チャージ	場の量	力との関係	源との関係
静電気力	電荷 $q \ll Q$	電場 $\vec{E}$	$\vec{F}_e = q\vec{E}$	$\vec{E} = \frac{1}{\epsilon_0} \frac{Q}{4\pi r^2} \frac{\vec{r}}{r}$
重力	質量 $m \ll M$	重力加速度 $\vec{g}$	$\vec{F}_g = m\vec{g}$	$\vec{g} = -4\pi G \frac{M}{4\pi r^2} \frac{\vec{r}}{r}$

表 10.1　静電場と重力場の対比

静電気力の行に表れる場の量は本来ならば電束密度 $\vec{D}$ であるべきだが、これに対比できる物理量が重力にはない。強いていえば、「質量束密度」とも言うべき物理量があって然るべきだが、歴史的経緯並びに習慣により、使われな

い。源との関係の式に現れる $\vec{r}$ $(r = |\vec{r}|)$ は、電荷あるいは質量が存在している点から、観測点へと向かう位置ベクトルである。電荷 q は Q に対して非常に小さく、環境への撹乱が無視できる程度の大きさとする。同様に質量 m は M に対して非常に小さく、質量 M の移動や速度が無視できる程度の大きさとする。

静電場の場合、小さな試験電荷 q を配して、それが受ける力を測定することで、電束密度 $\vec{D}$ の値を得、（式 6.1）の様に、それを閉曲面に沿って面積分することで、閉曲面内部の電荷 Q を算出することができた。積分領域の記号については（図 6.1）を参照されたし。つまり、静電場とのアナロジーにより、万有引力の法則は重力加速度 $\vec{g}$ を場の量と見なして、以下のように書き換えられる。

$$\oiint_{\partial R} \vec{g} \cdot d\vec{S} = -4\pi G \,(R\text{ 内の質量の総量 } M) \tag{10.3}$$

この $\vec{g}$ は、水中にホースを入れて水を体積流量[4] $4\pi GM$ で吸い出した場合の水の流速と同じ式になっている。つまり水の吸い込みに例えることもできる。

さて、質量保存則を破って人の手で質量を生みだしたり消去したりすることはできないから[5]、物体を囲んだ領域の重力加速度を面積分した値は、この関係式により、観測者の運動のいかんによらずに、値を変えることができない。よって、これも人の手で作りだせない自然重力の効果だといえる。ただし、一般の中学や高校などの理科室で扱える程度の実験で物体の周りに生じる重力加速度を測定することはできなくもないが、工夫と努力と根気、もしくは予算 [11] が求められる。容易には確認できない。

さらにこれにガウスの定理（式 6.5）を適用すると、（式 6.6）とのアナロジーにより、質量の体積当たりの密度を ρ として、万有引力の法則は以下のように微分形に表現される。

$$\vec{\nabla} \cdot \vec{E} = \frac{1}{\epsilon_0}\rho_e \quad \overset{\text{analogy}}{\rightarrow} \quad \vec{\nabla} \cdot \vec{g} = -4\pi G\rho \tag{10.4}$$

---

[4] 1 秒間あたりに吸い出す水の体積。

[5] ただし、相対性理論では、エネルギー保存則と質量保存則を統合して考える。

10.5 重力加速度の回転成分

仮に、

$$\overrightarrow{g} = (y, -x, 0) \tag{10.5}$$

のように、重力加速度の矢印に沿って場所を辿って行くと、ぐるっと回ってもとに戻ってくるような、重力加速度の分布を考えてみよう。これを（式 10.3）の左辺、あるいは（式 10.4）の左辺に代入してもゼロになる。言い換えれば、関係式 (10.4) を重力場の方程式として解くことを考えた場合に、(10.5) を付け足すような不定性が存在することになり、答えが一意に定まらない。つまり、(10.4) だけでは、球対称性などの対称性が予め定められている場合を除いては、方程式としては不十分であるということになる。

幸いにして今私たちは自然現象を対象にしているので、答えを自然の中に求めることができる。観測事実によれば、物体が重力のみによって、永続的に回転力を得ることは無い。これを定式化してみよう。「重力場に回される」という状況をなるべく簡単な指標で評価したい。それにはエネルギーを指標として採用するのが単純で良いだろう。重力場の中に置かれた質量 m の小物体が、重力場から受ける力は、$m\overrightarrow{g}$ である。これが微小な変位 $d\overrightarrow{s}$ だけ移動したとき、物体が重力から得たエネルギーは、ベクトルの内積 “·” を用いて、$m\overrightarrow{g} \cdot d\overrightarrow{s}$ である。これを閉曲線に沿って積分した値が、ひとまわりで物体が重力場から得たエネルギーである。もしこの値がゼロでなかったとするならば、私たちは発電機の付いたフライホイールを設置することにより、重力場から永続的にエネルギーをとりだすことができることになる。残念ながら、観測事実によれば、そのようにエネルギーを取りだすことはできずに、一周した積分値はゼロとなる[6]。

$$\oint_{\text{任意の閉曲線}} m\overrightarrow{g} \cdot d\overrightarrow{s} = 0 \tag{10.6}$$

---

[6] このことを物理では「重力は『保存力』である」と言う。

すなわち、重力加速度 $\overrightarrow{g}$ に対する条件として、

$$\oint_{\text{任意の閉曲線}} \overrightarrow{g} \cdot d\overrightarrow{s} = 0 \tag{10.7}$$

でなければならない。これで関係式 (10.4) に制限が加えられた。(10.4) と (10.7) を合わせて、重力場の方程式とすることができそうである。

ストークスの定理（式 6.8）を使えば、これを微分を使った表現に表すことができる。積分経路が任意の閉曲線であることから、重力加速度 $\vec{g}$ を場の量に見立てて、以下のようになる。

$$\vec{\nabla} \times \vec{g} = 0 \tag{10.8}$$

これが成り立たない場合には、重力場から無尽蔵に回転エネルギーをとり出すことができるようになる。じつは一般相対性理論では回転する重い物体がある場合、周囲の時空そのものが引きずられて回転するので、重い円盤を置くなどして回転エネルギーを回転物体から引き出すことができる。しかしこの段階では、時空が引きずられるような効果は考慮されていないので、これで良い。

以上によりニュートンの万有引力の法則を、重力加速度 $\vec{g}$ を場の量に見立てて、場の方程式として書くと、（式 10.4，10.8）としてまとめられる。

10.6　重力ポテンシャル

重力場から永続的な回転を取りだせないという関係式 (10.7) から、重力ポテンシャルを導入することができる。閉曲線の上に任意の点 A,B を配置し、経路 A → B → A を A → B,B → A の 2 つに分ける。そこで、経路 B → A を逆転させれば、経路 A → B が 2 通り存在することになる。すなわち、

$$\oint_{\text{任意の閉曲線}} = \int_{\text{経路 } A \to B} - \int_{\text{別の経路 } A \to B}$$

である。これを関係式 (10.7) に適用すれば、

$$\int_{\text{経路 } A \to B} \overrightarrow{g} \cdot d\overrightarrow{s} - \int_{\text{別の経路 } A \to B} \overrightarrow{g} \cdot d\overrightarrow{s} = 0$$

ということになる。これは $\overrightarrow{g} \cdot d\overrightarrow{s}$ の積分値が途中の経路に依らないことを示している。すなわち、その積分値は始点と終点の位置のみに依存するから、位置の関数 $\phi(\overrightarrow{x})$ を用いて、

$$\phi(\overrightarrow{x_B}) - \phi(\overrightarrow{x_A}) = -\int_{\text{経路 } A \to B} \overrightarrow{g} \cdot d\overrightarrow{s} \tag{10.9}$$

と、表すことができる。マイナスがついているのは、歴史的な都合で、私たちの住んでいる地上でこれを適用するならば、重力加速度が常に下向きであることにより、“高い”ところの ϕ は“低い”ところの ϕ よりも値が“大きい”ものとして扱うことができる。また、質量 m の物体の重力的な位置エネルギーは、この表記では、$m\phi$ とすることができる。

さて、A,B の間の距離を限りなく近づける極限をとると、1 次までの微分係数の関係は、チェーンルール（式 4.1）により、

$$\phi(\overrightarrow{x_B}) - \phi(\overrightarrow{x_A}) = (\nabla\phi) \cdot (\overrightarrow{x_B} - \overrightarrow{x_A})$$

だから、これを利用して、

$$\nabla\phi = -\overrightarrow{g} \tag{10.10}$$

を得る。

ちなみに、以上の議論は微分型式（§6.4）を用いると非常にシンプルになる。1-form を $g = \vec{g} \cdot d\vec{x}$ とすると、（式 10.8）は、$dg = 0$ と書かれる。故に、0-form ϕ を用いて、$g = -d\phi$ 。$d\vec{x}$ の係数を見比べて、（式 10.10）を得る。

（式 10.10）を、(10.4) に代入して、結局、万有引力の法則はポアソン方程式 (Poisson's equation) の形に書き直すことができる。

$$(\nabla \cdot \nabla)\phi = 4\pi G\rho \tag{10.11}$$

これが重力場の方程式である。ポアソン方程式だから、境界条件を適切に与えれば解ける。もしも重力源である質量の存在が、1 つの点と見なせる状況ならば、デルタ関数（式 6.67）を用いて、

$$\rho = M\delta^3(\vec{x})$$

この方程式の解はニュートンの万有引力の法則 $\vec{g} = G\frac{M}{r^2}\frac{\vec{r}}{r}$ を再現する。

10.7　ニュートン重力場の作用 (action)

以上により、ニュートンの万有引力の法則は、重力加速度 $\vec{g}$ を場の量に見立てて以下の 2 式にまとめられる。

ニュートン重力の場の方程式

$$\vec{\nabla}\cdot\vec{g}=-4\pi G\rho \tag{10.12}$$

$$\vec{\nabla}\vec{\phi}=-\vec{g} \tag{10.13}$$

この 2 式を導く作用 (action) を、物体の重力による位置エネルギーを起点として組み立ててみよう。

n 個の微小な粒子を考え、目印 $i=1,2,\ ..\ .,n$ をつける。i 番目の粒子の質量を m_i、位置を $\vec{x}_i$ とする。これらの位置エネルギーの総和 U は、その差分が外部から重力に逆らってされた仕事であるから、（式 10.9）により、重力ポテンシャル ϕ を用いて以下のようになる。

$$U=\sum_i m_i\phi(\vec{x}_i)$$

ここに、$\phi(\vec{x})$ は、「位置 $\vec{x}$ における ϕ の値」の意味。一方で密度 ρ はデルタ関数を用いて以下のように表される。

$$\rho(\vec{x})=\sum_i m_i\delta^3(\vec{x}-\vec{x}_i)$$

これを用いて重力ポテンシャルを積分形で現すと、デルタ関数の基本公式（式 6.71）により、

$$\begin{aligned}U&=\iiint\sum_i m_i\delta^3(\vec{x}-\vec{x}_i)\phi(\vec{x})d^3\vec{x}\\&=\iiint\phi(\vec{x})\rho(\vec{x})d^3\vec{x}\end{aligned} \tag{10.14}$$

$\vec{x}_i$ が時刻の関数であることと、ϕ がそれぞれの位置で一定であるとは限らないことから、一般にはこの U は時刻 t の関数 $U(t)$ である。また、U の中で積分

される関数が位置座標にのみ依存している形になっているから、作用 S の中の一部分としての位置エネルギー U は、ハミルトン型式（§4.9）に照らして以下のようになるだろう。

$$\begin{aligned} S_{\text{part}} &= \int -U dt \\ &\overset{10.14}{=} \int^{(4)} -\phi(\vec{x})\rho(\vec{x})d^4x \end{aligned}$$

ここに、$\iiiint$ を短く $\int^{(4)}$ と略した。また、$d^4x := dt\,dx\,dy\,dz$ とした。ここで、ϕ での変分が（式 10.12）を与えるように項を加えよう。

$$S_{\text{part}} = \int^{(4)} -\phi(\rho + \frac{1}{4\pi G}\vec{\nabla}\cdot\vec{g})d^4x$$

さらに $\vec{g}$ での変分が（式 10.13）を満たすように、$\vec{g}$ の 2 次の項を加えてみよう。κ を適当な定数として、

$$S = \int^{(4)} \left(-\phi(\rho + \frac{1}{4\pi G}\vec{\nabla}\cdot\vec{g}) + \kappa\vec{g}\cdot\vec{g}\right)d^4x$$

$\vec{g}$ で変分[7)]して、（式 10.13）と見比べて、$\kappa = \frac{1}{8\pi G}$ を得る。以上まとめると、

$$S = \int^{(4)} \left(\frac{1}{4\pi G}(\frac{1}{2}\vec{g}\cdot\vec{g} - \phi\vec{\nabla}\cdot\vec{g}) - \phi\rho\right)d^4x \tag{10.15}$$

ところでこれは、A を非常に大きな定数として、ϕ を括り出すことができる。

$$S = \int^{(4)} (1 + \frac{1}{A}\phi)\left(\frac{1}{4\pi G}(\frac{1}{2}\vec{g}\cdot\vec{g} - A\vec{\nabla}\cdot\vec{g}) - A\rho\right)d^4x \tag{10.16}$$

A の一次の項は表面積分と定数になるので、変分結果には寄与しない。

$$\int^{(4)} \vec{\nabla}\cdot\vec{g}\; d^4x = (\text{領域表面での積分}) \;\; ; \;\; \int^{(4)} \rho\, d^4x = (\sum_i m_i)\int dt$$

$\frac{1}{A}$ の項は、誤差として無視する。残りの項は（式 10.15）に一致する。この（式 10.16）がアインシュタイン方程式へと繋がる式である。

---

7) 部分積分を使う：$\int^{(4)} \phi\vec{\nabla}\cdot\vec{g}\; d^4x = \int^{(4)} -\vec{g}\cdot\vec{\nabla}\phi\; d^4x + (\text{領域表面での積分})$

問題　10.7.1

（式 10.16）において、$\frac{1}{A}$ の項を無視することなく、

$$\psi := \sqrt{1 + \frac{1}{A}\phi}$$

と、置いて、ψ 並びに $\vec{g}$ で変分することにより、以下の二式が得られることを確認せよ。

$$\vec{g} = -\vec{\nabla}(2A\ln\psi) \tag{10.17}$$

$$-\vec{\nabla}^2\psi + \frac{4\pi G}{2A}\rho\,\psi = 0 \tag{10.18}$$

ヒント

変分を実行して代入するだけ。ln：$y = \ln x \Leftrightarrow x = e^y$; $d(\ln x) = \frac{dx}{x}$

略解

（式 10.16）により作用は、

$$S = \int^{(4)} \psi^2 \left(\frac{1}{4\pi G}(\frac{1}{2}\vec{g}\cdot\vec{g} - A\vec{\nabla}\cdot\vec{g}) - A\rho \right) d^4x$$

ここでライプニッツ則により、$-\psi^2\vec{\nabla}\cdot\vec{g} = \vec{g}\cdot\vec{\nabla}\psi^2 - \vec{\nabla}\cdot(\psi^2\vec{g})$ だから、$\vec{g}$ で変分すると、$\psi^2\vec{g} + A\vec{\nabla}\psi^2 = 0$ すなわち、（式 10.17）が得られる。

$$\vec{g} = -2A\frac{\vec{\nabla}\psi}{\psi} = -\vec{\nabla}(2A\ln\psi)$$

一方、S を ψ で変分すると、

$$\frac{1}{4\pi G}(\frac{1}{2}\vec{g}\cdot\vec{g} - A\vec{\nabla}\cdot\vec{g}) - A\rho = 0$$

と、なるから、（式 10.17）を代入して（式 10.18）を得る。

解説

（式 10.18）はエネルギー 0 のシュレーディンガー方程式か、あるいは、時間変化が無い場合のクラインゴルドン方程式に良く似ている。つまり、些細な修正はあるものの、重力場の方程式に量子力学とのアナロジーが使えるのが興味深い。もしかしたら重力場の起源を量子力学に求めることができるのではなかろ

うかという期待感が高まるが、しかし桁が違いすぎる。年寄りは言うだろう：「最近の若いもんはオーダー評価もできんのか？」と。それでも、そこに挑むバカがいてもいいではないか。巨大な魔神をランプに収納するような芸当をやって見せろ！

第 11 章

相対論的、重力

本章では、重力が時間の尺度のずれとして表現されることを示し、そこから 4 次元の計量テンソル $g_{\mu\nu}$（⇒ §6.5）が重力ポテンシャルとしても利用できることを示し、重力加速度 $\vec{g}$ に相当する物理量として、接続 $\Gamma^{\mu}{}_{\nu\rho}$ を導入する。それらを含めて、ニュートンの運動方程式の $\frac{d}{dt}(m\vec{v})$ に相当する部分を、4 次元のベクトルとして書き出す。

11.1　高さによる時間の進みかたの違い

まずは重力のあるところで光を走らせて、時間の尺度が変化する様子を確認しよう。始めに上下方向でドップラー効果（§8.9）から求める。次に水平方向で軌道の湾曲（§1.2）から求める。

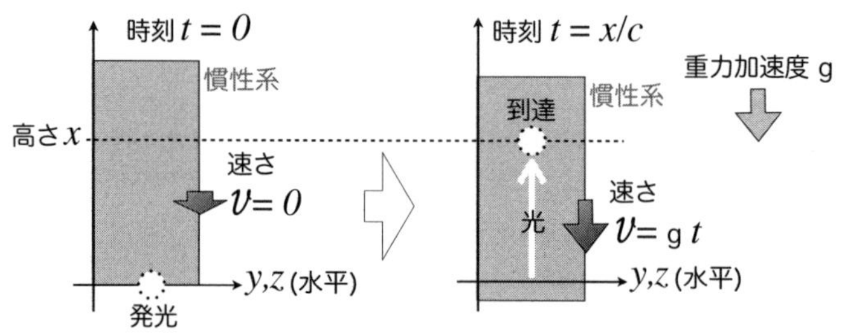

図 11.1　高さとドップラー効果

まずは、上下方向。高さ 0 の地点で、短い時間 dt 毎に光信号を発信する。これを高さ x の地点で受信したときの時間間隔を $d\tau$ とする。dt と $d\tau$ は同じになるだろうか？ 光が高さ 0 で発光してから高さ x の地点に到達するまでの時間は x/c かかるから[1)]、発光時の慣性系（⇒ 3 章）の速さを 0 とすると、受信時には慣性系の速さは落下により $v = gt = g\frac{x}{c}$ になっている。つまり受信地点は、光が発信したときの慣性系から見て、速さ v で光から逃げていることになる。ゆえにドップラー効果の適用となる。周波数は時間間隔（周期）の逆数になるから、（式 8.28）より、

$$\frac{1}{d\tau} = \sqrt{\frac{c+(-v)}{c-(-v)}}\frac{1}{dt}$$

v は c に比してとても小さいとして近似（$\sqrt{1+h} = 1 + \frac{1}{2}h - \frac{1}{8}h^2 + ..$）して、

$$d\tau \fallingdotseq (1 + \frac{v}{c})dt = (1 + \frac{gx}{c^2})dt$$

つまり低いところからの信号の時間間隔は、高いところへ行くほどに間延びしてゆっくりになる。また、逆も言えるだろう。

慣性系だとかドップラー効果だとかいう言葉に抵抗を感じる向きには、別のルートも用意してある。質量エネルギーの等価性と、量子力学の知識を援用しよう。短い時間 dt を光の振動周期として考えると、光の周波数は $\frac{1}{dt}$ である。量子力学によると光のエネルギーにはこれ以上には分割できない最小単位 ϵ があり、プランク定数を h として、$\epsilon = \frac{h}{dt}$ となる。一方、質量エネルギーの等価性（§2.7）が上記のエネルギーに対しても適用できると考えると、光一粒（光量子）を閉じこめた場合の質量は $\frac{\epsilon}{c^2}$ となる。ここで、“閉じこめる”とは、たとえば内側が完全な鏡でできた容器に光を封じ込める様子を想像して欲しい。質量、重力加速度、高さをそれぞれ m, g, x とした場合、高校物理では位置エ

[1)] 実は加速度系では光の速さは高いところと低いところで見かけ上変化する。その平均の速さを仮に $(1+\theta\frac{gx}{c^2})c$ $(0 < \theta < 1)$ としたとしても、$\frac{x}{(1+\theta\frac{gx}{c^2})c} \fallingdotseq \frac{x}{c} - \frac{x}{c}\theta\frac{gx}{c^2}$ なので、その補正分は微少量として無視できる。自由落下する慣性系を基準にして論じたとしても同様に、上記の議論で得られた結論に対して、微小な補正のみに留まる。

ネルギーは mgx だから、高さ 0 での周波数を $\frac{1}{dt}$、高さ x での周波数を $\frac{1}{d\tau}$ とすると、閉じこめられた光一粒にエネルギー保存則を適用して、

$$\frac{h}{dt} = \frac{h}{d\tau} + mgx \quad , \quad mc^2 = \frac{h}{d\tau}$$

つまり、ドップラー効果を用いた計算結果と一致する。

$$d\tau = (1 + \frac{gx}{c^2})dt$$

今度は光を水平に走らせてみよう。話は（§1.2）へと戻る。（図 1.3）への重複恐縮であるが、無いと字ばっかりになってしまうので再掲御免。

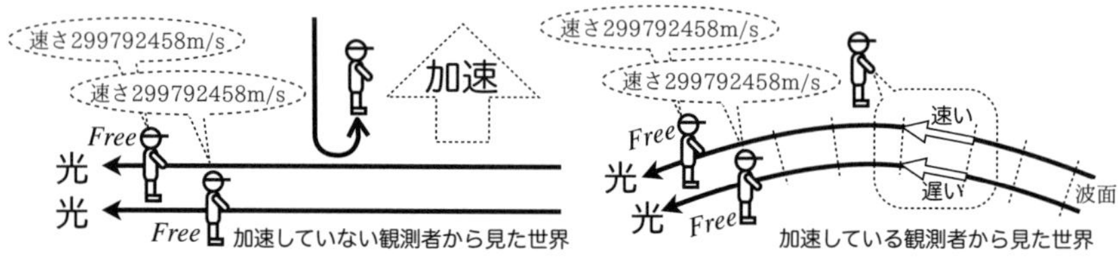

図 11.2　観測者の加速と光の軌道の湾曲

光の進行方向と垂直な方向へ加速している観測者を想定する。この観測者から見ると、光の軌道は湾曲する。加速度の向きを“上”と表現するならば、この湾曲により、光の速さは上の方が速くなり、下の方が遅くなる。まずは、その“速さ”と“高さ”との関係を求めてみよう。

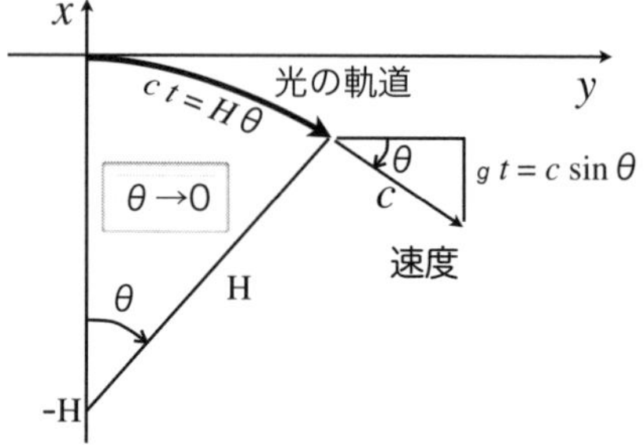

図 11.3　落下する光の曲率半径

加速度を g として、湾曲した光の軌道の曲率半径を H とする。（図 11.3）のように、小さな角度 θ の扇

型を考える。円弧の長さと角度の関係から。($\sin\theta = \theta - \frac{1}{6}\theta^3 + ..$)

$$\frac{ct}{gt} = \frac{H\theta}{c\sin\theta} \ \rightarrow \ \frac{H}{c} \quad (\theta \rightarrow 0)$$

$$\therefore \ H = \frac{c^2}{g} \tag{11.1}$$

図形の相似により、円弧の長さは中心からの距離に比例するから、高さ $x = 0$ にて加速する観測者が見た高さ x での光の速さ c_x は、以下のように求められる。

$$\frac{c_x}{H + x} = \frac{c}{H}$$

$$\therefore c_x = (1 + \frac{x}{H})c = (1 + \frac{g\,x}{c^2})c$$

もしも観測者が高さ x の地点へ移動したとすると、そこで測られる光の速さは c である。この原因を時間の尺度の違いとして考えてみる。高さ 0 で短い時間 dt が経過する間に、高さ x では時間 $d\tau$ が経過するとしよう。高さ 0 から見た、高さ x を通る光が進んだ距離は、$c_x\,dt$。そのとき、高さ x から見た、高さ x を通る光が進んだ距離は、$c\,d\tau$。長さの尺度が高さによって変わらないと仮定すると、

$$cd\tau = c_x dt$$

辺々掛け合わせて、以下を得る。

$$d\tau = (1 + \frac{g\,x}{c^2})dt$$

ところで、高さをどんどん下がっていくと、(図 11.3) の扇型の中心 ($x = -H$) へ到達してしまう。つまり、そこでは光も止まってしまうので、そこよりも “下” の情報は、加速中の観測者には届かないことになる。

速さは　道のり÷時間　だから、時間だけではなく水平方向の距離も違っているという解釈も成り立つかも知れない。仮に長さの方の効果であるとして、1 mのモノサシを下に移動するほど短く見える様になるとしよう。湾曲に接する円を考えると、光の進行方向と波面が垂直であることにより、その接する円

は同心円を描くであろう。しかもその同心円を光が同じタイミングで周回することになるから、物理的な周長は同じということになる。つまり描かれた世界は円筒だ！　これは却下だ。いくら何でもやり過ぎだ。他の可能性が尽きたときにまた検討しよう。実はブラックホールの表面スレスレでそういうようなことがおこるらしい。より先へ進むと、星の周辺では長さの効果と時間の効果の両方を動員するのが正解のようだが、ひとまず時間の尺度の修正で済ませる方針で進めて見よう。

11.2　時間ムラと物体の運動

前節では重力（一様加速）の環境下で光が進む様子を考察し、高さによる時間の進みかたの違いを明らかにした。そこで逆に、時間の進みに高さの違いによるムラがあった場合に、光よりも遅い通常の粒子がどのような運動をするか考えてみよう。本節の内容が理解できれば、以下の問いに答えられるようになるだろう。

解決される問題

“慣性系に対して**地面が常に上向きに加速しているのに、なぜ、地球は加速膨張していないのか？**”

質量 m の、大きさや回転が無視できる物体 1 個の作用 (action)S は、モーペルテュイの原理（式 4.8）に由来し、他の何者かとの力の及ぼしあいを前提とした一部分として、以下のように書かれる[2)]。

$$S_{\text{kin}} = \int -mc\sqrt{c^2dt^2 - dx^2 - dy^2 - dz^2} \tag{11.2}$$

この作用は慣性系を前提としているが、前節のように観測者が慣性系に対して x 軸方向へ加速度 g で加速しているか、あるいは、観測者が重力加速度 g の環境下に置かれている場合、時間の進みに修正が必要となる。時間 dt を高さ x

2) kinetic part の意味で、“kin” を添えた。

での時間の進みである $d\tau = (1+\frac{g\,x}{c^2})dt$ に置き換えてみよう。

$$\acute{ds}^2 = g_{\mu\nu}dx^\mu dx^\nu = (1+\frac{gx}{c^2})^2(cdt)^2 - dx^2 - dy^2 - dz^2 \qquad (11.3)$$

$$S_{\text{kin}} = \int -mc\,\acute{ds} \qquad (11.4)$$

これは（式 11.2）に対して、一様に加速する座標への座標変換（式 8.24）を代入した結果の（式 8.26）と一致する。（いよいよ一般相対性理論の世界に入った様に見えるが、この時点ではまだ時空は歪んでいない。）

この作用の意味するところをつかむために、$v^2 = (\frac{dx}{dt})^2 + (\frac{dy}{dt})^2 + (\frac{dz}{dt})^2$ として、$\frac{v^2}{c^2}$ と $\frac{gx}{c^2}$ の大きさが 1 に比して非常に小さいとした場合について近似をしてみよう。（$\sqrt{1+h} = 1 + \frac{1}{2}h - \frac{1}{8}h^2 + ..$）

$$\begin{aligned} S &= \int -mc^2\sqrt{(1+\frac{gx}{c^2})^2 - \frac{v^2}{c^2}}\;\;dt \\ &\fallingdotseq \int -mc^2\left(1+\frac{1}{2}(\frac{2gx}{c^2} + (\frac{gx}{c^2})^2 - \frac{v^2}{c^2})\right)dt \\ &\fallingdotseq \int (\frac{1}{2}mv^2 - mgx)dt \quad -mc^2(t_{\text{終わり}} - t_{\text{始め}}) \end{aligned}$$

これを（§4.1）で示した放物運動の作用と比べてみると、$\frac{1}{2}m$ 倍して定数を足しただけなので、本質的に同じ物である。つまりこれは x 軸を高さ方向とする放物運動を表わす作用である。

さて、時間の進みかたのムラが重力となって現れることがわかった。では、私たちが生活しているこの地上での時間のずれ具合はいかほどであろうか？重力加速度を $g = 9.8\text{m/s}^2$ として、高さ 1m あたりにつき、1 秒の時間のズレが生じるまでに要する時間を計算してみよう。

$$\text{要する時間} = 1\text{s} \div \frac{9.8\text{m/s}^2 \times 1\text{m}}{(299792458\text{m/s})^2} = 9.2\times 10^{15}\text{s} = 2.9\text{ 億年}$$

ずいぶん小さなものだ。言い換えると、この、あまりにも小さな時間の進みのムラが、我々の暮らしている地上の重力に等価なのである。時空を捻じ曲げて、タイムマシンを作ったり、銀河を自由に駆け巡りたいと思っている我々にとっては非情に厳しい現実である。

11.3　重力と計量テンソル

さて、この調子で星（質量 M）の重力の影響下の小物体（質量 m；$m \ll M$）の運動も記述できそうである[3)]。$r^2 = x^2 + y^2 + z^2$ として、位置エネルギー mgx を $-G\frac{Mm}{r}$ に入れ替えればよいだろう。（G は万有引力定数。）すなわち、

$$\acute{d}s^2 = g_{\mu\nu}dx^\mu dx^\nu = (1 - \frac{GM}{rc^2})^2(cdt)^2 - dx^2 - dy^2 - dz^2 \tag{11.5}$$

$$\begin{aligned} S_{\text{kin}} &= \int -mc\,\acute{d}s \qquad (11.6) \\ &\fallingdotseq \int (\frac{1}{2}mv^2 + G\frac{Mm}{r})dt \quad - mc^2(t_{\text{終わり}} - t_{\text{始め}}) \end{aligned}$$

作用を変分して運動方程式を求めると、ニュートンの万有引力の法則[4)]になっているから、確かにこれは、星の周りを回る小物体の運動を記述できそうである。（式 11.3）との違いは、（式 11.3）では座標変換（式 8.24）によって**全時空**が慣性系を表わす以下の計量に戻ることができた。

$$\acute{d}s^2 = g_{\mu\nu}dx^\mu dx^\nu = c^2dt^2 - dx^2 - dy^2 - dz^2 \tag{11.7}$$

しかしながら（式 11.5）の場合は、そのような全時空を一括して 1 つの慣性系に戻す[5)]ような座標変換は存在しない。それもそのはずで、星の重力は中心の一点に向かい、しかも星に近くなるほど強くなるから、そもそもムリだ。しかし、局所的には可能である。特に定めたイベント（位置と時刻）の周辺でなら近似として（式 11.7）の形に座標変換することは可能だ。

次に、2 つの星が互いに回りあう連星の場合はどうだろうか？ 星と小物体の場合には、小物体が作り出す重力による星の運動は無視して良かったが、今度はそうは行かない。（§6.7）では、帯電した二粒子の作用 (action) の議論を行った。それと同じ状況がこの場合にもあてはまる。つまりその方針であれ

[3)] $m \ll M$ の意味は、“m は M に比して非常に小さい”。

[4)] 現在普通に見かける形での意味。プリンシピアでの記述という意味ではない。

[5)] 現時点では、共形因子は定数に固定して考えている。（質量の尺度を固定。）

ば、重力ポテンシャル自体は未定関数としておいて、

$$\acute{d}s^2 = g_{\mu\nu}dx^\mu dx^\nu = (1+\frac{\phi}{c^2})^2(cdt)^2 - dx^2 - dy^2 - dz^2 \quad ..? \qquad (11.8)$$

その関数に対する条件を与える作用[6)]を追加する。

ところで、そもそも $g_{\mu\nu}$ はテンソルであった。つまり、どんな座標でも同じ形に記述されるのがウリだ。ならば、粒子の運動を表わす作用も、重力ポテンシャルが満たすべき条件を与える作用も、計量テンソル $g_{\mu\nu}$ のままで記述しておいて、あとから丁度良い座標を選択すればよかろう.. と考えてみる。つまり、重力ポテンシャルを計量テンソル $g_{\mu\nu}$ の中に含ませてしまうのである。

ただし、計量テンソル $g_{\mu\nu}$ は何でもいいというわけではなく、以下の２つの条件を満たす座標系を選択することが可能である必要がある。

局所慣性系（計量バージョン）

局所慣性系とは、計量テンソル $g_{\mu\nu}$ につき、指定されたイベント（時刻と位置）の周りで、誤差が許容される範囲で以下が成立するような座標系 (t,x,y,z) を言う。

$$(\acute{d}s^2 :=) \quad g_{\mu\nu}dx^\mu dx^\nu = c^2dt^2 - dx^2 - dy^2 - dz^2 \qquad (11.9)$$

$$\frac{\partial}{\partial x^\rho}g_{\mu\nu} = 0 \qquad (11.10)$$

局所慣性系については（§3.7）にて若干触れた。質量 m の粒子の運動が等速直線運動になるかどうかの件に関しては、作用が $S = \int -mc\,\acute{d}s$ になるという前提で成立。電磁場に対しても局所慣性系が実現するかどうかは、そもそもこの条件の座標は真空中の関係式 $\vec{D} = \epsilon_0\vec{E}$, $\vec{B} = \mu_0\vec{H}$ が成立する座標だから（∵ §6.5)、これもクリアーである。

[6)]電磁場の対称性（つまり相対性理論）を考慮しない形では（式 10.15）あるいは（式 10.16）で与えられる。

11.4　自由落下する箱

回転していない箱を自由落下させることによって、局所慣性系を構成することを試みよう。これは次の節で扱う接続 $\Gamma^{\mu}{}_{\nu\rho}$ の物理的な意味の解釈へと繋ぐものである。

計量（式 11.3）は慣性系に対して加速度 g で加速する観測者、あるいは一様な重力加速度 g の中に置かれた観測者からみた計量であるが、座標変換（式 8.24）によって、時空全域に渡る慣性系に引き戻すことができる。しかし、それでは話の筋道が長くなってしまったので、わかりにくくなってしまったのではなかろうか。もっと直観的に理解できるように簡便で、さらに汎用性もある方法を考えてみよう。

つまり、強引ではあるが、実際にその加速度に沿って空間座標を落下させてみる。

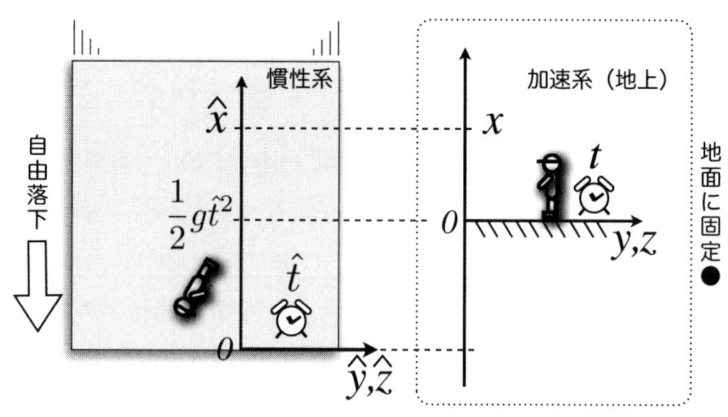

図 11.4　自由落下する箱

（図 11.4）を参考に、式で表わすと、$\frac{g\,\hat{t}}{c}, \frac{g\,\hat{x}}{c^2}$ が 1 に比して微小であるとして 3 次以上の項をを無視することを前提に、以下のように設定してみる。

$$t = \hat{t} - \frac{g}{c^2}\hat{x}\hat{t} \;\;,\;\; x = \hat{x} - \frac{1}{2}g\hat{t}^2 \;\;,\;\; y = \hat{y} \;\;,\;\; z = \hat{z} \qquad (11.11)$$

第 1 式は、$(1 + \frac{g\,x}{c^2})t = \hat{t}$ としたいところなのだが、それでは代入しにくいので、近似として上記のようにした。第2式は落下分の距離のズレを表わす。

これらを計量（式 11.3）に代入し、以下のように計算される。

$$\hat{g}_{\hat{\mu}\hat{\nu}}d\hat{x}^{\hat{\mu}}d\hat{x}^{\hat{\nu}} \overset{11.3}{=} (1+\frac{g(\hat{x}-\frac{1}{2}g\hat{t}^2)}{c^2})^2(cd((1-\frac{g\,\hat{x}}{c^2})\hat{t}))^2 - d(x-\frac{1}{2}g\hat{t}^2)^2 - d\hat{y}^2 - d\hat{z}^2$$

$$\fallingdotseq \left(1-(\frac{g\,\hat{t}}{c})^2-(\frac{g\,\hat{x}}{c^2})^2\right)c^2d\hat{t}^2 - \left(1-(\frac{g\,\hat{t}}{c})^2\right)d\hat{x}^2 - d\hat{y}^2 - d\hat{z}^2$$

つまり計量テンソル $g_{\mu\nu}$ の中で、座標値の一次の項が存在しないようにできたから、$\hat{t}=\hat{x}=0$ の周りで局所慣性系を構成することができた。

11.5 重力加速度の行方

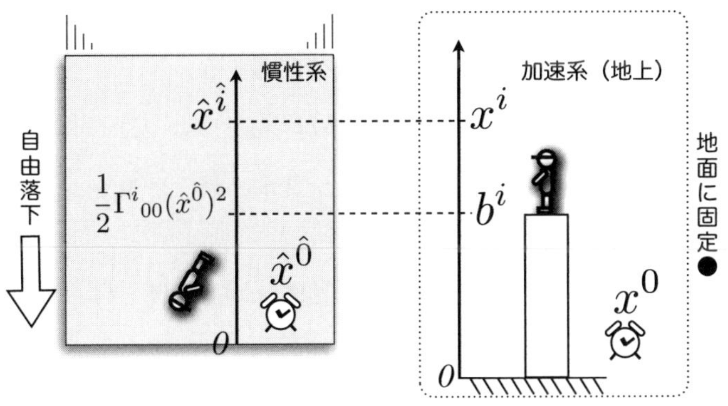

図 11.5 一般計量での自由落下する箱（$i=1,2,3$）

重力ポテンシャルと重力加速度の関係は（式 10.10）で与えられた。しかし重力ポテンシャルを計量テンソルの中に含めてしまったのだから、重力加速度に相当する物理量がどのようになっているのか確認する必要がある。そこで前節でやった方法を一般化して、局所慣性系を構成するような座標変換の例を与えることで、重力加速度がどうなっているのか考えてみよう。

b^μ を全て定数とする。（図 11.5）のように、局所慣性系を設定する領域の中心イベント $x^\mu = b^\mu$ を原点とする新たな座標 $\hat{x}^\alpha$ を設定し、変数変換を以下のように 2 次式とする。

一般座標 x と、$x=b$ の周りの局所慣性系 $\hat{x}$ とを結ぶ座標変換

$$x^\mu = b^\mu + \hat{x}^\mu - \frac{1}{2}\Gamma^\mu{}_{\alpha\beta}\hat{x}^\alpha\hat{x}^\beta \tag{11.12}$$

ここに、$\Gamma^\mu{}_{\alpha\beta}$ は全ての成分につき定数とする[7)]。なお、本書の今までの流儀で行くと、新座標は $\hat{x}^{\hat{\alpha}}$ と書かれるべきなのだけれども、見栄えの都合で、添え字の上の ^ は省略した。あとで復活する。

（式 11.11）と対比してみると、$b^\mu=0$, $\Gamma^0{}_{01}=\Gamma^0{}_{10}=\frac{g}{c^2}$, $\Gamma^1{}_{00}=g$, 他の成分は 0。つまり、$\vec{g}=(-\Gamma^1{}_{00}\ ,-\Gamma^2{}_{00}\ ,-\Gamma^3{}_{00})$ が重力加速度に相当しそうだ[8)]。これは一例に基づく推論にすぎないが、あとで作用 (action) から運動方程式（式 11.44）を求めることで、さらに意味付けを確かなものとする。Γ につき、添え字を全て下にさげた記号を以下で定義する。

$$\Gamma_{\mu\nu\rho} := g_{\mu\alpha}(b)\,\Gamma^\alpha{}_{\nu\rho} \tag{11.13}$$

ここに、$g_{\mu\alpha}(b)$ は $x^\mu=b^\mu$ での計量テンソルの値。計量テンソル $g_{\mu\nu}$ を $x^\mu=b^\mu$ の周りで級数展開（⇒ §A.2）して、

$$g_{\mu\nu}(x) = g_{\mu\nu}(b) + g_{\mu\nu},_\rho(b)(x^\rho - b^\rho) + o(x-b) \tag{11.14}$$

ここに、$g_{\mu\nu},_\rho(b)$ は $\frac{\partial}{\partial x^\rho}g_{\mu\nu}$ の $x^\mu=b^\mu$ での値、$o(x-b)$ は ($x^\mu-b^\mu$) の 2 次以上の項の集まり。これと、(11.12) を合わせて、計量 $\acute{d}s^2=g_{\mu\nu}dx^\mu dx^\mu$ に代入すると、以下のように、{ } 内が新座標 $\hat{x}^\alpha$ で書かれた計量テンソルとなる。

$$\acute{d}s^2 = \{g_{\mu\nu}(b) + (g_{\mu\nu},_\rho(b) - \Gamma_{\mu\nu\rho} - \Gamma_{\nu\mu\rho})\hat{x}^\rho + o(\hat{x})\ \}\,d\hat{x}^\mu d\hat{x}^\nu \tag{11.15}$$

$\hat{x}^\mu$ は、局所慣性系の座標であったから、新たな計量テンソルを $\hat{x}^\alpha=0$ の周りで級数展開した中の 1 次の係数はゼロでなければならない。すなわち、

$$g_{\mu\nu},_\rho(b) - \Gamma_{\mu\nu\rho} - \Gamma_{\nu\mu\rho} = 0 \tag{11.16}$$

---

7) あとで、位置と時刻の関数に変更する。ここでは $x=b$ での値に固定。

8) 慣性系に対して x^1 軸正の方向へ加速度 g で加速する観測者からみた重力加速度が $(-g,0,0)$ という意味で、Γ にマイナスがついている。

である。これを Γ について解くと、T を未定な量として以下のように求まる。

$$\Gamma_{\mu\nu\rho} = \frac{1}{2}(g_{\mu\nu},_{\rho} + g_{\mu\rho},_{\nu} - g_{\rho\nu},_{\mu})_{x=b} + \frac{1}{2}T_{\mu\nu\rho} \tag{11.17}$$

ここに、$T_{\mu\nu\rho}$ は、後半二つの添え字に関して反対称性をもつ任意の量。

$$T_{\mu\nu\rho} + T_{\mu\rho\nu} = 0 \tag{11.18}$$

Γ の定義 (11.12) に戻すと、和の中で相殺されて無効となる量である。ゆえに、今のところは、最も簡単な値としてゼロを選択する。

$$T_{\mu\nu\rho} = 0 \tag{11.19}$$

ゆえに Γ の値は定まり、座標変換 (11.12) によって、任意に選んだイベントにおいて、局所慣性系の条件（式 11.10）（$g_{\mu\nu}$ の微分係数が全てゼロ）を満たすような座標にすることができる。

それ以前に、$x = b$ での計量テンソルの値 $g_{\mu\nu}(b)$ の値が局所慣性系の条件のうち（式 11.9）を既に満たしていれば、Γ の物理的な解釈が容易になる。そのような座標を選択してみよう。まずは、計量テンソルを行列と見なす。

$$[g] := \begin{pmatrix} g_{00}(b) & \cdots & g_{03}(b) \\ \vdots & \ddots & \vdots \\ g_{30}(b) & \cdots & g_{33}(b) \end{pmatrix}$$

ここで、（式 11.9）を満たすための必要条件として、$\det([g]) < 0$（行列式 ⇒ §A.9）は必須である。また、$[g]$ は実対称行列 ${}^t[g] = g$, $[g]^* = [g]$ だから、エルミート行列の条件を満たすので、互いに直交する 4 つの固有ベクトル $|t\rangle, |x\rangle, |y\rangle, |z\rangle$ が存在する（固有値、固有ベクトル⇒ §A.12)。すなわち、$\lambda_t > 0,\ \lambda_x < 0,\ \lambda_y < 0,\ \lambda_z < 0$ をある定数として[9)]、

$$[g]\,|t\rangle = \lambda_t\,|t\rangle\ ,\ [g]\,|x\rangle = \lambda_x\,|x\rangle\ ,\ [g]\,|y\rangle = \lambda_y\,|y\rangle\ ,\ [g]\,|z\rangle = \lambda_z\,|z\rangle$$

[9)] $\lambda_t < 0,\ \lambda_x > 0,\ \lambda_y > 0,\ \lambda_z > 0$ である場合には $g_{\mu\nu}$ に共形因子（⇒ §6.5）として -1 を掛ける。

を満たすように $|t\rangle,..,|z\rangle$ を選択することができる。$|t\rangle,|x\rangle,|y\rangle,|z\rangle$ のエルミート共役を $\langle t|,\langle x|,\langle y|,\langle z|$ として、その大きさを、以下のように調節する。

$$\lambda_t \langle t|t\rangle = c^2 \ , \ \lambda_x \langle x|x\rangle = -1 \ , \ \lambda_y \langle y|y\rangle = -1 \ , \ \lambda_z \langle z|z\rangle = -1$$

そこで、以下のように置くと、

$$|dx\rangle := \begin{pmatrix} dx^0 \\ dx^1 \\ dx^2 \\ dx^3 \end{pmatrix} = |t\rangle\, dt + |x\rangle\, dx + |y\rangle\, dy + |z\rangle\, dz$$

以下が満たされる。

$$\acute{ds}^2_{(x=b)} = \langle dx|[g]|dx\rangle = c^2 dt^2 - dx^2 - dy^2 - dz^2$$

局所慣性系への座標変換と重力加速度の解釈、まとめ

局所慣性系の 1 番目の条件（式 11.9）を構成する座標変換は、計量テンソルの行列式の値が負であることを必要条件として、計量テンソルの値が実数で対称 $g_{\nu\mu} = g_{\mu\nu}$ であることに因り、計量テンソルの固有ベクトルを求めることによって選択することができる。
その上で、局所慣性系の 2 番目の条件（式 11.10）を構成する座標変換は（式 11.12）で与えられて、その係数 $\Gamma^{\mu}{}_{\nu\rho}$ と元の計量テンソル $g_{\mu\nu}$ との関係は（式 11.13, 11.17, 11.19）で与えられる。（図 11.5）と（式 11.12）から、$\vec{g} = (-\Gamma^1{}_{00}, -\Gamma^2{}_{00}, -\Gamma^3{}_{00})$ は重力加速度と解釈されるだろう。

11.6 平行移動と共変微分

矢印で表現できるようなベクトルの引き算を考えるときに、始点を揃えて終点から終点までの矢印を引いた。つまり、場所の違うベクトル同士を引き算するときには、始点を揃えられるように平行移動する必要があった。

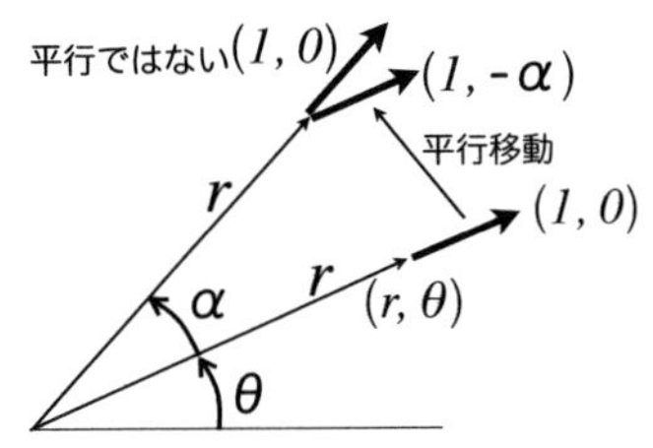

図 11.6 極座標と平行移動

ベクトルを成分で表すとき、高校で習ったようなまっすぐな座標を使えば、どこへ平行移動しても、成分は変わらなかった。しかし極座標の様な曲がった座標を使った場合、成分を変えなければ回ってしまうし、平行移動すれば成分は変わってしまう（図 11.6）。

これは空間方向への例だけれども、加速している座標でも時間と加速方向に対して同様なことが言える。さて、どうしようか？ ベクトルの引き算ができなければ、ベクトルを微分するときに困るだろう。その解決方法が座標変換にある。いったんまっすぐな座標（式 11.10）に移って微分をして、それから元の座標に戻れば良い。

問題 11.6.1

反変ベクトル V^μ が空間の至るところに連続的に分布している。イベント $x^\mu = b^\mu$ にて、この反変ベクトルの微分を実行したい。座標は一般座標だが、座標変換（式 11.12）によって、いったん局所慣性系に移って微分を実行し、微分された値はテンソルであるとして、元の座標に戻るとすれば、その微分はどのような式で表されるか？

ヒント

言葉どおりの手順で計算を進める。

略解

（式 11.12）により、イベント $x^\mu = b^\mu$ の近くで、

$$\frac{\partial x^\mu}{\partial \hat{x}^\alpha} = g^\mu_\alpha - \Gamma^\mu_{\alpha\beta}\hat{x}^\beta \tag{11.20}$$

ここに、g^μ_α は、$\mu = \alpha$ なら 1、そうでなければ 0 を値にもつ量である。

その逆行列は、$\hat{x}^\beta$ を微小な量として、一次までの近似として、以下のようになる。

$$\frac{\partial \hat{x}^\alpha}{\partial x^\nu} = g^\alpha_\nu + \Gamma^\alpha{}_{\nu\gamma}\hat{x}^\gamma \tag{11.21}$$

なぜならば、以下のように計算されるからである。

$$(g^\mu_\alpha - \Gamma^\mu_{\alpha\beta}\hat{x}^\beta)(g^\alpha_\nu + \Gamma^\alpha{}_{\nu\gamma}\hat{x}^\gamma) = g^\mu_\nu + (\hat{x}\text{の 2 次式})$$

さて、反変ベクトル V^μ を、局所慣性系に座標変換すると、以下のようになる。

$$\hat{V}^\alpha = V^\nu \ \frac{\partial \hat{x}^\alpha}{\partial x^\nu} = V^\alpha + V^\nu\Gamma^\alpha{}_{\nu\gamma}\hat{x}^\gamma$$

これを微分して、

$$\frac{\partial}{\partial \hat{x}^\beta}\hat{V}^\alpha = \frac{\partial}{\partial \hat{x}^\beta}V^\alpha + V^\nu\Gamma^\alpha{}_{\nu\beta} + V^\nu\Gamma^\alpha{}_{\nu\gamma}\hat{x}^\gamma V^\nu$$

最後の項は微小な量として無視できる。元の座標へ戻して、$\hat{x}^\alpha \to 0$ の極限をとって、以下を得る。

$$\frac{\partial x^\rho}{\partial \hat{x}^\alpha} \ \frac{\partial \hat{x}^\beta}{\partial x^\sigma}\left(\frac{\partial}{\partial \hat{x}^\beta}\hat{V}^\alpha\right) \to \frac{\partial}{\partial x^\sigma}V^\rho + V^\nu\Gamma^\rho{}_{\nu\sigma}$$

答え：$\frac{\partial}{\partial x^\sigma}V^\rho + V^\nu\Gamma^\rho{}_{\nu\sigma}$

↑問題ここまで↑

この微分を共変微分という。

反変ベクトルの共変微分

V^μ が反変ベクトルであるとき、その共変微分は以下のように表される。

$$V^\mu{}_{:\nu} := V^\mu{}_{,\nu} + V^\alpha\Gamma^\mu{}_{\alpha\nu} \tag{11.22}$$

意味は、座標を局所慣性系に移しての微分。他に記号 ∇_ν を使う場合もある。

$$\nabla_\nu V^\mu \equiv V^\mu{}_{:\nu} \tag{11.23}$$

共変微分の性質を以下にまとめる。(§6.5) の意味で、A と B をテンソル (反変ベクトル、共変ベクトル、スカラーを含む) とし、S をスカラー、C をスカラーの定数とするとき、共変微分 $_{:\mu}$ は以下の性質を持つ。ここに、$A_{,\mu}$ は $\frac{\partial}{\partial x^\mu} A$ の意味である。

共変微分の性質 (以下を満たすものとする)

1. 局所慣性系では、$A_{:\mu} = A_{,\mu}$
2. $S_{:\mu} = S_{,\mu}$
3. $C_{:\mu} = 0$
4. $A_{:\mu}$ は、テンソル。
5. $(A+B)_{:\mu} = A_{:\mu} + B_{:\mu}$ (線型性)
6. $(A\,B)_{:\mu} = A_{:\mu}\,B + A\,B_{:\mu}$ (ライプニッツ則)

ここで言う局所慣性系とは、(式 11.9, 11.10) での意味であり、単に加速度計が直交 3 方向に対して加速度を検出しない環境という意味だけではなく、座標につき、中学高校で普通に習う意味での、"座標軸が互いに直交して、目盛りの間隔が、長さ (あるいは時間) と、どこでも同じ比率で比例する座標" という意味も含んでいることに注意されたし。

問題 11.6.2

共変ベクトル A_μ がイベント $x^\mu = b^\mu$ の周辺で連続的に存在している。この A_μ の共変微分を求めよ。

ヒント

いったん局所慣性系へ (式 11.12) にて座標変換して微分する方法でもかまわないが、既に反変ベクトルの共変微分が既知なので、ライプニッツ則を利用すると簡単。

略解

反変ベクトルと共変ベクトルとの内積はスカラーであるから、任意の反変ベクトル V^μ を用いて、

$$(A_\mu V^\mu)_{:\nu} = (A_\mu V^\mu)_{,\nu} = A_{\mu,\nu} V^\mu + A_\mu V^\mu{}_{,\nu}$$

一方、ライプニッツ則により、

$$\begin{aligned}(A_\mu V^\mu)_{:\nu} &= A_{\mu:\nu} V^\mu + A_\mu V^\mu{}_{:\nu} \\ &\overset{11.22}{=} A_{\mu:\nu} V^\mu + A_\mu (V^\mu{}_{,\nu} + V^\alpha \Gamma^\mu{}_{\alpha\nu})\end{aligned}$$

両辺差し引いて、

$$\begin{aligned}0 &= (A_{\mu:\nu} - A_{\mu,\nu}) V^\mu + A_\mu V^\alpha \Gamma^\mu{}_{\alpha\nu} \\ &= (A_{\mu:\nu} - A_{\mu,\nu} + A_\beta \Gamma^\beta{}_{\mu\nu}) V^\mu\end{aligned}$$

V^μ は各成分とも任意だから、外すことができて、( ) 内はゼロとなる。

答え：↓

共変ベクトルの共変微分

A_μ を共変ベクトルとするとき、その共変微分は以下で与えられる。

$$A_{\mu:\nu} = A_{\mu,\nu} - A_\beta \Gamma^\beta{}_{\mu\nu} \tag{11.24}$$

問題　11.6.3

計量テンソル $g_{\mu\nu}$ の共変微分を求めよ。

略解

計量テンソルは局所慣性系では（式 11.10）により微分がゼロである。計量テンソルの共変微分はテンソルだから、ある座標系で値がゼロであれば、他の座標系でも値はゼロである。

答え：全ての成分に渡って、$g_{\mu\nu:\rho}=0$

解説

$g_{\mu\nu:\rho}=0$ は**計量条件**と呼ばれる。これは、Γ の値を決めている式であるとも言える。あるいは局所慣性系が存在するための必要条件とも言える。

問題 11.6.4

テンソル Y^{μ}_{ν} の共変微分 $Y^{\mu}_{\nu:\rho}$ を求めよ。

ヒント

添え字の数と種類が増えたが、共変ベクトルの時と要領は同じ。

略解

A_μ, V^ν をそれぞれ任意の、共変ベクトル、反変ベクトルとして、$Y^{\mu}_{\nu}A_\mu V^\nu$ はスカラーだから、

$$\begin{aligned}0 &= (Y^{\mu}_{\nu}A_\mu V^\nu)_{:\rho}-(Y^{\mu}_{\nu}A_\mu V^\nu)_{,\rho}\\ &= \ \ Y^{\mu}_{\nu:\rho}A_\mu V^\nu+Y^{\mu}_{\nu}A_{\mu:\rho}V^\nu+Y^{\mu}_{\nu}A_\mu V^{\nu}{}_{:\rho}\\ &\quad -Y^{\mu}_{\nu,\rho}A_\mu V^\nu+Y^{\mu}_{\nu}A_{\mu,\rho}V^\nu+Y^{\mu}_{\nu}A_\mu V^{\nu}{}_{,\rho}\\ &= (Y^{\mu}_{\nu:\rho}-Y^{\mu}_{\nu,\rho})A_\mu V^\nu-Y^{\mu}_{\nu}A_\alpha\Gamma^{\alpha}{}_{\mu\rho}V^\nu+Y^{\mu}_{\nu}A_\mu V^\beta\Gamma^{\nu}{}_{\beta\rho}\\ &= (Y^{\mu}_{\nu:\rho}-Y^{\mu}_{\nu,\rho})A_\mu V^\nu-Y^{\alpha}_{\nu}A_\mu\Gamma^{\mu}{}_{\alpha\rho}V^\nu+Y^{\mu}_{\alpha}A_\mu V^\nu\Gamma^{\alpha}{}_{\nu\rho}\end{aligned}$$

A_μ, V^ν はそれぞれ任意だから外すことができて、以下の関係式が成立。

$$Y^{\mu}_{\nu:\rho}=Y^{\mu}_{\nu,\rho}+Y^{\alpha}_{\nu}\Gamma^{\mu}{}_{\alpha\rho}-Y^{\mu}_{\alpha}\Gamma^{\alpha}{}_{\nu\rho} \tag{11.25}$$

問題 11.6.5

ρ をスカラー密度とする。ρ の共変微分を求めよ。なお、スカラー密度とは、次元数が 4 のときに、以下の 4-form（⇒ §6.4）がスカラーになるような量のことである。

$$\rho\, dx^0\wedge dx^1\wedge dx^2\wedge dx^3$$

ヒント

局所慣性系に戻って微分。

略解

まず、局所慣性系での値に直された ρ の値 $\hat{\rho}$ を求める。

$$\begin{aligned} dx^\mu &= \frac{\partial x^\mu}{\partial \hat{x}^\alpha} d\hat{x}^\alpha \\ &\overset{11.20}{=} (g^\mu_\alpha - \Gamma^\mu_{\alpha\beta}\hat{x}^\beta) d\hat{x}^\alpha \\ &= d\hat{x}^\mu - \Gamma^\mu_{\nu\alpha}\hat{x}^\alpha\, d\hat{x}^\nu \end{aligned}$$

だから、$\hat{x}^\alpha$ を微少量として、その 1 次の項まで求めると、

$$\begin{aligned} & dx^0 \wedge dx^1 \wedge dx^2 \wedge dx^3 \\ =& d\hat{x}^0 \wedge d\hat{x}^1 \wedge d\hat{x}^2 \wedge d\hat{x}^3 \\ +& (-\Gamma^0_{\mu\alpha}\hat{x}^\alpha\, d\hat{x}^\mu) \wedge d\hat{x}^1 \wedge d\hat{x}^2 \wedge d\hat{x}^3 + d\hat{x}^0 \wedge (-\Gamma^1_{\nu\beta}\hat{x}^\beta\, d\hat{x}^\nu) \wedge d\hat{x}^2 \wedge d\hat{x}^3 \\ +& d\hat{x}^0 \wedge d\hat{x}^1 \wedge (-\Gamma^2_{\rho\gamma}\hat{x}^\gamma\, d\hat{x}^\rho) \wedge d\hat{x}^3 + d\hat{x}^0 \wedge d\hat{x}^1 \wedge d\hat{x}^2 \wedge (-\Gamma^3_{\sigma\delta}\hat{x}^\delta\, d\hat{x}^\sigma) \\ =& d\hat{x}^0 \wedge d\hat{x}^1 \wedge d\hat{x}^2 \wedge d\hat{x}^3 \\ +& (-\Gamma^0_{0\alpha}\hat{x}^\alpha\, d\hat{x}^0) \wedge d\hat{x}^1 \wedge d\hat{x}^2 \wedge d\hat{x}^3 + d\hat{x}^0 \wedge (-\Gamma^1_{1\beta}\hat{x}^\beta\, d\hat{x}^1) \wedge d\hat{x}^2 \wedge d\hat{x}^3 \\ +& d\hat{x}^0 \wedge d\hat{x}^1 \wedge (-\Gamma^2_{2\gamma}\hat{x}^\gamma\, d\hat{x}^2) \wedge d\hat{x}^3 + d\hat{x}^0 \wedge d\hat{x}^1 \wedge d\hat{x}^2 \wedge (-\Gamma^3_{3\delta}\hat{x}^\delta\, d\hat{x}^3) \\ =& (1 - \Gamma^\alpha_{\alpha\beta}\hat{x}^\beta) d\hat{x}^0 \wedge d\hat{x}^1 \wedge d\hat{x}^2 \wedge d\hat{x}^3 \end{aligned}$$

ゆえに、$\rho\, dx^0 \wedge dx^1 \wedge dx^2 \wedge dx^3 = \hat{\rho}\, d\hat{x}^0 \wedge d\hat{x}^1 \wedge d\hat{x}^2 \wedge d\hat{x}^3$ より、

$$\hat{\rho} = \rho(1 - \Gamma^\alpha_{\alpha\beta}\hat{x}^\beta)$$

よって、局所慣性系の座標で微分して $\hat{x}^\alpha \to 0$ として、

$$\frac{\partial}{\partial \hat{x}^\beta}\hat{\rho} = \frac{\partial}{\partial \hat{x}^\beta}\rho - \rho\Gamma^\alpha_{\alpha\beta}$$

よって、一般座標へ戻す座標変換と極限 $\hat{x}^\alpha \to 0$ により、

$$\rho_{:\mu} = \frac{\partial \hat{x}^\beta}{\partial x^\mu}\left(\frac{\partial}{\partial \hat{x}^\beta}\rho - \rho\Gamma^\alpha_{\alpha\beta}\right) = \rho_{,\mu} - \frac{\partial \hat{x}^\beta}{\partial x^\mu}\rho\Gamma^\alpha_{\alpha\beta} \quad \to \quad \rho_{,\mu} - \rho\Gamma^\alpha_{\alpha\mu}$$

答え：↓

4 次元スカラー密度の共変微分

$\rho\, d^4x$ がスカラーとなるようなスカラー密度 ρ に対して、その共変微分は以下で与えられる。

$$\rho_{:\mu} = \rho_{,\mu} - \rho\, \Gamma^{\alpha}_{\alpha\mu} \tag{11.26}$$

※ 別解として、計量条件 $g_{\mu\nu,\rho} = 0$ により基本密度 $\sqrt{\ }$ の共変微分がゼロになることを利用する方法もある。

問題 11.6.6

反変ベクトルとスカラー密度の積として表される量をベクトル密度と呼ぶことにする。$\tilde{J}^{\mu}$ が、ベクトル密度であるとき、4 次元わき出し $\tilde{J}^{\mu}{}_{:\mu}$ を計算せよ。

略解

ρ をスカラー密度、V^{μ} を反変ベクトルとするとき、この積の 4 次元わき出しは、

$$\begin{aligned}
(\rho V^{\mu})_{:\mu} &= \rho_{:\mu} V^{\mu} + \rho V^{\mu}{}_{:\mu} \\
&= (\rho_{,\mu} - \rho\, \Gamma^{\alpha}_{\alpha\mu}) V^{\mu} + \rho (V^{\mu}{}_{,\mu} + V^{\alpha} \Gamma^{\mu}{}_{\alpha\mu}) \\
&= (\rho V^{\mu})_{,\mu}
\end{aligned}$$

答え：↓

ベクトル密度の 4 次元わき出し

$\tilde{J}^{\mu}$ が、ベクトル密度であるとき、4 次元わき出しは、

$$\tilde{J}^{\mu}{}_{:\mu} = \tilde{J}^{\mu}{}_{,\mu} \tag{11.27}$$

解説

つまり、$\tilde{J}^{\mu}{}_{,\mu}$ は、スカラー密度である。$\tilde{J}^{0}$ を電荷密度、$(\tilde{J}^{1}, \tilde{J}^{2}, \tilde{J}^{3})$ を電流密度とすると、$\tilde{J}^{\mu}{}_{,\mu} = 0$ は電荷保存則を表している。

11.7　接続 Γ

前々節で登場した Γ は任意に 1 つ選択したイベント（時刻と位置）の周りで、一般の座標系と局所慣性系（計量テンソルの微分がゼロ）との間をつなぐ係数であった。イベントの選択は任意だから、これを位置と時刻の関数に拡張することができる。それに伴い前節で登場した共変微分も、任意のイベントの周りで実行可能になる。この Γ の性質や名付けを見て見よう。

！ 重要 : 計算がかなり込み入ってくるが、途中の計算は必ず手を動かして確認されたし。

特にイベントを指定せずに、計量テンソルが定義されている時空全域に渡って、条件（式 11.19）のもとでの（式 11.17）を位置と時刻の関数へと拡張して、以下のように再定義する。

$$g_{\mu\nu,\rho} := \frac{\partial g_{\mu\nu}}{\partial x^\rho} \tag{11.28}$$

$$\Gamma_{\alpha\mu\nu} := \frac{1}{2}(g_{\alpha\mu},_\nu + g_{\alpha\nu},_\mu - g_{\mu\nu},_\alpha) \tag{11.29}$$

$$\Gamma^\sigma{}_{\mu\nu} := g^{\sigma\alpha}\Gamma_{\alpha\mu\nu} \tag{11.30}$$

Γ の定義は更新された。この Γ は幾何学の分野では総じて接続 (connection) と呼ばれる量の一種であり、ここではディラックの教科書 [6] に倣い、**クリストッフェル記号** (Christoffel symbols) と呼ぶことにする。特に古い文献では $\Gamma_{\mu\nu\rho}$（式 11.29）を第 1 種のクリストッフェル記号と呼んで $[\mu\nu, \alpha]$ と書き、$\Gamma^\mu{}_{\nu\rho}$（式 11.30）を第 2 種のクリストッフェル記号と呼んで $\left\{\begin{matrix}\sigma \\ \mu\ \nu\end{matrix}\right\}$ と書くことがある。特にことわりなしにクリストッフェル記号と言った場合は、第 2 種 $\Gamma^\mu{}_{\nu\rho}$ の方を指す。他に、**リーマン接続** (Riemannian connection)、**レヴィ・チヴィタ接続** (Levi-Civita connection) とも呼ばれる。

独立した成分の個数を数えてみよう。（式 11.29）より、対称性 $\Gamma_{\mu\rho\nu} = \Gamma_{\mu\nu\rho}$ があるので、後ろ 2 つの添え字に関しては 10 個。前 1 つの添え字に関しては 4 個なので、掛け合わせて 40 個である。この個数に関しては第 1 種、第 2 種の区別無く共通である。

クリストッフェル記号の座標変換に対する変換則を見て見よう。座標変換 $x^\mu \Leftrightarrow \hat{x}^{\hat{\nu}}$ を考える。それに伴い、Γ の表記の対応も新たに、$\Gamma^\alpha{}_{\beta\gamma} \Leftrightarrow \hat{\Gamma}^{\hat{\mu}}{}_{\hat{\nu}\hat{\rho}}$ としよう。まずは（式 11.28）に適用してみよう。計量テンソルはテンソルの変換則（共変ベクトル 2 つの積に同じ。§6.5 テンソルの項参照。）に従い[10)]、微分のチェーンルール $\frac{\partial}{\partial\hat{x}^{\hat{\rho}}} = \frac{\partial x^\gamma}{\partial\hat{x}^{\hat{\rho}}}\frac{\partial}{\partial x^\gamma}$ を使い、微分を $\frac{\partial x^\alpha}{\partial x^{\hat{\mu}}} = x^\alpha_{,\hat{\mu}}$ の様に略記すると、（ちゃんと計算フォローしてネ！）

$$\begin{aligned}
\hat{g}_{\hat{\mu}\hat{\nu},\hat{\rho}} &= \frac{\partial x^\gamma}{\partial\hat{x}^{\hat{\rho}}}\frac{\partial}{\partial x^\gamma}\left(g_{\alpha\beta}\frac{\partial x^\alpha}{\partial x^{\hat{\mu}}}\frac{\partial x^\beta}{\partial x^{\hat{\nu}}}\right)\\
&= \frac{\partial x^\gamma}{\partial\hat{x}^{\hat{\rho}}}g_{\alpha\beta,\gamma}\frac{\partial x^\alpha}{\partial x^{\hat{\mu}}}\frac{\partial x^\beta}{\partial x^{\hat{\nu}}} + g_{\alpha\beta}\frac{\partial}{\partial\hat{x}^{\hat{\rho}}}\left(\frac{\partial x^\alpha}{\partial x^{\hat{\mu}}}\frac{\partial x^\beta}{\partial x^{\hat{\nu}}}\right)\\
&= g_{\alpha\beta,\gamma}\frac{\partial x^\alpha}{\partial x^{\hat{\mu}}}\frac{\partial x^\beta}{\partial x^{\hat{\nu}}}\frac{\partial x^\gamma}{\partial\hat{x}^{\hat{\rho}}} + g_{\alpha\beta}\left(\frac{\partial^2 x^\alpha}{\partial x^{\hat{\mu}}\partial\hat{x}^{\hat{\rho}}}\ \frac{\partial x^\beta}{\partial x^{\hat{\nu}}} + \frac{\partial x^\alpha}{\partial x^{\hat{\mu}}}\ \frac{\partial^2 x^\beta}{\partial x^{\hat{\nu}}\partial\hat{x}^{\hat{\rho}}}\right)\\
&= g_{\alpha\beta,\gamma}\ x^\alpha_{,\hat{\mu}}\ x^\beta_{,\hat{\nu}}\ x^\gamma_{,\hat{\rho}} + g_{\alpha\beta}(x^\alpha_{,\hat{\mu}\hat{\rho}}\ x^\beta_{,\hat{\nu}} + x^\alpha_{,\hat{\mu}}\ x^\beta_{,\hat{\nu}\hat{\rho}})
\end{aligned} \tag{11.31}$$

次に（式 11.29）により、$\Gamma_{\mu\nu\rho}$ の変換則を確認しよう。（式 11.31）に対して $\nu \leftrightarrow \rho$ 入れ替えたものを足し、$\mu \leftrightarrow \rho$ 入れ替えたものを引いて、半分にする。偏微分の性質 $x^\mu_{,\hat{\rho}\hat{\nu}} = x^\mu_{,\hat{\nu}\hat{\rho}}$ と、計量テンソルが対称 $g_{\nu\mu} = g_{\mu\nu}$ であることにより、（式 11.31）第 2 項に由来するパートは以下のように計算される。互いに相殺する項があるから、斜線を引いて確認されたし。

$$\begin{aligned}
&+g_{\alpha\beta}(x^\alpha_{,\hat{\mu}\hat{\rho}}\ x^\beta_{,\hat{\nu}} + x^\alpha_{,\hat{\mu}}\ x^\beta_{,\hat{\nu}\hat{\rho}})\\
&+g_{\alpha\beta}(x^\alpha_{,\hat{\mu}\hat{\nu}}\ x^\beta_{,\hat{\rho}} + x^\alpha_{,\hat{\mu}}\ x^\beta_{,\hat{\rho}\hat{\nu}})\\
&-g_{\alpha\beta}(x^\alpha_{,\hat{\rho}\hat{\mu}}\ x^\beta_{,\hat{\nu}} + x^\alpha_{,\hat{\rho}}\ x^\beta_{,\hat{\nu}\hat{\mu}})\\
=&\ 2g_{\alpha\beta}\ x^\alpha_{,\hat{\mu}}\ x^\beta_{,\hat{\nu}\hat{\rho}}
\end{aligned}$$

よって、第 1 種クリストッフェル記号の変換則は、以下のようにまとめられる。

$$\hat{\Gamma}_{\hat{\mu}\hat{\nu}\hat{\rho}} = \Gamma_{\alpha\beta\gamma}\ x^\alpha_{,\hat{\mu}}\ x^\beta_{,\hat{\nu}}\ x^\gamma_{,\hat{\rho}} + g_{\alpha\beta}\ x^\alpha_{,\hat{\mu}}\ x^\beta_{,\hat{\nu}\hat{\rho}} \tag{11.32}$$

クリストッフェル記号 $\Gamma^{\hat{\sigma}}{}_{\hat{\nu}\hat{\rho}}$ の変換則は、（式 11.32）の両辺に計量テンソルの逆行列 $g^{\hat{\sigma}\hat{\mu}} = g^{\delta\epsilon}\ \hat{x}^{\hat{\sigma}}_{,\delta}\ \hat{x}^{\hat{\mu}}_{,\epsilon}$ を掛けて求められる。$\hat{x}^{\hat{\mu}}_{,\epsilon}\ x^\alpha_{,\hat{\mu}} = g^\alpha_\epsilon$ （$\alpha = \epsilon$ なら 1、

10) $\hat{g}_{\hat{\mu}\hat{\nu}}d\hat{x}^{\hat{\mu}}d\hat{x}^{\hat{\nu}} = g_{\alpha\beta}dx^\alpha dx^\beta = g_{\alpha\beta}\frac{\partial x^\alpha}{\partial\hat{x}^{\hat{\mu}}}d\hat{x}^{\hat{\mu}}\ \frac{\partial\hat{x}^\beta}{\partial x^{\hat{\nu}}}d\hat{x}^{\hat{\nu}}$ より、$\hat{g}_{\hat{\mu}\hat{\nu}} = g_{\alpha\beta}\frac{\partial x^\alpha}{\partial\hat{x}^{\hat{\mu}}}\frac{\partial\hat{x}^\beta}{\partial x^{\hat{\nu}}}$ 。

他は 0）に注意して辺々掛け合わせて、

$$\begin{aligned}\hat{\Gamma}^{\hat{\sigma}}{}_{\hat{\nu}\hat{\rho}} &= g^{\delta\epsilon}\ \hat{x}^{\hat{\sigma}}_{,\delta}\ \underline{\hat{x}^{\hat{\mu}}_{,\epsilon}}\left(\Gamma_{\alpha\beta\gamma}\ \underline{x^{\alpha}_{,\hat{\mu}}}\ x^{\beta}_{,\hat{\nu}}\ x^{\gamma}_{,\hat{\rho}} + g_{\alpha\beta}\ \underline{x^{\alpha}_{,\hat{\mu}}}\ x^{\beta}_{,\hat{\nu}\hat{\rho}}\right)\\ &= \underline{g^{\delta\alpha}}\ \hat{x}^{\hat{\sigma}}_{,\delta}\left(\underline{\Gamma_{\alpha\beta\gamma}}\ x^{\beta}_{,\hat{\nu}}\ x^{\gamma}_{,\hat{\rho}} + \underline{g_{\alpha\beta}}\ x^{\beta}_{,\hat{\nu}\hat{\rho}}\right)\\ &= \hat{x}^{\hat{\sigma}}_{,\delta}\ \Gamma^{\delta}{}_{\beta\gamma}\ x^{\beta}_{,\hat{\nu}}\ x^{\gamma}_{,\hat{\rho}} + \hat{x}^{\hat{\sigma}}_{,\delta}\ x^{\delta}_{,\hat{\nu}\hat{\rho}}\end{aligned}$$

よって、ところどころ添え字の文字を入れ替えて[11)]、以下を得る。

接続の変換則

$$\hat{\Gamma}^{\hat{\mu}}{}_{\hat{\nu}\hat{\rho}} = \Gamma^{\alpha}{}_{\beta\gamma}\ \hat{x}^{\hat{\mu}}_{,\alpha}\ x^{\beta}_{,\hat{\nu}}\ x^{\gamma}_{,\hat{\rho}} + \hat{x}^{\hat{\mu}}_{,\alpha}\ x^{\alpha}_{,\hat{\nu}\hat{\rho}} \qquad (11.33)$$

これがクリストッフェル記号の座標変換に対する変換則である。座標 x^{α} と $\hat{x}^{\hat{\mu}}$ は、特に甲乙無いので、逆変換も同じ形で表される。

この変換則はテンソルの変換則に似てはいるが、右辺第 2 項が余計である。よってこの Γ はテンソルのようでテンソルではないという意味で**似非テンソル**（えせ）(non tensor) と呼ばれる。ただし、第 2 項は座標を 2 回微分しているから、線型変換（1 次式で表される座標変換）に限ってはテンソルとして振る舞う。

仮に x^{α} をあるイベントを中心とした局所慣性系（式 11.9, 11.10）であるとし、すなわちそのイベント周辺で $\Gamma^{\alpha}{}_{\beta\gamma} = 0$ であるとし、$\hat{x}^{\hat{i}}$ $(i = 1,2,3)$ をそれに対して加速している座標とし、$\hat{x}^{\hat{0}} = \hat{t}$ とすると、

$$\hat{\Gamma}^{\hat{i}}{}_{\hat{0}\hat{0}} = \frac{\partial \hat{x}^{\hat{i}}}{\partial x^{\alpha}}\ \frac{\partial^2 x^{\alpha}}{\partial \hat{t}^2}$$

となるから、$\left(\frac{\partial \hat{x}^{\hat{i}}}{\partial x^{j}}\right)$ を、ほぼ単位行列と見なせば、$\hat{\Gamma}^{\hat{i}}{}_{\hat{0}\hat{0}}$ は加速する座標系から見た慣性系の加速度であるとも解釈できる。

ところでこの変換則（式 11.33）の中には計量テンソル $g_{\mu\nu}$ が、あらわには見当たらない。そこでこの変換則こそが Γ の本質であるという立場をとるならば、計量に縛られない自由な応用ができるはずである。その意味で、いったん（式 11.29, 11.30）を忘れて、この変換則（式 11.33）を Γ の定義として

---

11) 上下同じ文字の組みごとにマーカーペンで色分けしてみてください。

しまう思想もある[12)]。この立場での Γ の呼ばれかたは、**アフィン接続** (affine connection)、あるいは**アフィン係数**、あるいはシンプルに**接続係数**と呼称する文献もある。いろいろあってどう呼べばいいのかわからなくなったら、とりあえず総称として“接続”と言っておけば良いだろう。

しかしながら本書では計量テンソルの存在はもともと前提としているので、「計量が存在しなくても ok」という発想のメリットは皆無である。その意味で、クリストッフェル記号とアフィン接続との違いは、とりあえず数学的な段取りへのこだわりを抜きにすることを許してもらえるなら、単に以下の内容に過ぎない。

$$(\text{アフィン接続}) = (\text{クリストッフェル記号}) + (\text{テンソル})$$

要するに、アフィン○○、あるいは接続係数と呼んだ場合には、必ずしも下 2 つの添え字が対称 $\Gamma^{\mu}{}_{\rho\nu} = \Gamma^{\mu}{}_{\nu\rho}$ とは限らないということだ。

以下の $T^{\mu}{}_{\nu\rho}$ は捩率、あるいは、**トーション** (torsion) と呼ばれている。

$$T^{\mu}{}_{\nu\rho} := \Gamma^{\mu}{}_{\nu\rho} - \Gamma^{\mu}{}_{\rho\nu} \tag{11.34}$$

全ての成分について $T^{\mu}{}_{\nu\rho} = 0$ であることを、トーションフリー (torsion free) という。接続としてクリストッフェル記号を選択した場合は、トーションフリーである。トーションの存在は、実験的には今のところ確認されていない。

[12)] 数学の本を開くと、添え字のついた座標をあらわには使わないような形で接続が定義されたりしているが、本書では座標を使うことを前提としているので、具体性を重視して、座標を使ったこの表現（式 11.33）に留める。

11.8　運動方程式、テンソルに乗る！

重力ポテンシャルを計量テンソルの中に含ませるという発想に至った上で、運動方程式がどうなるのか考えてみよう。

質量 m 電荷 q をもつ回転と大きさの無視できる物体（つまり粒子）が、重力と静電場から力を受けて運動しているとしよう。ニュートンの運動方程式を現代バージョンで書くと、物体の加速度を $\vec{a}$、重力加速度を $\vec{g}$、電場を $\vec{E}$ として、

$$m\vec{a} = m\vec{g} + q\vec{E}$$

となるだろう。ここで、重力と慣性力の違いは考え方の違いから人為的に仕分けただけに過ぎず、つまり区別できず、慣性力は慣性系に対して座標系が加速することによって生じているという考えを反映させるなら、この方程式は、以下のように書かれるべきだろう。

$$m(\vec{a} - \vec{g}) = q\vec{E}$$

つまり、この式で、$\vec{a}$ と $\vec{g}$ の配分は、座標のとりかた次第であると。ならば、いったん重力や慣性力を考える必要の無い局所慣性系にて方程式を立てておいて、その後、一般の座標に移行すれば良かろうという発想に至る。

これを作用 (action) を使った表現に置き換えてみよう。相対論的な運動量の式（式 2.10）を満たすべく設定されているのが（式 11.2）の $S_{\rm kin}$ である。つまりこれが $m\vec{a}$ のパートに相当する。これを、$m(\vec{a} - \vec{g})$ にするには、（式 11.3）の様に、時間の流れにムラを作ってやればよかった。

さらにこれを一般化して、計量テンソル $g_{\mu\nu}$ に具体的な関数を入れないままで、$m(\vec{a} - \vec{g})$ に相当する部分がどうなるのかみてみよう。すなわち、以下のように、$S_{\rm kin}$ を $g_{\mu\nu}$ で書く。ついでだから電磁場との相互作用 $S_{\rm int}$ も入れてお

こう。

$$\acute{d}s^2 = g_{\mu\nu} dx^\mu dx^\nu \tag{11.35}$$

$$S_{\text{kin}} = \int -mc\, \acute{d}s \tag{11.36}$$

$$S_{\text{int}} = \int -q(\phi dt - \vec{A}\cdot d\vec{x}) = \int -qA_\mu dx^\mu \tag{11.37}$$

$$S = S_{\text{kin}} + S_{\text{int}} \tag{11.38}$$

運動方程式は作用 S が停留性（⇒ §4.2）を持つための条件として与えられる。つまり、S を変分して得られる。目標は、(x^1, x^2, x^3) を x^0 の関数として解くための方程式を得ることであるが、時間と空間座標がローレンツ変換で混ざり合う状況なので、とりあえず形式的に x^0 にもズレを与えて対等に扱うことにする。

x を限りなく微小な量 δx だけずらす（⇒ §4.8）とき、x を含んだ任意の量 A に対して、変分記号 δ を一般に以下のように定める。

$$\delta A := A[x + \delta x] - A[x] \tag{11.39}$$

また、準備として、四元速度 v^μ を以下のように定義する。

$$v^\mu := \frac{dx^\mu}{\acute{d}s} \tag{11.40}$$

計量テンソルが局所慣性系（式 11.9）になっている座標では、その成分は $v_x = \frac{dx}{dt}, ..$ として、以下のように表されるであろう。

$$(v^\mu) = \frac{1}{\sqrt{c^2 - v^2}}(1,\ v_x,\ v_y,\ v_z) \tag{11.41}$$

この意味で、運動量（式 2.10）は、$mc\, v^i\ (i = 1,2,3)$ になるから、運動方程式の $m\vec{a}\ \left(= \frac{d}{dt}(m\vec{v})\right)$ に相当する部分は、$\acute{d}s \sim c\, dt$ より、以下のように対応するだろう。

$$m\vec{a}\ \Rightarrow \frac{d(mc^2\, v^i)}{\acute{d}s}$$

さて、変分を実行する準備が整った。計算するに当たって、以下の２点に留意しよう。

1. 微分と変分は順番を入れ替えられる。すなわち、$\delta(dx^\mu) = d(\delta x^\mu)$ 。
2. 積分の端っこでは δx^μ の全ての成分をゼロとする。すなわち、$\int d(X_\mu \delta x^\mu) = X_\mu \delta x^\mu\big|_{\mathrm{Goal}} - X_\mu \delta x^\mu\big|_{\mathrm{Start}} = 0$ 。

まずは、S_{kin} を変分する。

$$
\begin{aligned}
\delta S_{\mathrm{kin}} &\overset{11.36}{=} \int -mc\ \delta(\acute{ds}) \\
&= -mc\int \frac{\delta(\acute{ds}^2)}{2\,\acute{ds}} \overset{11.35}{=} -mc\int \frac{\delta(g_{\mu\nu}dx^\mu dx^\nu)}{2\,\acute{ds}} \\
&= -mc\int \frac{\delta(g_{\mu\nu})dx^\mu dx^\nu + 2g_{\mu\nu}dx^\mu d(\delta x^\nu)}{2\,\acute{ds}} \\
&\overset{11.40}{=} -mc\int \frac{1}{2}(g_{\mu\nu},_\rho \delta x^\rho)v^\mu v^\nu \acute{ds} + g_{\mu\rho}v^\mu d(\delta x^\rho) \\
&= -mc\int \frac{1}{2} g_{\mu\nu},_\rho v^\mu v^\nu \acute{ds}\delta x^\rho \quad - d(g_{\sigma\rho}v^\sigma)\delta x^\rho + d(g_{\sigma\rho}v^\sigma \delta x^\rho) \\
&= -mc\int \frac{1}{2} g_{\mu\nu},_\rho v^\mu v^\nu \acute{ds}\delta x^\rho - (g_{\sigma\rho,\mu}dx^\mu v^\sigma + g_{\sigma\rho}dv^\sigma)\delta x^\rho \\
&\overset{11.29}{=} \int mc(dv^\sigma + \Gamma^\sigma_{\mu\nu}v^\mu v^\nu \acute{ds})g_{\sigma\rho}\ \delta x^\rho
\end{aligned}
\tag{11.42}
$$

次に、S_{int} を変分する。

$$
\begin{aligned}
\delta S_{\mathrm{int}} &\overset{11.37}{=} \int -q\delta(A_\mu dx^\mu) \\
&= \int -q(\delta(A_\mu)dx^\mu + A_\mu \delta(dx^\mu)) \\
&= \int -q(A_{\mu,\nu}\delta x^\nu\ dx^\mu + A_\mu d(\delta x^\mu))
\end{aligned}
$$

ここで、$\int A_\rho d(\delta x^\rho) = \int -d(A_\rho)\delta x^\rho + \int d(A_\rho \delta x^\rho) = \int -A_{\rho,\mu}dx^\mu \delta x^\rho$ だから、

$$
\begin{aligned}
\delta S_{\mathrm{int}} &= \int -q(A_{\mu,\rho}\delta x^\rho\ dx^\mu - A_{\rho,\mu}dx^\mu \delta x^\rho) \\
&\overset{6.64}{=} \int -q\ F_{\mu\rho}\delta x^\rho\ dx^\mu \\
&= \int q\ F_{\rho\mu}\ v^\mu \acute{ds}\ \delta x^\rho
\end{aligned}
$$

δx^ρ は微小ではあるが任意だから、停留性 $\delta S=0$ により、$\delta S_{\rm kin}$ の結果と合計して、以下を得る。

$$mc(dv^\sigma+\Gamma^\sigma_{\mu\nu}v^\mu v^\nu \acute{d}s)g_{\sigma\rho}+q\,F_{\rho\mu}\ v^\mu\acute{d}s=0 \tag{11.43}$$

これは、c と $g_{\sigma\rho}$ の逆行列を掛けて、以下のように表現される。

質量 m 電荷 q の粒子の運動方程式

設定：任意のイベント（時刻と位置）にて局所慣性系（式 11.9, 11.10）を選択可能な計量 $\acute{d}s$ をもとに算出されたクリストッフェル記号 Γ（式 11.28 〜11.30）を用いる。v は（式 11.40）、F は（式 6.40, 6.41）参照。

$$mc^2(\frac{dv^\sigma}{\acute{d}s}+\Gamma^\sigma_{\mu\nu}v^\mu v^\nu)=-q\,g^{\sigma\rho}F_{\rho\mu}\ cv^\mu \tag{11.44}$$

ここで、真上に投げ上げた物体の運動の最高点のように、一瞬だけ止まった状況を想定してみよう。速度はゼロだが、加速度はゼロではない。すなわち、この瞬間に座標が（式 11.9）を満たしているとして、$v^i=0,$, $\acute{d}s=c\,dt$ $v^0=\frac{1}{c}$ を代入すると、以下のように表される。$(i=1,2,3)$

$$m\frac{d(c\,v^i)}{dt}+m\Gamma^i{}_{00}=q\,F_{i0} \tag{11.45}$$

ここで、$v^i=0$ ではあるものの、一瞬のできごとなので、$\frac{d\,v^i}{dt}$ までもがゼロになるとはは限らないことに注意。

（式 11.41）により、第 1 項は $m\vec{a}$ に相当することがわかる。（式 6.41）により、右辺は $q\vec{E}$ に相当することがわかる。すると、左辺第 2 項は、慣性力あるいは重力の項であることがわかる。すなわち、この設定にて、

接続 Γ の意味

$(-\Gamma^1_{00}, -\Gamma^2_{00}, -\Gamma^3_{00})$ は、重力加速度 $\vec{g}$ である。

ところで、作用の変分が $\delta S=\int X_\mu\delta x^\mu$ の形になって、作用の停留性 $\delta S=0$ より、方程式 $X_\mu=0$ を得たが、本来ならば、時間については、ずらさないので、$\delta x^0\equiv 0$ とすべきである。すなわち、$X_0\delta x^0=0$ は自明なので、$X_0=0$

は、方程式として採用してはいけないのでは無かろうかという疑問が生じる。だいじょうぶである。じつは、$X_1 = X_2 = X_3 = 0$ が満たされれば、$X_0 = 0$ も満たされるようにできている。つまり、独立した方程式の数は 3 つなので正常である。証明は、（式 11.44）の両辺に $g_{\sigma\alpha} v^\alpha$ を掛けて見るとよい。右辺は、$F_{\mu\nu} + F_{\nu\mu} = 0$ により、$F_{\mu\nu} v^\mu v^\nu = 0$ となり、ゼロ。左辺は、$g_{\mu\nu} v^\mu v^\mu = 1$ の微分になっているので、Γ の定義（式 11.28〜11.30）により、やはりゼロである。つまり、$X_\mu v^\mu = 0$ が成立するので、$X_0 = 0$ は、他の 3 つの方程式より得られる形になっているので問題ない。

ちなみに、$\delta S_{\rm kin} = 0$ より得られる方程式、つまり重力あるいは慣性力以外の力が働いてない場合の運動方程式、

$$\frac{dv^\sigma}{d\acute{s}} + \Gamma^\sigma_{\mu\nu} v^\mu v^\nu = 0 \tag{11.46}$$

は、$d\acute{s}$ を距離に見立てたときに、起伏のある土地での地表面に沿った距離が最小という条件で導かれた式と同じだから、**測地線の方程式** (geodesic equation) と呼ばれている。座標変換により局所慣性系での表現に移ると、$\frac{dv^\sigma}{d\acute{s}} = 0$ だから、物体が**局所慣性系にて等速直線運動をする様子**を示した式でもあるとも言える。

以上までは、1つの粒子の運動について扱ってきた。これを多数集めて、互いに相互作用しない粒子の集まり (dust) からなる流体を考えてみよう。そんな流体はリアルには存在しないので、計算上の都合もあり、いくぶんリアルに近づけるために設定を付け加える。

ダスト流体

互いに相互作用しない粒子の集まりからなる流体で、任意に選んだ1つの粒子から見て、同時刻にすぐ隣に存在する粒子の速度がほぼゼロであるものと設定する。つまり、粒子の速度の分布が時刻や位置に対して連続的に変化するものであるとする。

この意味で四元速度 v^μ は、位置と時刻の関数として表現することもできる。その上で測地線の方程式（式 11.46）を改めて眺めてみると、微分のチェーンルールと共変微分を用いて以下のように書くことができる。

$$v^{\mu}{}_{:\alpha}v^{\alpha} = 0 \tag{11.47}$$

共変微分と平行移動との関係から解釈すると、四元速度を、自身の方向へ平行移動して差を取るとゼロという意味になる。四元速度の“向き”は、速度の向きだけではなく、時間と道のりの比率も表しているから、つまりは「一定の速さで、まっすぐ進んでいる」ということだ。放物運動をするかも知れないけれども、それは見ている人が加速しているせいで、運動中の粒子の立場で見れば、「まっすぐに」進んでいるのである。

11.9　相対論的、潮汐力・吸い込み・渦度

10 章では重力加速度の微分による潮汐力（図 10.3)、吸い込み $(\vec{\nabla}\cdot\vec{g})$、渦度 $(\vec{\nabla}\times\vec{g})$ について触れた。ここでは、重力加速度 $\vec{g}$ が接続 Γ に置き換わった状況で、それらがどのように記述されるものか見てみよう。

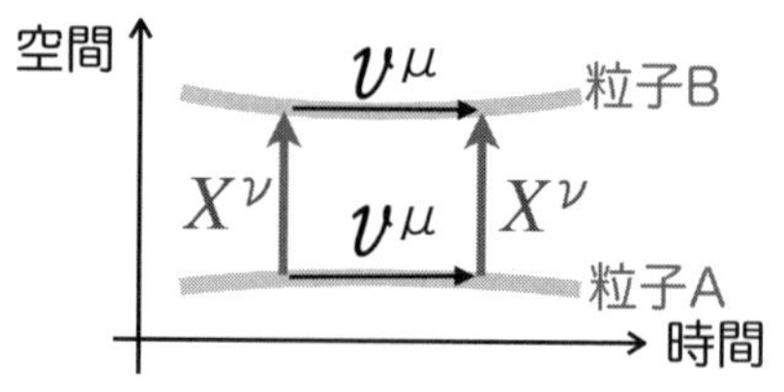

図 11.7　粒子の間隔 X

前節と同じように、互いに相互作用しない粒子からなる流体 (dust) を想定する。重力あるいは慣性力以外の力が存在しない場合を想定し、個々の粒子には測地線の方程式が成立しているものとする。1 つの粒子 “A” に着目し、ある時刻で、その粒子の四元速度 v^μ が $v^1=v^2=v^3=0$ となるような局所慣性系を選択しよう。この瞬間、粒子 A に近接する位置に、A に対してほぼ止まっている粒子 B があるとする。**A に対する B の相対的な加速度を求めてみよう。**

A,B にほぼ共通の “同時刻” に沿って相対的な位置を表すベクトル X^ν を設定する。この X^ν の（四元）加速度を求めてみる。自然重力による潮汐力などがあれば A,B お互いの相対速度がゼロでも、近づく方向あるいは遠ざかる方向への加速度はゼロではないはずである。v は時間座標方向、X は空間座標方向なので、偏微分の順序が交換できるように、$\frac{\partial}{\partial t}\frac{\partial}{\partial x}=\frac{\partial}{\partial x}\frac{\partial}{\partial t}$ これらのベクトルの方向微分（曲線に沿った微分 ⇒ §6.5 反変ベクトル、参照）の順序も交換する。

$$v^\mu\frac{\partial}{\partial x^\mu}(X^\nu\frac{\partial}{\partial x^\nu}\psi)=X^\nu\frac{\partial}{\partial x^\nu}(v^\mu\frac{\partial}{\partial x^\mu}\psi)$$

この条件は、偏微分の順序が交換できることにより、$X^\mu{}_{,\alpha}v^\alpha=v^\mu{}_{,\alpha}X^\alpha$ と書き直せるが $(f_{,\mu}:=\frac{\partial}{\partial x^\mu})$、接続のトーションフリー $(\Gamma^\mu{}_{\rho\nu}=\Gamma^\mu{}_{\nu\rho})$ を前提と

して、共変微分の形に書き直せる。

$$X^{\mu}{}_{:\alpha}v^{\alpha} \overset{11.22}{=} v^{\mu}{}_{:\alpha}X^{\alpha} \tag{11.48}$$

以上により X の加速度を求める準備は整った。対象を dust の流体と見なしているので、四元速度は位置と時刻の関数とも見れる。このとき、粒子の加速度に重力や慣性力を繰り込んだ正味の加速度は（c を掛けたり割ったりする必要はあるものの）$v^{\mu}{}_{:\alpha}v^{\alpha}$ と書けたから、同様にして、任意の物理量 Y に対する時間微分は $Y_{:\alpha}v^{\alpha}$ の形に書けるはずである。

よって、X の加速度は、以下のように計算される。

$$\begin{aligned}
(X^{\mu}{}_{:\alpha}v^{\alpha})_{:\beta}v^{\beta} &\overset{11.48}{=} (v^{\mu}{}_{:\alpha}X^{\alpha})_{:\beta}v^{\beta} \\
&= v^{\mu}{}_{:\alpha\beta}v^{\beta}X^{\alpha} + v^{\mu}{}_{:\alpha}X^{\alpha}{}_{:\beta}v^{\beta} \\
&= (v^{\mu}{}_{:\alpha\beta} - v^{\mu}{}_{:\beta\alpha})v^{\beta}X^{\alpha} + v^{\mu}{}_{:\beta\alpha}v^{\beta}X^{\alpha} + v^{\mu}{}_{:\alpha}X^{\alpha}{}_{:\beta}v^{\beta} \\
&\overset{11.48}{=} (v^{\mu}{}_{:\alpha\beta} - v^{\mu}{}_{:\beta\alpha})v^{\beta}X^{\alpha} + v^{\mu}{}_{:\alpha\beta}v^{\alpha}X^{\beta} + v^{\mu}{}_{:\alpha}v^{\alpha}{}_{:\beta}X^{\beta} \\
&= (v^{\mu}{}_{:\alpha\beta} - v^{\mu}{}_{:\beta\alpha})v^{\beta}X^{\alpha} + (v^{\mu}{}_{:\alpha}v^{\alpha})_{:\beta}X^{\beta} \\
&\overset{11.47}{=} (v^{\mu}{}_{:\alpha\beta} - v^{\mu}{}_{:\beta\alpha})v^{\beta}X^{\alpha}
\end{aligned}$$

ここで任意の反変ベクトル V^{μ} に対して微分 $V^{\mu}{}_{:\alpha\beta} - V^{\mu}{}_{:\beta\alpha}$ を実行すると、$V^{\mu}{}_{:\alpha}$ はテンソルなので（式 11.22, 11.25）より、以下が成立する。

曲率テンソル $R^{\mu}{}_{\nu\rho\sigma}$

任意の反変ベクトル V^{μ} に対して、

$$V^{\mu}{}_{:\rho\sigma} - V^{\mu}{}_{:\sigma\rho} = -V^{\nu}R^{\mu}{}_{\nu\rho\sigma} \tag{11.49}$$

$$\begin{aligned}
R^{\mu}{}_{\nu\rho\sigma} := &-\Gamma^{\mu}{}_{\nu\rho,\sigma} - \Gamma^{\alpha}{}_{\nu\rho}\Gamma^{\mu}{}_{\alpha\sigma} \\
&+\Gamma^{\mu}{}_{\nu\sigma,\rho} + \Gamma^{\alpha}{}_{\nu\sigma}\Gamma^{\mu}{}_{\alpha\rho}
\end{aligned} \tag{11.50}$$

この $R^{\mu}{}_{\nu\rho\sigma}$ は**曲率テンソル** (curvature tensor) と呼ばれている。曲率テンソルの定義（式 11.50）に用いられている接続 Γ は、座標変換に対する規則が（式 11.33）に従うなら何でも良く、必ずしもクリストッフェル記号（式 11.28 ～11.30）でなければならないという縛りは無い。それが特にクリストッフェル記号であった場合には、曲率テンソルは、**リーマン・クリストッフェルテン**

ソル (Rieman-Christoffel tensor) とも呼ばれる。なお、曲率テンソルの符号 $\pm$ は文献や人により異なるので、その都度確認が必要である。本書ではディラックの教科書 [6] に合わせている。

問題　11.9.1

A_μ を共変ベクトル、$T_{\mu\nu}$ をテンソルとするとき、$A_{\mu:\rho\sigma} - A_{\mu:\sigma\rho}$ と、$T_{\mu\nu:\rho\sigma} - T_{\mu\nu:\sigma\rho}$ を曲率テンソルを用いて表わせ。ここに接続 Γ はトーションフリー（$\Gamma^\mu{}_{\rho\nu} = \Gamma^\mu{}_{\nu\rho}$）であるとする。

ヒント

共変微分のライプニッツ則を使うと簡単に計算できる。

略解

U^μ, V^ν を任意の反変ベクトルとして、共変微分のライプニッツ則適用。

$$\begin{aligned}
0 &= (A_\mu V^\mu)_{,\rho\sigma} - (A_\mu V^\mu)_{,\sigma\rho} \\
&= (A_\mu V^\mu)_{:\rho\sigma} - (A_\mu V^\mu)_{:\sigma\rho} \quad (\because \text{torsion free}) \\
&= (A_{\mu:\rho\sigma} - A_{\mu:\sigma\rho})V^\mu + A_\mu (V^\mu{}_{:\rho\sigma} - V^\mu{}_{:\sigma\rho}) \\
&= (A_{\mu:\rho\sigma} - A_{\mu:\sigma\rho})V^\mu - A_\mu V^\nu R^\mu{}_{\nu\rho\sigma} \\
&= (A_{\mu:\rho\sigma} - A_{\mu:\sigma\rho})V^\mu - A_\nu V^\mu R^\nu{}_{\mu\rho\sigma}
\end{aligned}$$

V^ν の各成分は任意なので外すことができて、

$$A_{\mu:\rho\sigma} - A_{\mu:\sigma\rho} = A_\nu R^\nu{}_{\mu\rho\sigma} \tag{11.51}$$

同様にして、

$$\begin{aligned}
0 &= (T_{\mu\nu} U^\mu V^\nu)_{,\rho\sigma} - (T_{\mu\nu} U^\mu V^\nu)_{,\sigma\rho} \\
&= (\text{中略}) \\
&= (T_{\mu\nu:\rho\sigma} - T_{\mu\nu:\sigma\rho} - T_{\alpha\nu} R^\alpha{}_{\mu\rho\sigma} - T_{\mu\alpha} R^\alpha{}_{\nu\rho\sigma}) U^\mu V^\nu
\end{aligned}$$

U^μ, V^ν の各成分は任意なので外すことができて、

$$T_{\mu\nu:\rho\sigma} - T_{\mu\nu:\sigma\rho} = T_{\alpha\nu} R^\alpha{}_{\mu\rho\sigma} + T_{\mu\alpha} R^\alpha{}_{\nu\rho\sigma} \tag{11.52}$$

以上。

↑問題、ここまで↑

以上により、曲率テンソルを用いて粒子間の距離 X の加速度を求めると、以下のようになる。

$$\begin{aligned}(X^{\mu}{}_{:\alpha}v^{\alpha})_{:\beta}v^{\beta} &= -v^{\nu}R^{\mu}{}_{\nu\alpha\beta}v^{\beta}X^{\alpha} \\ &= R^{\mu}{}_{\nu\rho\sigma}v^{\nu}v^{\rho}X^{\sigma}\end{aligned}$$

これは**測地偏差の方程式** (geodesic deviation equation) と呼ばれている[13]。

測地偏差の方程式

任意の物理量 Y に対して、$\frac{D}{Ds}Y := Y_{:\mu}\frac{dx^{\mu}}{ds}$ と書くとする。また、$\frac{D}{Ds}\frac{D}{Ds}Y = \frac{D^2}{Ds^2}Y$ とする。曲率テンソルを $R^{\mu}{}_{\nu\rho\sigma}$、自由落下する粒子の四元速度を $v^{\mu} := \frac{dx^{\mu}}{ds}$、粒子の間隔を X^{μ}: $g_{\mu\nu}X^{\mu}v^{\nu} = 0$ とするとき、粒子の間隔の加速度は、以下で与えられる。

$$\frac{D^2}{Ds^2}X^{\mu} = R^{\mu}{}_{\nu\rho\sigma}v^{\nu}v^{\rho}X^{\sigma} \tag{11.53}$$

これと重力加速度 $\vec{g}$ との関係を見てみよう。1つの粒子に着目してその粒子が静止している（すなわち、$(v^{\mu}) = (\frac{1}{c}, 0, 0, 0)$ ）局所慣性系を選択しよう。このとき、$X^0 = 0$ だから、2粒子間の距離 X^i の加速度は、$i, j = 1, 2, 3$ として、測地偏差の方程式により、

$$c^2\frac{D^2}{Ds^2}X^i = R^i{}_{00j}X^j \tag{11.54}$$

仮に $\vec{X} := (X^1, X^2, X^3)$ とするならば、この方程式は、ニュートンの重力理論での、

$$\frac{d^2}{dt^2}\vec{X} = \vec{g}_{(x+X)} - \vec{g}_{(x)} = (\vec{X}\cdot\vec{\nabla})\vec{g} \tag{11.55}$$

と、対比させられるべき式であろう[14]。そこで $R^i{}_{00j}$ の内容を吟味しよう。今、局所慣性系で議論しているので $\Gamma = 0, \Gamma_{,\mu} \neq 0$ である。また、隣り合う粒

---

[13] トーション（$T^{\mu}{}_{\nu\rho} = \Gamma^{\mu}{}_{\nu\rho} - \Gamma^{\mu}{}_{\rho\nu}$）が観測されたことは、今のところ無いが、もしトーションの値がゼロでは無い場合には修正が必要になる。ひとまずは、無いものは無いとした上で話を進めることにする。

[14] X を微少量と見なして、2次以上の項は無視している。

子との相対速度がゼロの瞬間を想定しているので、$\frac{d}{dt}X^j = 0$ である。これらを踏まえて（式 11.54）の右辺は、以下のように近似される。

$$R^i{}_{00j}X^j = (-\Gamma^i{}_{00,j} + \Gamma^i{}_{0j,0})X^j$$
$$= (\vec{X}\cdot\nabla)(-\Gamma^i{}_{00}) + \frac{d}{dt}(\Gamma^i{}_{0j}X^j) \qquad (11.56)$$

測地線の方程式から、$-\Gamma^i{}_{00}$ が重力加速度に相当することがわかっているので、本設定では $\frac{D}{Ds} = \frac{1}{c}\frac{d}{dt}$ になることを踏まえて、（式 11.55）を再現しているとはいえるが、余剰な項 $\frac{d}{dt}(\Gamma^i{}_{0j}X^j)$ が存在している。これも踏まえて改めて（式 11.55）の形に書いてみると、

$$\frac{d}{dt}\left(\frac{d}{dt}X^i - \Gamma^i{}_{0j}X^j\right) = (\vec{X}\cdot\vec{\nabla})(-\Gamma^i{}_{00}) \qquad (11.57)$$

つまり、$\Gamma^i{}_{0j}$ の項は、時間の経過と共に空間座標の目盛りの間隔が、加速して開くか、あるいは加速して縮まるかする分を、補正する項と解釈できる。つまり、測地偏差の方程式により、曲率テンソルは潮汐力を現していると言える。ただし、この段階では潮汐力の他に“吸い込み”の分も混ざっている。

では曲率テンソルを使って重力加速度の吸い込み $\vec{\nabla}\cdot\vec{g}$ に相当する部分はどのように書かれるのであろうか？（式 11.56）によれば、右辺第 2 項は無視することにして、$-\Gamma^i{}_{00}$ が重力加速度に相当することと併せて、$\vec{\nabla}\cdot\vec{g}$ に相当する量は $R^\mu{}_{00\mu}$ であることがわかる。ここに、$R^0{}_{000} = 0$ であることを使った。このことから重力場の方程式は、以下のようになっていることが予想される。

重力場の方程式（仮）

G を万有引力定数、ρ を重力源である質量の密度として、

$$R^\mu{}_{00\mu} = -4\pi G\rho \qquad (11.58)$$

左辺はテンソルの 00 成分で、右辺はテンソルになっていないので、改めて完全な方程式に作り直す必要があることは言うまでもない。

次に重力加速度が渦を巻かない式 $\vec{\nabla}\times\vec{g} = 0$ は、どのように書かれるのであろうか？ この式はポテンシャル ϕ の存在を意味する式でもあり、$\vec{g} = -\vec{\nabla}\phi$ に置き換えられる。

曲率テンソルの定義（式 11.50）において、Γ は必ずしもクリストッフェル記号である必要はないのだけれども、ここまでの物理的な考察においてしばしば局所慣性系（式 11.9, 11.10）の存在を仮定して来たので、Γ がクリストッフェル記号であることは免れえない。ゆえにクリストッフェル記号の定義（式 11.28〜11.30）が、重力加速度とポテンシャルとの関係に相当するであろう。

関係が明らかになったのだから、それで十分なのだろうけれども、やはり曲率テンソルを使って、渦無し条件を書き下してみたいものである。まず、クリストッフェル記号の定義は、$\vec{g} = -\vec{\nabla}\phi$ に相当する式であるが、トーションフリーの条件下で、以下の計量条件と等価である。

計量条件

$$g_{\mu\nu:\rho} = 0$$

次に、これを計量テンソル $g_{\mu\nu}$ の微分を用いずに曲率テンソルを用いて表すには、以下の計算が簡単であろう。

$$0 = g_{\mu\nu:\rho\sigma} - g_{\mu\nu:\sigma\rho} \overset{11.52}{=} g_{\alpha\nu}R^{\alpha}{}_{\mu\rho\sigma} + g_{\mu\alpha}R^{\alpha}{}_{\nu\rho\sigma}$$

接続 Γ の可積分条件

$$g_{\alpha\nu}R^{\alpha}{}_{\mu\rho\sigma} + g_{\mu\alpha}R^{\alpha}{}_{\nu\rho\sigma} = 0 \qquad (11.59)$$

これが $\vec{\nabla} \times \vec{g} = 0$ に相当する式である。$\Gamma \simeq 0$ となる座標で見てみるとわかりやすい。$\Gamma_{\mu\nu\rho} := g_{\mu\alpha}\Gamma^{\alpha}{}_{\nu\rho}$ として、$(\Gamma_{\mu\nu\rho} + \Gamma_{\nu\mu\rho})_{,\sigma} = (\Gamma_{\mu\nu\rho} + \Gamma_{\nu\mu\sigma})_{,\rho}$ になる。すなわち、$\Gamma_{\mu\nu\rho} + \Gamma_{\nu\mu\rho} = h_{\mu\nu,\rho}$ を満たす対称テンソル $h_{\mu\nu}$ $(= h_{\nu\mu})$ の存在を示す式となることがわかる。ただしこの $h_{\mu\nu}$ が、必ずしも、$g_{\mu\nu}$ と一致することは保証されていない。つまり、計量条件の必要条件である。

さらに、計量テンソルの逆行列を掛けてトレースすると、計量とは無関係な式となり、$\tilde{\phi}_{:\mu} = 0$ を満たすスカラー密度 $\tilde{\phi}$ の存在条件となる。

$$0 = R^{\mu}{}_{\mu\rho\sigma} \equiv -\Gamma^{\alpha}{}_{\alpha\rho,\sigma} + \Gamma^{\alpha}{}_{\alpha\sigma,\rho} \quad \Rightarrow \quad \Gamma^{\alpha}{}_{\alpha\mu} = (\ln\tilde{\phi})_{,\mu} \qquad (11.60)$$

11.10　曲率テンソル

ここでは次章の準備として、（式 11.50）で定義された曲率テンソル $R^{\mu}{}_{\nu\rho\sigma}$ についての理解を深めよう。まずは曲率テンソルの眷族（けんぞく）達を紹介しよう。

リッチテンソル (Ricci curvature tensor)

曲率のトレース。この段階ではまだ計量テンソルとは独立に存在できる。

$$R_{\mu\nu} := R^{\alpha}{}_{\mu\nu\alpha} \tag{11.61}$$

リッチテンソルの定義の符号 ± も文献や人により様々なので、要確認。（式 11.58）にあるように、重力場の方程式と密接な関係がありそうである。

スカラー曲率 (scalor curvature)

計量テンソルの逆行列を掛けてトレース。

$$R := g^{\mu\nu} R_{\mu\nu} \tag{11.62}$$

さすがにこれは計量と独立には存在しえない。計量テンソルの符号 ± が文献や人により様々なので、スカラー曲率の符号もその都度確認が必要。

アインシュタインテンソル (Einstein tensor)

接続 Γ がクリストッフェル記号であるとした上で以下のように定義する。

$$G^{\mu}_{\nu} = g^{\mu\alpha} R_{\alpha\nu} - \frac{1}{2} R\, g^{\mu}_{\nu} \tag{11.63}$$

ここに (g^{μ}_{ν}) は単位行列。恒等式 $G^{\mu}_{\nu:\mu} = 0$ が成り立つのが特徴。

問題 11.10.1

トーションフリーであるとき、以下の関係式が成り立つことを確かめよ。

$$R^{\mu}{}_{\nu\rho\sigma} + R^{\mu}{}_{\rho\sigma\nu} + R^{\mu}{}_{\sigma\nu\rho} = 0 \tag{11.64}$$

ヒント

定義（式 11.50）を代入してひたすら計算。ただし、$R^{\mu}{}_{\nu\rho\sigma}$ はテンソルだから、それらの和が特定の座標で値がゼロになるなら、他の座標でも値はゼロである。つまり局所慣性系で計算してもかまわないので、Γ の微分の項だけ確かめれば十分。単純作業につき、解答例省略。

問題 11.10.2

$R_{\mu\nu\rho\sigma} := g_{\mu\alpha}R^{\alpha}{}_{\nu\rho\sigma}$ とする。接続 Γ がクリストッフェル記号であるとき、以下が成り立つことを確認せよ。

$$R_{\rho\sigma\mu\nu} = R_{\mu\nu\rho\sigma} \tag{11.65}$$

ヒント

前問に同じ。

略解

曲率テンソルの定義（式 11.50）と、クリストッフェル記号の定義（式 11.28〜11.30）により、以下が成立。

$$\begin{aligned}
R_{\mu\nu\rho\sigma} &= g_{\mu\alpha}(-\Gamma^{\alpha}{}_{\nu\rho,\sigma} + \Gamma^{\alpha}{}_{\nu\sigma,\rho}) + (\Gamma\text{の 2 次式}) \\
&= -(g_{\mu\alpha}\Gamma^{\alpha}{}_{\nu\rho})_{,\sigma} + (g_{\mu\alpha}\Gamma^{\alpha}{}_{\nu\sigma})_{,\rho} + (\Gamma\text{の 2 次式}) \\
&= -(-g_{\mu\nu,\rho} + g_{\mu\rho,\nu} - g_{\nu\rho,\mu})_{,\sigma} + (-g_{\mu\nu,\sigma} + g_{\mu\sigma,\nu} - g_{\nu\sigma,\mu})_{,\rho} + (\Gamma\text{の 2 次式}) \\
&= -g_{\mu\rho,\nu\sigma} + g_{\nu\rho,\mu\sigma} + g_{\mu\sigma,\nu\rho} - g_{\nu\sigma,\mu\rho} + (\Gamma\text{の 2 次式})
\end{aligned}$$

局所慣性系では $\Gamma = 0$ だから、（式 11.65）成立。$R_{\mu\nu\rho\sigma}$ はテンソルだから、他の座標でも成立。ゆえに題意は証明された。

問題　11.10.3

トーションフリーであるとき、以下の関係式が成り立つことを確かめよ。

$$R^{\alpha}{}_{\mu\nu\rho:\sigma} + R^{\alpha}{}_{\mu\rho\sigma:\nu} + R^{\alpha}{}_{\mu\sigma\nu:\rho} = 0 \tag{11.66}$$

※ この式は**ビアンキの第 2 恒等式** (the second Bianchi identity)、あるいは**ビアンキの関係式**と呼ばれている。

ヒント

定義（式 11.50）を代入してひたすら計算.. というのも一手だけど、もっと簡単な方法もある。ウェブを検索すると、親切な解説が多数見つかるが、ひとまずは考えてみよう。

略解

仮に、巡回置換して足す記号を以下のように定義する。

$$T_{\mu\nu\rho\sigma} + <\nu\rho\sigma> := T_{\mu\nu\rho\sigma} + T_{\mu\rho\sigma\nu} + T_{\mu\sigma\nu\rho}$$

A_μ を任意の共変ベクトルとして、以下、始めの 1 行目は、$<\nu\rho\sigma>$ の部分を全て書き出すことにより自明。2 行目は（式 11.51, 11.52）による。

$$\begin{aligned}
0 &= A_{\mu:\nu\rho\sigma} - A_{\mu:\nu\sigma\rho} - (A_{\mu:\rho\sigma} - A_{\mu:\sigma\rho})_{:\nu} + <\nu\rho\sigma> \\
&= \underline{A_{\alpha:\nu} R^{\alpha}{}_{\mu\rho\sigma}} + A_{\mu:\alpha} R^{\alpha}{}_{\nu\rho\sigma} - \underline{(A_\alpha R^{\alpha}{}_{\mu\rho\sigma})_{:\nu}} + <\nu\rho\sigma> \\
&= \qquad A_{\mu:\alpha} R^{\alpha}{}_{\nu\rho\sigma} - A_\alpha R^{\alpha}{}_{\mu\rho\sigma:\nu} + <\nu\rho\sigma> \\
&\overset{11.64}{=} \qquad - A_\alpha R^{\alpha}{}_{\mu\rho\sigma:\nu} + <\nu\rho\sigma>
\end{aligned}$$

A_α は各成分とも任意だから、外すことができて、題意は証明された。

問題　11.10.4

計量条件 $g_{\mu\nu:\rho} = 0$ が成り立つとき、アインシュタインテンソル G^{μ}_{ν} に対して、以下が成り立つことを証明せよ。

$$G^{\alpha}_{\rho:\alpha} = 0 \tag{11.67}$$

ヒント

ビアンキの関係式（式 11.66）を使う。

略解

計量条件により、$g^{\mu\nu}{}_{:\rho} = -g^{\mu\alpha} g^{\nu\beta} g_{\alpha\beta:\rho} = 0$ だから、共変微分に対して、計量テンソルとその逆行列は定数のようにして扱える。また、計量条件は（式 11.59）が成り立つための十分条件でもある。ゆえに、$R_{\mu\nu\rho\sigma} := g_{\mu\alpha} R^{\alpha}{}_{\nu\rho\sigma}$ とするとき、$R_{\mu\nu\rho\sigma} = R_{\nu\mu\sigma\rho}$ 成立。よって、リッチテンソルを $R^{\mu}_{\nu} := g^{\mu\alpha} R_{\alpha\nu}$ と書くならば、$R^{\alpha}_{\rho} = g^{\mu\nu} R^{\alpha}{}_{\mu\nu\rho}$ が成り立つ。スカラー曲率 R に対して、$g^{\mu\nu} R^{\alpha}{}_{\mu\alpha\nu} = -R$ が成り立つ。よって、（式 11.66）の両辺に $g^{\mu\nu}$ を掛けて、σ を α に置き換えて、$2G^{\alpha}_{\rho:\alpha} = 0$ を得る。

問題　11.10.5

$R^{\mu}{}_{\nu\rho\sigma}$ の定義を（式 11.50）とする。トーションフリー（$\Gamma^{\mu}{}_{\rho\nu} = \Gamma^{\mu}{}_{\nu\rho}$）の条件下で、以下のように書くとき、

$$\tilde{R}^{\mu}{}_{\nu\rho\sigma} = -\Gamma^{\mu}{}_{\nu\rho,\sigma} + \Gamma\text{の微分} + \Gamma\text{の 2 次式}$$

$\tilde{R}^{\mu}{}_{\nu\rho\sigma}$ がテンソルになるのは、$\tilde{R}^{\mu}{}_{\nu\rho\sigma} = R^{\mu}{}_{\nu\rho\sigma}$ の場合に限られることを示せ。

ヒント

接続 Γ の座標変換に対する変換則は、（式 11.33）で与えられる。

解答例

まず、座標を新しくした際に旧座標の値を新座標の値で 2 回微分した量 $\hat{x}^{\hat{\mu}}_{,\alpha}\ x^{\alpha}_{,\hat{\nu}\hat{\rho}}$ が、Γ から放出されるので、その微分 $\Gamma^{\mu}{}_{\nu\rho,\sigma}$ からは、旧座標の値を新座標の値で 3 回微分した量が現れる。Γ の 2 次の項からは、2 回微分した量しか現れないから、これは Γ を微分した項で打ち消さなければならない。（式 11.33）より、以下のようになる。

$$\hat{\Gamma}^{\hat{\mu}}{}_{\hat{\nu}\hat{\rho},\hat{\sigma}} = \left(\Gamma^{\alpha}{}_{\beta\gamma}\ \hat{x}^{\hat{\mu}}_{,\alpha}\ x^{\beta}_{,\hat{\nu}}\ x^{\gamma}_{,\hat{\rho}}\right)_{,\hat{\sigma}} + (\hat{x}^{\hat{\mu}}_{,\alpha})_{,\hat{\sigma}}\ x^{\alpha}_{,\hat{\nu}\hat{\rho}} + \hat{x}^{\hat{\mu}}_{,\alpha}\ x^{\alpha}_{,\hat{\nu}\hat{\rho}\hat{\sigma}}$$

ゆえに旧座標を 3 回微分した項を相殺させるためには、$\rho \Leftrightarrow \sigma$ を入れ替えて差し引けば良いだろう。

$$R^{\mu}{}_{\nu\rho\sigma} = -\Gamma^{\mu}{}_{\nu\rho,\sigma} + \Gamma^{\mu}{}_{\nu\sigma,\rho} + \Gamma\text{の 2 次式}$$

ここで、$\nu \Leftrightarrow \sigma$ を入れ替えて差し引いても良いのだが、$\Gamma^{\mu}{}_{\nu\rho}$ につき ν, ρ は、

もともと対称（トーションフリー）なので、「どっちでもいい」。ゆえに、ρ,σ の組みを選択した。

そこで仮に、$R^{\mu}{}_{\nu\rho\sigma}$ が ρ,σ の入れ替えに対して、反対称では無いとすると、

$$R^{\mu}{}_{\nu\rho\sigma} + R^{\mu}{}_{\nu\sigma\rho} = (\Gamma\text{の 2 次式})$$

となる。左辺はテンソルで、右辺はテンソルではないから、右辺はゼロしかあり得ない。ゆえに後ろ 2 つの添え字に関して R は反対称である。

$$R^{\mu}{}_{\nu\sigma\rho} = -R^{\mu}{}_{\nu\rho\sigma} \tag{11.68}$$

この反対称性により、Γ の 2 次の項の表現はかなり絞り込まれる。$R^{\mu}{}_{\nu\rho\sigma}$ の添え字の数は 4 つだが、Γ 2 つの積は添え字が上 2 つ下 4 つである。つまり上下 1 対を縮約（内積）に供することになる。その上で自明にゼロではない組み合わせは以下の 2 通りに限られる。

$$\Gamma^{\mu}{}_{\nu\rho}\Gamma^{\alpha}{}_{\alpha\sigma} - \Gamma^{\mu}{}_{\nu\sigma}\Gamma^{\alpha}{}_{\alpha\rho} \tag{11.69}$$
$$-\Gamma^{\alpha}{}_{\nu\rho}\Gamma^{\mu}{}_{\alpha\sigma} + \Gamma^{\alpha}{}_{\nu\sigma}\Gamma^{\mu}{}_{\alpha\rho} \tag{11.70}$$

$\Gamma^{\beta}{}_{\beta\mu}$ の変換則は、（式 11.33）より、以下のようになるから、

$$J := \det\left(x^{\alpha}{}_{,\hat{\mu}}\right) \tag{11.71}$$
$$\hat{\Gamma}^{\hat{\nu}}{}_{\hat{\nu}\hat{\mu}} = \Gamma^{\beta}{}_{\beta\alpha} x^{\alpha}{}_{,\hat{\mu}} + (\ln J)_{,\hat{\mu}} \tag{11.72}$$

1 番目の（式 11.69）では、$-\Gamma^{\mu}{}_{\nu\rho,\sigma} + \Gamma^{\mu}{}_{\nu\sigma,\rho}$ から生じた座標値の微分を相殺できない。ゆえに残りは（式 11.70）のみとなり、k を定数として、足し加えると、

$$R^{\mu}{}_{\nu\rho\sigma} = -\Gamma^{\mu}{}_{\nu\rho,\sigma} + \Gamma^{\mu}{}_{\nu\sigma,\rho} + k(-\Gamma^{\alpha}{}_{\nu\rho}\Gamma^{\mu}{}_{\alpha\sigma} + \Gamma^{\alpha}{}_{\nu\sigma}\Gamma^{\mu}{}_{\alpha\rho})$$

変換（式 11.33）に対してテンソルとなるのは $k = 1$ の場合のみとなり、すなわち $\tilde{R}^{\mu}{}_{\nu\rho\sigma} = R^{\mu}{}_{\nu\rho\sigma}$ の場合に限られることが確認される。

第12章

アインシュタイン方程式

10 章では、ニュートンの万有引力の法則 $F = G\frac{Mm}{r^2}$ を、重力加速度 $\vec{g}$ と重力ポテンシャル ϕ を場の量として用いることで、場の作用 (action) として表した（式 10.16)。一方で、11 章では、重力に関わる物体の運動の力学を相対性理論（つまり電磁気学）とマッチする形に表した。その結果、重力ポテンシャル ϕ は計量テンソル $g_{\mu\nu}$ の中に陰に含まれることとなり（式 11.36)、重力加速度 $\vec{g}$ は、接続 $\Gamma^{\mu}{}_{\nu\rho}$ の中に含まれることがわかった（式 11.45)。よって、本章では、重力場の方程式と作用を、計量テンソル $g_{\mu\nu}$ と接続 $\Gamma^{\mu}{}_{\nu\rho}$ によって記述してみよう。ただし、近似としてニュートン重力（式 10.16）を再現する必要はある。

12.1　ダスト流体の場合

前章では、ダスト流体を重力源とする重力場の方程式が、あと一歩のところでお預けになっていた（式 11.58)。これを完成させよう。この話題の設定は、粒子が無数に自由落下していて、重力あるいは慣性力以外の力は働いていない。粒子どうしの相互作用は無視できるが、さりとて粒子たちの足並みは揃っており、隣り合う粒子どうしの相対速度はほぼゼロと見なせるとしている。そこで 1 つの粒子に着目し、その速度がゼロとなるような慣性系を採用し、その座標で方程式を記述する。

方程式（式 11.58）の左辺はリッチテンソルの 00 成分であるのに対して、右辺は空間縦横奥行きの意味での体積あたりの質量を表わす密度 ρ。いわば右辺は 3-form $\rho\, dx \wedge dy \wedge dz$ の係数であり、あるいはベクトルの第 0 成分である。まずは右辺の ρ について検討しよう。空間座標を高校で習う普通の座標とする。すなわち $x-y-z$ 各軸が直交し、目盛りの間隔は物理的な長さの単位に比例させる。そうして、とりあえず極座標や曲がった座標は脇に置くことにすれば、体積当たりの質量密度である ρ は、スカラー量と区別する必要が無い。そういう意味で、今後 ρ を時間を含めた 4 次元の座標変換に対してスカラー量であることにしよう。これをもともとの密度に戻すためには、例えば $x^0 = t$ である座標で、局所慣性系での計量を $\acute{d}s^2 = c^2dt^2 - dx^2 - dy^2 - dz^2$ とする場合、基本密度 $\sqrt{\ }$（式 6.32）を用いて、$\frac{1}{c}\rho\sqrt{\ }$ と書くことになるだろう。ただしこの場合、四元体積 d^4x に対する密度なので、「体積あたり」に加えて「時間当たり」の意味も加わるので、時刻の単位を変更する等の場合には注意が必要である。

次に右辺をテンソルの 00 成分になるように、たまたまこの設定で値が 1 になっているような 00 成分を掛けてみよう。候補は 2 つ考えられる。第 1 に、四元速度 $v^\mu := \frac{dx^\mu}{\acute{d}s}$; $v_\nu = g_{\mu\nu}v^\mu$（式 11.40）を用いて、

$$1 = \frac{1}{c^2} v_0\, v_0$$

第 2 に、計量の 00 成分。

$$1 = \frac{1}{c^2} g_{00}$$

よって、方程式（式 11.58）の右辺は、定数 α, β: $\alpha + \beta = 1$ を用いて以下のように表されるだろう。

$$R_{\mu\nu} = -4\pi G\rho\left(\frac{\alpha}{c^2} v_\mu v_\nu + \frac{\beta}{c^2} g_{\mu\nu}\right) \tag{12.1}$$

このとき、重力場の方程式として意味を引き継いだのは 00 成分のみであり、他の成分の意味については、“局所慣性系において、00 成分との関係が、ローレンツ変換や回転に対して整合するべくして存在するもの” ということ以上には不明につき、ひとまず放置。

定数 α, β を決定するためには、ビアンキの関係式が役立つだろう。すなわち（式 11.67）を用いる。（式 12.1）の両辺に $g^{\mu\nu}$ を掛けて、スカラー曲率は、

$$R = -\frac{4\pi G}{c^2}\rho(\alpha+4\beta)$$

よって、アインシュタインテンソル（式 11.63）は、

$$G^{\mu}_{\nu} = -4\pi G\rho(\frac{\alpha}{c^2}v^{\mu}v_{\nu} + \frac{\beta-\frac{1}{2}(\alpha+4\beta)}{c^2}g^{\mu}_{\nu})$$

ここに、(g^{μ}_{ν}) は、単位行列。ここでビアンキの関係式 $G^{\mu}_{\nu:\mu} = 0$ と整合するかどうか見てみよう。

まずは、右辺第 2 項から。ρ がスカラー量であることにより、

$$(\rho g^{\mu}_{\nu})_{:\mu} = \rho_{,\nu}$$

つまり、ρ が定数である場合にのみ許容される。これは後に“宇宙項”という考えに結びつくが、ρ は、星などが存在する場所に局在させたいから、定数にはなりえないのでボツ。ゆえに、$\beta - \frac{1}{2}(\alpha+4\beta) = 0$ でなければならないから、定数は $\alpha = 2, \beta = -1$ と、決定される。

つぎに、右辺第 1 項について。計量条件 $g_{\mu\nu:\rho} = 0$ により共変微分に対して計量テンソルを定数のように扱えることと、v^{μ} が測地線の方程式（式 11.47）に従うことから、$v_{\nu:\mu}v^{\mu} = g_{\nu\alpha}v^{\alpha}{}_{:\mu}v^{\mu} = 0$。一方で、質量保存則あるいはエネルギー保存則により、$(\rho v^{\mu})_{:\mu} = 0$ が成立する（⇒ §A.17）ので、以下は、クリアーされる。

$$(\rho v^{\mu}v_{\nu})_{:\mu} = 0$$

以上により、ダスト流体の場合の重力場の方程式は、$\alpha = 2$ を代入して以下のように書かれる。

重力源がダスト流体の場合のアインシュタイン方程式

ρ をダスト流体の質量密度、$v^{\mu} = \frac{dx^{\mu}}{ds}$ を流体の四元速度とするとき、

$$G^{\mu}_{\nu} = -\frac{8\pi G}{c^4}\rho\, c^2\, v^{\mu}\, v_{\nu} \qquad (12.2)$$

この比例定数 $\frac{8\pi G}{c^4}$ は**アインシュタインの重力定数** (Einstein's constant of gravitation)、あるいは簡単に**アインシュタイン定数**と呼ばれている。

ρc^2 は質量エネルギーの等価性により、エネルギー密度を表すと考えられる。この意味で、以下の $T^{\mu}{}_{\nu}$ を設定すると、

$$T^{\mu}{}_{\nu} = \rho\, c^2\, v^{\mu}\, v_{\nu} \tag{12.3}$$

局所慣性系にて、$\frac{1}{c^2}(T^1{}_0,\, T^2{}_0,\, T^3{}_0)$ が運動量密度を表すことから、この $T^{\mu}{}_{\nu}$ は、**エネルギー運動量テンソル** (energy momentum tensor) と呼ばれる。ダスト流体についてはこうなったが、電磁場など他の様々な状況で、それらに応じたエネルギー運動量テンソルがあるに違いない。それらが斉しく重力の源となると考えて、以下を**アインシュタイン方程式**と呼ぶ。

アインシュタイン方程式

$T^{\mu}{}_{\nu}$ を、$T^{\mu}{}_{\nu:\mu} = 0$ を満たす、エネルギー運動量テンソルとして、

$$G^{\mu}_{\nu} = -\frac{8\pi G}{c^4} T^{\mu}{}_{\nu} \tag{12.4}$$

ここで、$T^{\mu}{}_{\nu:\mu} = 0$ が、7章で見たような「保存則」を表しているものか、少々怪しい。局所慣性系では、$T^{\mu}{}_{\nu,\mu} = 0$ なので特に問題はないが、局所慣性系が設定できないほどの広い範囲でとなると、どうしても接続 Γ が 0 とは限らないので、“おつり” の項が生じてしまう。ではそのおつりは重力場のエネルギーなのかというと、必ずしも短絡的にそうだとも言い切れないもどかしさがある。これがベクトルであれば、基本密度 $\sqrt{}$ を掛け合わせて切り抜けられるが、これは添え字が1つ多い。そこで先人達は様々な工夫を凝らした。つまり、見かけ上、数式はスッキリしているのだが、具体的な内容に切り込むにつれて、ケースを分類して個別に、神経質な扱いが求められるようになる。いうなれば、ここは、登山の8合目ではなく、ようやく登山口に辿り着いた所である。だが、その先には、必ず素晴らしい景色が待っていることだろう！

12.2 ダストのアクション

アインシュタイン方程式を作用 (action) から導けるようにしたい。そのためにはエネルギー運動量テンソルが、作用を計量テンソル $g_{\mu\nu}$ で変分 $\delta(\ )$ することで得られるようにしたい。エネルギー運動量テンソルはビアンキの関係式 $G^{\mu}_{\nu:\mu}=0$ とつり合うべく考えられるもので、場合によっては本当のエネルギーや運動量からは多少ズレているかもしれない。

作用が与えられている場合、その対称性から保存則を導く手立ては**ネーターの定理**[1)]を用いるのが定石である。しかし、それを使うのではなく、計量テンソルが時間や長さの尺度を支配していることを利用するものとする。

まずは手始めにダスト流体のエネルギー運動量テンソル（式 12.3）を導く作用を考えてみよう。粒子の作用 $S_{\rm kin}$ を足し加えて $S_{\rm dst}$ とする。具体的には、i 番目の粒子の質量を m_i、計量を $\acute{d}s_i$ として以下のようにまとめられる。

$$
\begin{aligned}
\acute{d}s^2 &= g_{\mu\nu}dx^{\mu}dx^{\nu} \simeq c^2dt^2 - dx^2 - dy^2 - dz^2 \\
S_{\rm dst} &= \sum_i \int -m_i c\,\acute{d}s_i
\end{aligned}
$$

座標としてはなるべく局所慣性系に近いものを採用する。特に便宜的に、以下のような記号を使う。

$$
t = x^0 \quad , \quad \vec{x} = (x^1,\ x^2,\ x^3)
$$

この記号使いでは、i 番目の粒子の運動は、$\vec{x}=\vec{x}_i(t)$ のように表されるだろう。

---

1) エミー・ネーター (Amalie Emmy Noether) 1882 - 1935 年、ユダヤ系ドイツ人数学者

作用 S_{dst} を計量テンソル $g_{\mu\nu}$ で変分（ずらして差を取る）してみよう。

$$\begin{aligned}\delta S_{\mathrm{dst}} &= \sum_i \int_{Start}^{Goal} -m_i c \frac{\delta(\acute{d}s_i^2)}{2\acute{d}s_i} \\ &= \sum_i \int_{Start}^{Goal} -m_i c \frac{dx_i^\mu dx_i^\nu}{2\acute{d}s_i} \delta(g_{\mu\nu}(t, \vec{x} = \vec{x}_i(t))) \\ &= \sum_i \int_{Start}^{Goal} -\frac{1}{2} m_i c \frac{v_i^\mu v_i^\nu}{v_i^0} dt\ \delta(g_{\mu\nu}(t, \vec{x} = \vec{x}_i(t)))\end{aligned}$$

流体の設定として、四元速度が位置と時刻の関数になっているとすると、$v_i^\mu = v^\mu(t, \vec{x} = \vec{x}_i(t))$ である。ゆえに、立体のデルタ関数 $\delta^3(\vec{x})$（式 6.67）を用いれば、以下が成立する。変分の $\delta(\ )$ と記号が紛らわしいが、肩の指数 3 で区別して欲しい。

$$v_i^\mu\ \delta^3(\vec{x} - \vec{x}_i(t)) = v^\mu(t, \vec{x})\ \delta^3(\vec{x} - \vec{x}_i(t))$$

よって、和の各項に $1 = \iiint \delta^3(\vec{x} - \vec{x}_i(t)) d^3x$ を掛けて、

$$\begin{aligned}\delta S_{\mathrm{dst}} &= \sum_i \int_{Start}^{Goal} -\frac{1}{2} m_i c \frac{v_i^\mu v_i^\nu}{v_i^0} dt\ \delta(g_{\mu\nu}(t, \vec{x} = \vec{x}_i(t)))\ \iiint \delta^3(\vec{x} - \vec{x}_i(t)) d^3x \\ &= \int^{(4)} \sum_i -\frac{1}{2} m_i c^2 \frac{v^\mu v^\nu}{c\, v^0}\ \delta(g_{\mu\nu}(t, \vec{x}))\ \delta^3(\vec{x} - \vec{x}_i(t))\, d^4x\end{aligned}$$

ここで、質量密度 ρ とエネルギー運動量テンソル $T^{\mu\nu}$ を以下のように定義すると、変分 δS_{dst} の内容を簡潔な形に整理することができる。

$$\rho(t, \vec{x}) := \sum_i \frac{m_i}{v^0} \frac{\delta^3(\vec{x} - \vec{x}_i(t))}{\sqrt{\ }} \tag{12.5}$$

$$T^{\mu\nu} := \rho c^2 v^\mu v^\nu \tag{12.6}$$

以上により、この $T^{\mu\nu}$ を用いて、ダスト流体の作用の計量テンソルによる変分は、以下のように書かれる。

$$\delta S_{\mathrm{dst}} = \int^{(4)} -\frac{1}{2} T^{\mu\nu} \delta(g_{\mu\nu})\ \frac{\sqrt{\ }}{c}\ d^4x \tag{12.7}$$

証明は省くが、同様にして他の作用からも、計量テンソルでの変分によって $T^{\mu}{}_{\nu:\mu}=0$ を満たすエネルギー運動量テンソルが得られるようになるだろう。

問題 12.2.1

電磁場の作用（式 6.75）から、エネルギー運動量テンソル $T^{\mu\nu}$ を求めよ。さらに、$\acute{d}s^2=c^2dt^2-dx^2-dy^2-dz^2$, $\vec{E}=(E,0,0)$, $\vec{B}=\vec{0}$ のとき、行列表示（成分の一覧表）で $(T^{\mu}{}_{\nu})$ の値を書け。

ヒント

そのまま変分するだけ。反対称性 $F_{\nu\mu}=-F_{\mu\nu}$ に注意せよ。逆行列の微分や行列式の微分については（§A.11）が参考になるだろう。

略解

$$S_{em}\overset{6.75}{=}\int^{(4)}\frac{1}{2Z_0}F_{\mu\nu}(\frac{1}{2}F_{\rho\sigma}-A_{\rho,\sigma}+A_{\sigma,\rho})\ g^{\mu\rho}g^{\nu\sigma}\sqrt{\ }\ d^4x$$
$$\overset{6.64}{=}\int^{(4)}-\frac{1}{4Z_0}F_{\mu\nu}F_{\rho\sigma}\ g^{\mu\rho}g^{\nu\sigma}\sqrt{\ }\ d^4x$$

よって、計量テンソル $g_{\mu\nu}$ で変分すると、$F^{\mu}{}_{\nu}:=g^{\mu\alpha}F_{\alpha\nu}$, $F^{\mu\nu}:=F^{\mu}{}_{\alpha}g^{\alpha\nu}$ として、$\delta(g^{\mu\nu})=-g^{\mu\alpha}g^{\beta\nu}\delta(g_{\alpha\beta})$、$\delta(\sqrt{\ })=\frac{1}{2}\sqrt{\ }g^{\alpha\beta}\delta(g_{\alpha\beta})$ より、

$$\begin{aligned}\delta(S_{em})&=\int^{(4)}-\frac{1}{4Z_0}F_{\mu\nu}F_{\rho\sigma}\ \delta(g^{\mu\rho}g^{\nu\sigma}\sqrt{\ })\ d^4x\\&=\int^{(4)}-\frac{1}{4Z_0}F_{\mu\nu}F_{\rho\sigma}\ (\\&\quad -g^{\mu\alpha}g^{\beta\rho}g^{\nu\sigma}\sqrt{\ }-g^{\mu\rho}g^{\nu\alpha}g^{\beta\sigma}\sqrt{\ }+\frac{1}{2}g^{\mu\rho}g^{\nu\sigma}g^{\alpha\beta}\sqrt{\ })\delta(g_{\alpha\beta})\ d^4x\\&=\int^{(4)}-\frac{1}{4Z_0}(-2F^{\alpha\rho}F^{\beta}{}_{\rho}+\frac{1}{2}F^{\rho\sigma}F_{\rho\sigma}g^{\alpha\beta})\sqrt{\ }\delta(g_{\alpha\beta})\ d^4x\end{aligned}$$

$$\therefore\quad T^{\mu\nu}=\frac{c}{Z_0}(F^{\mu\rho}F_{\rho}{}^{\nu}-\frac{1}{4}F^{\rho\sigma}F_{\sigma\rho}g^{\mu\nu})$$

（式 6.40, 6.41）より、題意の条件を代入すると、（行列の空欄の値はゼロ。）

$$(T^{\mu}{}_{\nu})=\frac{1}{2cZ_0}E^2\begin{pmatrix}1&&&\\&1&&\\&&-1&\\&&&-1\end{pmatrix}$$

12.3　相対論的、重力場のアクション

アインシュタイン方程式を導くであろう重力場の作用 (action)S_G について考える。計量テンソル g がの一部が重力ポテンシャルに対応し、接続 Γ の成分の一部が重力加速度に対応しているから、10 章の（式 10.16）に倣い、重力場の作用 S_G を以下のように仮定する。

$$S_G = \int^{(4)} (\text{計量テンソルの関数})(\Gamma\text{の微分} + \Gamma\text{の 2 次式})\, d^4x \qquad (12.8)$$

S_G に（式 10.15）を使わないのは、（式 10.16）の方が表現がシンプルだから。（式 10.16）にて、非常に大きな定数として A を仮定したが、（式 11.3）で重力ポテンシャル gx の分母として c^2 が当てられていたことからの類推として、A として c^2 の程度の数が順当だと考える。

（式 10.16）を重力加速度 $\vec{g}$ で変分した結果が、$\vec{g}$ と重力ポテンシャル ϕ との関係式を与えたように、この作用を Γ で変分した結果として、その Γ がクリストッフェル記号（式 11.28〜11.30）であることを導くようにしたい。つまり、計量テンソルと接続は、この作用の中では独立した量として扱いたいので、接続の座標変換に於いて、（式 11.32）の様に計量テンソルの助けが必要になる形になっていてはいけない。すなわち接続 Γ については、座標変換につき（式 11.33）の様に、計量テンソルの助けを必要としない添え字上下下の ${\Gamma^\mu}_{\nu\rho}$ を採用する。

話を簡単にするためにトーションフリー ${\Gamma^\mu}_{\rho\nu} = {\Gamma^\mu}_{\nu\rho}$ は前提条件としておく。実はトーションの源となる何かが今のところは、何も無いので、トーションに関わる方程式を作る意味がない。

ここでもしも S_G 以外のパートに接続 Γ を含む項が存在していた場合には、Γ はクリストッフェル記号（式 11.28〜11.30）からズレてしまう可能性がある。すなわち、**局所慣性系の定義を再検討しなければならない**事態に陥るだろう。幸いにして、そういう対象は粒子の集まりや電磁場と言った対象の中には無い。そういうものがもしもあった場合には、物質の種類によって落下する加速度が異なるような事態がおこるかも知れない。つまり、ジブリ映画の“飛行

石”の発見に繋がるだろう。ロマンを求めて探してみるのもいいかもしれないが、極めて高い精度で無い事が実証されている。探しかたが不味かったのかもしれないから、誰も思いつかなかった斬新な切り口で挑んでみるのも面白かろう。

一方で、S_G を計量テンソル $g_{\mu\nu}$ で変分した結果が、$\vec{\nabla}\cdot\vec{g}=4\pi G\rho$ に相当する方程式を導くようにしたい。すなわち、（式 12.4, 12.7）により、ダスト流体の作用と合わせた計量テンソルによる変分は、（式 12.7）からの修正として、アインシュタイン方程式を満たすべく、以下のようになるべきである。

$$\delta(S_G+S_{\mathrm{dst}})=\int^{(4)}-\frac{1}{2}(\frac{c^4}{8\pi G}G^{\mu\nu}+T^{\mu\nu})\delta(g_{\mu\nu})\,\frac{\sqrt{\ }}{c}\,d^4x \tag{12.9}$$

S_G の中にはあからさまに計量テンソルが含まれるので、変分によって $\vec{\nabla}\cdot\vec{g}$ の部分に相当する部分を算出するのは容易であろう。

では具体的に S_G の中身（式 12.8）に迫ってみよう。(計量テンソルの関数) のパートは、計量テンソル $g_{\mu\nu}$ 、その逆行列 $g^{\mu\nu}$ 、基本密度（計量テンソルの行列式の平方根）$\sqrt{\ }$ 、完全反対称テンソル $\epsilon^{\alpha\beta\gamma\delta}$ （⇒ §6.5）の 4 種類からなる多項式で構成されるだろう。

一方で、(Γの微分＋Γの 2 次式) のパートには曲率テンソルが妥当であろう。接続 Γ の微分を 1 次式で含んで、テンソルになるのは、曲率テンソルに限られる。もしかしたら他に自由度があるのかもしれないが、これで条件を満たせば完了である。以上により、S_G の候補としては、κ を適当な定数として、以下の 2 つが考えられる。

$$S_G=\frac{1}{2\kappa}\int^{(4)}g_{\mu\alpha}\epsilon^{\alpha\nu\rho\sigma}\sqrt{\ }\,R^{\mu}{}_{\nu\rho\sigma}\,d^4x \tag{12.10}$$

$$S_G=\frac{1}{2\kappa}\int^{(4)}g^{\nu\rho}\sqrt{\ }\,R_{\nu\rho}\,d^4x \tag{12.11}$$

ここに、$R_{\nu\rho}$ はリッチテンソル（式 11.61）である。前者はトーションフリー $\Gamma^{\mu}{}_{\rho\nu}=\Gamma^{\mu}{}_{\nu\rho}$ の環境では曲率テンソルの定義により恒等的にゼロとなる（式 11.64)。トーションがゼロではない場合には、トーションと計量テンソルの間に何らかの関係をもたらす式になるかもしれないが、トーションはテンソルなので、（式 11.12）のようにトーションだけで局所慣性系を構成することはできない。ゆえに目下の目的に対してはボツである。ゆえに後者を変分してみよう。

まずは接続 Γ で変分。簡単のため、トーションフリーは始めから仮定しておく。計算の準備として、以下を設定。共変微分については（§11.6）を参照のこと。

$$
\begin{aligned}
\tilde{g}^{\mu\nu} &:= g^{\mu\nu}\sqrt{\ } \\
X^{\mu} &:= \tilde{g}^{\mu\beta}\Gamma^{\alpha}{}_{\beta\alpha} - \tilde{g}^{\alpha\beta}\Gamma^{\mu}{}_{\alpha\beta} \\
O_{\mu}{}^{\nu\rho} &:= \tilde{g}^{\nu\rho}{}_{:\mu} - \tilde{g}^{\nu\alpha}{}_{:\alpha}\, g^{\rho}_{\mu}
\end{aligned}
$$

曲率テンソルの定義（式 11.50）と、リッチテンソルの（式 11.61）より、

$$
\begin{aligned}
R_{\nu\rho}g^{\nu\rho}\sqrt{\ } = \; & \tilde{g}^{\nu\rho}{}_{,\mu}\Gamma^{\mu}{}_{\nu\rho} - \tilde{g}^{\nu\rho}\Gamma^{\alpha}{}_{\nu\rho}\Gamma^{\beta}{}_{\alpha\beta} \\
& - \tilde{g}^{\nu\rho}{}_{,\rho}\Gamma^{\alpha}{}_{\nu\alpha} + \tilde{g}^{\nu\rho}\Gamma^{\alpha}{}_{\nu\beta}\Gamma^{\beta}{}_{\alpha\rho} + X^{\mu}{}_{,\mu}
\end{aligned}
$$

Γ で変分して、

$$
\delta_{\Gamma}(R_{\nu\rho}g^{\nu\rho}\sqrt{\ }) = O_{\mu}{}^{\nu\rho}\,\delta\Gamma^{\mu}{}_{\nu\rho} + (\delta_{\Gamma}X^{\mu})_{,\mu}
$$

両辺を四元体積 d^4x で積分して、δS_G を得る。右辺第 2 項は、積分領域の表面での値しか効かなくなるので、無効。また、トーションフリーを仮定しているので、反対称成分 $O_{\mu}{}^{\nu\rho} - O_{\mu}{}^{\rho\nu}$ の寄与は自明にゼロとなるので無効。ゆえに、S_G を接続 Γ で変分して、ハミルトンの原理 $\delta S_G = 0$ を適用すると、$O_{\mu}{}^{\nu\rho} + O_{\mu}{}^{\rho\nu} = 0$ となる。μ, ν を縮約（トレース）して、$O_{\mu}{}^{\mu\rho} + O_{\mu}{}^{\rho\mu} = 0$ より、$\tilde{g}^{\nu\alpha}{}_{:\alpha} = 0$ を得るので、

$$
0 = O_{\mu}{}^{\nu\rho} + O_{\mu}{}^{\rho\nu} = 2\tilde{g}^{\nu\rho}{}_{:\mu}
$$

よって、共変微分のライプニッツ則により、$g_{\mu\nu:\rho} = 0$ を得る。すなわち計量条件となった。トーションフリーを仮定しているので、この接続は一意にクリストッフェル記号（式 11.28〜11.30）となる。

次に計量テンソル $g_{\mu\nu}$ での変分を考えてみよう。逆行列と行列式の微分に関しては（§A.11）を参照されたし。ライプニッツ則により、以下が成立。

$$
\delta(g^{\mu\nu}\sqrt{\ }) = \delta(g^{\mu\nu})\sqrt{\ } + g^{\mu\nu}\delta(\sqrt{\ }) = -g^{\mu\alpha}g^{\beta\nu}\sqrt{\ }\delta(g_{\alpha\beta}) + \frac{1}{2}g^{\alpha\beta}\sqrt{\ }\delta(g_{\alpha\beta})
$$

これにリッチテンソル $R_{\mu\nu}$ を掛けて以下を得る。ここに、$G^{\alpha\beta}$ はアインシュタインテンソル（式 11.63)。

$$\delta(g^{\mu\nu}\sqrt{\ })R_{\mu\nu} = -G^{\alpha\beta}\sqrt{\ }\,\delta(g_{\alpha\beta})$$

すなわちこの作用（式 12.11）は、ハミルトンの原理 $\delta(S)=0$ により、アインシュタイン方程式を再現することができて、変分結果が（式 12.9）の重力部分だとすると、定数 κ はアインシュタイン定数 $\frac{8\pi G}{c^4}$ に c を掛けたものであることがわかる。

ここで、計量テンソルが対称 $g_{\beta\alpha} = g_{\alpha\beta}$ なので、$\delta g_{\alpha\beta}$ を外した結果は、$\frac{1}{2}(G^{\alpha\beta}+G^{\alpha\beta})$ にしなければならないのではないかという疑問が生じるだろうが、接続 Γ の変分結果により、Γ がクリストッフェル記号となることがわかっているので、$G^{\alpha\beta}$ は対称（$G^{\beta\alpha}=G^{\alpha\beta}$）になっているので、改めて対称化する必要はない。理論が拡張されたときにまた考えよう。

電磁気学（相対性理論）と整合する、重力場の作用

計量テンソル $g_{\mu\nu}$ と接続 $\Gamma^{\mu}{}_{\nu\rho}$ $(=\Gamma^{\mu}{}_{\rho\nu})$ を独立な量として、

$$S_G = \frac{c^4}{16\pi G}\int^{(4)} R_{\nu\rho}\, g^{\nu\rho}\frac{\sqrt{\ }}{c}\, d^4x \tag{12.12}$$

ところで、電磁場の作用に $F_{\mu\nu}=A_{\mu,\nu}-A_{\nu,\mu}$ を代入しても、あらかじめ変分で得られた方程式にそれを代入したのと同じ結果になる（⇒ §6.7）のと同じように、この作用 S_G の接続 Γ に、クリストッフェル記号をあらかじめ代入してしまっても、計量テンソルで変分した結果は代入せずに変分して、得られた方程式にクリストッフェル記号を代入した結果と変わらない。なぜならば、S_G の変分を新たに書き下すと、

$$\delta(S_G) = \frac{c^4}{16\pi G}\int^{(4)} (-G^{\alpha\beta}\sqrt{\ }\,\delta(g_{\alpha\beta}) + O_{\mu}{}^{\nu\rho}\,\delta(\Gamma^{\mu}{}_{\nu\rho}) + (\delta X^{\mu})_{,\mu})\, d^4x$$

となるが、あらかじめ接続 Γ にクリストッフェル記号を代入してある場合には、$\delta\Gamma^{\mu}{}_{\nu\rho}$ の部分が計量テンソルで表されることにはなるものの、

$$O_{\mu}{}^{\nu\rho} + O_{\mu}{}^{\rho\nu} = 0$$

が満たされているので、$\delta({\Gamma^\mu}_{\nu\rho})$ に関わる部分は、変分結果に影響しないのである。そして、多くの教科書では、最初から Γ をクリストッフェル記号として代入された作用が採用されている。

問題　12.3.1

通常の4次元計量 $\acute{d}s^2$ に、以下のようにさらに1次元（座標 y）を追加して、5次元計量 $\acute{d}\tilde{s}^2$ とする。ここで、$g_{\mu\nu}$ も A_μ も、y を変数として含まないものとする。つまり、y に対しては、$g_{\mu\nu}$ も A_μ も、定数である。

$$\acute{d}s^2 = g_{\mu\nu}dx^\mu dx^\nu$$
$$\acute{d}\tilde{s}^2 = \acute{d}s^2 - l^2(dy - A_\mu dx^\mu)^2$$

以下のように、質量 $\tilde{m}$ の粒子の5次元空間での運動を考える。

$$S_{\mathrm{kin5}} = \int -\tilde{m}c\, d\tilde{s}$$

このとき、以下の量を定義すると、q が定数であり、粒子の運動は、A_μ をベクトルポテンシャルとして、質量 m、電荷 q の4次元の運動として表されることを示せ。

$$q := \tilde{m}cl^2\frac{dy - A_\mu dx^\mu}{d\tilde{s}}\ ,\ m = \sqrt{\tilde{m}^2 + \frac{q^2}{l^2c^2}}$$

また、5次元計量 $d\tilde{s}^2$ より求められた重力場の作用が、4次元の重力場の作用と、A_μ をベクトルポテンシャルとする電磁場の作用との和になることを示せ。

ヒント

座標 x^0 を時間とみなし、$\dot{y} = \frac{dy}{dx^0}$ とする。粒子の運動はラグランジアンを作って、y 方向の一般化運動量が q であることを確認。オイラーラグランジュの方程式により、q が定数であることが確認できる。一度ハミルトン型式に移り、そこから y の自由度を放置したままラグランジアンに戻ることで、y 方向の自由度を落とすと、題意のラグランジアン $\hat{L}$ になる。そこから作用へ移行。

$$\hat{L} = L - q\dot{y} = (-mc\, ds - qA_\mu dx^\mu)/dx^0$$

場の作用導出は、$\begin{pmatrix} g_{\mu\nu} - l^2A_\mu A_\nu & l^2A_\mu \\ l^2A_\nu & -l^2 \end{pmatrix}$ の逆行列が $\begin{pmatrix} g^{\mu\nu} & A^\mu \\ A^\nu & A^\alpha A_\alpha - \frac{1}{l^2} \end{pmatrix}$ になることに留意。ここに、$A^\mu := g^{\mu\nu}A_\nu$。解答省略。

第13章

ワープドライブ

忘れもしない 1994 年、英国の学術雑誌 “Classical and Quantum Gravity” に**衝撃的な**論文が発表された [35]。著者はメキシコ人の物理学者、ミゲル・アルクビエレ (Miguel Alcubierre)。タイトルは、“ザ・ワープドライブ：一般相対性理論でできる超越高速トラベル”。内容は、宇宙船から半径 R の空間を空間ごと移動する計量を例示してみたというもの（式 13.1)。

$$\begin{aligned} v_s &:= \text{宇宙船の速度} \\ f(r_s) &:= \text{宇宙船から半径 } R \text{ 以内で 1、外で 0} \\ ds^2 &= c^2dt^2 - (dx - v_s f(r_s)dt)^2 - dy^2 - dz^2 \end{aligned} \tag{13.1}$$

いったい何に衝撃を受けたかというと、**内容が簡単すぎる！！** 一般相対性理論を学んだ人なら、計量テンソルのシフト成分 g_{0i} の意味を理解する過程で、一度は誰でも余興で作ってみたことがありそうなものだ。論文末尾の引用文献 (References) も有名な教科書が 4 冊ほど挙げてあるだけ。普通なら先行研究へのリスペクトも含めて、様々な研究者の論文のリストが目白押しに並ぶ。印象としては「勉強したから、それらを使ってちょっと遊んでみたよ」の様にしか見えない。「こんな内容で、何で査読[1)]を通るの？」という思いで、のたうちまわっていた記憶がある。「編集者への手紙」コーナーに出された記事

1) 学術雑誌に投稿記事が載るまでには、投稿された論文が、その内容に関係するらしい研究者数名へと届けられ、彼らに認められる必要がある。却下された理由が英文で通知されて、書き直してまた出して、そして却下されてまた出して、双方大変な苦労を重ねた上でようやく掲載への運びとなるのである。

なので、あるいは審査が緩かったのかもしれない。

だがしかし、結果は驚くべき反響となった。何より世間が飛びついた。こんな“あたりまえすぎる話”に、である。投稿者も編集者も笑いが止まらないだろう。この論文を引用した論文が次々と発表された。適切かどうかは別として、論文の評価はその論文の引用数で測られる[2)]。Google scholor によれば、2022 年 6 月現在のこの論文の引用数は、734。一部の超人を除けば、一流の研究者の最大でも、なかなか 300 までは届かない。あくまでも端的な評価でしかないが、とても大きな反響をもたらしたことには間違いない。
これは“一石を投じた”ことに意味があったのだ。

普通に考えて、計量（式 13.1）を作ったら、$G^{\mu\nu}$ を計算して“エネルギー条件”の評価へと進み、分かり切ったことだが、ことごとく否定的な結果が出てくるから、論文として投稿しても査読を通らないだろうと思ってしまうだろう。しかし肝心なことは、**“それでもやってみる”**ということだ。

「学生達にバカなことを吹き込むな！」と、お叱りの声が今にも飛んできそうだ。それでもみなさんに声を大にして言いたい。**とにかくやってみよう！**
みんなに笑われるかもしれない、指導教官のシカメッツラを見るハメになるかもしれない、それでも一歩踏み出してみようではないか。

結局ワープドライブの論文を持ち出してそれがどうしたのかというと、
至極陳腐かつ当然の教訓を繰り返すことになるのである：

教訓

研究は、発表したもの勝ち！

---

2) 正しくは、発表先ごとに「インパクトファクター」と呼ばれる数値があり、それを加味して算出する。

第 A 章

Appendix

A.1 極限

たとえば、$f(x) = \frac{x}{|x|}$ のような関数があった場合、$f(0)$ の値は別途定義しないと定まらない。このとき、x に 0 を代入はしないものの、限りなく 0 に近い値を x に代入するという考え方がある。x を値 0 へプラス側から近づける操作を、$x \to +0$ と書くことにすると、

$$\lim_{x \to +0} f(x) = 1$$

あるいは、

$$f(x) \to 1 \quad (x \to +0)$$

のように書かれる。このとき、「0 を代入する」とは言わずに、「0 への極限をとる」という。とくに、プラス側から近づいたことを明示する場合には「x につき 0 への右極限をとる」という。

同様にして、x を値 0 マイナス側から近づける操作を、$x \to -0$ と書くことにすると、以下のようになる。「x につき 0 への左極限をとる」という。

$$\lim_{x \to -0} f(x) = -1$$

たとえば、$g(x) = \frac{\sin x}{x}$ のように、プラス側から近づいてもマイナス側から近づいても値が同じになる場合は、$\pm$ 記号と「左右」の別を略す。

$$\lim_{x \to 0} g(x) = 1$$

このように、極限の値が、定まった有限な実数（あるいは、大きさが有限な複素数）に確定するとき、「$g(x)$ の値は $x \to 0$ の極限において 1 に**収束する**」という。反対に、極限の値が定まらないか、あるいは $\pm\infty$ になってしまう場合には、「**発散する**」という。たとえば、

$$\times \quad \lim_{x\to 0} \sin(\frac{1}{x})$$

$$\frac{1}{x} \to \infty \quad (x \to +0)$$

ところで、$\infty - \infty$ や ∞/∞ は値が定まらないので、関数に ∞ を値として“代入”することはできないが、$h(\infty)$ と書く代わりに、以下のように書く。

$$\lim_{x\to\infty} h(x)$$

このとき、x が整数なのか、実数なのか、複素数なのかで結果が変わる場合があるので、必要に応じてその区別を明示する。特にことわりの無い場合には、その時の文脈で判断する。多くの場合、習慣として、文字 k,l,m,n は整数、h,r,s,t,x,y は実数、z は複素数に宛てられる。

Tips: これらの極限において x はダミー変数だから、必要に応じて文字を未使用な記号に取り換えることができる。

$$\lim_{x\to a} F(x) = \lim_{y\to a} F(y)$$

なお、おそらくは大学初年度の数学の授業で習うであろう題目として、「$\epsilon-\delta$ 論法」なるものが登場する。上記の極限の扱いから論理的な曖昧さを排除したものであるが、数学好きにとっては魂を揺さぶられる重要事項かもしれないが、物理をやる上でそこまでの厳密さが必要かどうかは甚だ疑わしい。しかしながら、数学に堪能な人が書いた本や論文などは、万事その調子であることが散見されるので、その論調に慣れるという意味で、学ぶことに価値はある。

“極限操作の保留”として、物理では微分演算子 $d(\ )$ が多用される (⇒ §2.3)。$d(x)$ と書かれた場合、x と値が非常に近いが等しくはない x' を用いて、ひとまず $d(x) = x - x'$ として演算を済ませ、最後に極限操作 $x' \to x$ を行う。場合によっては極限とまでは行かずに“ほどほど”で済ませることもある。なお $d(\ )$ の括弧は、括弧が無くても意味が通る場合には省略される。

A.2 微分と級数展開

関数 $f(x)$ の微分係数 $f'(x)$ を以下で定義する。この演算操作のことを「f を x で微分する」という。（高校数学：$f'(x)$ は導関数、定数 $f'(a)$ が微分係数。）

$$f'(x) = \lim_{h\to 0} \frac{f(x+h)-f(x)}{h}$$

あるいは「連動して、とても小さく差を取る操作 $d(\ )$」（⇒ §2.3）を用いて、

$$df := f(x+dx) - f(x) = f'(x)\,dx$$

とも表現できる。（これは主に物理で使われる。数学の定期試験では使わない方が良い。）「f の微分」と言った場合、f' を指す場合と、df を指す場合があるので、文脈から読みとるべし。微分の記号 d を用いて他に様々な書きかたがある。

$$f'(x) = \frac{df(x)}{dx} = \frac{df}{dx} = \frac{d}{dx}f(x)$$

微分係数を求める演算を n 回繰り返した結果には以下のような記号が使われる。

$$f^{(n)}(x) = \frac{d^n f(x)}{dx^n} = \frac{d^n f}{dx^n} = \frac{d^n}{dx^n}f(x)$$

独立した変数 x,y の多変数関数 $f(x,y)$ の場合、f を x で偏微分した値 $\frac{\partial f}{\partial x}$ と、f を y で偏微分した値 $\frac{\partial f}{\partial y}$ は、以下で与えられる。

$$df := f(x+dx, y+dy) - f(x,y) = \frac{\partial f}{\partial x}dx + \frac{\partial f}{\partial y}dy$$

ここに、$\frac{\partial f}{\partial x}$ は「デルえふデルえっくす」と読む。極限操作を明示して書くと、

$$\frac{\partial f}{\partial x} = \lim_{x'\to x} \frac{f(x,y)-f(x',y)}{x-x'} \quad , \quad \frac{\partial f}{\partial y} = \lim_{y'\to y} \frac{f(x,y)-f(x,y')}{y-y'}$$

独立した変数が x^0, x^1, x^2, x^3 の場合（x^3 の 3 は添え字であり、x の 3 乗ではない）、本書ではしばしば以下のように略記する。

$$\frac{\partial f}{\partial x^\mu} = f_{,\mu}$$

偏微分を繰り返した場合には以下のように書かれる。

$$\frac{\partial}{\partial x^\mu}\left(\frac{\partial f}{\partial x^\nu}\right)=\frac{\partial^2 f}{\partial x^\mu \partial x^\nu}=f_{,\nu\mu}$$

x^μ, x^ν が独立変数、すなわち、$\frac{\partial x^\mu}{\partial x^\nu}=\frac{\partial x^\nu}{\partial x^\mu}=0$ ならば、偏微分の順番を入れ替えることができる。

$$f_{,\mu\nu}=f_{,\nu\mu}$$

類似の微分として、共変微分や Lie 微分があるが、これらについては一般には入れ替えできないので注意。（たとえば共変微分で $f_{;\mu\nu}$ と書いたら μ が先に微分した方。）

＜＜級数展開＞＞　関数 $f(x)$ を多項式で近似したとする。a は定数。

$$f(x)=c_0+c_1(x-a)+c_2(x-a)^2+..$$

両辺を x で k 回微分して a を代入することで c_k の値が求まり、以下を得る。

$$f(x)=f(a)+f'(a)(x-a)+\frac{f''(a)}{2}(x-a)^2+.. \tag{A.1}$$

これを変数 x について a の周りの**級数展開**という。ただし、$|x-a|$ の大きさが、**収束半径**と呼ばれる値以上になると、高次の項を追加しても近似の精度は上がらない。

f が多変数関数 $f(x,y)$ の場合、多変数の級数展開は、媒介助変数 θ を用いて、1 変数関数の級数展開として求めることができる。$f(\theta(x-a)+a, \theta(y-b)+b)$ を θ について 0 の周りで級数展開し、θ に 1 を代入することで完成。

独立変数が増えても同様であり、f を $(x^\mu)=(x^0,x^1,x^2,x^3)$ につき $(b^\mu)=(b^0,b^1,b^2,b^3)$ の周りで展開すると、以下のように書き出される。

$$f(x)=f(b)+\sum_\mu f_{,\mu}(x^\mu-b^\mu)+\sum_{\mu,\nu}\frac{f_{,\mu\nu}}{2}(x^\mu-b^\mu)(x^\nu-b^\nu)+.. \tag{A.2}$$

ここに、$f_{,\mu}$, $f_{,\mu\nu}$ はいずれも $x=b$ での値、すなわち定数である。

A.3 ネイピア数と指数関数

ネイピア数（ Napier's constant）は円周率と並び、数学上重要な定数である。自然対数の底、ネーピア数、ネピア数とも云う。記号として通常は e が用いられる。

$$e = 2.71828...$$

以下の極限によって求めることができる。

$$e = \lim_{n \to \infty} (1 + \frac{1}{n})^n$$

このとき、n は整数でも良いが、実数でも収束（値が確定）する。正負も問わない。任意の実数 x に対して以下が成立する。

$$\lim_{n \to \infty} (1 + \frac{1}{n}x)^n \ = \left(\lim_{n \to \infty} (1 + \frac{x}{n})^{(\frac{n}{x})} \right)^x \ = e^x$$

ゆえに、任意の実数 x に対して、以下をもって指数関数の定義と見なすことができる。

$$e^x = \lim_{n \to \infty} (1 + \frac{1}{n}x)^n \tag{A.3}$$

これを拡大解釈して、どんな x でも、和と積が定義された量であれば適用できるとする。

e^x を微分すると、もとの関数に戻る性質がある。

$$\frac{d}{dx}e^x = \lim_{n \to \infty} \frac{d}{dx}(1 + \frac{1}{n}x)^n = \lim_{n \to \infty} \frac{(1 + \frac{1}{n}x)^n}{(1 + \frac{1}{n}x)} = e^x$$

ゆえに、指数関数の微分は、a を定数（和と積が定義されていれば実数の範囲に限る必要はない。但し、$xa = ax$ は必要。）として、以下のように与えられる。

$$\frac{d}{dx}e^{ax} = ae^{ax} \tag{A.4}$$

ここで、

$$f(x) = (\cos x + i \sin x)e^{-ix}$$

とおくと、$f(0)=1$ で（式 A.4）により、$\frac{d}{dx}f(x)\equiv 0$ だから、$f(x)\equiv 1$。故に以下の恒等式が成立する。これをオイラーの公式 (Euler's identity) という。

$$e^{ix}\equiv \cos x+i\sin x \tag{A.5}$$

e^x を以下のように級数展開すると、

$$n!:=1\cdot 2\cdot 3\cdot \ldots \cdot (n-1)\cdot n$$
$$e^x \;=\; a_0+a_1x+\frac{1}{2!}a_2x^2+\frac{1}{3!}a_3x^3+..$$

微分して、$\frac{d}{dx}e^x=e^x$ より以下を得る。

$$a_0=a_1,\; a_1=a_2,\; a_2=a_3,\; ..$$

さらに、$1=e^0=a_0$ だから、以下を得る。

$$e^x=1+x+\frac{1}{2!}x^2+\frac{1}{3!}x^3+\frac{1}{4!}x^4+\frac{1}{5!}x^5+.. \tag{A.6}$$

A.4　双極関数

定義：

$$\cosh\theta=\frac{e^\theta+e^{-\theta}}{2}\quad ,\quad \sinh\theta=\frac{e^\theta-e^{-\theta}}{2}\quad ,\quad \tanh\theta=\frac{\sinh\theta}{\cosh\theta} \tag{A.7}$$

読み：cosh：ハイパボリックコサイン、sinh：ハイパボリックサイン、
tanh：ハイパボリックタンジェント。

公式：

$$(\cosh\theta)^2-(\sinh\theta)^2=1\;,\;\frac{d}{d\theta}\cosh\theta=\sinh\theta\;,\;\frac{d}{d\theta}\sinh\theta=\cosh\theta \tag{A.8}$$

A.5　自然対数

ナチュラルログを略して ln と書く。$\ln x=\log_e x$ である。なお、高校数学では $\log x=\log_e x$ だが、一般には $\log x=\log_{10} x$ である場合が多い。

$$\text{定義：}\; y=\ln x \;\;\Leftrightarrow x=e^y\quad ,\quad \text{公式：}\; d(\ln x)=\frac{dx}{x} \tag{A.9}$$

A.6 行列

縦横に並べた数字の組みを行列 (matrix) という。演算に特徴があり積を以下のように行う。成分の数が増えても同様。

$$\begin{pmatrix} a_1 \\ a_2 \end{pmatrix} \begin{pmatrix} b_1 & b_2 \end{pmatrix} = \begin{pmatrix} a_1 b_1 & a_1 b_2 \\ a_2 b_1 & a_2 b_2 \end{pmatrix}$$

$$\begin{pmatrix} a_1 & a_2 \end{pmatrix} \begin{pmatrix} b_1 \\ b_2 \end{pmatrix} = a_1 b_1 + a_2 b_2$$

$$\begin{pmatrix} a_{11} & a_{12} \\ a_{21} & a_{22} \end{pmatrix} \begin{pmatrix} b_1 \\ b_2 \end{pmatrix} = \begin{pmatrix} a_{11} b_1 + a_{12} b_2 \\ a_{21} b_1 + a_{22} b_2 \end{pmatrix}$$

$$\begin{pmatrix} a_1 & a_2 \end{pmatrix} \begin{pmatrix} b_{11} & b_{12} \\ b_{21} & b_{22} \end{pmatrix} = \begin{pmatrix} a_1 b_{11} + a_2 b_{21} & a_1 b_{12} + a_2 b_{22} \end{pmatrix}$$

$$\begin{pmatrix} a_{11} & a_{12} \\ a_{21} & a_{22} \end{pmatrix} \begin{pmatrix} b_{11} & b_{12} \\ b_{21} & b_{22} \end{pmatrix} = \begin{pmatrix} a_{11} b_{11} + a_{12} b_{21} & a_{11} b_{12} + a_{12} b_{22} \\ a_{21} b_{11} + a_{22} b_{21} & a_{21} b_{12} + a_{22} b_{22} \end{pmatrix}$$

数字の横の並びの組みのことを行、縦の並びの組みのことを列という。行の数が２つ、列の数が３つからなる行列を、２× ３型の行列、あるいは２行３列の行列という。行の数と列の数が同じ行列を正方行列という。型が同じ行列同士は、たし算引き算ができる。

$$\begin{pmatrix} a & b \\ c & d \end{pmatrix} + \begin{pmatrix} e & f \\ g & h \end{pmatrix} = \begin{pmatrix} a+e & b+f \\ c+g & d+h \end{pmatrix}$$

$$3 \begin{pmatrix} a & b \\ c & d \end{pmatrix} = \begin{pmatrix} 3a & 3b \\ 3c & 3d \end{pmatrix}$$

２つの行列 A, B の積 AB は必ずしも逆順の積 BA と等しくなるとは限らない。これを利用して行列の具体的な内容は書かずに代数的な演算に用いる用途にも多く用いられる。例えば以下で定義されるパウリ行列など。

$$\sigma_1^2 = \sigma_2^2 = 1;\ \sigma_1 \sigma_2 = -\sigma_2 \sigma_1 = i \sigma_3$$

先に代数を設定しておいて、それを実現する縦横の数の組みを例示することを表現するという。例えば虚数単位 i を行列に表現すると、

$$i^2 = -1 \ \Rightarrow \ i = \begin{pmatrix} 0 & -1 \\ 1 & 0 \end{pmatrix}$$

A.7　いろいろな行列

正方行列とは、行列の行数と列数が等しい行列のことを云う。

単位行列とは、積において、数字の 1 と同じ振る舞いをする正方行列のことを云う。記号はよく E や I が用いられるが、**数に単位行列が掛けてあることが明らかな文脈中においては表記を省略することも多々ある。**行数が明示されていない場合は文脈から判断し、たとえば、3 行 3 列の行列を扱う文脈中においては、以下のように表現される。

$$I = \begin{pmatrix} 1 & 0 & 0 \\ 0 & 1 & 0 \\ 0 & 0 & 1 \end{pmatrix}$$

対角行列とは、成分が対角線上に並ぶ正方行列のことをという。しばしば以下のように記号 diag を用いて表わされる。

$$\mathrm{diag}(a, b, c) := \begin{pmatrix} a & 0 & 0 \\ 0 & b & 0 \\ 0 & 0 & c \end{pmatrix}$$

逆行列とは逆数に相当する行列をいう。行列 A の逆行列はよく A^{-1} と記される。

$$A^{-1}A = AA^{-1} = I$$

逆行列が存在しない行列もある。
数の“割り算”とは異なり、左から掛けるのか右から掛けるのか注意。
積の逆行列は、積の順序が入れ替わるので注意。

$$(AB)^{-1} = B^{-1}A^{-1}$$

転置行列 (transposed matrix) とは、行と列を入れ替えた行列のことを云う。行と列を入れ替える演算を**転置** (transpose) するという。行列 A の転置行列はよく ${}^tA$ と記される。

$$A = \begin{pmatrix} a & b \\ c & d \end{pmatrix} \Rightarrow {}^tA = \begin{pmatrix} a & c \\ b & d \end{pmatrix}$$

行列の積を転置すると、積の順序が入れ替わるので注意。

$$^t(AB) = {}^tB^tA$$

対称行列とは、転置しても、もとの行列と変わらない行列（$^tA = A$）のことを云う。

交代行列あるいは**反対称行列**とは、転置したら、もとの行列に (-1) を掛けたものになる行列（$^tA = -A$）のことを云う。

直交行列 (orthogonal matrix) とは、転値行列が元の行列の逆行列と等しくなる行列 ($^tR = R^{-1}$) をいう。

行列の複素共役 ($i^2 = -1$; $i^* = -i$) は、行列の各成分に対して適用される。A の複素共役はよく記号 A^* で表される。（文献によっては $\bar{A}$ が用いられる。）

$$A = \begin{pmatrix} a & b \\ c & d \end{pmatrix} \Rightarrow A^* = \begin{pmatrix} a^* & b^* \\ c^* & d^* \end{pmatrix}$$

エルミート共役 (hermitian conjugate) とは、転置してさらに複素共役を取った行列のことを云う。$A^\dagger$ と記される場合が多い。

$$A^\dagger := {}^tA^*$$

エルミート行列 (Hermitian matrix) とは、エルミート共役が元の行列のと等しくなる行列（$A^\dagger = A$）をいう。

ユニタリ行列 (unitary matrix) とは、エルミート共役が元の行列の逆行列となる行列 ($U^\dagger = U^{-1}$) をいう。

A.8 置換における符号関数 sgn

sgn は n を任意の自然数、k を n 未満の任意の自然数、$\{i_1, i_2, ..., i_n\}, \{j_1, j_2, ..., j_n\}$ を任意の数列として、以下の性質を満たす関数。値は $-1, 0, 1$ の3通りのみ。

- 隣あう要素の入れ替えで符号が反転する。

$$sgn\begin{pmatrix} i_1 & i_2 & \cdots & i_k & i_{k+1} & \cdots & i_n \\ j_1 & j_2 & \cdots & j_{k+1} & j_k & \cdots & j_n \end{pmatrix} = -sgn\begin{pmatrix} i_1 & i_2 & \cdots & i_k & i_{k+1} & \cdots & i_n \\ j_1 & j_2 & \cdots & j_k & j_{k+1} & \cdots & j_n \end{pmatrix}$$

- 下の行の数列が上の行の数列を並べ替えたものでなければ値はゼロ。
- 数列の値に重複が無く、上下の数列が同じ場合に値は1。

$$sgn\begin{pmatrix} i_1 & i_2 & \cdots & i_n \\ i_1 & i_2 & \cdots & i_n \end{pmatrix} = \begin{cases} 0 & ((i_1, i_2, ..., i_n) \text{ に重複あり}) \\ 1 & ((i_1, i_2, ..., i_n) \text{ に重複なし}) \end{cases}$$

定理：上の行と下の行の入れ替えしても値が変わらない。

$$sgn\begin{pmatrix} j_1 & j_2 & \cdots & j_n \\ i_1 & i_2 & \cdots & i_n \end{pmatrix} = sgn\begin{pmatrix} i_1 & i_2 & \cdots & i_n \\ j_1 & j_2 & \cdots & j_n \end{pmatrix}$$

定理： sgn はクロネッカーデルタ $g^i_j = \begin{cases} 1 & (i = j) \\ 0 & (i \neq j) \end{cases}$ で展開できる。

例：

$$sgn\begin{pmatrix} i \\ j \end{pmatrix} = g^i_j$$

$$sgn\begin{pmatrix} i & j \\ k & l \end{pmatrix} = g^i_k g^j_l - g^i_l g^j_k$$

$$sgn\begin{pmatrix} i & j & k \\ l & m & n \end{pmatrix} = g^i_l g^j_m g^k_n + g^i_n g^j_l g^k_m + g^i_m g^j_n g^k_l - g^i_l g^j_n g^k_m - g^i_n g^j_m g^k_l - g^i_m g^j_l g^k_n$$

具体例として、

$$sgn\begin{pmatrix} 1 & 2 & 3 \\ i & j & k \end{pmatrix} = \begin{cases} 1 & (ijk = 123, 231, 312) \\ -1 & (ijk = 132, 213, 321) \\ 0 & (\text{それら以外}) \end{cases}$$

A.9　行列式

行列式とは、正方行列の成分を掛け合わせて得られる数。行列 A に対して、$|A|$ あるいは $\det(A)$ の様に表記される。$n \times n$ 型行列 A の i 行 j 列の成分を a_{ij} と書くとき、以下で定義される。関数 sgn については（§A.8）参照。

$$\det(A) = \sum_{i,j,..,k} sgn\begin{pmatrix} 1 & 2 & .. & n \\ i & j & .. & k \end{pmatrix} a_{1i}\ a_{2j}\ ..\ a_{nk} \tag{A.10}$$

以下の性質があり、これらの性質により行列式は一意に定まる。

- 列に関して線型性がある

$$\begin{vmatrix} a & 3b & c \\ d & 3e & f \\ g & 3h & i \end{vmatrix} = 3\begin{vmatrix} a & b & c \\ d & e & f \\ g & h & i \end{vmatrix}$$

$$\begin{vmatrix} a & b+x & c \\ d & e+y & f \\ g & h+z & i \end{vmatrix} = \begin{vmatrix} a & b & c \\ d & e & f \\ g & h & i \end{vmatrix} + \begin{vmatrix} a & x & c \\ d & y & f \\ g & z & i \end{vmatrix}$$

- 隣り合う列を交換すると、もとの値に (-1) を掛けた値になる（交代性）

$$\begin{vmatrix} d & a & g \\ e & b & h \\ f & c & i \end{vmatrix} = \begin{vmatrix} a & g & d \\ b & h & e \\ c & i & f \end{vmatrix} = -\begin{vmatrix} a & d & g \\ b & e & h \\ c & f & i \end{vmatrix}$$

- 単位行列の行列式は 1

定理として以下の性質がある。

- 行列を転置しても値が変わらない

$$\begin{vmatrix} a & b & c \\ d & e & f \\ g & h & i \end{vmatrix} = \begin{vmatrix} a & d & g \\ b & e & h \\ c & f & i \end{vmatrix}$$

- 積の行列式は、行列式の積になる

$$\det(AB) = \det(A)\ \det(B) \tag{A.11}$$

A.10　行列のトレース

行列のトレース (Trace) とは、正方行列の対角要素の和。行列の“跡(せき)”ともいう。記号は多くの場合 tr( ) を使う。例えば、

$$\mathrm{tr}\begin{pmatrix} a & b \\ c & d \end{pmatrix} = a+d$$

$n\times n$ 型行列 A の i 行 j 列の成分を a_{ij} と書くならば、

$$\mathrm{tr}(A) = \sum_{i=1}^{n} a_{ii} \tag{A.12}$$

行列 A のトレースを行列式を用いて表すならば、

$$\mathrm{tr}(A) = \lim_{x\to 0} \frac{\det(1+xA)-1}{x} \tag{A.13}$$

定義により自明な定理として以下が成り立つ。
A,B,C を同じ型の正方行列、k を任意の数として、

$$\mathrm{tr}(A+B) = \mathrm{tr}(A)+\mathrm{tr}(B) \tag{A.14}$$
$$\mathrm{tr}(kA) = k\ \mathrm{tr}(A) \tag{A.15}$$
$$\mathrm{tr}({}^{t}A) = \mathrm{tr}(A) \tag{A.16}$$
$$\mathrm{tr}(A^{*}) = (\mathrm{tr}(A))^{*} \tag{A.17}$$
$$\mathrm{tr}(AB) = \mathrm{tr}(BA) \tag{A.18}$$
$$\mathrm{tr}(ABC) = \mathrm{tr}(CAB) \tag{A.19}$$
$$\mathrm{tr}(B^{-1}AB) = \mathrm{tr}(A) \tag{A.20}$$

なお、数字の 1 が単位行列を表している場合もあるので注意。n 行 n 列の行列を扱っている文脈では、

$$\mathrm{tr}(1) = n$$

A.11 行列の余因子と逆行列、行列式の微分

3 行 3 列の場合を例にとって、逆行列の算出と余因子について触れる。これらの計算や手法は n 行 n 列の場合でも同じである。正方行列 (g_{ij}) があるとき、その行列式 g は以下で計算される。

$$g = \sum_{i,j,k} s^{ijk}\ g_{1i}\ g_{2j}\ g_{3k}$$

ここに、

$$s^{ijk} = sgn\begin{pmatrix} i & j & k \\ 1 & 2 & 3 \end{pmatrix}$$

続いて余因子行列 Δ^{ij} を定義する。行列式の中から列を一つづつ抜き取って並べたものである。あるいは、g の行列式の中で、i 行 j 列の値を 1 に取り替えて、他の i 行の値を 0 に取り替えたものと考えてもよい。

$$\Delta^{i1} = \sum_{j,k} s^{ijk} \qquad g_{2j}\ g_{3k}$$

$$\Delta^{j2} = \sum_{i,k} s^{ijk}\ g_{1i} \qquad g_{3k}$$

$$\Delta^{k3} = \sum_{i,j} s^{ijk}\ g_{1i}\ g_{2j}$$

これによると、

$$\sum_i g_{1i}\Delta^{i1} = \sum_{i,j,k} s^{ijk}\ g_{1i}\ g_{2j}\ g_{3k} = g$$

$$\sum_i g_{2i}\Delta^{i1} = \sum_{i,j,k} s^{ijk}\ g_{2i}\ g_{2j}\ g_{3k} = 0$$

以下同様で、まとめると、

$$\sum_i g_{ji}\Delta^{ik} = \begin{cases} g & (j = k) \\ 0 & (j \neq k) \end{cases}$$

つまり、余因子行列 (Δ^{ij}) は (g_{ij}) の逆行列 (g^{ij}) に (g_{ij}) の行列式 g を掛けたものに等しいことがわかる。

$$\Delta^{ij} = g\ g^{ij}$$

また、行列式の微分はライプニッツ則により、以下のように書かれる。

$$\begin{aligned} d(\ g\ ) = &\sum_{i,j,k} s^{ijk}\ d(g_{1i})\ g_{2j}\ g_{3k} \\ &+\sum_{i,j,k} s^{ijk}\ g_{1i}\ d(g_{2j})\ g_{3k} \\ &+\sum_{i,j,k} s^{ijk}\ g_{1i}\ g_{2j}\ d(g_{3k}) \\ =&\sum_{i,j} \Delta^{ij} d(\ g_{ji}\ ) = g \sum_{i,j} g^{ij} d(\ g_{ji}\ ) \end{aligned} \tag{A.21}$$

応用として、行列式の平方根の微分は以下のようになる。(s_g は g の符号)

$$\begin{aligned} d(\sqrt{|g|}) &= \frac{d(|g|)}{2\sqrt{|g|}} = \frac{s_g}{2\sqrt{|g|}} d(g) = \frac{s_g}{2\sqrt{|g|}}\ g \sum_{i,j} g^{ij} d(\ g_{ji}\ ) \\ &= \frac{1}{2}\sqrt{|g|}\ \sum_{i,j} g^{ij} d(\ g_{ji}\ ) \end{aligned} \tag{A.22}$$

A.12 エルミート行列の固有値・固有ベクトル

H を n 行 n 列のエルミート行列であるとする。すなわち、H に転置して複素共役（$i^2=-1; A \to A^* : i \to -i$）をとったものが、もとの H に等しい。

$$ {}^tH^* = H $$

このとき、以下の関係式を満たす、λ, $\vec{v} \neq \vec{0}$ が存在する。

$$ H\vec{v} = \lambda\vec{v} $$

この方程式を H の固有方程式、λ を H の固有値、$\vec{v}$ を固有値 λ の固有ベクトルという。

固有ベクトル $\vec{v}$ のエルミート共役（$A^\dagger := {}^tA^*$）を $\vec{v}^{\,\dagger}$ とすると、$\vec{v}^{\,\dagger}\cdot\vec{v}$ と $\vec{v}^{\,\dagger}H\vec{v}$ は実数である。

$$ (\vec{v}^{\,\dagger}\cdot\vec{v})^* = (\vec{v}^{\,\dagger}\cdot\vec{v})^\dagger = \vec{v}^{\,\dagger}\cdot\vec{v} $$
$$ (\vec{v}^{\,\dagger}H\vec{v})^* = (\vec{v}^{\,\dagger}H\vec{v})^\dagger = \vec{v}^{\,\dagger}H^\dagger\vec{v} = \vec{v}^{\,\dagger}H\vec{v} $$

よって、$\vec{v}^{\,\dagger}H\vec{v} = \lambda\vec{v}^{\,\dagger}\cdot\vec{v}$ により、エルミート行列 H の固有値 λ は実数である。

異なる固有値に対する固有ベクトルは互いに直交（内積がゼロ）する。以下に示す。ここに、平行ではない 2 つの固有ベクトル $\vec{v}_1$, $\vec{v}_2$ があるとする。それぞれの固有値を λ_1, λ_2 とすると、以下が成り立つ。

$$ H\vec{v}_1 = \lambda_1\vec{v}_1 $$
$$ H\vec{v}_2 = \lambda_2\vec{v}_2 $$

後者のエルミート共役は、以下のようになる。

$$ \vec{v}_2{}^\dagger H = \lambda_2\vec{v}_2{}^\dagger $$

よって、H の両側から $\vec{v}_2{}^\dagger$, $\vec{v}_1$ で鋏(はさ)むことにより以下を得る。

$$ (\lambda_2 - \lambda_1)\vec{v}_2{}^\dagger\cdot\vec{v}_1 = 0 $$

もしも $\lambda_2 \neq \lambda_1$ ならば、$\vec{v_2}^\dagger \cdot \vec{v_1} = 0$ となり固有ベクトル同士は直交する。$\lambda_2 = \lambda_1$ の場合は、$\vec{v_2}^\dagger \cdot \vec{v_1} = 0$ となるように、$\vec{v_1}$, $\vec{v_2}$ を選ぶことができる（⇒グラムシュミットの直交化法）。たとえば、

$$\vec{v_1} \to \vec{v_1} - \frac{\vec{v_2}^\dagger \cdot \vec{v_1}}{\vec{v_2}^\dagger \cdot \vec{v_2}} \vec{v_2}$$

I を単位行列として、もし、$H - \lambda I$ に逆行列が存在したら、$\vec{v} = 0$ でなければならなくなるから、その逆行列は存在しない。すなわち、少なくとも $H - \lambda I$ の行列式はゼロでなければならない。よって、λ の値を求める以下の n 次方程式が得られる。

$$\begin{aligned} P_{KH}(x) &:= \det(H - xI) \\ P_{KH}(\lambda) &= 0 \end{aligned} \tag{A.23}$$

この n 個の解を $(\lambda_1,\ \lambda_2,\ ,...,\ \lambda_n)$ としよう。因数定理により、以下が成立する。

$$P_{KH}(x) = -(x - \lambda_1)(x - \lambda_2)...(x - \lambda_n)$$

一方定義（式 A.23）によれば、（↓誤用とされているが、代数としては正しい。）

$$P_{KH}(H) = 0$$

であるから、以下が成立する。

$$(H - \lambda_1 I)(H - \lambda_2 I)...(H - \lambda_n I) = 0$$

最初の部分を展開して、

$$H(H - \lambda_2 I)...(H - \lambda_n I) = \lambda_1 (H - \lambda_2 I)...(H - \lambda_n I)$$

よって、$\vec{u}$ を任意のベクトルとして、

$$\vec{v_1} = (H - \lambda_2 I)...(H - \lambda_n I)\vec{u}$$

とすると、$\vec{v_1}$ は以下の関係式を満たす。

$$H\vec{v_1} = \lambda_1 \vec{v_1}$$

同様にして、残りの固有値に対する固有ベクトルを求めることができる。

A.13 $\frac{\partial}{\partial t}(\vec{D}\times\vec{B})$ の計算

（式 7.7）を導出する計算を示す。まずは 3 重ベクトル積の公式（式 5.16）を（式 7.4）の流儀で順番を変えないように書くと、

$$\vec{A}\times(\vec{B}\times\vec{C}) = \cdot\vec{A}\vec{B}\vec{C}\cdot - (\vec{A}\cdot\vec{B})\vec{C}$$

これを使って、

$$\begin{aligned}
\frac{\partial\vec{D}}{\partial t}\times\vec{B} &\overset{6.12}{=} (\vec{\nabla}\times\vec{H}-\vec{j}_e)\times\vec{B} \\
&= -\vec{B}\times(\vec{\nabla}\times\vec{H}) - \vec{j}_e\times\vec{B} \\
&= -\cdot\vec{B}\vec{\nabla}\vec{H}\cdot + (\vec{B}\cdot\vec{\nabla})\vec{H} - \vec{j}_e\times\vec{B} \\
&= -\cdot\vec{B}\vec{\nabla}\vec{H}\cdot + \vec{\nabla}(\vec{B}\otimes\vec{H}) - (\vec{\nabla}\cdot\vec{B})\vec{H} - \vec{j}_e\times\vec{B} \\
&= -\cdot\vec{B}\vec{\nabla}\vec{H}\cdot + \vec{\nabla}(\vec{B}\otimes\vec{H}) - \rho_m\vec{H} - \vec{j}_e\times\vec{B}
\end{aligned}$$

同様に、

$$\begin{aligned}
\vec{D}\times\frac{\partial\vec{B}}{\partial t} &\overset{6.11}{=} \vec{D}\times(-\vec{\nabla}\times\vec{E}-\vec{j}_m) \\
&= -\cdot\vec{D}\vec{\nabla}\vec{E}\cdot + (\vec{D}\cdot\vec{\nabla})\vec{E} + \vec{j}_m\times\vec{D} \\
&= -\cdot\vec{D}\vec{\nabla}\vec{E}\cdot + \vec{\nabla}(\vec{D}\otimes\vec{E}) - (\vec{\nabla}\cdot\vec{D})\vec{E} + \vec{j}_m\times\vec{D} \\
&= -\cdot\vec{D}\vec{\nabla}\vec{E}\cdot + \vec{\nabla}(\vec{D}\otimes\vec{E}) - \rho_e\vec{E} + \vec{j}_m\times\vec{D}
\end{aligned}$$

これらを合計して（式 7.7）を得る。

A.14 $\vec{\nabla}\cdot(\vec{E}\times\vec{H})$ の計算

まず、レビチビタ記号を設定。これを利用してベクトル積の微分を計算する。

$$\epsilon^{deh} := sgn\begin{pmatrix} d & e & h \\ 1 & 2 & 3 \end{pmatrix}$$

$$\begin{aligned}
\vec{\nabla}\cdot(\vec{E}\times\vec{H}) &= \sum_{d,e,h} \epsilon^{deh}\nabla_d(E_e H_h) \\
&= \sum_{d,e,h} H_h \epsilon^{deh}\nabla_d E_e + E_e \epsilon^{deh}\nabla_d H_h \\
&= \vec{H}\cdot\vec{\nabla}\times\vec{E} - \vec{E}\cdot\vec{\nabla}\times\vec{H}
\end{aligned}$$

マクスウェルの方程式（式 6.11, 6.12）を代入して、

$$\vec{\nabla}\cdot(\vec{E}\times\vec{H}) = \vec{H}\cdot(-\frac{\partial\vec{B}}{\partial t} - \vec{j}_m) - \vec{E}\cdot(\frac{\partial\vec{D}}{\partial t} + \vec{j}_e)$$

A.15 微分の反エルミート性

大学の数学では"ベクトルの公理"をみたす対象は何でもベクトルであり、"内積の公理"を満たす演算は、どれも内積である。この意味で高校では高々3成分の演算であったベクトルや内積の概念は、大学では関数にも拡張される。行列の概念も拡張され、"演算子" (operator) という言葉に変わる。

実数 x の関数 $f(x), g(x)$（値は複素数）があるとき、それらの内積を

$$\langle f|g\rangle := \int_a^b f^*(x)g(x)dx$$

で、定義する。$*$ は複素共役を表わす。このとき、積分の端っこでは、関数値とその微分がゼロになる $f(a)=f(b)=0, f'(a)=f'(b)=0, g(a)=g(b)=0, g'(a)=g'(b)=0$ か、あるいは、終わりは始まりでもある周期境界条件 $f(a)=f(b), f'(a)=f'(b), g(a)=g(b), g'(a)=g'(b)$ が課してあるものとする。

行列算の概念からの移行としては、粗視化して考えてみるとワカリヤスイかもしれない。まずは区間 $[a,b]$ を n 等分する。$dx=\frac{b-a}{n}$ で、i 番目の区間の x を $x_i=(i-\frac{1}{2})dx$ で代表して、足し上げ、最後に $n\to\infty$ の極限を取る。

$$\textstyle\sum_{i=1}^n h(x_i)\frac{b-a}{n} \quad\to\quad \int_a^b h(x)dx$$

行列のエルミート共役は全ての A_{ij} 成分に A_{ji}^* を対応させる演算だった。関数の内積のエルミート共役は、$\langle f|g\rangle$ に対して、$\langle g|f\rangle^*$ を対応させる。

内積の間に微分を挟んでみる。部分積分により反エルミート性が見出される。

$$\begin{aligned}
\langle f|\frac{d}{dx}|g\rangle &:= \int_a^b f^*(x)\frac{d}{dx}g(x)dx \\
&= \int_a^b \frac{d}{dx}(\ f^*(x)g(x)\ )dx - \int_a^b \left(\frac{d}{dx}f^*(x)\right)g(x)dx \\
&= [\ f^*(x)g(x)\ ]_a^b - \left(\int_a^b g^*(x)\frac{d}{dx}f(x)dx\right)^* \\
&= -\langle g|\frac{d}{dx}|f\rangle^*
\end{aligned}$$

つまり微分演算子 $\frac{d}{dx}$ に虚数単位 i を掛けるとエルミート演算子になる。

A.16　量子論的な角運動量の取りうる値

以下の交換関係（式 9.38）があるとき、$\vec{L}$ の取りうる値が（式 9.39, 9.40）であることを示す。なお、字数節約のため $\hbar = 1$ とする。

$$\vec{L}\times\vec{L} = i\vec{L} \quad \text{（交換関係）}$$
$$\downarrow$$
$$\vec{L}\cdot\vec{L} = s(s+1)$$
$$L_z = -s, -s+1,\ ..\ , s-1, s$$

m,n を数として、もしも、$L_x\psi = m\psi, L_y\psi = n\psi$ を満たす波動関数 ψ が有ったとしたら、交換関係より、$L_z\psi = 0$ となる。これよりさらに交換関係を適用すると、$n = m = 0$ となり、トリビア。ゆえに、値を持つことを許容するのは L_z のみとし、L_x, L_y については値を知ることを放棄する。以下を置く。

$$\beta := \vec{L}\cdot\vec{L}$$
$$L_\pm := L_x \pm iL_y$$

交換関係により、以下が成立。（筆者はよく計算間違いをするので、要確認。）

$$\vec{L}\beta = \beta\vec{L} \tag{A.24}$$
$$L_zL_+ = L_+L_z + L_z \tag{A.25}$$
$$L_zL_- = L_-L_z - L_z \tag{A.26}$$
$$L_-L_+ = \beta - L_z^2 - L_z \tag{A.27}$$
$$L_+L_- = \beta - L_z^2 + L_z \tag{A.28}$$

（式 A.24）より、この代数において、β はある値の数として扱う。L_z に値 m を与える波動関数を $|m\rangle$ とする。

$$L_z|m\rangle = m|m\rangle$$

この $|m\rangle$ を（式 A.25）に掛けて、以下を得る。

$$L_zL_+|m\rangle = (m+1)L_+|m\rangle$$

すなわち、$L_+|m\rangle$ は、$|m+1\rangle$ に比例する。$|m\rangle$ のエルミート共役を $\langle m|$ とし、$\langle a|$ と $|b\rangle$ の内積を $\langle a|b\rangle$ とすると、（式 A.27）より、

$$\langle m|L_-L_+|m\rangle = (\beta - m^2 - m)\langle m|m\rangle \tag{A.29}$$

（§A.15）の意味で、$\vec{L}$ の各成分はエルミート演算子だから、L_+ のエルミート共役は L_- 。よって、$L_+|m\rangle$ のエルミート共役が $\langle m|L_-$ になるから、ノルムの正値性により、左辺は非負。$\langle m|m\rangle$ が正値だから、$\beta - m^2 - m$ も非負。ゆえに、β を値が定まった量だとすると、m の値には上限があることになる。s を m の最大値とすると、存在しないという意味で、$L_+|s\rangle = 0$ 。よって（式 A.29）より、$\beta - s^2 - s = 0$

$$\therefore \beta = s(s+1)$$

同様にして、m の最小値を $-s'$ とすると、（式 A.26, A.28）より同様にして、$\beta = s'(s'+1)$

$$\therefore s' = s$$

（式 A.25）より、$|-s\rangle$ に L_+ を n 回かけることにより、$|n-s\rangle$ を得る。
一方で（式 A.26）より、$|s\rangle$ に L_- を n 回かけることにより、$|s-n\rangle$ を得る。

$$\therefore m = -s, -s+1, \,..\,, s-1, s$$

以上により題意は証明された。

A.17 流れと増減と保存則

質量の体積当たりの密度を ρ、四元速度を $v^\mu = \frac{dx^\mu}{ds}$ とするとき、質量保存則が、以下の式で表されることを示す。これは電荷保存則の場合も同様である。

$$(\rho v^\mu)_{:\mu} = 0 \tag{A.30}$$

ここで、基本密度 $\sqrt{\ }$（式 6.32）を用いて、以下のように置く。

$$\tilde{J}^\mu = \rho v^\mu \sqrt{\ }$$

局所慣性系で粒子の速さが光の速さに比して十分に小さい場合を想定すると、粒子の速度を $\vec{v}$ として、以下のように近似される。

$$\tilde{J}^0 = \rho \quad , \quad (\tilde{J}^1, \tilde{J}^2, \tilde{J}^3) = \rho\vec{v}$$

ここで（図 6.1）左をご覧頂きたい。領域 R 内の質量は、$\tilde{J}^0$ を R 全域に渡って体積分したものである。その 1 秒当たりの増減は時間微分で与えられるだろう。

$$\frac{d}{dt}(R\,\text{内の質量}) = \int_R^{(3)} \tilde{J}^0{}_{,0}\ dx \wedge dy \wedge dz$$

一方で、微小な向きつけられた面積要素 $d\vec{S}$ を 1 秒間あたりに通過して流出する体積は、$\vec{v}\cdot d\vec{S}$ だから、1 秒間あたりに流出した質量は、ガウスの定理により、

$$\begin{aligned}
1\,\text{秒間あたりに流出した質量} &= \oiint_{\partial R} \rho\vec{v}\cdot d\vec{S} \\
&= \oiint_{\partial R} \tilde{J}^1 dy \wedge dz + \tilde{J}^2 dz \wedge dx + \tilde{J}^3 dx \wedge dy \\
&= \int_R^{(3)} \vec{\nabla}\cdot(\tilde{J}^1, \tilde{J}^2, \tilde{J}^3) \ \ dx \wedge dy \wedge dz
\end{aligned}$$

これらはバランスし、また、積分領域 R は任意だから、積分を外すことができて、

$$0 = \tilde{J}^0{}_{,0} + \vec{\nabla}\cdot(\tilde{J}^1, \tilde{J}^2, \tilde{J}^3) = \tilde{J}^\mu{}_{,\mu}$$

ここで、共変微分のライプニッツ則と（式 A.22）により、以下が成立。

$$\sqrt{\ }_{:\mu} = \frac{1}{2}\sqrt{\ }g^{\alpha\beta}g_{\alpha\beta:\mu}$$

併せて、ベクトル密度の 4 次元わき出しの式（式 11.27）と、計量条件 $g_{\mu\nu:\rho} = 0$ により、以下が成立するので、$(\rho v^\mu)_{:\mu} = 0$ である。

$$\tilde{J}^\mu{}_{,\mu} = (\rho v^\mu \sqrt{\ })_{,\mu} = (\rho v^\mu \sqrt{\ })_{:\mu} = (\rho v^\mu)_{:\mu}\sqrt{\ }$$

参考文献

[参考文献の見方] .

●論文の場合 :「著者 (出版年) “タイトル” 雑誌と掲載箇所.」の順に並べてある。et al とは、共同研究者名を略したもの。

arXiv は雑誌で公表する前に、研究成果を世界に知らせたもので、いわば雑誌に掲載された論文の原稿のようなもの。“arXiv:” の部分を “https://arxiv.org/abs/” に置き換えた URL に接続して、ページ右上の “PDF” をクリックすると本文を見ることができる。無料。

doi は文献に付加される国際識別子で、“doi:” の部分を “https://doi.org/” に置き換えた URL に接続すると論文が掲載されているサイトに繋がる。本文を見るには有料である場合が多い。

“https://..” あるいは “http://..” は閲覧のための URL

●本の場合 : 著者 (出版年) “タイトル” 出版社

“amzn:” の部分を “https://www.amazon.co.jp/dp/” に置き換えると amazon の該当ページの URL になる。検索欄に入力しても有効。

(値が ISBN と同じ場合には省略した。)

“ISBN:” 図書館で本を借りるときにこの番号を打ち込むと一発で見つかる。amazon で検索欄に番号を入れるとヒットする可能性が高い。

[1] 論文 : Brecher K. (1977). “Is the speed of light independent of the velocity of the source” . Physical Review Letters 39 (17): 1051–1054. doi:10.1103/PhysRevLett.39.1051

[2] 論文 : A.A.Michelson, E.W.Morrey (1887). “On the Relative Motion of the Earth and the Luminiferous Ether” . American Journal of Science,

34 (203): 333–345
https://history.aip.org/exhibits/gap/PDF/michelson.pdf

[3] 論文：Adam G. Riess et al. (Supernova Search Team) (1998). "Observational evidence from supernovae for an accelerating universe and a cosmological constant" . Astronomical J. 116: 1009–38.
arXiv:astro-ph/9805201 , doi:10.1086/300499

[4] 論文：S. Perlmutter et al. (The Supernova Cosmology Project) (1999). "Measurements of Omega and Lambda from 42 high redshift supernovae" . Astrophysical J. 517: 565–86.
arXiv:astro-ph/9812133 , doi:10.1086/307221

[5] 本：S. W. Hawking, G. F. R. Ellis(1973) "The Large Scale Structure of Space-Time" Cambridge University Press , ISBN:0521099064 , doi:10.1017/CBO9780511524646

[6] 本：P.A.M. ディラック (Paul Adrien Maurice Dirac)(1975). "一般相対性理論" 筑摩書房（翻訳：江沢 洋）, ISBN:4480089500
https://books.google.co.jp/books/about/
General_Theory_of_Relativity.html?id=Jtu-n8AzJhMC

[7] 本：P.A.M. ディラック (Paul Adrien Maurice Dirac)(1963). "ディラック 量子力学 原書第 4 版 改訂版 (The Principles of QUANTUM MECHANICS)" 岩波書店（翻訳：朝永 振一郎ほか）, ISBN:4000061518

[8] 本：R.Feynman (1963) "The Feynman Lectures on Physics, Volume I"
https://www.feynmanlectures.caltech.edu/I_10.html#Ch10-S3
邦訳： ISBN: 4000077112

[9] 本：アイザック・ニュートン (1687). "自然哲学の数学的諸原理"
本稿では、中野猿人 (訳) "プリンシピア" 講談社 (昭和 53 年) を参照した。ウェブで検索すると解説本が多数見つかるが、機会があれば、ぜひ原典 (訳本) に触れてみることをお勧めする。とくに、中学・高校の教員になることを目指している人たちには、文系理系の区別を問わず今日の科学の「考え方」の源流の一つを知るために目を通していただきたい。ただし、「や

りかた」「考え方」がつかめれば良いので、全てを読破する必要はない。アマゾンで 113 ページまで試し読みできるようだ。amzn:B07Y5HLHTG

[10] 解説：啓林館、万有引力 http://www.keirinkan.com/kori/kori_physics/kori_physics_2_kaitei/contents/ph2/1bu/124.htm#Anchor26085

[11] 実験装置：島津理化、万有引力実験器 https://www.shimadzurika.co.jp/kyoiku/butsuri/chikara_undo/121_330.html

[12] 論文：A. アインシュタイン (1946)“質量エネルギーの等価性の初等的導出”
　これは本人による著書 “Out Of My Later Years” (ISBN:0806503572) に収録されている。
邦訳は例えば“アインシュタイン選集 1 ”共立出版 (1971) (ISBN:4320030192) に収録されている。
片山泰男氏による翻訳が Web 上で読める。
http://home.catv.ne.jp/dd/pub/tra/mass.html

[13] 論文：小野田 波里 (2011)“慣性の相対性とマッハ原理”科学哲学科学史研究』第 5 号
アインシュタインの重力理論とマッハ原理との関係を科学史の観点から紹介した文献として読みやすい。PDF ファイルをウェブ上から取得できる。「慣性の相対性とマッハ原理」で検索。

[14] サイト：“二重スリット実験：量子計測：研究開発：日立”
https://www.hitachi.co.jp/rd/research/materials/quantum/doubleslit/

[15] 本：S.S. チャーン, W.H. チェン, K.S. ラム (共著)；島田英夫, V.S. サバウ (共訳) “微分幾何学講義:リーマン・フィンスラー幾何学入門”培風館 ISBN: 456300345X　フィンスラー幾何学の入門書

[16] 論文：Y. Suzuki(1956) “Finsler geometry in classical physics.” Journal of the College of Arts and Sciences

[17] 論文：T.Ootsuka, E.Tanaka. (2010)“Finsler geometrical path integral.” Physics Letters A 374 1917–1921

[18] 講義録：有賀暢迪 (2011)“黎明期の変分力学 -モーペルテュイ, オイラー, ラグランジュと最小作用の原理–”数理解析研究所講究録第 1749 巻
https://www.kurims.kyoto-u.ac.jp/~kyodo/kokyuroku/contents/pdf/1749-

02.pdf

[19] 本：山本義隆 (1997)“古典力学の形成—ニュートンからラグランジュへ” 日本評論社 ISBN: 4535782431　解析力学の歴史的な経緯に詳しい。

[20] 本：大貫 義郎 (1987) “解析力学” 岩波書店 ISBN: 4000077422
名古屋大学での理学部物理学科 3 年生向けの講義ノートを基にしたもので、ノーベル賞受賞者を排出したあの雰囲気を映し出している。本は小振りだが中身は濃く、多少マニアックとも思えるようなこだわりもあり、解析力学の急所を鋭くえぐり出す。授業でラグランジアンについて嬉しそうに語る大貫先生の満面の笑顔を筆者は忘れられない。

[21] 本：高橋 康, 柏 太郎 (2005)“量子場を学ぶための場の解析力学入門” ISBN: 4061532529　読みやすい。しかも、日本語で書かれてある。

[22] 解説：藤井 賢一 (2019) “プランク定数にもとづくキログラムの新しい定義” 日本原子力学会誌，Vol.61，No.1
https://www.jstage.jst.go.jp/article/jaesjb/61/10/61_716/_pdf/-char/en

[23] 本：R.Feynman (1963)“The Feynman Lectures on Physics, Volume II (Chapter 17-4)” 邦訳：ISBN: 4000077139（第 3 巻 17 章 4 節）
https://www.feynmanlectures.caltech.edu/II_17.html#Ch17-S4

[24] 本：R.Feynman (1963)“The Feynman Lectures on Physics, Volume II (Chapter 20.etc..)” 邦訳：ISBN: 4000077139（第 3 巻 20 章など）
https://www.feynmanlectures.caltech.edu/II_20.html

[25] 本：今井 功 (1990)“電磁気学を考える”サイエンス社　ISBN: 4781905722

[26] 論文：Akihito Takeuchi, Gen Tatara (2012). “Spin Damping Monopole” 日本物理学会欧文誌. 81, 033705
doi:10.1143/JPSJ.81.033705（PDF を無料で閲覧可）

[27] 論文：Einstein, A. (1905). “Zur Elektrodynamik bewegter Körper [運動物体の電気力学について]”. Annalen der Physik 322 (10): 891-921. 相対性理論に関する最初のアインシュタインの源論文。邦訳が収録されている本を以下に二つ挙げる。“アインシュタイン選集 1” 共立出版 (1971) (ISBN:4320030192) にも収録されている。

[28] 本：A. アインシュタイン (著), 内山 龍雄 (翻訳) (1988)“相対性理論 (岩波文庫) ” 岩波書店 ISBN: 4003393414

[29] 本：物理学史研究刊行会 編、上川友好ほか訳 (1969) “相対論（物理学古典論文叢書４）” 東海大学出版会 amzn:B000JA31QQ

[30] 本：矢野 健太郎 (1977)“数学への招待 (新潮文庫 や 10-2) ” 新潮社 ISBN: 4101219028 相対性理論について、とくにローレンツ変換について、一般聴衆へ向けて講演した内容が収録されている。これはたぶん、中学生でも理解可能であろう。

[31] 論文：Feinberg, G. (1967). “Possibility of Faster-Than-Light Particles”. Physical Review 159 (5): 1089–1105. doi:10.1103/PhysRev.159.1089. 量子論的な可能性としての超光速粒子を“タキオン”と命名した論文。

[32] 本：朝永振一郎 (1974) “スピンはめぐる” みすず書房 ISBN: 4622073692「第７話　ベクトルでもテンソルでもない量」に該当部分の記述あり。

[33] 論文：Baeßler, et al.(1999)
“Improved Test of the Equivalence Principle for Gravitational Self-Energy” Phys. Rev. Lett. 83, 3585

[34] サイト：The Apollo 15 Hammer-Feather Drop
http://nssdc.gsfc.nasa.gov/planetary/
lunar/apollo_15_feather_drop.html
(「hammer feather drop」で検索)

[35] 論文：Miguel Alcubierre (1994). “The warp drive: hyper-fast travel within general relativity” Class. Quantum Grav. 11 L73
arXiv:gr-qc/0009013 , doi:10.1088/0264-9381/11/5/001

索引

著者紹介：

今野　滋（こんの・しげる）

北海道札幌市生まれ

名古屋大学大学院理学研究科博士後期課程（物理学専攻）満了（単位修得満期退学）

専門：理論物理学，相対論，理科教育

1999 年～　東海大学 非常勤講師（数学と物理）

2003 ～ 2007 年，2017 ～ 2021 年　北海道大学非常勤講師（情報と物理）

趣味：バイクで旅すること，写真，登山，星空観賞，教育用ウェブアプリケーション開発．バイクでほぼ日本全国走破した．バツ無し独身期間記録更新中．

コロナ対応で授業用に遠隔対面ハイブリッド グループ学習支援システムを作成．

そもそもの物理学を志した動機が光速を突破すること．あきらめていない．

超光速への道　力学・電磁気学から一般相対性理論・量子力学へ

2022 年 7 月 21 日　初版第 1 刷発行

著　者　今野　滋

発行者　富田　淳

発行所　株式会社　現代数学社

〒 606-8425
京都市左京区鹿ヶ谷西寺ノ前町 1
TEL 075（751）0727　FAX 075（744）0906
https://www.gensu.co.jp/

装　幀　中西真一（株式会社 CANVAS）

印刷・製本　亜細亜印刷株式会社

ISBN978-4-7687-0586-5　2022 Printed in Japan